量子心灵与社会科学

Quantum
Mind and Social
Science

Unifying Physical and
Social Ontology

［美］亚历山大·温特（Alexander Wendt） 著

祁昊天 方长平 译 祁昊天 校

上海人民出版社

名家推荐

亚历山大·温特这部耗时十年完成的著作，以后牛顿科学视野重构人作为量子系统的本体意义，探索意识和意向的本质，审视心物同构、理象交塑的社会世界，质疑主客二分、绝对时空、理性秩序等传统圭臬，挑战经典物理学思想在社会科学领域的主导地位，展现了一个既充满不确定性、又蕴含多重潜能和可能的万象宇宙。书中论证或有时而不周，观点或有时而可商，但极富冲击力的思想无疑为社会科学的知识生产和国际关系的理论发展开出一方新的天地。

——秦亚青，山东大学讲席教授，外交学院教授

国际关系学界最杰出的理论家写出了一部最具野心的理论著作，如今中文读者终于可以一饱眼福了！更重要的是，这部著作的核心议题远远超出传统的国际关系理论，涵盖了整个社会科学及其哲学根基。温特试图将创立于 20 世纪初的量子力学系统运用于社会科学，并重新搭建起社会科学大厦的砖与瓦。传统社会科学对人类心智与社会生活及其关系的理解建立在经典物理学基础上，这本书对此提出了严肃的挑战。在这方面，温特并不是开先河的人，但肯定是做得最好的一位。一章又一章，温特对社会科学的传统概念、假定和框架进行了颠覆性的批判，并基于量子理论提出替代方案。无论同意与否，无论学科背景是政治学、社会学、经济学、心理学还是哲学，我们都必须认真学习并思考这部杰作。

——李钧鹏，华中师范大学教授，*International Sociology Reviews* 主编

温特的第二本专著一直被热切期待。它值得我们的等待吗？当然。

《量子心灵与社会科学》写作优美、论述精细,探讨了量子力学的进展对社会科学的潜在影响。本书不仅是我读过的最好的量子力学介绍之一,同时它还提出了一系列紧迫问题,即通过谨慎、精细的借力量子力学将可能改变我们对社会科学和社会实践的思考方式……这是一本推测性的大理论著作,而这种思考在今天的社会科学中非常缺乏。

——科林·怀特,悉尼大学国际关系学教授

亚历山大·温特作为国际关系学界领先的、最具原创性的学者之一,完成了可能是他迄今为止最为大胆的努力。在《量子心灵与社会科学》一书中,温特论证了一种新的物理主义,它包含了心灵要素,贯穿直到支配基本粒子的量子过程。对于大多数社会科学学者来说,温特带领我们所经历的这一切将是一种启示。温特对这些材料的讨论极为精彩,是我所见对相关问题最好的非专业讨论。无论人们对最终的观点持何种看法,本书都绝对值得一读。

——道格拉斯·V.波波拉,费城德雷塞尔大学传播学教授

这本书写得非常好,引人入胜,并介绍了一些非常有争议的新观点。作者在心灵哲学中一些深刻而困难问题上的立场十分勇敢。其中一些观点最终可能得不到支持,而另一些可能会引起永无休止的争论。但若这些观点中哪怕只有一个被证明是正确的,那么这本书便做出了巨大的贡献。

——杰尔姆·布斯迈耶,印第安纳大学心理学与脑科学系教授

亚历山大·温特在《量子心灵与社会科学》中迈出了大胆的一步。他在书中提出,量子力学在人类和社会世界(以及所有生命)的各个层面都发挥着作用。他并非在泛泛而论的意义上指出整个自然界均由量子力学的微观现实(或不现实)所构成。相反,他的观点是,我们需要把人类和社会结构都视为量子力学的波函数。

——丹尼尔·利特尔,密歇根大学社会学与公共政策学教授

当国际关系领域的大多数文章都在关注"微观"层面,并颂扬某些新经

验主义的贡献时,亚历山大·温特用他的《量子心灵与社会科学》表明,大写的理论完全没有消亡。这不仅是一本人们可以阅读的书,更是人们可以通过诸多思考而实际去研究的书。温特引导我们进入了一个非常迷人的世界,这里充满了悖论与令人难以置信的见解。

——奥利弗·凯斯勒,德尔埃尔福特大学国际关系学教授

总的来说,《量子心灵与社会科学》为社会科学的元理论提供了一个大胆的贡献。对于如何与为何在社会研究中认真对待量子理论能够为陷入僵局的讨论提供新观点这一问题,温特提供了一个广泛的、实质性的和易懂的阐释。

——托尔斯滕·米歇尔,布里斯托大学高级讲师

目 录

第二部分　量子意识与生命

第三部分　人的量子模型

译者序

　　《量子心灵与社会科学》一书是亚历山大·温特继1999年《国际政治的社会理论》出版后又一部引起学界广泛关注的力作。如果说《国际政治的社会理论》的出版奠定了温特作为主流建构主义领袖人物的地位,给西方国际关系理论带来范式革命,那么2015年出版的《量子心灵与社会科学》试图要在整个社会科学界引起一场革命性反思。本书出版以来,西方学术界对其褒贬不一,即便在国际关系学界也没有引起有如当年《国际政治的社会理论》问世时的巨大反响。西方国际关系理论在温特的建构主义理论之后,出现了所谓的"大理论的萧条"和"宏观理论生产的危机",本书的出版能否重振国际关系理论雄风尚待观察,但正如秦亚青教授在本书中文版推荐语中所说:"书中论证或有时而不周,观点或有时而可商,但极富冲击力的思想无疑为社会科学的知识生产或国际关系理论发展开出一方新的天地。"

一

　　17—19世纪,被当代社会科学或宽泛意义上社会研究(政治学、经济学、社会学等)所奉为思想基础的探索都建立在物理学、自然科学发展基础上,如霍布斯、休谟、斯密、孔德、杰文斯、门格尔、瓦尔拉斯、克拉克、马歇尔、帕累托等思想者的发现或创造。对经典物理学及其世界观的借鉴并非仅停留在类比和比喻的层面,而是触及深层影响。20世纪早期,经典世界观的形而上学假设,如唯物主义、决定论、定域性等,都长久影响着后世的社会科学发展,其最大的成果自然是实在论的基本认知,而这些假设也同时成为社会科学研究的支柱与约束。

20 世纪初量子革命引发物理学变革,但是社会科学中的"物理学羡慕"却告一段落。究其原因,也许有以下几点:早期的借鉴尝试失败;社会研究群体更加自信;社会研究客体所在的宏观尺度不受微观尺度物理学发现的影响。此外,也许还有更深层的原因。对于量子视角下世界本质的解读出现过哥本哈根诠释、多世界解释、系综诠释、隐变量理论、退相干解释等数十种解读,而在决定论合理与否、波函数的实在性、历史唯一性、是否存在隐变量、波函数是否需要坍缩、观测者的作用是否需要考虑、定域性是否成立、反事实确定性是否成立等等问题上,不同观点被提出、被支持、被否定,你方唱罢我登场,好不热闹。但没有争议的一点是,我们对于物理世界本质的认识仍然没有定论。那么社会研究不再继续追随,似乎也便是合理的。

总之,经典世界观依然在当前对社会研究的思想体系、世界观、本体论起主导影响,体现在这些基本认识上:心理状态由神经构成决定;神经状态具有完好的物理学定义;人的行为遵从经典概率论;意识是一种副现象,不具解释力;心灵是一部计算机,或者说人是行走的计算机;所谓理由,主要是亚里士多德所谓的动力因,而与形式、质料、目的因关系疏淡;社会研究的客体中,不存在远距离作用;社会结构可还原为个体特性与互动;时间与空间是研究对象的客观背景条件;至少从原则上来说,我们可以在不干涉观察对象(广义的社会个体及互动)的前提下对社会进行观察。

至少对于实证主义者来说,以上这些应是不言自明的。对于解释主义者而言,虽然并不认同照搬自然研究的方法论,但在物质、能量等基本本体论问题上却同样态度暧昧。赫胥黎认为科学与常识之间存在连续性的关系,是功能、目的和形式的彼此成全。而在自然科学与社会研究之间,前者的发展阶段是通过远离常识来重塑常识,包括量子观下的概然性、测不准原理、不确定性、叠加态、自我干涉等;而社会研究依然在通过对标常识来理解常识。量子革命后,自然科学离主观认知越来越远,世界本质变得愈加难以捉摸。而信息革命后,社会科学离主观认知却越来越近,这种认识社会能力的提高至少是真、伪信息与知识快速海量传播之后我们所出现的错觉。

基于经典物理的社会研究存在两个"胎里带"的问题。第一,经典世界观所赋予的决定论。第二,来自人性自我解读与安全感所需对自由意志的强调。但这二者之间,似乎又存在无法绕开的矛盾。那么,像物理世界一样引入非经典世界观也便成为了一条可能的道路,虽然很多人认为它不成立或至少不是唯一途径。温特撰写此书并非为给社会科学、政治科学或国际关系研究提供新的完整范式参考,这或许会成为他后半生学术探索的终极目的,但并非本书目的。写作本书,正如温特自己所言,更多是一种发问与对答案的探求尝试,是他对于量子观视域下物理学、哲学、心理学、脑科学、语言学、历史学、政治学等多个学术领域的"人类学"式观察,是一篇超体量的"文献综述"与再思考。从这个意义上来说,至少截至本书为止,温特在这一路径上所作的更多是"述而不作"。当然,无论是"(关于量子观的)第二本书"计划还是译者完成本书校对时温特待审的量子与政治学文章,都会是其所"述"基础上的发展。

温特的核心问题在于探讨:量子观下的社会研究本体论是怎样的?我们所熟知的社会实体、组织、行为体是怎样的?心身(心物)问题和意向性、意识的存在层次,个体人与社会的身份与关系是怎样的?而在这些问题背后,学科与科学哲学问题又包括:进行社会科学研究是否需要借鉴自然科学的进展与发现?如答案是肯定的,如何借鉴,如何融合?如答案是否定的,社科的边界在哪里?

二

诚如温特所言,本书不是写给国际关系学者的著作,而是写给整个社会科学界的,但其中包含的思想和观点,仍然对国际关系学者有诸多启示,这些启示在某种程度上是革命性的,甚至超越了其建构主义的思想。

第一,在本体论层面,通过量子意识理论,重新建构了物质主义本体论和理念主义本体论的关系、物质和意识、心—身关系。包括现实主义、自由主义和马克思主义等理性主义国际关系理论强调前者,认为物质性权力、协调物质利益的制度和经济基础本质上是物质,国际政治的后果归根到底可以通过物质性因素得到解释。后者强调国际政治生活本质上是观念构成的，是社会的。反思主义国际关系理论大多承认这些观念的独立意义，认为国际社会本质是观念建构的。温特创立的温和建构主义尽管本体论上是观念的，但它也试图在物质—理念之间进行某种调和，所以理念主义的本体论和弱势物质主义构成了温特建构主义本体论的核心。这里需要强调的是，温特的观念是共有理念，是能动者（主要是国家）在互动中建构的。但是温特的建构主义没有回答，能动者在互动之前的理念是如何形成的，也就是说能动者的意识的起源和生成问题。

第二，在研究单元和分析层次上，量子社会科学观照下的国际关系理论也明显超越了建构主义基本假设。就研究单元而言，温特的温和建构主义同样强调国家中心主义，因为温特是要创立一个替代华尔兹结构现实主义的国际政治理论，因此，国家依然是温特建构主义理论的核心单元，温特对国家身份的探讨、对国家间的互动实践塑造无政府状态的研究、对国家既是一种制度、"国家也是人"的反思，都意味着温特建构主义理论还是探讨国际体系与国家之间关系的理论。但是在量子世界观中，温特从强调国家到强调个体的作用。这样导致在分析层次上，温特认为个体在本体论上是扁平的，所以在以前讨论结构—能动者关系的层次分析法在量子视角下是不存在的。基于温特的量子观，社会结构与个体的关系得以重塑，经典世界观下的"涌现"效应被扬弃。

温特特别强调量子力学中的"纠缠"与建构主义"互动"的差异。他认为个体身份是纠缠的结果，纠缠发生在互动之前，"由于我们自出生便在社会结构中发生纠缠，人类的心灵实际是无法完全被分隔的。"这种不可分性意味着，包括纠缠在内的量子现象只能基于其更大整体的关系来定义，这也体现了量子力学的非定域性与超距效应，同时表明量子现象是整体性的，而不是个体性的，在方法论上是整体论的。

第三，观察和测量对于国际关系研究的后果是有影响的。在经典世界观中，不同的观察和测量方式不会影响结果，因为主体—客体两分法导致主体以一种相对客观和中立的方式对客体的特性进行观察和记录，这些特性是独立于主体和主体的观察而存在的；而一旦观察者打破这种中立性与客观性，将自己的价值观置于观察过程中，就会产生测量和观察的偏差。温特的温和建构主义实际上就是试图通过"科学实在论",实现观念本体论与科学实在论的认识论相融,认为个体的人可以独立于观察到的社会现象,并对社会现象进行客观实证研究。但在量子世界观中,作为观察者、测量者参与到被观察者的结果中,尽管并不意味着观察者创造了"社会实在"。我们经常谈论的国际关系中出现"自我实现的预言"、经常提及的各种"陷阱"之说,本身就预示着,国际关系的主体本身参与(例如语言、话语的表现形式)到国际事件的演变进程。建构主义强调的是主体间的互动实践对国际体系属性的作用,而基于量子论温特所强调的是能动者的观察和测量本身对结果的影响。

第四,不确定性是量子世界观和经典世界观的本质区别。在经典世界观指引下,社会科学研究的目的总是为了解释社会发展演变的规律,在国际关系中,所谓理性主义的国际关系理论和建构主义都是如此。不确定性、复杂性的研究近年来在国际关系中也多有涉及,例如杰维斯提出的国家之间互动所产生的"非意图性后果"。但这些还是在经典世界观的范畴之内。而在量子世界观中,"人是行走的波函数",人的属性是不确定的,在不同的纠缠系统中,人的属性是模糊的,存在多种不同的偏好,无论是外界还是行为体自身都难以确定自身的偏好。经典世界观假定人先有偏好(利益),再有行为,建构主义也持此观点,所谓"身份建构利益,利益决定行为"。但在量子世界观中,温特认为应该是先有行为后有偏好。这并非说行为体在行为之前没有利益,而是利益呈现出很大的不确定性,处于一个叠加和潜在状态,人是"行走的波函数",只有在行为发生后,例如观察、测量,波函数发生坍缩或叠加态之间的相干性在经典世界消退(在这两种诠释体系之间,温特的论述存在一定模糊性),最终呈现出一个确定的、我们所熟悉的经典世界。

三

机械的自然观或机械观,或更准确地说,力学的自然观,是简洁、美丽、确定且管用的,帮助我们在人类所熟悉的物理尺度下理解、掌握、描述和预测机械运动。因此我们对这种自然观、世界观有着天然和后天被规训的亲近与满足感。而正如近代物理学家发现无法通过力学路径来解释电磁现象，而开始反思并最终发现电磁与力学同为基本规律而非后者的映射一样，社会研究也在逐渐经历这样的演进，只是所需时间更为漫长。

温特并非将量子观引入社会研究的第一人。诸如量子决策论等已经颇具规模和影响的学术探索是这本专注于本体论的著作之外更容易为人所接受的尝试。打破还原论，突破涌现论，是量子社会科学走到今天所确立的标尺。而下一步，如何更好地连接宏微观层面，使得观察人类尺度世界并生于其中的我们能够得到自然科学发展的助力，决定了量子社会科学能否站得住脚。当物理学家纠结并争论于哪种诠释描述了世界"本相"时，我们这些社会研究的主体也需了解在我们自身与被研究客体之间存在何种自洽。温特所推崇的退相干解释，也许是一种可能的方向，但显然在本书中温特做得远远不够，甚至他自己都在观察者效应、波函数坍缩与相干性这些不同诠释体系的核心要素之间徘徊、矛盾，甚至出现错误。

整体论视角下的不确定性，如何在社会生活中被呈现和理解，同样是这下一步的关键。而能动者与结构之间的关系是整体论亟需进一步厘清的主要问题之一，同时也是本书的论述出发点。我们认为，在 t_0 时刻与 $t-1$ 时刻之间，能动者与结构的共同不确定性，也许将是我们在观察互动、变化、过程、影响这些社会活动基本环节的重点。

在政治学与国际关系领域，量子观是否有必要被引入、如何正确引入，尚待探索与讨论。其中，在国际治理的机制复合体演进过程中，我们似乎可以找到一些蛛丝马迹。从机械的整合视角，到有机的融合视角，在日益复杂的全球公域问题治理中，个体与网络的关系，复杂网络下节点的可被定义性与属性的不确定性，均在现实实践中有所体现。在社会生活中，从简单规则出发，单一个体与系统都能够演化形成新的、多变的、迭代后的结果。而在姑且可被称为"机制复合体＋"的复杂网络中，能动者与结构的关系不只是相互建构、相互确定属性，而是经历复杂的共演化，其本身甚至并非先验存在，其身份、认知、功能、利益，或都不再是我们所熟悉的社会网络分析中所预先确定的那些节点属性。

由微观而宏观，既然相对于原子、分子的宏观尺度（亿万原子质量级别，如红细胞)量子纠缠已在不久前被观察到,那么未来真正可测量的社会宏量子效应也许同样可以成为可被观察并用以解释社会"反常"的常态。也许这种学术范式演进的周期会很长,但现有研究,包括温特在本书中大量引用的量子社会科学成果,足以给我们信心。

此外,量子观对社会研究的引入需要区别通俗与庸俗,要避免低效、无效的语义附会。在人类的哲学思考中,这种事情一再发生。例如宋代以后,道教内丹学说大讲特讲"三教合一",并在文本意义上吸收了大量的禅宗、心学成果,但这种"吸收"多是牵强附会,舍本求末或完全偏离了原旨。当今社会上大行其道的"遇事不决、量子力学"确是伟大的人民智慧体现,看似追捧高深学问实则讽刺那些将量子论玄学化、庸俗化的现象,甚至包括身居学术高位而跨界误读、误导的人和事。

另外,社会文化与思维范式的关系也是值得考虑的问题。在译者与温特交流时,他认为没有必要为这本书做不同译本的序言。但同时,他猜测文化与量子思维可能存在联系,并期待看到中国读者和中国人作为群体如何与量子思维擦出火花。这是一个很大的命题,这里无法进行任何假说和论证尝试,也或许包含了温特对于西方个人主义与中国集体主义倾向的部分迷思。但在思维与行为方式之间能否在群体层面实现整体性联动这个问题上,经济学学说将其对于行为的解释变成对行为的塑造,似乎能够给我们一些启示。

温特此书的影响或贡献,无论是在西方学界还是中国学界,还会受到语言问题的影响和挑战。在温特独有的语言风格基础上,我们尽力在严复先生的"信达雅"、钱钟书先生的"化境",以及许渊冲先生在低中高三等十二个标准之间,寻找符合本书传递信息所需要的平衡。一方面,避免生硬的翻译腔,使其更符合中文表达和阅读习惯,同时修正部分原文中欠妥和错误的内容,另一方面,也注意保留温特原本希望通过个人语言风格所传达的东西。但如果语言表达本身确如温特所介绍和分析的那样同样逃不过量子世界观的"纠缠"(此纠缠非彼纠缠),那么至少我们希望,本书能够引发更多的合理反思与争鸣。理查德·费曼曾讲:"我想,可以这样说,没有人真正懂得量子力学。"我们大概也可预判,您在读过本书后依然无法明确量子世界观到底是怎样或应是怎样的。无妨。既然物理学家们依然在不断争论量子世界观的本体论内涵,那么我们想,争鸣本身应是比结论更为重要的。

探讨量子社会科学的可能性,是否为一件"未得陇而望蜀"的妄事? 我们认为不是。牛顿力学根深蒂固的影响已使社会研究的主体在追求决定论的道路上,几乎陷入了拉普拉斯妖的迷思,我们有必要尝试并探索新的路径,并非为了哗众取宠,而是去直面那些传统社会研究路径未能很好处理的、温特所一再强调的"困难问题"。

最后,让科学的归于科学,玄学的归于玄学,在量子论之于社会研究方面,我们做不得崂山道士,虽然他那半吊子的穿墙术貌似有几分穿隧效应的影子。

2021 年 7 月于北京

祁昊天、方长平

第一章 量子社会科学序言

我们为什么要研究这个问题？

几乎自国际关系在1919年成为一门学科以来，便不断出现不同的"大争论"（Great Debates）。我们现在把这些争论总结为观念（ideas）与物质条件的关系、人类能动性（human agency）与社会结构的关系，以及自然主义（naturalist）与反自然主义（anti-naturalist）学说的关系。虽然这些哲学问题经常被贬低为仅仅是"超理论"（meta-theory），但至少这些问题上的隐含立场在（国际关系）领域里扮演了重要的角色。从学术角度来讲，它们塑造了我们实际的理论、方法、实证发现，乃至我们从研究中得到的规范与政策影响；从社会学意义上说，它们影响着谁被雇用（有时是谁被解雇）、我们在哪里发表，以及如何训练研究生。遗憾的是，虽然自20世纪80年代以来，国际关系学科已在超理论方面进行了大量的投入，从我自己的位置来看，作为过去25年这些争论的参与者，我并未看到任何终结这些争论的进展。今天的国际关系学者更加清楚哪些问题是重要的，以及它们如何、为何、何时重要，但是对于它们的讨论仍像以往一样难以解决。就国际关系研究的本体论（ontological）和认识论（epistemological）基础而言，我们身处"混乱之

---

* 科林·怀特（Colin Wight）针对本章草稿提出了极为细致的意见，我对此十分感谢，特别是考虑到他对本书的整体观点是不认同的。

地"[1]而未见任何逃离的可能。

当然,这一混乱并不是国际关系所独有的问题,而是社会科学整体的问题。虽然社会学者、经济学者、政治学者以及其他学科的学者经年累月获得了更好的数据与统计学技巧,而这些数据与技巧也的确显著提高了我们对社会各种趋势与关系的实证理解,但社会科学学者积累更深入理论知识的能力却严重滞后。即便在经济学领域也是如此,虽然经济学理论的同质性程度更高,但有力的异端依然存在。在自然科学如化学与地质学中,关于实在的本质与我们如何进行研究存在着广泛的共识,但是社会科学中却没有这种共识。因而社会科学的理论很少消亡,即便它们消亡,也总会像僵尸一般死而复生。

正如我将在下文所阐述的,出现这一情况的原因是社会现象与化学元素或岩石不同,社会现象是依赖于心灵(mind)*的,因而无法用知觉直接感知。因此,甚至在社会科学学者可以"看到"他们的研究对象之前,他们就必须对心灵做出若干哲学假设,而这些假设可以被其他持不同假设的学者轻易挑战。

哲学中有一个流传久远的观点[2]:当争论持续多年而没有可辨识的进展时,问题便一定是争论各方所做的假设实际上是错误的。倘若这一假设能够在社会科学的哲学中被确认,那么便可能使国际关系学者与其他社会科学学者更有能力找到哲学通透的未发现之国,它已躲避我们太久了。不过,它会是怎样的呢?

我自己的"顿悟"(aha!)时刻发生在 2001 年阅读达娜·佐哈(Danah Zohar)与伊恩·马歇尔(Ian Marshall)的《量子社会》(*The Quantum Society*)之后。[3]我几乎是在芝加哥大学的书店中随机挑选了这本书。佐哈与马歇尔的目标读者是普通人,所以我对书中关于社会与政治理论的讨论并不十分满意。但是他们的基本观点——即心灵与社会生活是宏观的量子力学(quantum mechanical)现象——令我感到正是那种能够推动社会科学

---

    * 心灵是本书的核心概念。"mind"在哲学领域中文语境下有多种译法,较常用的包括心智、心灵、精神、心,等等。根据译者与作者的沟通,作者最初想使用的词汇为 consciousness,因此基于综合考虑,为了力求精确并避免和类似词汇的混淆,译者与作者决定采用"心灵"这种译法。——译者注

哲学争鸣前进的观点。因为这一观点对争论各方习以为常的一个根本性假设进行了质疑——即社会生活（social life）被经典物理法则所约束。我不清楚这种推测是否正确，但是我感到这一观点应该得到更成体系的对待和严肃的学术推敲。这便是我尝试在本书中所做的。这一工作占用了比我预料多得多的篇幅（与时间！），因此不像我的第一本书是一半哲学一半国际关系，[4]这本书是完全关于哲学的。因此，对于国际关系学界的同仁，我只能在此许诺，后续会有更加以国际关系为中心的"第二卷"。与此同时，我希望国际关系同仁能够在这本面向所有社会科学学者的书中找到一些有价值的东西。

导　　言

20 世纪早期出现的量子理论（quantum theory）使物理学家对现实的描述产生了革命性的变化。对于这一描述中到底应得出何种结论至今尚有争论，但是量子理论本身已得到了极好的证明，而所有学派都认可那些基本发现。尤其重要的一点是，在经典物理中数学符号所对应的是真正的实物与力的属性，而在量子物理中，它们所代表的只是测量时特定属性被发现的概率。此外，这些由"波函数"（wave function）表示的量子概率与经典概率是完全不同的。经典概率所表示的，是我们对于事物真实情况的无知及对现实的不完全描述，而量子概率所表示的则是对于量子系统（quantum systems）所有理论上我们可知的情况。换句话说，波函数虽然有概率特性，却是对于一个量子系统的完全描述。只有当它因测量而发生"坍缩"（collapse）后，唯一的一个经典结果才能够被观测到。在经典物理中，我们可以有把握地假设物体拥有确定的时间或位置，即便我们无法观察到它们，但在量子物理中，我们无法做出这种假设。波函数是潜在的现实，而非确实的现实。[5]

理解非确定性的量子世界如何导致确定性的经典世界——即被称为"退相干"（decoherence）的过程——是量子理论最深邃的谜题之一。而在当前讨论的背景下,这一问题的直接重要性在于:虽然量子力学囊括了经典物理,但它的现实应用范畴一般被认为仅局限于亚原子粒子。在亚原子之上的层面,一般认为统计学意义上的量子效应是可以忽略不计的,因而由经典物理描述的"退相干"的世界是宏观实在的充分近似值。其中包括了社会生活,而在后文中我将说明,当下对于社会生活的研究,全都至少是隐含地建立在经典物理世界观之上。

在这本书中我将"通过量子的角度"重读社会科学,并探讨这样一种可能性:社会科学的基本假设是错误的。更具体地说,我认为人类与社会生活展现了量子相干性(quantum coherence)——事实上,我们是行走的波函数(walking wave functions)。我这样说并不是作为类比或比喻,而是作为对于人类本质的实在论(realist)观点。许多学者已在人类和量子过程之间进行了多种有力的类比:如自由意志与波函数坍缩;意涵(meaning)的整体论(holism)与非定域性(non-locality);心理学实验的观察者效应(observer effects)与量子测量;甚至复式记账法(double-entry accounting)与量子信息。[6]这些或其他类比充分说明人们可以仅在此基础上就可将量子思维应用于社会生活。

虽然读者可以将"行走的波函数"视为一种有趣的类比并完全以此种方式阅读本书,但我个人相信人类确实为量子系统。我将仅在结论章对这一观点进行明确的辩护,但是整本书的展开都是围绕为何这一假说可能是正确的。这一实在论立场将使我进入一个充满争议、猜疑且确实极为危险的领域;而如果我选择仅以类比的方式来探讨"量子社会科学"的话,我可以避开这一领域。但是,这样做也会有代价,它会使量子理论成为又一个被社会科学学者根据适合与否而挑选——或放弃——的工具,而且会搁置量子理论最为深远的一些潜在启示。与此不同的是,如果人类确为量子系统,那么经典社会科学便是建立在一个错误的基础之上,而对于社会生活的恰当理解将因此需要一个量子框架。

我并非量子社会科学的首倡者。早在 1927 年——标志着量子革命高潮的索尔维会议(Solvay Conference)仅仅数周后——美国政治科学协会主席威廉·贝内特·门罗(William Bennett Munro)便呼吁社会科学学者认真对待新的物理学。[7]菲利普·米罗斯基(Philip Mirowski)认为在一定程度上他们做到了这一点，因为正是概率的"精神"促成了社会科学学者在 20 世纪 30 年代对统计方法的接纳。[8]但是直到最近，却几乎没有出现关于量子理论本身对于社会科学重要性的思考。仿佛是为了强调这种对量子理论的忽略，于 20 世纪 30 年代被接纳的统计方法的基础是经典概率理论——它来自早先的牛顿物理革命——而并非量子概率理论。

虽然社会科学在之后的岁月中蓬勃发展，我们现在却有必要重新对量子问题进行审视：随着实验证据的累积，越来越多的人类反常（anomalies）行为可以通过"量子决策理论"（quantum decision theory）进行预测。这是量子版本的预期收益理论（expected utility theory），它用量子概率理论的皆/和逻辑替代了普通预期收益理论非此即彼/或的布尔逻辑（Boolean logic）。[9]量子决策理论能够解释大多数[10]由丹尼尔·卡尼曼（Daniel Kahneman）、阿莫斯·特沃斯基（Amos Tversky）及其他学者以预期收益理论为基础所发现的偏离理性的行为——如次序效应（order effects）、偏好逆转（preference reversals）、合取谬误（the conjunction fallacy）、析取谬误（the disjunction fallacy），等等。心理学家投入了大量的精力尝试解释这些行为，但是目前的结果仍是不全面的，且在理论上是特设的（ad hoc）。与此相对的是，通过单一的公理性框架（axiomatic framework），量子决策理论说明这些其实都不是反常行为，而恰恰是我们理应预期发生的。颇有声望的刊物如《数学心理学》（2009）、《行为与脑科学》（Pothos and Busemeyer, 2013），以及《行为科学议题》（2014）均关注到了这一研究方向并给予了充分的发表空间。虽然这一理论还很新，它能否得到更广泛的接纳也尚待观察，但它的理论发现是非凡的。在社会科学中，很少有一个理论可以解释如此多的过往谜题。[11]量子决策理论似乎正是人们可以期待的社会科学进步，不仅是个体研究项目的进步，也是研究项目演进方面的进步。[12]

但这些都只是相关探索的一部分而已。量子决策理论学者在思索他们研究的哲学涵义方面是很谨慎的。他们只将注意力放在如何证明该理论可以预测过往那些被认为是反常的行为上面。这样，他们便选择了"概化"或"弱"量子理论，也就是把量子数学形式系统应用于物理学范畴以外的现象——如社会生活——而与此同时对于深层问题保持不可知论立场。[13]虽然这一"仿佛"（as if）策略有实用主义的吸引力，它却忽略了一个事实，即量子理论在行为层面的成功满足了一个争议假说关于大脑深层活动的核心预测：量子意识理论（quantum consciousness theory），根据该理论，意识是一种宏观量子现象（macroscopic quantum phenomenon）。[14]这有助于解决现代科学深层的谜题之一：心身问题（the mind-body problem），或如何用科学方式来解释意识。

自启蒙时代（Enlightenment）起，人们便假设对意识进行科学解释便意味着要展现意识与经典物理世界观如何协调。经典物理隐含着唯物主义本体论（materialist ontology），认为实在的终极构成仅有物质与能量。因此，讽刺的是量子波函数至少在任何常规意义上而言全然不是物质的。这使得一些物理哲学家认为量子理论远非唯物主义，而实际上隐含着一种泛心论的（panpsychist）本体论：即意识可以一直"向下延伸至"亚原子层面。通过探索这一可能性，量子意识理论学者已发现了一些大脑中的机制，这些机制也许可以允许亚原子的原始意识（proto-consciousness）被放大到宏观层面。现代神经科学尚无法验证这一观点，但是该观点的其中一个启示意味着人类行为具有量子特性，而量子决策理论证明了这一点。从这一观点出发，简而言之，行为社会科学不仅可能出现进步性的问题转向，还有可能出现现代科学世界观的范式改变（paradigmatic change）。

社会科学学者也许会质疑像心身问题这种古老的哲学争议与自身研究有什么关联，这种质疑是有其合理性的。但是我们也有我们自己的古老争论。在社会认识论中，自然主义者（naturalists）或实证主义者（positivists）与反自然主义者（anti-naturalists）或解释主义者（interpretivists）之间存在着"解释对理解"的争论，[15]前者认为自然科学与社会科学之间不存在本质的差异，而后者则认为两者存在根本性差异，因为社会科学必须解释人基于意涵的行为。[16]在社会本体论中，个体主义者（individualists）与整体主义者（holists）之间存在"能动者-结构"（Agent-Structure）争论，前者认为社会结构可以被还原为个体能动者的属性与互动，而后者不赞同这一观点。[17]此外，社会科学中最大的争论恐怕当属唯物主义与唯心主义者（idealists）（或观念-主义者，idea-ists）之间的争论，前者认为社会生活最终可通过物质条件进行解释，而后者则认为观念扮演独立甚至是决定性的角色。最后这一争论大概包含了前两个争论，因为如果没有观念，便没有意涵需要被解释或社会结构需要被还原。此外,这一争论不仅是在难解程度方面与心身问题相似,该问题实际部分也如是,因为观念是基于意识的。也就是说:社会科学中一些最深层的哲学争议仅是心身问题的局部呈现(local manifestations)。因此,如果量子意识理论能够解决这一问题,它也许同样可以解决社会科学的根本问题。

我已经抛出了许多问题,而我并不试图将它们全部解决。第一,除了第八章,我不会很深入地讨论量子决策理论。这类研究正在蓬勃发展,且正从心理学蔓延至整个社会科学,[18]由于我个人没有这方面的正规训练,无法对其做出贡献。我的重点将放在该理论的哲学含义上,而目前为止这是被忽略的。第二,我仅在结论章涉及解释-理解的争论。坦白地说,其中一个理由是较实际的:本书篇幅已经很长,因此为了完成它,我需要尽量让书中的重点集中。另一个原因是该领域的先驱性贡献已由凯伦·巴拉德(Karen Barad)、米歇尔·比特博尔(Michel Bitbol)、帕特里克·希兰(Patrick Heelan)及阿尔卡季·普罗特尼茨基(Arkady Plotnitsky)这些学者做出,虽然他们之间远远没有达成统一意见。[19]更为重要的是,我认为在本体论方面建立牢靠的基础之前,我们在量子社会科学的认识论方面无法取得明显的进步,而本体论方面的研究工作却非常少。接下来还有一个——虽然是很大的——问题要讨论:观念与意识的本质,及其对能动者-结构问题的启示。

由于从量子角度进行思考的启动成本很高,我在这篇"序言"中的目标是鼓励性的:解释为何我们需要转向这样一个异乎寻常的理论来解决社会本体论的基本问题。我将特别说明能动者-结构问题出现的原因在于社会科学学者处理人类经验根本特性——即经验本身——的方式是基于心身问题的经典假设。本章以全书的正面论点综述结束。

物理学的因果闭合

长期以来在社会本体论中至少存在两个反常(anomalies):主体性(subjectivity)的存在,尤其是它的意识层面;以及社会结构的不可观察性。这两者通过能动者-结构问题相关联,是该问题的正反两面。最终,我认为后者由前者决定。不过这两者涉及不同的问题与文献,因此在下文将被分别讨论。

在社会理论中,主体性与社会结构的不可观测性经常被称为"问题"而非"反常",但是这种角度低估了它们的重要性。我称其为反常,是指基于经典世界观,它们并不比那些引发了量子革命的物理学反常更有理由存在。毫无疑问,主体性与社会结构并非肉眼可见或可通过任何工具进行记录。但正如我们在下文将要看到的,这使得一些哲学家认为它们是错觉,因而是不存在的。但是我猜测,多数社会科学学者依然认为它们是存在的,所以在我们向这些主张错觉的哲学家让步之前,有必要探讨所有那些可能证明这一观念的方法。

但是首先,我需要对另一方面做些工作,说服那些易轻信的社会科学学者接受主体性与社会结构的确是种反常。为了达到这一目的,我将在这一部分以一个所有社会科学学者都应当认同的基本原则入手,即"物理的因果闭合(或完备性)"(causal closure[or completeness] of physics),或简称为"CCP"。[20]

物理的因果闭合原则表示社会(及其他所有)科学都服从物理学的约束:这些学科研究中的任何实体、关系或过程都不应与物理规律(laws of physics)相抵触。这种观点的逻辑是,由于物理学是关于实在的基本构成(elementary constituents),而这些基本构成又形成宏观现象,因此自然界[21]的任何事物最终都属于物理学范畴。这给了物理学相对其他科学一种更加基础的地位,而这些其他科学当下常被统一称为"特殊"科学以强调它们的从属地位。[22]

目前在工作层面,CCP几乎是被自然与生物科学普遍接受的。但在社会科学中的情况恐怕就没有这么清晰了,即便是实证主义者也对"社会物理学"(social physics)的概念持怀疑态度,而解释主义者则完全否定社会研究的自然主义途径。但是我将会在后文说明,社会科学其实也是普遍接受CCP的。但是在为这一也许是激进的论断辩护之前,让我先通过强调CCP并不要求我们做的两点来做一些铺垫。

首先,从认识论角度来说,物理学的因果闭合原则并不意味着社会科学理论必须可还原（reducible）至物理学，即能够以物理学规律替代其规律而不损失解释内容（explanatory content）。这种还原即便在自然与生物科学也已被证明是难以捉摸的，而这些学科的研究对象从尺度到复杂程度都比人类更接近物理学。如果化学不能被还原至物理学，那么社会科学便也是不行的。根据南希·卡特赖特（Nancy Cartwright）的富有启发性的描述，我们关于世界的知识是"斑驳的"，是充满矛盾和碎片化的，而非整合与一致的。[23]

不过正如劳伦斯·斯克拉（Lawrence Sklar）对卡特赖特的回应，将我们目前的知识视为碎片化是一种认识论观点，而从本体论角度来说物理学不能应用于世界所有事物，这两者不应混淆。[24]基础物理学所描述的现象构成了所有的客体（objects）与力，[25]因此，"对于这些客体和实验室中精心建造的微粒子封闭系统来说，基本物理规律是同样正确的"[26]。换言之，无论社会生活存在怎样近似规律的过程，它们都不能强迫自然界的基本粒子违反它们的规律。因此，虽然CCP并不意味着还原论，它确实从本体论上限制了宏观层面哪些是可以存在和发生的。

其次，另一件无须因为CCP而去遵从的是物理主义（*physicalism*）这一哲学学说，[27]该学说认为世间万物在终极上都是物理的。这一论断听起来似乎不合理，因为所谓"物理的"一般被定义为"任何物理学所认定的"，那么为何物理学的因果闭合不隐含着物理主义呢？在文献中，这两者的确是经常被合并在一起的。[28]不过我认为这种合并是错误的，由于这将是我论点中的一个关键切入点，因此有必要对其进行探讨。

当代物理主义是对经典唯物主义的继承。唯物主义者认为终极上的实在是纯物质的，可被理解为经典物理学所描述的微小物质与（稍后所认识到的）能量。重点在于，这些物质内部被假定不存在任何意识。基于这一论断，唯物主义者不仅反对赋予上帝世俗角色的神学，也反对任何以意识或心灵作为根本的学说，如唯心主义、二元论（dualism），以及泛心论（panpsychism）。对唯物主义者来说，任何事物最终都只是运动的、没有心灵的物（matter）。但是，随着量子革命的到来，唯物主义者的物理学盟友背叛了他们，这些物理学家发现关于物质的经典观点在亚原子层面被打破了。事实上，量子物理已证伪了经典唯物主义。[29]不过唯物主义者并未放弃唯物主义,而是变身为物理主义者。通过这种方式,他们保留了对神学及一切将心灵视为基本的学科的反对,但同时遵从了物理学关于基本层面是什么的持续探索。

这种情况所导致的问题不仅是一些物理主义者所担忧的物理主义没有关于"物理的"的清晰定义。[30] 真正的问题在于,正如芭芭拉·蒙特罗(Barbara Montero)所指出的,[31] 量子物理不同于经典物理,并不排除心灵是实在基本属性的可能(见第四章)。因此在量子世界,"物理的"并不一定是"物质的",那么物理主义(或更精确地说"物理学-主义")便并不必然意味着唯物主义,甚至可能是与其相抵触的。将物理主义与CCP糅合在一起的话便需要质疑非唯物主义的"物理主义",换句话说也就是使其不可证伪并因此变成一种琐碎真理。

面对这一模棱两可的情况,我们有两种选择。一是采纳遵从物理学所隐含的关于"物理主义"的开放式定义,并放弃任何与传统唯物主义的内在关联。那将是对"物理主义"一种宽泛散漫的改动,甚至使其符合下文我自己的观点,因为在这种宽泛的定义下我的观点也成为物理主义的了。不过,这有悖于当前人们对物理主义的一般理解(即唯物主义的21世纪版本),因此有可能会引发混淆。所以我将转而按照蒙特罗等学者的观点,将物理主义的定义与CCP割离开来,视物理主义为一种"无基本心理性"(no fundamental mentality)的学说,未来的物理学可能会肯定或否定这一观点。[32] 这样做,可以保留"唯物主义"与"物理主义"的历史延续性,也使得我所反对的观点更加明确。除非另做说明,我在后文中将交替使用唯物主义与物理主义这两个词。

所以,接受CCP既不意味着我们必须遵从还原论,也不意味着物理主义必须是唯物主义的——我们所接受的只是这样一种观点:任何自然界存在和发生的事物,包括社会生活在内,都受到物理规律的约束。反对这一观点似乎看起来是很困难的,因为反之则物理规律不适用的事件便会发生。但在那种情况下,这些现象的物理外原因(extra-physical causes)又是什么——或在何处呢?一种可能是上帝,虽然在这种情况下我们的讨论范畴会完全改变,成为信仰。另一种历史上的主流答案是笛卡尔(Descartes)的实体二元论(substance dualism)。根据这一观点,心灵是与物质完全不同

的实在,但依然是自然界的一部分。不过实体二元论已不再被广泛认可,[33]
而且这个答案怎么看都是次优方案,只有当物理主义(广义上的)被证明不
可能被全面讲清楚时才应被采纳。我不认为这种情况是已被证明的,且我
们谈论的是社会科学,因此我认为物理规律构成了社会客体可以是什么、可
以做什么的基本约束。

我无法想到任何不接受 CCP 的社会科学学者。对于实证主义者而言,
它是定义科学的基本要素,因此毋庸赘言。不过对于解释主义者来说,情况
也许并非如此清晰。解释主义者明确反对社会科学的自然主义途径,他们
认为意向性现象(intentional phenomena)——心理状态,如信仰、愿望以及
意涵——在人类生活中扮演着核心角色,且不同于任何物理客体或原因。因
此,如果我们试图抓住社会生活的要点——使其从本质上不同于诸如地质学
或化学的要点——求助于物理学至少是无益的,或可能会阻碍我们的认知。

但即便如此,我没听说过任何解释主义者、后现代主义者或其他批评自
然主义社会科学的学者认为社会现象是可以违反物理规律的。毋庸置疑,
解释主义者研究的对象可能信奉违反物理规律的事物,如拥有干涉自然世
界力量的上帝,并在这一信仰基础上建立了能够真地影响现实世界的组织
机制。但是无论这些学者对于上帝的个人观点如何,他们在学术研究中并
不承认这些信仰是正确的。[34] 在"方法论无神论"(methodological atheism)
的原则上,解释主义者赞同实证主义者的意见,这一原则搁置了上帝的实在
与其世俗角色的问题。[35] 正如尤尔根·哈贝马斯(Jurgen Habermas)所言:
"一种越出了方法论无神论边界的哲学便失去了哲学的严肃性。"[36] 与此类
似的是,没有解释主义者在其研究中认同占星术、占卜或其他伪科学
(pseudo-sciences)那些有悖于物理学规律的观点——或者说,就这一点而
言,即便是超感知觉(ESP)的本质也至少是可以进行科学争论的。[37]

换句话说,虽然解释主义者明确反对自然主义,他们似乎同样隐含地认
同社会生活由物理规律所约束与构成。他们又有什么理由不这样认为呢?
人类的躯体是物质的,人类进行思考并通过思想、语音、声音、视觉以及触觉
与彼此交流,而所有这些看起来都无疑是遵从于物理规律的。意向性现象
也许无法被还原为这些规律,但是它们依然遵从这些规律。因此从这一角
度来看,解释主义者并不反对自然主义,而更像是自然主义＋——在基本的

本体论层面他们接受 CCP，而在认识论层面他们则强调社会科学的特殊性。

经典社会科学

但问题在于我们所谈的是哪一种物理学的因果闭合？当前 CCP 中的 P 指的是量子物理，量子物理比经典物理更加基本这一点已被普遍认可。但同时，量子现象也被广泛认为会在亚原子层面以上消除。因此，可能有人认为出于实际考虑，社会科学因果闭合的相关原则仍是经典的（可称之为 CCCP）。[38] 在这一部分，我将说明这的确是社会科学学者在其研究领域理解 CCP 约束的方式。

从两个方面来讲，对这一观点进行阐述是复杂的。第一，很少有社会科学学者研究 CCP 的相关问题。这并不是说缺乏广泛意义上的哲学思考，几乎自社会科学诞生之初便开始很深入地探讨本体论与认识论问题。但是自 20 世纪以降，便几乎没有关于社会科学与物理学关系的具体讨论，[39] 因此关于社会科学学者将哪一种 CCP 视为相关约束的隐含观点，我不得不进行推测。第二，如我们将要看到的，社会科学学者对于 CCP 的评价与他们在研究中怎样对待 CCP 问题很可能是不同的。不过关于社会科学是否认为自己被 CCCP 所约束这一问题，答案是肯定的。无论是社会科学发展史还是其具体研究内容都说明了这一点。

在历史方面，已有大量研究表明社会科学自 17 世纪发端至 19 世纪末被巩固的这段时期一直深受（经典）物理学的影响，经典物理学是这一时期最富声望的科学。[40] 出于学术与政治的双重原因，社会科学的奠基人——霍布斯（Hobbes）、休谟（Hume）、斯密（Smith）、孔德（Comte）、杰文斯（Jevons）、瓦尔拉斯（Walras）、马歇尔（Marshall）、帕累托（Pareto）等——在他们对于社会的思考中频频对物理学进行了借鉴。伯纳德·科恩（Bernard Cohen）的研究表明这一借鉴是通过多种方式展现出来的——类比、比喻、同源（homologies）以及同一性（identities）——科恩认为建立同源和同一性的努力基本上失败了，物理学对社会科学的影响基本停留在类比和比喻的层面。[41]但是即便经典物理学对于社会生活的实质理论化工作借鉴意义不大,在更深层面上它的影响也是巨大的。20 世纪早期,经典世界观的形而上学假设(metaphysical assumptions)——唯物主义、决定论、定域性等——都深深地烙印在社会科学家的心灵中。这些假设作为整体被认为是真实的实在,因此是社会科学研究的基本约束。

后面所发生的——或未发生的——说明目前的情况仍然如此。在 20 世纪初量子革命引发物理学变革的同时,社会科学中的“物理学羡慕”(physics envy)不再流行。无论是因为借鉴物理学未带来多少洞见,还是社会科学学者变得更加自信,抑或因为他们认为量子效应在宏观层面可以忽略,在量子决策理论诞生之前社会科学学者从未认真考虑过量子物理对其研究的重要性。[42]因此如果没有别的情况,我认为今天的社会科学学者会默认将 CCCP 作为他们研究的相关约束。

继而在具体研究方面,经典思想贯穿于实证社会科学的本体论。由于说明这一点需要绕个大弯子,不妨考虑如下关于社会生活的经典假设:(1)心理状态(mental states)由我们的神经构成所决定;(2)神经状态(neural states)具有完好的物理学定义;(3)人类行为遵从经典概率理论的规律;(4)意识是一种副现象(epiphenomenal),因此与解释人类行为无关;(5)心灵是计算机;(6)理由是动力因(efficient causes);(7)不存在远距离作用;(8)社会结构能够被还原为个体人的特性与互动;(9)时间与空间是行为的客观背景条件;(10)原则上来说,我们可以在不干涉社会生活的前提下对其进行观察。我认为实证主义者会毫不犹豫地将以上绝大部分假设视为常识,如果不是全部的话。作为证据,我们可以想一想各个社会科学领域研究生所接受的建模与统计方法训练。这些方法都是基于经典的逻辑与概率理论,假设我们的学生在其职业生涯中将要研究的世界是一个经典的世界。在我看来,人们对于这一观点过于习以为常,而从未进行过质疑。

另一方面,解释主义者也许会反对以上假设的很大一部分,如果不是绝大多数的话。[43]但是如果社会生活不遵从 CCCP,解释主义者莫非认为它遵从 CCQP(量子物理的因果完备性)* 吗? 显然他们的立场并不明确,因为

---

* 原文 Q 粗体。——译者注

这一问题几乎从未被提起;[44]但是正如我在前面所谈到的,解释主义者也同样没有说过社会生活能够违反物理规律。相反,他们选择了这样的认识论观点:虽然自然科学的假设与方法有助于研究岩石与冰川,它们对于研究构成社会的意向性现象是不适用的。这种"两种科学的解决方案(two-sciences settlement)"[45]作为社会科学独立性的实用主义辩护是合理的,但是它似乎承认从本体论角度来说社会世界终归只是物质与能量的。而如果这一观点是正确的,为何意向性现象又无法通过自然科学的方法进行检验呢?简言之,从物理角度来说什么是意向性现象?问题在于,像实证主义者一样,解释主义者隐含地将自然主义等同于经典自然主义,因而他们对于自然主义的否定也同样处于经典世界观的框架之中。这并不是说解释主义与实证主义是基于同一种经典世界观,因为我们将会看到解释主义对于意涵的侧重很难与唯物主义本体论相协调。[46]诚然,本书的一个重要目标便是为这一侧重进行辩护,在社会科学中它在学术上是被边缘化的。但是若要达成这一点,意向性现象便需要与 CCP 保持一致。

意 识 的 反 常

即便社会生活受经典物理规律支配这一观点被接受,其约束依然可能被视为过于松散,以至于与社会科学的研究内容和实践不甚相关。实证主义者的研究兴趣是人类行为,而人所遵从的规律与基本形态的物与能量是不同的。此外,即使假设解释主义者勉强承认人类行为受经典物理规律约束,又能怎样呢?这些约束依然无助于我们理解意涵、话语以及其他意向性现象。

本人作为社会科学学者,理解这种质疑——毕竟,物理学家对于社会科学又能了解多少呢?因此,我的任务便是证明物理学通过某种有趣的方式对社会科学是重要的。作为第一步,在这一部分我将通过心身问题说明如果我们在经典物理学约束的框架下进行社会科学研究,那么意向性现象在我们的研究中便没有任何地位。我通过三步来发展这一观点。第一,我将定义心身问题以及更具体的意识问题，并阐释它如何成为经典世界观下的反常。第二，虽然社会科学学者可能不关心意识问题，我认为它是由意向性现象所预先假定的，而我们在各种理论中不断地援引意向性问题。第三——这是此处的重点——如果意识不能与经典世界观取得协调，则意向性问题便不存在于用经典方式所构想的社会科学当中，正如同生机论（vitalism）的自我力量（elan vital）不属于经典生物学领域一样。

心身问题

最基本形式的心身问题是关于我们如何理解主体心理状态与客体大脑状态之间的关系。但是这个基本理解一直以来被这样一种假设所扭曲：大脑状态应当以经典即唯物主义的方式来理解。[47]根据唯物主义，所有宏观事物的微观构成都是纯物质的。而所谓"问题"便被狭义地重塑为如何通过大脑状态来解释心理状态，而大脑状态的基础不包含任何心理性。

这种狭义的心身问题实际上是一系列问题，这些问题对于唯物主义来说，可被解决的难易程度是不同的。基于戴维·查默斯（David Chalmers）的研究，人们习惯上把这些问题归为两类，"简单问题"（easy problem）与"困难问题"（hard problem），这些问题分别是关于心灵的不同侧面。[48]即便简单问题其实也是十分困难的，不过它们至少是相对简单的，关注点在于心灵的功能，或心灵做什么——信息处理、模式识别等——而这些都不是不能单纯用物质力量来解释的。毕竟计算机也可以处理信息与识别模式，而没有人认为它们是非物质的。因此正如心灵计算理论（computational theory of mind）所说的，只要我们还把心灵视作（经典）计算机，便可以期待未来的神经科学解开它的功能之谜。[49]与此相对的，困难问题是关于意识（consciousness）的解释。关于"意识"的定义充满了争议，对于一些人来说它甚至包含了心灵的功能层面。[50]基于这一点，我根据查默斯的观点将意识定义为心灵的经验层面，即感觉。按照托马斯·内格尔（Thomas Nagel）的经典论述，只有存在"它像某些东西"这种感受时才可称为是有意识的。[51]因此，在后文中我将把"意识"与"经验"作为同义词使用。

特别是对于主要研究成年人类的社会科学学者来说，必须注意的一点是意识即经验并不意味着自我意识（self-consciousness），或认识到某人是有意识的意识。[52]自我意识可能是人类建构社会生活的必要前提,但是这不是困难问题的关键所在:困难之处在于诸如狗、蝙蝠、或新生婴儿拥有的原始、前语言经验(pre-linguistic experience)。当然,关于狗、蝙蝠、新生婴儿具有意识这一点是可以质疑的,但是这种质疑似乎并不成立,因为它(他)们显然能够感知痛苦。自我意识不能被还原为这种更原始意义上的意识,但前者是基于后者的,因此如果我们无法解释后者,便同样无法解释前者。简言之,所谓困难问题并非关于社会机制所基于的自反觉知(reflexive awareness),而是主体观点的简单经验。

对于经典世界观来说解释意识是"困难"的,因为无法解释意识如何诞生于一个纯粹物质的世界。正如约瑟夫·莱文(Joseph Levine)所说,在神经科学的客体物理描述与那些描述的主体经验(experience)之间存在着"解释鸿沟"(explanatory gap)。[53]弗兰克·杰克逊(Frank Jackson)的一个思想实验(thought experiment)很有力地说明了这一问题。[54]"玛丽"一生都生活在黑白房间中,从未见过其他色彩,但她同时也是一名天才的神经生理学家(neurophysiologist),明白所有基于光与视觉物理学的可知事物。如果有一天,她获得自由并第一次看到红色,她能够学到任何新知识吗?虽然哲学家依然在就此进行争论,[55]但杰克逊所持观点之所以成为一种经典论述,是因为从直觉上讲,答案似乎应是肯定的。玛丽将知晓红色是什么样子的,这一点所有的科学都无法告诉她。正如查默斯所说,所谓困难问题是"即便我们已知关于宇宙所有物理知识的细节……这些信息也无法使我们假设意识经验的实在"[56]。

如果反对这一点,社会科学学者也许会说意识必须是一种来自大脑极复杂结构的"涌现"(emergent)现象,而我们对大脑复杂性的理解才刚刚开始。因此,无论我们对物理世界的细节掌握到何种程度,由于我们知道人类是有意识的,我们都可以继续从事我们的研究,毕竟这些研究总体上使用的是常识心理学(folk psychological)而非物理学概念。不过,虽然涌现的观点有其支持者,研究心灵的哲学家并未轻易接受它就是困难问题的答案。

涌现的基本观点是,如果部分缺乏某种性质,当它们被以某种方式组织在一起时,新的质变便可能出现,正如非固态的分子变为固体的岩石。虽然这种涌现观点即便在自然科学界也存在争论,[57]让我们先认可在岩石与其他纯物质现象中涌现是可能的。不过困难问题中新的质变是不同的问题，也就是说，涌现必须能解释那些看起来不仅是纯物质的事物——即玛丽对于物质的经验。涌现指的是从客体到主体、从无感知到有感知、几乎从死亡到生命，目前还没有对于这些过程的合理解释。因此，批评意见认为无论在化学中涌现观点具有怎样的地位，当需要解释意识时，最终只能归结为"……于是，奇迹发生了"[58]。如果大多数研究心灵的哲学家不认同心身问题的涌现解答，那么社会科学学者也无法脱离这一困境。

总之，虽然近年来关于心灵简单问题的研究有了一些进展，在数世纪的辛勤努力之后人们仍未在困难问题上取得突破。或至少这是我从心灵哲学家杰里·福多尔（Jerry Fodor）的冷静评价中得到的印象："没有人了解哪怕是最微末的关于任何物质事物为何可以具有意识的知识。甚至没有人知道哪怕拥有一点点这方面的知识将会意味着什么。对于意识的哲学研究来说，也就不过如此了。"[59]他也许本还可以再加上一句，"神经科学同样不过如此"，因为福多尔指出的并非科学问题，如果是科学问题的话便意味着当代的脑科学理论仿佛走在正确的道路上，只是尚未发展到足以解释意识的程度而已。[60]他认为，这是一个哲学问题。只要大脑被假设为经典系统，便没有理由认为即便是未来的神经科学能够为我们提供"最微末的关于任何物质事物可以具有意识的知识"。

面对这一长期以来的反常，现代唯物主义者正处在一片混乱当中，其中一部分人甚至开始认为是他们设置问题的方式出了错。[61]但究竟是哪里出了错呢？根据维特根斯坦一派（Wittgensteinian）的精神，一种看法认为所谓困难问题其实是哲学混淆所带来的伪问题。例如，戴维·帕皮诺（David Papineau）便认为所谓"解释鸿沟"应该归因于我们无法停止以二元论的方式进行思考；如果我们可以跨越二元论，这一鸿沟便会消失。[62]也许帕皮诺是对的，唯物主义者可能一般被认为较易接受这种观点，但即便在唯物主义者当中这种意见也是少数派。另一位唯物主义者科林·麦金（Colin McGinn）认为鸿沟的问题确实存在，但是像我们这样大脑受限的生物在这一问题上是"认知封闭"（cognitively closed）的且永远无法将其解决的。[63]这种观点大概也是对的，但它很可疑，因为它认为唯物主义无法解释意识问题但同时又要完整地保留唯物主义作为我们的本体论，[64]因此在我们采纳这一观点之前需要首先穷尽其他可能。此外,还有最晚近的唯物主义反思,认为意识(以及自由意志[free will])实际上是一种错觉。[65]我将在第九章讨论这一观点,在这里我仅想说明的是,这一观点是一种非常没有吸引力的答案。首先,否定经验的实在是十分违背常识的;正如一位批评家所言:"如果你能做到的话那就相信这种观点好了。"[66]第二,否定解释前提(explanans)(即意识)而非被解释物(explanandum)(即经典大脑状态)事实上便是否定会带来困难的数据,这种做法是非理性的,同时使得唯物主义如何能够被证伪这一问题变得很不明晰。[67]关于意识的错觉说(illusionism)似乎更像是被对于唯物主义的盲目信仰所驱动。[68]

但是我认为错觉说依然是我们对该问题理解上的一个进步,因为它似乎是心身问题唯物主义解释的逻辑顶点:考虑到这一问题的持久性,如果唯物主义必须得到保留,那么意识便必须被放弃,因为正如灵魂一样在自然界中没有意识的位置。可惜的是,鉴于意识被广泛视作人类条件(human condition)不可或缺的组成部分,这种观点便意味着我们在自然界中也没有一席之地——即我们无法以"宇宙为家"(at home in the universe)。* 因此,很多唯物主义者依然希望能够建立一种解释意识的唯物主义理论,而不是否认它的存在。也许这种理论是可以被建立起来的。[69]但同时,在该问题上无法取得进展也意味着唯物主义世界观正处在很深的范式危机(paradigmatic crisis)当中。[70]意识被认为是现代思想所面对的最深刻谜题之一并不是没有道理的。

意向性与意识

但是社会科学学者应当关心这一谜题吗?从我们的研究实践来看,答案似乎是否定的。虽然社会科学的基本研究对象即人类是有意识的(我相信绝大多数学者都同意这一点),但社会科学学者基本认定"意识"这一概念是理所当然的,从而在我们的论述中基本是不存在的。

实证主义社会科学研究的抱负是使社会科学尽可能地像自然科学一样实现概化(generalize)并做到客观。因为意识是具有个体特质的(idiosyn-

---

  * 量子物理学家约翰·惠勒著作的书名。——译者注

cratic），无法通过第三者视角的观察来探知，那么它最好还是被束之高阁。因此，虽然多数实证主义者往往认为人类具有意向性状态，这些状态是有意识的这一点却很少被考虑，除非是成为达成客体性的方法论阻碍时。[71]

在解释主义社会科学研究方面，事情变得更加不明朗，但可以肯定的是对于将意识主题化这个问题绝对是充满疑虑。解释主义者基本上聚焦于那些公开与被分享的研究对象，如语言与规则，而并不关注个人层面的经验。当然，很多解释主义者都对主体性感兴趣，而主体性是与意识紧密相关的概念。但是除去现象学（phenomenology）、心理分析（psychoanalysis）、女性主义等理论严肃对待经验外，主体性的经验层面几乎完全被排除在解释主义的研究之外，让位给一些十分不同的概念如主体间性（intersubjectivity）、主体性的论述生成（discursive production），以及主体位置（subject-positions），而这些概念并不强调经验本身。[72]虽然由于篇幅所限我无法对相关文献进行深入全面的回顾，但不妨考虑三位解释主义哲学巨匠：维特根斯坦、福柯（Foucault）以及哈贝马斯（Habermas）——他们每个人都以不同的方式尝试远离"关于主体的哲学"，他们认为这种哲学与已经破产的笛卡尔主义（Cartesianism）是联系在一起的。[73]因此，虽然解释主义者探讨主体性存在的问题（原文如此），在首先什么塑造了主体性的问题上，他们至少表现出了严重的矛盾心理，也就是主体性的意识部分。简言之，在绝大多数当代社会科学中，似乎存在一种对于主体性的"禁忌"。[74]

但是，虽然多数社会科学学者忽略意识，却是关心意向性现象的，而我认为后者以前者为前提。如果我是对的，那么我们的研究对于意识以及它在自然界的地位便至少做出了某些隐含的假设。

意向性所指的是，诸如信念、愿望、意涵这些心理状态内在都是"关于"或指向超乎其上的事物，无论是世界中的真实客体、人们心灵中的想象，或是他人的心灵。[75]这与岩石和冰川这些缺乏心灵的物体状态是不一样的，因为后者它们不是"关于"任何事物的。虽然社会科学学者很少使用意向性的这种技术化和"关于"层面的含义，这一概念却遍布我们广泛使用的关于目的性的常识心理学论述。这并不是说解释意向性活动总是社会科学的目标，社会科学的很大一部分研究是关于无意识的结果——但是那些结果只有相对于有意识的结果时才是有意义的。即便是自认为非意向性的流派如结构性和演化社会理论,也在微观层面假设有目的性的行为。而只要制度被理解为集体意图,那么意向性便也同样存在于宏观层面。[76]社会科学对于意向性论述的这一依赖并不令人惊讶,因为在日常生活中我们往往赋予他人意向性状态。那么如果社会科学无法适应这一基本事实,便将注定是贫乏的。

一直以来,哲学家都在争论意向性与意识之间的关系。一些人认为后者基于前者,另一些人则认为前者基于后者,另有很多人干脆忽略其中一个而只关注另一个。但是近些年,争论的平衡点似乎正在转向这样一种观点:"意识是意向性与意涵不可替代的源头。"[77]正如约翰·塞尔(John Searle)所言:

> 现在,我想提出一个十分有力的观点……该观点是:只有当一个生物具有有意识的意向性状态时,才算真正拥有了意向性状态,而所有的非意识意向性状态至少是潜在有意识的。这一观点……意味着关于意向性的完整理论必需讨论意识。[78]

至少对我来说,这在常识上是合理的。如果一台机器没有意识,它能够拥有真正的,即它自身而非我们赋予它的意向性状态吗?[79]我们可以为一台机器编程使其仿佛拥有意向性状态一般行动——正如恒温器可能被认为是"目标导向"(goal-directed)的——但是真正的意向性属于拥有意识的设计者,而非恒温器。但是塞尔这一"十分有力的观点"仍然受到了许多质疑。[80]如果本书读者也抱怀疑态度的话,将是对本书要面临的一个难题,因为如果塞尔无法说服其他哲学家,那么即便我详述他的所有观点恐怕也很难说服读者。

因此,为了集中火力进行攻击,我将暴露自己的侧翼而专注于一个观点:意向性在本体论角度是基于意识的。[81]需要注意的是,对于塞尔来说,这并非否定非意识意向性的存在,只要它们在原则上可以被变成有意识的。此外,这并非否定集体意向的存在,集体意向基于个体意向,因此衍生地来看也便是基于意识的。我的观点是肯定的,即当没有意识时,意向性便是不存在的,因此社会科学学者认为人类具有意向性的同时就是认为人类具有意识。

生机论（Vitalism）的威胁

不过，意识及相应的意向性的起源虽然是谜题，但并未阻碍社会科学学者的研究，这一点也许意味着心身问题对我们终究是毫无意义的。我现在要说的是，它是有意义的，因为意识可被质疑的实在使得对于意向性现象的解答也成为问题，因为它们可以被类比为生机论。

生机论是关于什么使生命成为"生命"的理论，在 19 世纪与 20 世纪初广为接受。生机论者与唯物主义者针锋相对，他们认为解释生命的唯一途径是探究一种不可观测的、非物质的自我力量或"生命力"（life force）。唯物主义者对这一思想的批评气势逼人，不过真正使得形势对生机论极度不利的变化是生物学的革命性科学进步，如在基因领域，这些进步似乎消除了对生命力解释的需要。继而，近代那些曾备受尊重的理论在当今很少有像生机论一样名誉扫地的，生机论现在被视为前科学的学说，如果不是伪科学的话。

不过在当下的讨论背景中，生机论依然是具有启发意义的，因为科学家与哲学家否定生机论的其中两个主要理由也适用于援引了意向性现象与意识的解释。首先，我们没有自我力量的公开证据，生机论者认为它在本质上是不可见的，而同样的我们也没有关于意识的公开证据，只有我们自己的经验。其次，作为物质之外的力量，生命力与 CCP——或更准确地说 CCCP——是矛盾的。我们看不到它不仅是因为它不可见，基于经典物理，生命力根本就是不可能存在的。同理，如果意识无法与 CCCP 相协调，意识也是不可以存在的（错觉说便是基于这一逻辑）。

这些相似点意味着意识在当今科学中的地位与一个世纪前关于生命力的争论之间存在着有力的类比。的确，丹尼尔·丹尼特（Daniel Dennett）便使用这一类比去批评像查默斯那样的学者，查默斯认为唯物主义不能解释意识。丹尼特认为，如果查默斯的观点是正确的，那么生机论便可能也是正确的，而因为"我们都知道"生机论是错误的，因此一定存在关于意识的物质解释。[82] 查默斯试图通过拒绝这一类比来为自己辩护，他认为生机论者仅试图解释有机体的形态与功能——类似心灵的简单问题——而我们后来知道这些也许可以仅通过物质力量进行解释。因此，在生命问题上，根本不存在可类比于意识的"困难问题"。不过这一论述并不十分清楚。布赖恩·加勒特（Brian Garrett）已说明从历史上来说一些生机论者关心的问题不只是形态与功能,还包括生命的本质。[83] 而正如我们将要在第七章所看到的,虽然生物学领域的进步似乎已使生机论变得多余,对于生命是什么这个问题人们仍没有共识,这就意味着的确存在着关于生命的困难问题。因此,我认为丹尼特是正确的,意识与生命这两种争论是有关的。

若的确如此的话,在人类行为的解释中预先假设意识的存在便类似在生命的解释中放入生命力。我们至少可以在两种对意向性社会科学的批评中看到这一结论。一种是行为主义(behaviorism),它回避对意向性客体的讨论,因为这个角度的因是无法用科学方法所获知的。就像丹尼特一样,B.F.斯金纳(B.F.Skinner)做出了对应生机论的明确类比,他认为"心灵主义"(mentalism)之于心理学便像生机论之于生物学(以及泛灵论[animism]之于物理学)。[84] 另一种强硬派的方法是"取消式唯物主义"(eliminative materialism),该理论预见意向性理论与常识心理学最终将会被仅探讨大脑状态的唯物主义解释所取代。[85] 基于这两种观点,涉及意向性现象的社会"解释"便至多只是前科学的占位符(placeholder),当真科学到来后,它们将不会比当今的生机论更具有存在的合理性。

总之,社会科学学者一方面信奉唯物主义和经典物理约束,而另一方面他们在解释人类行为时总会使用意向性状态,这两者之间是存在矛盾的,因为后者与经典约束不一致。这一矛盾说明任何关于"社会科学是经典的"简单结论都是错误的,因为我们的许多社会科学实践并非如此。但是如果我们想要在研究中保留意向性现象,且那样做必须预先假设意识的话,便有可能带来毫无物理基础的"生机主义"社会科学的威胁。[86] 一些解释主义者也许乐见于放弃对这种物理基础的追求,但即便是他们似乎也不认为社会生活可以违反物理规律。总之,如果社会科学学者不希望被批评为伪科学,便需要反思 CCP 对于我们研究的意义。

社会结构的反常

目前为止,我一直聚焦在能动者-结构问题的能动者方面。从能动者角度着眼是有合理性的,因为对于社会生活遵从经典物理世界观的观念来说,意识明显是个问题。但是,许多社会科学学者对于行为个体头脑中发生了什么并不感兴趣,他们关心的是构成宏观层面社会体系的结构,如资本主义、国家以及国际体系。侧重这方面的理由在于宏观层面存在的行为模式并不取决于人们拥有的具体愿望或观念——用术语来说,宏观模式在能动者层面是"多重可实现"(multiply realizable)的。[87]例如,人们遵守法律或许因为他们认为这样做是正确的,或许因为这符合他们的利益,也有可能他们只是被迫遵从。由于动机存在差异,如果目标是例如解释国家的存亡,那么讨论结构而非个体意向或意识便是有道理的。

在这种程度上,许多社会科学学者都会同意如上观点。但是对于如何理解社会结构的本质与它们和能动者之间关系,却一直存在争论。我将在第五部分讨论这一争论。在此处我要说明的是任何基于意向性现象并因此基于意识的社会结构概念,对于经典社会科学来说都是一种反常。这一反常的主要表征在于我们对于社会结构特性一个习以为常的认识:它们是不可见的。我将说明这一问题如何指向心身问题,我认为它带来了一种"具体化的威胁"(threat of reification)。

国家在哪里?

设想如果地外文明来到太阳系,并从天空勘察地球,如果他们可以通过复杂的设备跟踪亿万人的行动却无法了解我们的思想或语言,这些外星人是否能观察到任何社会结构呢?

以国家为例,我们一般通过三种方式来理解国家的本体论,而所有这些方式最终都是结构性的。[88]在日常生活和国际政治中,国家经常被视为能动者或"个体人"。这些"个体人"充斥媒体、历史书籍以及国际关系研究,被假设为拥有利益、观念、理性以及目的行为能力的能动者。但是外星人是看不到这些能动者的,尽管反对意见十分聪明,国家却并没有物质实体因而无法真正成为人。[89]如果以国家名义行为的真实人群以一种他们"仿佛"是单一能动者的方式行事,那么这只是因为他们通过社会结构被捆绑在了一起。

研究国内政治的学者更有可能将国家明确理解为社会结构,也就是一套能够以共善(common good)之名使集体行动(collective action)成为可能的机制。但是我们的外星人朋友同样无法找到这种意义上的国家。不仅因为国家非常庞大,很难观察它们的整体,而且由于制度与作为能动者的国家一样,也不是物质客体。[90]也许会有人拒绝这种观点,因为现代国家的确有定义清晰的疆界,由栅栏以及带刺铁丝网界定。但是外星人如何能够把这些边界与牛圈和门禁社区的栅栏与带刺铁丝网区分开来呢?也许可以通过标示上百万人的行动来辨识,但是在全球化的世界,这些模式既可能是统一疆界以内的活动也可能是跨越疆界的行动。

最后,国家可以被视为一种实践(practice)。在这种意义上,并非能动者或结构构成了国家,而是实体化的实践,如警察将超速司机拦下公路、外交官之间的交谈、士兵射杀敌人。用这种方式,外星人也许可以更好地理解国家,因为他们的摄像机至少可以捕捉到确实是国家的一些事物——国家的个体能动者。但是他们又如何能够在首先理解(不可见的)社会结构之前便了解那些人的身份呢?毕竟是前者构成了后者作为国家成员的身份。

所以,在物理空间上来讲,国家在哪里?如果这一问题看起来奇怪,那是因为通常我们根本不会将国家视为汽车或猫一样拥有位置或可见的事物。国家被视为集体意向,思想的客体,我们的观念与愿望都被导向这一客体,但究其本身它却并不是物质的客体。[91]换句话说,在能动者、结构或实践之前,国家首先是一种心灵状态(state of mind)。在这方面,国家并不是独一无二的。天主教堂、资本主义市场以及大学也都是集体意向,只有当你已知它们的存在时才能"看到"它们。对于物质客体来说,眼见为实。而对于社会结构来说,却是信则有。

当然,有些物质客体也不能通过肉眼看到,如病毒、遥远的星系以及红外线。但是在这些情况下,原则上它们毋庸置疑都是可以被直接观察到的,正如显微镜、望远镜以及红外眼镜所证明的。这是由于它们属于经典物质现象,因此不依赖心灵存在(mind-independent)。与此相反,社会结构的存在则是基于心灵的(mind-dependent),因此没有尚未被发明的技术可以帮助外星人看到它们。的确,即便外星人能够扫描我们的大脑,它们也是看不到的,因为社会结构并不存在于我们的大脑"里面",而在我们的心灵当中。[92]这并不是说通过对我们行为的仔细研究以及根据其自身经验进行外推，外星人无法推断出国家的存在。但是那将意味着通过学习来阅读我们的心灵，以我们的方式来理解国家。如若做不到这一点，外星人便只能向其母星报告，虽然地球充满生命或许甚至是智慧生命，那里却没有任何国家。

物化(reification)的威胁

事实上，社会本体论中的"位置问题"(location problem)[93]并不难解决，因为只要我们想找，便可以找到国家以及其他社会建构系统(socially structured system)。此外，围绕着我们至少可以从理论上了解不可观测的实体这一观点，批判与科学实在论者(critical and scientific realists)已建立了一整套科学哲学。但是，考虑到它们是依赖心灵而存在的，我们并不清楚社会结构如何可以和唯物主义本体论保持一致。如果实在真的只是经典的物与能量，那么不可观察的社会结构就不应该比意识更有存在的理由。因此，如果后者最终只是错觉，那么社会结构也必然是错觉。

对于坚持社会结构假设的学者来说，这样便带来一个物化的威胁。使用"物化"一词，我所指的是"社会所引发的似物性(thinglikeness)错觉"。[94]虽然我们经常将社会结构视为存于世上的客体，从经典观点来说它们是不应该存在的。当然，关于社会结构存在的共享观念使得它们对于我们来说十分真实，我们基于这些观念的行为，就好像相信女巫真实存在的观念使得人们以女巫确实存在为前提来行为一样。此外，社会理论家不断警告不应将社会结构物化的事物。但这恰恰就是关键所在，因为如果社会结构不是物质的事物，那么在万物皆为物质的经典世界中，社会结构除了是错觉还能是什么呢？换句话说，如果我们接受经典物理约束，那么假设不可见社会结构的存在便必然意味着它们的物化。

我并非试图说明社会结构在某种意义上并不存在或不具有因果力(causal power)。相反，问题在于CCCP没有为这种观点提供任何基础，因此如果我们想要在本体论中保留社会结构的话，则必须将其置于量子而非经典物理的基础之上。

仿佛解释与非科学假想

也许有人不认为这种观点是以实在论为认识论（realist epistemology）前提的。对于实在论者来说，科学的目的是将世界还原为其本相，因此在社会解释中探讨意向性现象——无论是在能动者还是结构层面——便是假设意向性现象至少是暂时真实的。心灵哲学家金在权（Jaegwon Kim）在提到心理学中的心理因果性（mental causation）相关问题时曾说：

> 作为理论科学的心理学能够产生基于规律的对人类行为解释的可能性，是基于心理因果性的实在：心理现象（mental phenomena）必须能够作为导致身体行为（physical behavior）的因果链中不可或缺的一环。根据推定，一种在解释中援引了心理现象的科学是致力于这些现象的因果功效性（causal efficacy）的；若要任何一种现象具有解释力，它在给定情形下的存在与否必须是有影响的——因果差异（causal difference）。[95]

但是，当下许多社会科学学者却赞同非现实主义或反现实主义的认识论，前者如后结构主义（post-structuralism），后者如经验主义（empiricism）与实用主义（pragmatism）。从他们的角度来说，如果我们坚持将意识或社会结构看作真实的话，援引它们的解释似乎只会指向生机论威胁与具体化威胁——而这样做是没有必要的。

例如，设想一位经验主义者或实用主义者如何思考涉及意向性状态的解释。以他们的观点来说，评判理论的基础不应是它在还原世界本来面目方面的表现——因为世界的本相在终极上是不可知的——而应是该理论在多大程度上能使我们在这个世界中预测、解决问题或只是勉强应付。[96] 理论只是工具或手段，而无须被视为确实正确的。由于人们仿佛拥有意向性状态因而行为的假设能够帮助我们解释他们的行为，那么即便意向性状态最终是错觉,如果我们在等待合适的唯物主义解释出现之前便预先将意向性解释排除在外,那将带来很大的损失。[97] 因此,无论意识与社会结构可能给实在论者带来怎样的问题,从工具主义(instrumentalist)或"仿佛"的角度来说,我们都不应因为哲学家的警告便放弃最好的解释工具,无论是否存在生机论或具体化的威胁。

的确,有人可能会进一步强调这一反对意见,进而从整体上否定物理学对社会科学的约束,他们可能会指出即便在自然科学中,明确假想条件如完美气体和无摩擦平面,[98] 也是很常见的。如果正像汉斯·费英格(Hans Vaihinger)在其"仿佛哲学"(philosophy of the As If)[99] 中所认为的,假想对所有科学实践都必不可少的话,那么为何社会科学学者就应当仅仅因为哲学家无法解释意识或社会结构便放弃对它们的讨论呢? 只要它们有助于推动知识的进步,便应当像其他任何科学假想一样得到支持。

虽然经验主义者和实用主义者对于科学中的幻想*(fiction)持开放态度,他们对于那些不可能被视为科学的假想事物,如上帝或幽灵则持否定态度,[100] 在这一问题上生机论与具体化的威胁仍然有影响。怎样定义"非科学的"的幻想? 在现有文献中,这一点受到的关注出乎意料得少,[101] 大概是因为在方法论层面上作为无神论者的现代科学家本就无意将超自然力量纳入他们的理论。但是为何不可呢? 一些基督徒认为邪恶的行为是由魔鬼造成的。这种解释自洽、简洁甚至还提供了一个因果机制。但是,我猜测多数社会科学学者都会先验地否定这一观点。我们也可以用生命力的例子。它也许无法解释有机体的功能,但是它的确试图解释生命的本质,而唯物主义者尚未解决这一谜题。但在当前关于生命的讨论中,没有人认为生命力是一个合理的解释,即便作为权宜的假想。

将这些因素排除在外的隐含理由,似乎是因为在现代科学中,只有那些至少在原则上属于 CCP 范围之内,即物理的幻想才是合理的。[102] 正如彼得·戈弗雷-史密斯(Peter Godfrey-Smith)对假想模型的描述:"每一个模型系统本身如果是真实的,便都是具体的,因为它是对物理实体的安排。"[103] 这种观点是有道理的,因此我也同意魔鬼并不是合理的科学假想。

---

*　此处并非指科幻文学。——译者注

但是，"物理"的意涵仍然是个问题，而这一问题导向我们所谈论的是哪一种物理学。在量子物理中，物理性（physicality）可以包含心理性，也就为意向性状态打开了大门（我将在后文阐述，这扇大门也同样对生命力敞开）。在经典物理学中，物理性只意味着物质性（materiality），而唯物主义似乎永远也无法解释意识。换句话说，即便从"仿佛"的角度来说，只要社会科学被认为是受经典 CCP 所约束的，意向性状态与社会结构便与魔鬼和生命力一样在我们的研究中没有位置。

简述我的核心问题与答案

我提到生机论与具体化的威胁的原因并不是想说社会科学学者应当在解释中放弃意向性现象，如行为主义者和取消式唯物主义者主张的那样。首先，假设了意向性的理论比其他理论更加有力。行为主义给予我们的知识非常少，而神经科学还太年轻（而且即便该学科将来发展成熟，又怎样解决玛丽的问题呢？），因此从这一角度来说，意向性现象是我们唯一可以依靠的解释。其次，第二个保留意向性现象的理由是有关伦理的。[104] 只有通过承认意向性，我们的研究对象——即有意识的个体人——才能出现在我们的研究中。只要社会科学是关于这些研究对象的，以他们行为的规范性影响（normative implications）为形式，不将其主体性全然从研究中抹去便是重要的——否则，我们还研究谁呢？[105] 我认为社会科学的部分意义便在于为事件赋予意义，通过将那些似乎无法解释的因素纳入与人类生活有关的模式当中；而如果我们否定了我们受众的主体性，这将会是非常困难的。

但如果是基于经典 CCP，结果便会是心理与物质现象之间事实上的二元论（dualism）。[106] 在本体论的层面上，我们面对着"两个不兼容的本体论……一方面是主体性与自由能动性的本体论，另一方面是事物与客体及其与外部世界关系的本体论"[107]。从认识论层面来说，我们能做的最多就是达成《威斯特伐利亚和约》，以使存在着不可调和差异的实证主义者与解释主义者相互宽容和平共存。由于只存在一种实在，从自然主义者的角度来说,只有当我们没有其他选择时才能接受这种二元论,而自行为主义革命以来,社会科学学者的确一直在号召超越这种二元论。[108]但是如果上述论点是正确的,只要我们在心身问题上保留经典论述,社会科学学者的这种努力便注定将会失败。只要缺乏全面的理论途径,便无法克服"自然的分歧"(bifurcation of nature),而这是唯物主义的遗产。[109]

因此,本书的核心问题是:(a)量子理论如何可以解释意识及意向性现象,继而统一自然与社会本体论;(b)该问题的答案对于当前社会理论的争论将有怎样的影响?虽然这些都是非常哲学的问题,但它们在社会科学链条上的实际影响是更偏上游的,从方法论训练,到概念的生成、理论的建构,以及实证研究。因此,本书的读者对象是所有社会科学学者,而并非只是那些对其研究哲学基础感兴趣的学者。

当哲学争鸣长期存在而无明显进步时,一种取得突破的方式是审视各方观点有何交集。在心身问题上,一个关键的、常常不被明确表述的假设是:物的本质是明确的,而"问题"出在心灵上。具体而言,一般假定构成身体的物(matter)完全且仅只是传统意义上物质的。这一假设有两个源头,一是我们经验上对于普通物理客体具有重量与边界但无内在主体性的认识,二是经典物理学350年的发展中通过这一方式描述宇宙所取得的巨大成功。

但是自量子革命以来,我们已经知道在亚原子层面,传统唯物主义的物质概念崩塌为波函数。其实不仅是这一概念,整个原子论的、决定论的、机械论的以及客体性的经典世界观都已崩塌(第二、三章)。但是,并不是说这些假设都是错误的,因为我们并不清楚对于现实的问题量子物理学到底告诉了我们什么。自20世纪30年代以来,这便是激烈争论的焦点,而争论方有至少12种对于量子力学的"诠释"(第四章)。这一争论的其中一大问题是哪一种经典假设(如果确有其一的话)能够被挽救(salvaged),而保留这一假设将带来怎样形而上学的代价。例如,虽然对于物质是微小客体的经典观点崩塌了,量子理论并未说明心灵存在于亚原子层面,而这可能在更广的意义上保存唯物主义的核心原则——无根本心理性(No Fundamental Mentality)。但是,量子理论的确迫使那些想要保留唯物主义的人接受一些非常极端的后果。每一种对量子理论的解读都如此,它们都做出了不同的取舍,但都同样的反常识。

无论你倾向哪一种量子理论诠释,这一争论的存在说明物的本质与心灵的本质同样是个谜。再次借用蒙特罗的话,在心身问题上,我们不仅有心的问题,也有"身的问题"。[110]唯物主义者会反驳这种看法,他们认为心的问题发生在量子以上的宏观层面,在宏观层面上物具有人们所熟悉的微粒或能量特性,而出于所有实际考虑,经典物理对宏观层面的描述都是成立的。但这并不意味着量子理论不适用于宏观层面,它可以应用在所有地方,因为整个宇宙都是量子的。但是除了在非常特殊的情况下,当波函数相互作用时它们便坍缩或退相干为粒子。这也就是为什么宏观世界是呈现在我们面前的样子——经典的样子。因此,唯物主义者可以认为即便物在终极的量子意义上不再是我们习惯的、传统认识的物,与心身问题相关的物仍然是。

但是如果正统观点是错的呢? 如果心灵的物理并非经典,而是量子的呢? 这里并不是在琐碎意义上说整个实在都是量子的,而是在实质意义上强调意识本身是量子力学的。[111]这便是"量子意识理论"的激进假设(第二部分)。该理论由两部分构成:量子大脑理论(quantum brain theory)与泛心论。后者在解决困难问题上起着主要作用,而前者在回应对后者的批评方面扮演着重要角色。基于这些要素,我将比该理论的多数拥护者走得更远,我认为该理论隐含着一种新的、量子形式的生机论。

量子大脑理论假定大脑能够在宏观和有机整体(whole-organism)层面维持量子相干性——即波函数(第五章)。该理论的拥护者尚未在大脑如何做到这一点的问题上达成一致,他们从不同角度探索了各种可能性。最为先锋和知名的学说由斯图尔特·哈默洛夫(Stuart Hameroff)与罗杰·彭罗斯(Roger Penrose)创立,[112]但是正如我们将要看到的,还有许多其他学说。不过无论它们之间存在怎样的差异,结论都是一致的——大脑是一台量子计算机。

关于量子大脑理论是否正确这一问题尚不确定,且极具争议,但是该理论已经吸引了越来越多的支持者。有两点理由也许可以解释人们对该理论的兴趣。

首先,我们对于神经层面之下的大脑所知甚少,因此我们今天"知道"是错误的也许将来会被证明是正确的。其次,在意识问题上,经典视角并没有取得任何进步。因此,对于质疑量子意识理论不可能正确的人来说,人们可以轻易地反驳:经典意识理论也不可能是正确的!

量子大脑理论将亚原子层面所知的效应向上延伸至大脑的宏观层面。但是,仅靠这一点该理论尚无法解释意识,因为它并不能告诉我们为什么任意物理系统即便是像量子计算机一样难以想象的复杂系统,能够具有意识。这一问题将由泛心论的本体论来解答(第六章)。

泛心论则将宏观层面的已知效应——即我们是有意识的——向下延伸至亚原子层面,也就是说物质内在是有心灵的。基于这一根本心理性(Fundamental Mentality)原则,泛心论不仅反对唯物主义,而且反对唯心主义与二元论。唯心主义者给予心灵优先地位,而泛心论者只是将心灵视为物的其中一个方面,而不认为物可以还原为心灵。同理,虽然泛心论者在心身不同这一点上与二元论者意见相同,但是不同于后者,前者并不将物视为纯物质的,因而心灵是物之上的实体(substance)。心身构成一种二象性(duality),而非二元论。后文中我将谈到,这种二象性涌现于既非心理性亦非物质性的基本实在(该观点被称为中立一元论)。

泛心论可以追溯至古希腊,近现代的伟大哲学体系如斯宾诺莎(Spinoza)、莱布尼茨(Leibniz)、叔本华(Schopenhauer)、怀特海(Whitehead)等体系也有相关表述。但是正如生机论一样,20 世纪 40 年代之后,泛心论便在西方哲学中成为笑柄,因此在心身问题的文献中被忽略了几十年。因此,这一想法自 20 世纪 90 年代以来在心灵哲学以及(有趣的是)物理哲学中的强势复苏也许正凸显了唯物主义的当代危机。[113] 因为与经典物理学不同,量子力学给了心理一个明确的位置——波函数的坍缩。正如物理学家弗里曼·戴森(Freeman Dyson)所言:"心灵已存在于每一个电子之中,而人类意识的过程与电子选择量子状态的过程之间仅存在程度上的差异,而没有本质差别。当量子状态之间的选择由电子做出时,我们称其为'概率'。"[114] 需要明确的是,量子理论并不意味着根本心理性,但是从物理上量子理论允许心理性的存在,并因此产生了十分优雅的量子物理诠释。因此,量子意识理论意味着现代科学最为深远的两个谜题——如何解释量子理论与如何解释意识——是同一个硬币的两面。虽然我在这里不怎么关注第一个问题,我认为使这两个问题进行对话能够让我们为后一个问题引导出答案。

　　这样便需要我们重新审视生机论的威胁问题（第七章）。在前面，我用这一威胁发展出一个意向性解释的反证法（reductio）：由于"我们都知道"没有生命力这种东西，意向性解释便与生机论一样是非科学的。而现在再来看，生机论者又似乎一直以来都是正确的。通过量子生物学快速发展的文献来推断，我认为存在着一种不可还原的"生命力"，即量子相干性，只有通过内在的经验才能感知。在这一"量子生机论"（quantum vitalism）[115]中，我们最终会得到以下哲学思想的升级版本：歌德（Goethe）的生命哲学（Lebensphilosophie）、19世纪的浪漫主义（romantics），以及之后的叔本华、尼采（Nietzsche）、梅洛-庞蒂（Merleau-Ponty）等。这一观点质疑现代科学的一个基本形而上学假设，即所有终极解释原则上都必须是"死的"。[116]量子意识理论认为经验可以贯穿各个层面并存在于微观粒子，进而挑战了这种死亡哲学，应和了伟大物理学家尤金·维格纳（Eugene Wigner）的观点：物理学最深刻的问题最终将通过生物学得到解决。[117]量子生机论不仅不会将意向性状态排除在社会科学之外，反而恰恰是意向性状态的基础。

　　如果量子意识理论是正确的，那么对人类和社会的物理约束便要遵从量子而非经典世界观。这一点是非常重要的，因为在经典世界中许多不可能的事情在量子世界都是可能的，因而量子观点不仅为社会科学克服二元论提供了机会，还能够完全扩展我们对于社会现实（social reality）概念的认识。

　　量子社会科学的基本要求，或者说是它的正面启发（positive heuristic），是通过量子理论重新思考人类行为。为了达到这一目的，在本书的后半部分，我将探讨量子意识理论对于社会本体论的启发，特别是能动者-结构问题。在进行这一尝试时，我并不奢望能够对该问题相关的庞大文献进行全面恰当的整理，目前为止这一问题的讨论都是基于隐含的经典前提。我的目标只是以一种仿佛是首次对该问题进行理论化的方式，通过量子视角来建立能动者-结构问题的理论。

　　在第三部分，我将聚焦于人类能动者，并将其从社会背景中隔绝开来，借此解密个体量子心灵为社会层面带来的影响。我将分别用一章来探讨三个心理官能（mental faculties）——认知（cognition）、意愿（will）以及经验（experience）。在第八章中，我将归纳量子认知、决策以及博弈论，在这些领域中关于人(sic)的量子模型拥有最有力的证据。这些研究的结果是,相对于经典观点,即人类的大脑中有一套确实的心理状态且人类基于它们而行为,这些状态其实只是作为"叠加态"(superpositions)或潜在状态的波函数形式而存在,直到这些确实状态在相互作用中被生成。我将这一点联系到后结构主义理论家所建立的能动性施为观点(performative view of agency),并说明量子心灵是这一施为观点的物理基础。在第九章,我将对意愿进行讨论,我认为量子模型所支持的两个观点与常识保持一致,但在经典观点看来确是反常的:意愿在本质上是自由的,而它的因果力是目的论而非机械论的。最后,在第十章,我将讨论经验,特别是我们的时间经验,我认为它呈现一种时间上的非定域性。这意味着在某种意义上,改变过去是可能的,不是叙述性的而是确实地去改变过去。

在第四、五部分,我将讨论社会结构的本质。虽然我在第三部分将能动者相互隔绝开来讨论,但贯穿各章的主要观点是,由于我们自出生便在社会结构中发生纠缠(entanglement),人类的心灵是无法完全被分隔的。不可分性是指量子体系的状态只能基于其与相对更大整体的关系来被定义。这是量子力学非定域因果性(non-local causation)的基础,也使得量子现象是不可还原并具有整体性的。

在第四部分,我将聚焦于语言这一特殊例子,语言是其他所有社会结构的媒介。在这一部分,我的讨论将会基于迅速发展的关于量子语义(quantum semantics)的文献,这些文献说明概念呈现了一种"语义非定域性"(semantic non-locality)。从这些研究中,我主要选取两点启示。首先,主流观点认为语言含义(linguistic meaning)是组合式的,其基础是隔离开来的基本单元,而与此相反,语义非定域性意味着意涵是不可还原和背景式的(第十一章)。其次,这一点继而为他心问题(the Problem of Other Minds),即关于人类如何才能相互了解的思想提供了新的视角。光使得视觉对象的非定域"直接感知"(direct perception)成为可能,基于与光的类比,我认为语言能够使我们与其他心灵做同样的事——即语言就像光一样(第十二章)。

最后,在第五部分我将更直接地讨论能动者-结构问题,并挑战涌现论(emergentist)本体论与还原论(reductionist)本体论,前后两者分别与批判实在论和理性选择理论(rational choice theory)相关联。在第十三章中,我挑战涌现论本体论，主张社会结构并不是空间中存在于我们之上的确实实在（actual realities），而是本质上被非定域共享的波函数所构成的潜在现实（potential realities）。这样，量子理论便强调了一种"扁平的"而非分层的社会本体论，在这一本体论中只有个体人才是真实的实在。虽然这样看起来像是在为个体论（individualism）背书，量子理论的整体论（holism）与非定域性说明这种理解是错误的。这里的关键所在是量子背景下涌现的独特特质。当应用于社会生活时，量子涌现（quantum emergence）为能动者-结构问题给出的解答与最近社会理论的"实践转向"（practice turn）类似，根据实践转向，能动者与结构都是实践的涌现效应。在第十四章，我认为所有这些都指向一种生机论的社会学。以国家为例，我认为国家是具备了集体意识的全息有机体（holographic organism）。

重新发明轮子？

第三—五部分发展的社会本体论将扼要总结许多在社会科学中已经存在的观点，其中有一些是广为接受的（例如意向性解释是合理的）。这并不意外。虽然我前面提到过当被询问时，大多数社会科学学者会说他们的研究在终极上是基于经典力学的，但是他们并不经常或明确地考虑这一约束。相反，他们继续尝试以任何最适合的工具来解释社会生活，而这些工具大都源自常识心理学而非物理学。常识心理学在很大程度上是基于意向性现象的，而我已说明这种现象无法与经典世界观相协调，因此大量现存的社会科学便必然至少是隐含地具有量子性。

但是，这样便带来一个问题：向社会科学明确引入量子理论是否会带来重新发明轮子的问题？* 我希望在读完本书后，读者可以被说服答案是否定的，本书的尝试具有确实的附加价值。这里让我先强调 6 点我认为本书可以达成的贡献。

---

* 即重新制造或发明一个已有或已被优化过的事物或方法、做无用功。——译者注

第一，通过为意识与意向性现象提供自然主义基础，我希望能够统一自然与社会科学的本体论。如果我是正确的，将能够证明那些社会科学学者习以为常却在经典视角下不合理的理论实践其实是合理的。不仅如此，本书也将超越社会科学而指向哲学或更多领域，为人类经验以宇宙为家提供了可能。

第二，即使本书观点确认了现有的理论实践，量子理论将依旧迫使我们重新思考这些实践该被如何理解。例如，意向性解释不会被视为已有的心理状态的机械解折叠（mechanical unfolding），而不可见的社会结构也不会被视为真的是真实的。

第三，由于这些改变，现在被认为是反常的现象将得到解释。目前最明显的例子是量子决策理论在解释锚定效应（Kahneman-Tversky effects）方面的成功，但正如我们将要看到的，还有许多其他经典社会科学的反常将在量子视角下得到预测。

第四，更富前瞻性的一点在于，量子理论的概念、逻辑和方法工具使得发现新的社会现象成为可能。例如结构力（structural power），这是一个经常被批判理论家所使用的概念，而这一概念从经典视角来看只能是一连串的定域性力量关系（local power relations）——因而必定是一种错觉。但如果我们将结构力以非定域性因果（non-local causation）的形式进行理解，那么它便非常真实的了，至少在量子意义上。

第五，如果量子意识理论被作为意识的解释，那么互补性（complementarity）的概念便可能解决实证主义者与解释主义者之间的矛盾。虽然我在本书中不会过多谈到认识论的问题，考虑到两者之间争论的激烈和棘手程度，这也许将是量子社会科学最为重要的回报之一。

最后，我的观点也许还具有重要的规范性启示。目前多数关于社会生活的主流规范理论，特别是自由主义传统，均假设这个世界中的个体是分隔开来的、本质上是前社会的，继而这些个体以各种途径取得社会性（sociability）（自然状态[state of nature]等观点）。在这种原子论（atomistic）与竞争性的观点上不难发现经典世界观的烙印，但是量子现象的特点是整体性与"合作性"的。这便为规范理论指向了一个更加社群主义（communitarian）与关于关系的论述起点，这意味着社会性与其说是奋斗的成就，不如说是人类存在的前提与准则（norm），果若如此的话，我们对于他人的义务便要更加深刻得多。正如认识论的问题一样，我在该问题上不会涉及很多，但是如果将社会变得更好是社会科学学者从事研究主要目的之一的话，这一题目在之后的研究中便有必要得到进一步发展。

总之，虽然社会生活是量子力学的观点初看起来也许有些怪异，且我的一些观点的确比较激进，但是我希望说明的是，用量子视角来审视社会生活实际上比起撞珠相撞这种经典模型远更符合常识。不仅如此，正如我将在本书结论中所说的，这一视角是如此优雅以至于它不可能是错误的。虽然我们要为量子意识理论的两个观点——即大脑是量子计算机、意识在基本层面存在于物当中——付出一些代价，但是所得是极其丰厚的，许多从最开始便一直困扰社会科学的棘手问题可以得到解答。这些观点的确是猜测性的，但是每一条都没有超出我们目前关于大脑或量子物理的所知范围，从这一点来说它们并不比传统理论显得更具猜测性——况且潜在的回报是巨大的。如果经典社会科学果真是建立在错误的基础之上，那么量子社会本体论不仅不是重新发明轮子，相反它将为我们的轮子提供正确的行驶平台。

虽然这样讲，我还是应当强调这本书的观点大概应当被以一种"仿佛"而非实在论的方式来理解。我对于本书论点的个人信念使我在这上面花了十年的时间。但是这些观点是否能够得到证明，并不在于读者在读完本书之后便开始相信社会生活真的是量子力学的。毕竟许多我所借鉴的专家（如量子决策理论学者）本身在其研究成果的哲学启示问题上也持不可知论的态度，更不用说接受泛心论这种学说！我认为，本书观点的证明有赖于读者是否被说服量子视角至少为思考社会科学的长期争论乃至最终进行社会科学实证研究提供了一种有价值的启发。如果是这样的话，我便认为我的努力是成功的，我们可以把实在论的问题留待以后讨论。

将你的观察者置于情境当中

正如我们稍后将要看到的，观察在量子现象中扮演着重要的角色。虽然关于这一角色的本质尚有争论,可以明确的一点是,与经典世界观相比,观察的地位非常不同。在经典世界观中,人们假设了主体-客体两分法,因而我们至少可以追求以一种中立和被动的方式进行观察,如实记录客体的特性,而这些特性被假定是独立于我们存在的。[118] 将观察者的价值或兴趣注入这一过程将打破主客体差异,导致相对于真实值的测量偏差。而观测亚原子粒子则完全是另一回事。在绝大多数的量子理论诠释中,粒子不能被认为是先于观测而存在的,观测量子系统的准备过程将产生一种与观察者之间的纠缠,而这一纠缠会决定什么被最终看到。这并非意味着观察者确实创造了实在,但这的确意味着观察者参与到了被实际观测到的结果中,因此即便是在原则上观察也不能像在经典理想情境中那样被与被观察客体分隔开来。

这一主客体两分法的崩塌使得考虑下面这个问题变为很自然的,即我为读者所观察的实在与我本人之间的关系。在某一层面上,这一实在与读者的实在是一样的,即被我认为是量子力学的社会生活。但是,我不会通过实验检验量子假说的方法来直接发展这一观点,而是通过不同学科的哲学与科学论述,对于这些学科来说我完全是个门外汉。虽然我努力搞清楚这些论述的含义,我却不具有任何权威对这些观点进行评论。出现半瓶子醋和纯粹愚蠢的风险是显而易见的,此外我的观察也许只是创造了一个推断的实在而非仅仅在观察它。简言之,买主购物自行小心(caveat emptor)!

但是我认为在这本书中我可以扮演一个有用的认识论角色,正如人类学家的角色一样。[119] 我认为每一项学术研究事实上都构成了一种不同的文化,拥有其自身的假设与关注重点。就像人类学家一样,我并不冒充拥有这些文化的业内知识,特别是由于我的"田野调查"由阅读文本构成,而非与本地人交谈。[120] 不仅如此,我对于这些文本是有选择的,我的目的并不是根据这些文化的自身角度对其进行理解,而是寻求支持我自己关于社会生活的量子观点。(因此相对于 21 世纪的人类学者而言,我的做法也许更像是 19 世纪的人类学者!)部分出于这一原因,虽然我引用了大量社会科学以外与我论点相关的文献以使读者能够跟上我的思路,[121] 但我依然不试图对每一种文献进行全面综述。我的目标是只是说明我是如何看待这些问题的,从我所位于的"某处"而非一个客体性的"无处"。

虽然这意味着后文所阐述的每一点都不应被简单视作完全正确的，人类学的态度却有两个优点，不仅是对于我自己的观点，也是对于我观察的"主体"而言——如果他们能够忍受一位没有相关背景和挑战传统观念的客人的话。首先，如果基于引用特点来做判断的话，我所观察的文化都具有一个十分鲜明的特点，它们彼此之间十分隔绝，即便是在谈论同样的事物，这使其更像是一大片群岛而非一个接壤的国家体系。"越岛作战"（island hopping）可以使我能够突出强调它们的潜在联系，且可能在这一过程中开启一些对话。其次，作为局外人，在谈论一些问题时我拥有局内人所没有的自由——就好像我在前文的"皇帝的新衣"观点：在尝试了 350 年解释意识而无果后，也许唯物主义根本就是错误的。至于在每一个问题上我是否像个傻瓜或只是陈述了一些显而易见的东西，将取决于读者的判断，而读者同样是置于情境之中并参与其中的观察者。[122]

但是，在读者对我的观点进行判断时，我希望读者能够像本书一样以整体的方式来看待这些问题。任何可能都是因为，本书的观点并非源自对参考书目中所有文献的仔细阅读，更不是基于专家意见，而是取决于基本观点如何组合成为一个连贯的整体。虽然本书的论述十分复杂，但其主要观点则非常简单——人类是行走的波函数——且并不十分依赖细节。正如本书旨在描述的社会现实一样，在量子意义上本书也是涌现的。

注　释

1. 如果读者可以原谅我在此引用创世纪（Genesis）乐队 1986 年热门歌曲，参见 Disturbed 乐队于 2005 年的翻唱。

2. 我认为此观点源自 20 世纪 20 年代弗兰克·拉姆齐（Frank Ramsey）的观点。

3. 参见 Zohar and Marshall（1994）。

4. 参见 Wendt（1999）。

5. 虽然就波函数的本体论的认识尚存有争论，没有人认为它与经典物理范畴内的事物拥有同样含义的真实性。

6. 参见 Brandt（1973）、Rosenblum and Kuttner（1999）、Bitbol（2002）、Heelan（2004）、Pylkkänen（2004）、Filk and Müller（2009）、Grandy（2010）、Kuttner（2011），以及（考虑到读者大概好奇于会计领域的类比）Fellingham and Schroeder（2006）。

7. 参见 Munro（1928）。

8. 参见 Mirowski（1989）。

9. 尤其参见 Busemeyer and Bruza（2012），其中包括了比较好理解的关于量子理论、盖然性以及逻辑学的简介。

10. 我认为之所以需要"大多数"这一限定词，是在于该领域文献问世时间较短，因此无法涵盖所有相关的人类反常行为；参见第八章。

11. 由于"量子生物学"的出现（参见第七章），生物科学领域或许也将产生类似的现象。

12. 参见 Lakatos(1970)。

13. 参见 Atmanspacher et al.(2002)以及 Walach and von Stillfried(2011)。由于这些研究使用了数学形式系统来进行量化预测，我认为量子决策理论并不止于单纯的类比方式。

14. 参见第七章以及 Atmanspacher(2011)中较晚近的概述。

15. 我将会交替使用这些术语。大多数社会科学论述往往将"实证主义"置于科学或批判实在论(critical realism)的对立面。我则赋予"实证主义"更为宽泛的含义，盖因我认为实在论者等同于自然主义者，因此便也是实证主义者。

16. 关于该争论的简介请参见 Apel(1984)以及 Hollis and Smith(1990)。

17. 关于国际关系和社会理论中的能动者-结构问题讨论，可参见诸如 Wendt(1987)、Wight(2006)，以及 Elder-Vass(2010a)。

18. 可参见诸如 Haven and Khrennikov(2013)以及 Khrennikova et al.(2014)。

19. 参见 Barad(2007)、Bitbol(2002；2011)、Heelan(1995；2009)，以及 Plotnitsky(1994；2010)。

20. 向中国共产党道歉（物理的因果闭合英文缩写与中国共产党在英文语境下的缩写一样，都是 CCP，虽然中国官方使用的中国共产党英文缩写为 CPC。——译者注）；有关 CCP 以及其理论的简介，参见 Papineau(2001)以及 Vicente(2006；2011)。

21. 抑或至少是所有存在于世俗并具因果力的事物；CCP 并不排除上帝或其他灵体现象存在的可能性，然而若该两者存在，其对自然界的运作并无因果作用。

22. 参见 Fodor(1974)。

23. Cartwright(1999)；同时参见 Dupré(1993)以及 Ziman(2003)。

24. Sklar(2003)；同时参见 Pettit(1993b)以及 Hoefer(2003)。

25. 如今被视为量子场论。

26. 参见 Sklar(2003：433)，原作者加注强调；同时参见 Ladyman(2008：745—746)，"若特殊科学假设与基本物理规律相悖……基于这一点本身，这些假设应已被推翻"。

27. 至少是当下所理解的"物理主义"；参见下文。

28. 参见诸如 Kim(1998：147)，Papineau(2001)，以及 Vicente(2006：168，note 5)。

29. 参见 Montero(2001：63；2009)。

30. 该问题被称作"亨普尔两难"(Hempel's Dilemma)。关于该问题的研究讨论可参见 Crook and Gillett(2001)；关于物理主义的详尽介绍可参见 Poland(1994)。

31. Montero(1999；2001；2009)；同时参见 Crane and Mellor(1990)以及 Davies(2014)。

32. 参见 Montero(2003)、Wilson(2006)、Brown and Ladyman(2009)，以及 Göcke(2009)；有关无基本心理性对物理主义的限制上的争议，参见 Judisch(2008)以及 Dorsey(2011)。

33. 然而，晚近的例外可参见 Göcke, ed.(2012)以及 Swinburne(2013)，另外 Stapp(2005)以及 Barrett(2006)认为量子力学隐含了二元论的意味。针对实体二元论的怀疑并未延伸至性质二元论(property dualism),后者认为物体的复杂构成最终产生不可还原的心理性;参见诸如 Koons and Bealer,eds.(2010)。

34. 感谢特德·霍普弗(Ted Hopf)为我梳理此论点。

35. 存在两种激进的不同观点,参见 Porpora(2006)以及 Gregory(2008)。

36. Habermas(2002:160).

37. 参见 Jahn and Dunne(2005)。

38. 这里要向苏联道歉。这些与 CCP 和 CCCP 的权威主义层面的关联当然都是碰巧而已。

39. 然而就社会科学与物理主义的关系则有一些讨论,参见 Neurath(1932/1959),Papineau(2009),以及针对帕皮诺(Papineau)的批判性回复可见 Shulman and Shapiro(2009)。

40. 参见诸如 Mirowski(1988)、Cohen(1994),主要讨论经济学的 Redman(1997),以及关于心理学的 Gantt and Williams(2014)。需注意的是,"经典"这一前缀是在量子物理出现后才添加的。

41. 参见 Cohen(1994)。

42. 例外是存在的——可见 Maston(1964)、Brandt(1973)、Weisskopf(1979)、Shubert(1983)、Karsten(1990)、Becker,ed.(1991),以及 Peterman(1994)——但这些不同观点并没有出现累积的发展,在如今也是鲜为人知的。

43. 例如 Roy Bhaskar(1979;1986)以及他的追随者那样的批评实在论者提倡一种解释自然主义(同时参见 Wendt,1999;第二章)。此处关于更宽泛的解释主义的问题涵盖了批评实在论的解释主义层面,而它的自然主义层面,特别是对了解不可见的深层结构的关注,将在后文讨论。

44. Apel(1984)中提及了一个例外,虽然相较于本体论作者更侧重于关于认识论的研究讨论。

45. 参见 Ephraim(2013)。

46. 对于这一点,如下所论,在学术实践中即便很多实证主义社会科学也没有注意到经典物理的约束。

47. 这种观点在笛卡尔提出现代心身问题的 17 世纪是合理的,但是唯物主义的影响体现在即便是在量子物理出现之后这一观点仍然在当下是基本不受质疑的前提假设。

48. 尤其参见 Chalmers(1995;1996);van Guilick(2001)中著有一篇关于当前心身问题几种主流观点的述评。

49. 的确,由新学科"社会神经科学"(social neuroscience)的出现可见,越来越多的社会科学学者开始参与其中。

50. 参见 Güzeldere(1997);Ram(2009)中列出了 40 种不同的定义。

51. Nagel(1974);同时参见 Siewert(1998)以及 Horgan and Kriegel(2008)。

52. 关于二者之间区别的讨论,参见 Kriegel(2004)。

53. Levine(1983;2001);同时参见 Gantt and Williams(2014),该作中表明鸿沟同时也是关于本体论的。

54. 参见 Jackson(1982:130;1986)。

55. 参见诸如 Cummins et al.(2014)。

56. Chalmers(1996:101)。

57. 关于此争论的优秀介绍，可参见 Clayton(2006)、Kim(2006)、Wimsatt(2006)、Corradini and O'Connor，eds.(2010)，以及 O'Connor and Wong(2012)。

58. 如 Bedau(1997:377)所言，涌现"如魔法一般不自然"。有关涌现以及心身问题，参见 van Gulick(2001)；基于此上的对涌现主义的辩护，参见 Megill(2013)；对涌现主义的批判，则可参见 Strawson(2006)以及 Lewtas(2013b)。

59. 引用自 Kirk(1997:249)。关于从唯物主义角度解决心身问题所面临的挑战，参见 Levine(2001)、Bitbol(2008)、Majorek(2012)、Nagel(2012)，以及 Lewtas(2014)。

60. 我认为许多哲学家同 Noë and Thompson(2004)一样，对于单凭神经科学是否可以解决此问题依然存疑。然而，神经科学家依旧在继续尝试，例如参见 Feinberg(2012)。

61. 另一个由"新唯物主义者"(New Materialists)提出的新方法主要源于人文，他们试图在长期被社会建构主义(social constructivism)所主导的领域中加入一种唯物主义，可参见 Coole and Frost，eds.，(2010b)。基于对物质的再思考，新唯物主义与我本人在第七章中的论点有相近之处，但鉴于新唯物主义的提倡者没有参与心灵哲学的讨论，我在此便不做赘述。

62. 参见 Papineau(2011)，关于更具体的维特根斯坦在类似问题上的看法，参见 Bennet and Hacker(2003)、Overgaard(2004)，以及 Read(2008)。

63. 参见 McGinn(1989；1999)。

64. Lewtas(2014:337)将其与有神论者针对邪恶问题(the problem of evil)的答复做类比。

65. 参见 Noë，ed.(2002)、Wegner(2002)，以及 Sytsma(2009)。

66. O'Connor and Wong(2005:674)。

67. 关于唯物主义在这一历史节点的不理性，参见 Lewtas(2014)。

68. 关于视唯物主义为信仰，参见 Montero(2001:69)、Velmans(2002:79)，以及 Strawson(2006:5)。

69. 然而，在没有理由期待如此突破的前提下，我们并不清楚为何应对其抱有希望；参见 Lewtas(2014:329)。

70. 参见 Nagel(2012)中对该危机的陈述，不仅涵盖了心身问题，也谈及了演化理论的思考等问题。

71. 然而，如果人类并没有意识，那么要求以人类作为研究对象的学者将其研究交由"伦理审查委员会"(Institutional Review Borad)审核想必便是多余的了(伦理审查委员会即 IRB，职责在于批准、监管与人类和动物有关的实验和调查研究。——译者注)。

72. 我认为 Scott(1991)中关于经验的详尽讨论能够说明这一论点。

73. 由于现代社会理论中对于主体性的忽视，晚近可见一些"重新审视主体性"的尝试，本书可被视作为这些尝试提供了一个物理学的基础。参见诸如 Frank(2002)、Freundlieb(2000；2002)、Henrich(2003)、Ankersmit(2005)、Ortner(2005)、Archel(2007)，以及 Heelan(2009)。

74. 参见 Wallace(2000)。

75. 有关于意向性的哲学著作介绍，可参见 Jacob(2014)。

76. 尤其参见 Gilbert(1989)以及 Searle(1995)。

77. Siewert(2011:17)。

78. 参见 Searle(1992:132)，被引用于 Kriegel(2003:273)；同时参见 McGinn(1999)以及 Strawson(2004)。

79. 有关于真正拥有与单纯赋予意向性状态的差别，参见 Dennett(1971:91)，有关于机器拥有意识可能性的对比意见，参见 Gamez(2008)以及 Gök and Sayan(2012)。

80. 关于该争论的评述，参见 Siewert(2011:16—19)；Kriegel(2003)中精简地分析了瑟尔(Searle)(以及麦金[McGinn])关于意识首要性观点。

81. 若读者能见谅这里的军事类比，闪电战是唯一能发起这一战役的方式——将我的论据全部集中在反对阵营的弱点(心身问题)上，将其击破，绕过局部阻碍，并希望全方面的胜利能使这些局部抵抗最终丧失威胁性。

82. 参见 Dennett(1996)。

83. 参见 Garrett(2006)。

84. 参见 Ringen(1999:168—169)。Moore(2013)中有一篇近期的从行为主义角度对唯心主义的批判；另外，在 Foxwall(2007;2008)中有对行为主义以及局限性的认同讨论。

85. 尤其参见 Churchland(1988)；以及更为晚近的 Irvine(2012)，该作者主张意识这一概念在科学领域中不应享有一席之地。

86. 在第八章中我将解除这一威胁，并非通过摒弃生机论，而是为生机论提供一个量子基础。

87. 关于多重可实现性的讨论以及引用，参见 Wendt(1999:152—156)。

88. 参见 *Review of International Studies* 中"Forum on the State as Person"(2004)一文，以及 Wight(2006:215—225)极好地融合了各方视角的评述。

89. 参见 Wendt(2004)。

90. 同时参见 Coulter(2001:33—34)。

91. 关于与之相左的意见，读者可查阅 Paul Sheehy(2006:97—130)，其系统化阐述的观点为：群体其实是物质客体，因为群体本身由相互间产生因果力的个体关系的形式所组成。总体而言，我十分赞同希伊(Sheehy)关于群体的整体性理论(详见第十二章)，然而组成群体的个体关系终究是基于心灵的，因此我认为构成群体的关系是无法与将物理性理解为物质性的经典观点相协调的。

92. 正如 McGinn(1995)所指出的，在定位意识上也存在相似的问题。

93. 该词取自 Hindriks(2013)；可对照 Sheehy(2006:104—107)。

94. Hull(2013:54)；同时可参见 Maynard and Wilson(1980)。虽然具体化这一概念最初是一种马克思主义的想法，它此后也被其他社会理论所适用；参见 Hull(2013)中出色的对这一概念理论中立化的概念讨论。

95. 参见 Kim(1998:31)，原作者加注强调；同时参见 Maul(2013)。

96. Friedman(1953)或许是对该观点最出名的陈说，不过这一观点以不同的方式在社会科学界被广泛接受。

97. 同时参见 Dennett(1971;1987)关于"意向性立场"的讨论。

98. Godfrey-Smith(2009:101)。有关错误模型在社会科学研究中的价值，参见 Rogeberg and Nordberg(2005)以及 HIndriks(2008)。

99. Vaihinger(1924)；费因格(Vaihinger)观点在当代的复苏参见 Fine(1993)，以及晚近的基于法恩(Fine)观点的讨论研究，参见 Contessa(2010)。

100. 如此以至于 Giere(2009)担心在如今的"文化环境"下,对于科学模型均属幻想这一观点的过度推崇可能为创造论者(creationist)和其他一些人提供契机,使其能够打破科学与幻想之间的壁垒。同时参见 Sklar(2003:438)。

101. 不过还是可以参见 Janzen(2012),其将界线划于幽灵。

102. 例如可参见 Bokulich(2012)中针对幻想是可以被解释的这一观点的详尽辩护,连同 Schindler(2014)对博库利奇(Bokulich)的批判一样,两者都暗示了该假设。

103. Godfrey-Smith(2009:104).

104. 同时参见 Wight(2006:211—212)。

105. 参见 Frank(2002:391)。针对意识和道德认知关联的观点,可参见由费伦(Phelan)和韦兹(Waytz)所编辑的 *Review of Philosophy and Psychology* 的特刊(2012)。

106. 例如可参见 Wendt(2006)对 Wendt(1999)的刻薄批判。

107. Freundlieb(2000:238).

108. 参见 Jackson(2008)中一个尤为精妙的尝试。

109. 该词取自怀特海(Whitehead);参见 Jones(2014),以及更宽泛层面上 Barham(2008)。

110. 参见 Montero(1999)。

111. 必须二选一的原因在于只有经典和量子两种物理学(相对论属于经典物理的一部分)。当代物理诚然是不完整的,但是我们可以预期未来的物理学将量子物理纳入其中,正如量子物理对经典物理那样。

112. 参见 Hameroff(1994)以及 Penrose(1994)的精湛论述。

113. 参见 Malin(2001),Primas(2003),Pylkkänen(2007),以及其他在第六章中被引用的作者。

114. 引用于 Skrbina(2005:199)。

115. 该词取自 Hameroff(1997)。

116. 参见 Montero(2001:71);如叔本华所说的,唯物主义"自诞辰便只与死亡相伴"(引自 Hannan[2009:11])。

117. 参见 Wigner(1970),以及 Matsuno(1993)。

118. 关于这方面优秀的论述,参见 Jackson(2008)。

119. 更持怀疑态度的读者也许会说马可·波罗与此更为相似,他的神奇故事的真实性存疑,但至少他鼓励了其他人去亲自探索。

120. 然而,我在第一部分中的研究讨论确实很大部分上得益于两位物理学家,克里斯·温特(Chris Wendt,我的兄弟)和巴德雷迪恩·阿菲(Badredine Arfi),以及与一位了解物理学的心理学家杰尔姆·布西梅耶(Jerome Busemeyer)的交流以及他们的评论。

121. 与之相对的,我只在必要时才引用社会科学学术作品,因为若恰当地参考社会科学学者在我所涉及话题上的所有作品,本已很长的参考书目会被愈加拉长。

122. 不论如何,对于我而言,这本书即是"亚历克斯的精彩冒险"(作者温特名为亚历山大,简称 Alex。——译者注)。

第一部分
量子理论及其诠释

导　言

前面第一章探讨了现代科学最深刻的谜题：如何解释意识。这一部分将探讨另一个谜题：如何理解量子力学。两个谜题都涉及如何与经典世界观相协调的问题，这暗示着二者可能是相关的。此外，另一个暗示是，经典物理学不讨论意识也不允许意识的存在，而量子理论则用非常直白的方式提出了意识问题以及意识与物理世界的关系。这些暗示并不一定意味着两个谜题之间存在联系，但是在这一部分的讨论结束时，我希望能够说明为什么寻找这种联系是很自然的。

我在此更直接的目的是为社会科学读者提供一个关于量子理论实验发现的介绍性理解、它的关键概念，以及关于量子理论诠释的争论。这里的讨论不会假设读者拥有任何关于量子物理的知识储备，也不会涉及任何数学。没有公式的量子理论也许看起来会有些矛盾，而阅读这一部分的讨论显然也无法使任何人获得使用量子理论的能力。但是毋庸置疑的是，即便无法使用量子理论也是有可能把它搞明白的。量子理论的发现可以通过普通语言进行沟通，其主要概念与关于诠释的争论亦是如此。这种情形的影响之一便是关于量子理论的大众读物如雨后春笋般的出现。[1]不过，不仅流行读物不包含数学公式,很多专业哲学文献也是如此(这两种文献我都会在下文予以借鉴)。物理哲学家的训练当然包括数学,这是他们完全理解相关问题的必要条件。但是关于量子理论的首要问题却并不是关于物理的,而是关于形而上学的。只要我们理解了基本要点,便应该可以进行深入的讨论。

话虽如此,使用"理解"一词在这一背景下是有些不恰当的。因为即便是物理学家,也没有人真地理解了量子理论,如果理解指的是量子理论关于现实告诉了我们什么的话。人们经常引用理查德·费曼(Richard Feynman)的说法:任何声称自己完全理解了量子理论的人其实都不知道自己在说些什么。那么看起来,就像有(一定程度的)可能性做到不需要会用量子理论却理解它一样,不完全理解却能使用量子理论也是有可能的。因此,我的真正目的是使读者明白为什么我们不理解量子力学。这一部分几乎都会讨论该问题,不过这里先让我从两个角度来归纳一下这个问题,一个是从常识的角度,另一个则更加理论化。

对于这一问题最简单的描述是,量子理论所描绘的实在与经典物理学所描述的宏观物质实在完全不同。不过这并非因为量子理论中实在的组成远远小于日常生活中的事物,尺度并不是关键。两者的差异在于量子系统(quantum systems)的特性看起来与宏观实在是完全不一致的:物质客体分解为势场(fields of potentiality),较大的事物无法被还原为较小的,事件看起来没有原因,等等。换句话说,由于经典世界观是我们现今认识世界的常识基础,以直觉来说量子理论根本就是讲不通的——的确,是非常不合理的,以至于20世纪伟大物理学家之一的约翰·贝尔(John Bell)曾说,任何最终从量子理论中涌现的关于实在的图景都必将"使我们惊叹不已"[2]。

对于这一问题更加精确的描述是,量子理论的预测是概然的(probabilistic),而量子系统的实验结果却总是确定性的经典事件。当然,多数社会科学理论也是概然的,但是如果宏观世界是经典的,那么在那些概率之下则必然隐藏着我们尚未发现的本体论层面上的确定性过程(deterministic process)。而在量子世界,这种假设是有问题的。量子概率与经典概率(无论是客观还是主观概率)是非常不同的。[3]而虽然有办法使量子理论成为确定性的,这些方法存在着很大争议,且会在其他理论层面带来很大的代价。因此,当今多数物理学家都相信量子理论是"完备的"(complete),即不存在更深刻、尚未被发现的经典理论或"隐变量"（hidden variable）能够以确定性的方式来解释其预测。那么，我们的谜题便是：如何解释从量子世界到经典世界的转变？这一过程是否真实？如果是的话，是怎样发生的？如果不真实的话，又该如何理解这一过程？

简言之，量子理论并不解释那些关于它所描述的实在的关键问题，并坚决认为这些问题即便在原则上也是无法被科学所解答的。正如史蒂文·弗伦奇（Steven French）所言，我们面临着"物理学中形而上学的不充分决定"（underdetermination of metaphysics by physics）的问题。[4]因此，理解量子理论便是对其进行"诠释"并建立关于实在的一致描述，这是一个哲学问题而非科学问题。自20世纪30年代以来，已有超过12种诠释被提出，而这些诠释均具有非常——的确是极其——不同的本体论与认识论假设（第四章），而由于不充分决定的问题，这些诠释自经提出便从未消亡。由于它们解释的数据相同，从实证角度对它们进行区分是很困难的，即便是可能的话。[5]幸运的是，这种情况并未阻止科学家们使用量子理论，也就是说物理学家在实践中对于哲学讨论是没有什么兴趣的。但是考虑到这一讨论与社会科学的相关性，我们很难忽略它的存在，因为有些诠释意味着量子理论对于社会科学没有影响，而其他一些诠释则认为前者对后者存在大量的启示。

因此，我们面临一个困难的局面：既无法确定哪一种量子理论诠释是正确的，也无法确定量子理论是否与社会科学有关。这种情况也许意味着我不考虑认识论问题而只关注本体论的决定是有问题的，而这样做似乎会将社会本体论的问题简化为个人在形而上学方面的偏好问题，不过我并不这样认为。物理学家（尚且？）无法在量子理论各种诠释当中科学地进行裁决这一事实并不意味着没有其他途径做到这一点：裁决的标准只是需要更加哲学化。量子理论的哲学中存在支持或反对每一种诠释的大量观点。理性的人在这些观点上存在意见差异，但是在任何数据无法产生确定性解答的领域都是如此。毫无疑问，当本书的读者在后文看到这些诠释时，也会对于它们的相对可能性做出判断，即便你无法以实证的方式证明这些判断，你依然可以代替它们提出原则性的考量。量子理论的诠释争论便是关于如何权衡这些考量，由于这一争论今天这些考量已比80年前要清晰许多。此外，我们还有一张未打出的王牌：量子意识理论（第三部分）。量子意识理论是证明现代科学两大谜题之间相互关联的独立的本体论理由,该理论说明了量子理论的正确诠释应该是什么样子的。

这一部分由三章组成。第二章归纳量子理论的三个主要实验发现,以及用于描述它们的关键概念。在第三章,我将讨论量子理论对经典世界观提出的六项挑战,这些挑战可以被理解为"负面"启示,或量子理论告诉我们这世界不是什么样子的。最后,在第四章,我将讨论诠释争论中关于量子理论"正面"启示的五种立场,或这世界是什么样子的。我将主要聚焦在唯物主义和唯心主义诠释的争论上,我个人的观点将为第二部分的泛心论进行铺垫。

注　释

1. 例如,可参见 Zukav(1979)、Herbert(1985)、Friedman(1997),以及 Rosenblum and Kuttner(2006);同时参阅 A.Goff(2006)的"量子井字游戏"(quantum tic-tac-toe),该作被撰写用于指导向有基础的学生教授量子理论。关于更加大胆的尝试,Haven and Khrennikov(2013)提供了一篇出色的针对社会科学家的量子理论概览。

2. 该引用取自 Rosenblum and Kuttner(2002:1291)。

3. 参见 *Studies in History and Philosophy of Modern Physics* 2007 年 6 月特刊中一篇有关量子概然性理论哲学问题的出色概述。

4. French(1998:93).

5. 然而,从积极的角度来看,这解释了争论中双方对彼此的尊重以及相较而言缺失的针锋相对;虽然有强势的意见,但几乎每个人都清楚他们所主张的解答是猜测性的且有可能是完全错误的。至少通过他们的著论,依我的经验来看,物理哲学家是全世界最为思想开明的学者(虽说这一标准的确是很低的!)。

第二章 三 个 实 验

　　量子理论是一种数学形式体系(mathematic formalism)，它使得物理学家能够在亚原子系统实验中对观察到不同结果的概率进行预测。它比任何其他科学理论都得到了更严格的检验，且从未被证明是错误的。但是严格来讲，量子理论并非在"解释"亚原子系统的行为，因为它不对这种行为提出解释机制(explanatory mechanism)。[1]量子理论告诉我们亚原子系统会以某种方式行为的结论，而非原因。因此，量子力学不是社会科学学者熟悉的那种理论，即用以解释现实某一部分的一系列规律。关于解释的问题是量子理论诠释争论的主题，而非理论本身的主题。话虽如此，现有文献通常将量子力学称为理论，所以我在下文中将混用这两种称谓。

　　介绍量子理论的一个惯常方式，是通过一系列证明其预测的关键实验。在本章中，我将描述三个最为著名的实验：双缝实验(the Two-Slit Experiment)、贝尔实验(the Bell Experiments)以及延迟选择实验(Delayed-Choice Experiment)。[2]虽然这些实验描述同一个大的图景，每一个都揭示了量子领域的不同特性。虽然它们的诠释备受争议，我在此处将尽我所能仅去呈现理论的发现，而把诠释问题留待后文。

双 缝 实 验

　　这一实验的起源实际上远早于量子革命。经典物理学最富争议的问题之一是光的性质，争论焦点在于光到底是由粒子还是波构成。牛顿基于其原子世界观，倾向光的粒子或"微粒"（corpuscular）说，整个 18 世纪这都是物理学界的主流观点。但是 1801 年托马斯·杨（Thomas Young）所做的一个实验似乎确凿地证明了波动说（wave theory）的正确性。[3]

在他的实验中，杨在一个暗幕的后面设置了一个光源，暗幕上面有一个小孔或窄缝，光以集中的一束通过窄缝。继而，光束投向第二块幕布，在这块幕布上有并排两条窄缝，通过两条窄缝，光束投射到第三块没有窄缝的幕布上。第二块幕布上的窄缝间距很小，使得透过的光可以在第三块幕布上照亮一块部分重叠的区域。如果光是由粒子构成的，那么我们可以预期重叠区域将比没有重叠的区域更加明亮，因为这一区域是由通过两条窄缝的粒子共同撞击的。但这并不是杨所看到的结果。投向第三块幕布的光形成了一个明暗光带条纹交错的"干涉图像"。只有当光是由波构成时，我们才可能看到这种情形。当波峰遇到另一个波峰时，它们相互放大（幕布上的明亮条纹），当波峰遇到波谷时它们相互抵消（暗条）。杨的这一干涉演示似乎以有利于波动说的方式终结了争论，并因此对日后能量物理学（energy physics）的发展发挥了举足轻重的作用，能量物理学的发展在 1864 年以麦克斯韦（Maxwell）的电磁波理论为标志达到高潮。

但尽管有杨的成就，19 世纪末还是出现了两个波动说的反常，黑体辐射问题（the black box radiation problem）以及光电效应（the photoelectric effect）。前者是关于为何当物体被加热时会发光。经典物理学预测能量将以辐射的方式从加热物体中被连续释放，辐射水平越高，光频越高。但是实验显示这一关系其实是曲线的，高光频与低光频时的辐射水平都是偏低的，而当光频居中时辐射水平最高。更加困扰经典理论的问题是，当所有频率被累加在一起时，结果是无限量的辐射，但这是讲不通的。马克斯·普朗克（Max Planck）于 1900 年通过假设能量不以波动说的连续形式释放解决了这些问题，他假设能量流是以离散粒子或"量子"（quanta）的形式释放，以后他自己称这一做法是"绝望的行为"。以此为前提，普朗克引入了一个数学常数来预测不同频率上的辐射，这一做法成功了。"普朗克常数"（Planck's constant）成为量子力学的基石，它的发现标志着量子革命的开始。

当 1905 年爱因斯坦（Einstein）发表关于光电效应的论文时，普朗克发现的重要意义已显而易见。人们接受,在一定条件下,向一片金属投射一道光可使该金属释放电子。波动说预测当某一频率的光照强度增加时,所释放电子的能量也会成比例上升;此外,波动说还预测只要强度足够大,光电效应就会在所有频率上发生。但是实验证明这是错误的——光照强度可以增加释放电子的数量,但对于它们的能量是没有作用的,而且当波长超过一定水平后光电效应便消失了。这是为什么呢? 爱因斯坦说明这可以用普朗克的模型来解释。能量的基础是波长而非强度变化,在波长较短时光粒子(光子)的能量更高,使得它们可以撞击出金属中的电子,而当波长很长时,光子的能量太弱,则无法再产生这一效应。

简言之,普朗克与爱因斯坦的发现意味着光不是波而是"粒子流",[4]说明牛顿(Newton)的微粒说一直都是正确的。但是问题在于:杨的实验结果依然成立。普朗克与爱因斯坦在他们的实验中证明,光的行为方式像粒子,但是他们的实验与杨的实验所要回答的问题是不同的,因此他们的实验结果并不能说明杨在其实验中发现光的波动行为是错误的。因此,普朗克与爱因斯坦的研究并未证明牛顿是正确的,而似乎是说明光既是波也是粒子,在经典物理"非此即彼"的世界里,这是讲不通的。

如果光或能量可以像粒子或物(matter)一样行为,相反的情况便也是正确的,即物可以像波一样行为。1924 年路易·德布罗意(Louis de Broglie)在其博士论文中从理论层面预测了这一点,并于两年后在电子实验中进行了证实。不同于长久以来被接受的关于电子是微小客体的观点,现在看来它们也可能是"驻波"(standing waves)。[5]一般来说,我们看不到物的这种波动属性,因为寻常事物的"物质波"(matter waves)相对于它们的尺寸来说太小了,而它们的作用可以忽略不计,但是在亚原子层面上,波的大小却足够产生可被观测到的效应。[6]

之后,现代量子版的双缝实验证明所有物质能量(matter-energy)都能够既像波又像粒子一样行为。在这些实验中,一个粒子"枪"打出一束电子(或任何一种粒子)并射向一个双缝幕布。通过双缝,电子的撞击位置在一个摄影幕布上被记录下来。[7]如果我们首先关闭一条窄缝,那么撞击的分布便会在开着的窄缝周围集中分布,在其中一边有一个小尾迹。如果我们关闭这个开着的窄缝而打开另一个的话,我们可以得到相似的结果。如果电子是粒子的话,这便是我们预期得到的结果。这似乎意味着如果我们把两个窄缝都打开的话,会得到两个分布的简单累加,即两个被相连尾端分开的钟形分布。但是,这并不是我们将观测到的:当两个窄缝都打开时,在尾端重叠处我们看到的是典型的波的干涉图像。

　　为了排除电子在穿过双缝之前便相互干涉的可能,物理学家最近设计了一种方法使电子枪一次只打出一个电子。但是即便在这种情况下,如果双缝都是打开的话,一串射击之后仍然产生干涉现象,这意味着每一个电子都穿过了两个窄缝并与其自身发生了干涉![8]由于电子无法被分解,这种干涉似乎是不可能的,因为常识告诉我们一个粒子只能从其中一条窄缝通过。我们可以在每个窄缝处放置"探测仪"来检验这一想法。我们可以确切地发现,探测仪显示每一个电子只通过一条窄缝,这似乎支持了电子是粒子的观点。但是,这一观测产生了一个意外的效果:它破坏了摄影背板上的干涉条纹。这一结果揭示了量子世界一些其他的矛盾特性。

测量是创造性的

　　在没有探测仪的情况下,双缝实验中的干涉现象显示每个电子都同时通过两条窄缝,因而在撞击摄影背板之前以波的方式行为。当探测仪被放置在窄缝处时,干涉图像的消失挑战了这一结论,因为每一个电子此时只能通过一条窄缝,意味着电子一直以来都是粒子而已。但是这显然不可能是正确的,因为这样便无法解释探测仪被挪开后干涉条纹的出现。因此,正确结论应是只要电子没有被观测,它便像波一样行为,而当电子被观测时便会像粒子一样行为。通过某种方式,观测这一行为与我们对电子描述的变化是内在联系在一起的。这意味着在量子世界,观察者与被观测对象组成一个单一系统,而非像经典世界一样是分开的。西蒙·马林(Shimon Malin)将这一现象类比为小孩子的"冰箱门效应":只要孩子打开冰箱门,灯就是亮的,因此孩子假定当门关上以后灯一定也是亮的。[9]但是最终,这个孩子会了解到开门(观测)是使灯打开的原因。虽然不甚清楚电子是否"真正地"发生了改变,这两者之间确实存在某种类比。无论是在本体论或仅是在认识论的意义上,观测是"创造性"的。

波函数的坍缩

此时，我们便很自然地要问，这些似乎只有当我们不做观察时才会存在的波到底是什么样的鬼魅现象？这是我要留待后文探讨的量子力学根本诠释问题之一。在此处，我只想讨论波在其自身的数学形式体系中是如何被定义的（各方在这一点上存在共识），并将其与观测过程联系在一起。

1925 年，埃尔温·薛定谔（Erwin Schrödinger）发现了量子力学中波动力学（the dynamics of waves）的数学方程（"薛定谔方程"[Schrödinger equation]）。由于波与波是不同的，波函数便也会随之改变，但是它们总有一个相同的定义：波函数代表了我们进行观测时能够观察到的所有潜在可能结果——这些结果即粒子撞击的位置。因此，十分重要的一点在于，波函数只包含可能性（possibilities），因此波函数所描述的波与经典世界观中的波是不同的，不具有任何实际或确定的状态。在量子力学中，从数学上来讲，波的所有状态都有可能同时存在于一个"叠加态"（superposition）。[10]我们可以将波函数理解为"势场"（field of potentialities）。[11]任何量子势被实现的概率由每一点波函数概率幅的平方所决定。这些概率告诉我们在任意给定位置发现某一粒子的可能性，但是这一概率的含义与我们常规经典概念中的概率是不同的。在经典物理中，概率是指我们对于某一事件实际状态的不确定程度，例如一个装着红色与蓝色球的瓮中有多少红球。在量子意义上，对于我们试图回答的问题，我们不能说存在一个"事件的确实状态"（actual state of affairs），因此概率仅只表示可能得到的观察。换句话说，存在某种现实可以解答我们的疑问，但是如果我们不进行设问的话这些答案便是不存在的。除此之外，我们无从得知更多，即便从原则上而言。在被测量之前，波函数构成对量子系统的完整描述，在波函数后面并没有隐藏着确定的、只要我们有合适方法便可以获取更多知识的实在。

波函数是动态的，其演化具有确定性。这意味着只要我们不进行测量，便可以精确预测粒子撞击的概率如何随时间变化（虽然无法预测实际的撞击位置将在哪里被观测到）。由于量子力学常与不确定性联系在一起，这一点便显得十分重要，至少在波函数演化的问题上，量子力学是确定性的。

不确定的是波"变"（sic）为粒子的过程。这一过程在文献中有许多叫法，取决于诠释的敏感度（interpretive sensibilies）。认为它描述了真实世界改变的人经常称之为"波函数的坍缩"，而那些认为它只描述了我们知识改变的人则经常倾向不那么本体论的叫法，即"状态约简"（state reduction）（对于"量子态"而言）。无论哪种叫法，所有人都同意当进行测量时，所有未被实际观察到的可能结果概率都变为零，而实际观察到的概率成为一。这一结果是立刻、"瞬时"发生的。并且，它是不确定的，因此无法精确预测能够观察到什么结果。此外，它没有明确的因果机制。那么，到底是什么决定了粒子会撞击何处？根据数学形式体系本身，答案是完全不可预测的（虽然这并不等于所有结果都是同样可能的）。波函数坍缩的本质是量子力学中最神秘的问题之一，下文我们还会讨论。

互补原理

　　波函数只能在我们进行测量的那一刻描述量子系统，这一事实意味着把这些系统描述为波和粒子是相互排斥的，但同时又共为必要条件。基于具体实验，我们总是只能看到其中一个方面：当双缝放置探测仪时我们看到粒子，当探测仪被挪开后我们便看到波，关闭一条窄缝时我们看到粒子，两条缝都打开时我们看到波。然而，这两种描述也是共为必要的，对于系统的完整描述而言这两者都是必需的，每一种描述自身都只是部分表述。粒子模型无法解释我们在摄影幕布上看到的干涉条纹，而波动模型则无法解释我们所看到的单一电子撞击。由于波与粒子的特性量子系统似乎都能呈现，这便被称为"波粒二象性"（wave-particle duality）。这种二象性对于经典物理的理解来说是一个巨大的挑战，因为它需要一个包含互不兼容因素的概念框架。

　　1927 年，丹麦物理学家尼尔斯·波尔（Niels Bohr）建构了这一框架，他称之为"互补"原理（the principle of "complementarity"）。[12]从表面上来看，这个原理十分直接，因为在日常生活中我们经常以这种方式进行思考。例如，从不同侧面对一个房子进行描述便是互补的：它们相互之间是排斥的，但对于整体来说又是共为必要的。不过在量子理论中，这一概念更加微妙。当我们从多个角度来看这所房子时，我们的不同描述并不是不相兼容的，当我们看房子的一面时，其他面也并非不存在。我们知道即便我们看不到这所房子的其他面,它们也是存在的,只需要换一个角度我们便可以证明这一想法。而在量子力学中,这恰恰是我们所不知道的。如果我们设计一个实验来演示电子的速度,我们便不再有能力说明该粒子的位置(反之亦然),因为我们没有办法在获得其位置信息的同时不破坏不同位置的干涉图形,而我们对于速度存在的判断正是基于后者。的确,"任何这类信息的缺失正是量子干涉出现的根本标准(essential criterion)"[13]。因此,这里的互斥比经典世界的角度问题更加深刻:两者只能知其一,而且在一定程度上对于二者的知识是不一致的。

波粒二象性体现了思考互补原理的一种方式,即我们必须在被观测与不被观测的量子系统之间进行取舍:只要我们进行了观测(观测"创造出"粒子行为),波函数便不再是对该系统的合适描述。另一种思考互补原则的方式是通过量子力学最为人们所熟知的一个概念,即"不确定性原理"(Uncertainty Principle)*。[14] 1925 年,维尔纳·海森堡(Werner Heisenberg)证明不可能同时观测到一个粒子的精确位置与动量,在这两者之间必须进行取舍:我们对于一个粒子位置的信息越确切,对其动量的信息便越不精确,反之亦然。因此,该粒子或是拥有一个精确定义的位置或是精确定义的动量,而不能二者兼具。只有当我们愿意在两个量上都接受近似值时,才能同时"知道"二者的信息,因为精确测量位置与动量的实验是互斥的。

波粒二象性与不确定性原理的组合意味着互补原理在量子世界具有普遍性,而事实上波尔认为它也适用于宏观和生物层面——我将在后面的章节中探讨波尔的这一猜测。但是,正如后文中将要看到的,我们不清楚从互补原理中可以做出怎样的推断,特别是我们不了解该问题到底只是知识固有局限的认识论问题,还是具有本体论层面的启示。即便是波尔自己,也在最初阐述该原理之后用了许多年在这两者之间进行抉择。[15]不过此处的重点在于,量子系统无法单纯用粒子或波的模型来完整描述,因此在经典意义上对于统一或一致描述的追求必须被放弃。[16]我们所能期望的最好结果是在互补的框架内将互斥的描述组合在一起。

---

   * 或被称为测不准原理。——译者注

贝 尔 实 验

在量子力学于 1927 年得到巩固之后，爱因斯坦与波尔对于现实是不确定的明显结论是否正确进行了激烈的争论。基于"上帝不掷骰子"的信念，爱因斯坦对不确定性持怀疑态度。[17] 在之后三年，爱因斯坦提出了多个似乎是对量子理论决定性的否决意见，但每一条都被波尔驳回。1930 年，在最后一次戏剧性的失败尝试之后，爱因斯坦被迫承认至少量子理论对世界的描述是正确的。但是，爱因斯坦仍然相信现实不可能是不确定的，于是他选择了另一个方向：不再挑战量子力学的正确性，转而质疑它的完备性。1935 年，爱因斯坦与他在普林斯顿的同事鲍里斯·波多尔斯基（Boris Podolsky）以及内森·罗森（Nathan Rosen）发表了一篇里程碑式的论文（此文之后被称为"EPR"），* 这篇论文似乎证明如果我们假设量子力学是正确的，那么它便只能是不完备的（incomplete）。EPR 借鉴了经典物理中统计力学的类比，在统计力学中宏观层面的概率模式可由微观层面的确定性原因来解释，EPR 认为必然存在一个更加基本的亚量子理论以确定性的方式解释量子结果的概率特性。[18]

他们的观点是基于一个精巧的思想实验。[19] 为了证明量子力学是不完备的，EPR 就要说明存在着无法被量子力学框架所解释的"实在要素"（elements of reality）。但是由于"实在要素"的构成已被量子理论所质疑，为了不引发疑问，他们选择了如下条件作为他们关于实在的标准：如果可以在不以任何方式干扰（即观测）一个物理量的情况下预测它的值，这个物理量便是"实在的"。继而，他们做出了自认为是亚原子粒子可以同时拥有精确定义的位置与动量的证明，而根据量子力学，这是不可能的。

在这个证明中，两个粒子 A 和 B 构成一个系统，在相互作用后向相反

---

　　* 三位作者姓氏首字母，中文习惯称之为 EPR 详谬，虽然对于是否应该将其理解为"详谬"存在争论。——译者注

方向移动。量子理论允许我们知道该系统的总体动量（每个粒子的动量之和），以及它们之间的距离。EPR 进一步假设，每个粒子拥有同样的动量，即该系统的总动量为零（因为它们向相反的方向移动）。那么问题便是：我们是否能够在不干扰 B 的情况下得知其位置？答案是肯定的：通过测量 A，我们可以得到 A 的位置，而由于知道 A 与 B 的距离，我们便可以计算 B 的位置。因此，B 必然是"实在要素"，即便我们未对其进行测量。此外，我们可以用同样方法得知 B 的动量：通过测量 A 的动量，我们便可以得知 B 的，因为该系统的总动量为零。因此，B 的位置与动量都是实在的，因为它们都可以在不进行测量的情况下被精确定义。由于量子力学无法描述这样的粒子，它便必然是不完备的。

EPR 的思想实验如同"晴天霹雳"一样使波尔大为惊讶，[20] 并使他用了很长时间来考虑如何回应。三个月之后，他做出了回复，他认为：（1）由于 A 与 B 的"纠缠"关系，不应被理解为完全分离的粒子；（2）位置与动量的测量仍然是互补的，因为一次只能测量其中一个量。测量 A 的位置并因此知晓 B 的位置并不意味着 B 的动量的确存在那里并等着被记录，因为 A 的动量并没有被测量。直到测量发生前，动量都是不存在的。[21] 这两个观点挑战了 EPR 关于粒子是"实在要素"的结论。

这一回复是极有分量的，而 EPR 的观点亦然，因此不像波尔与爱因斯坦之前关于量子力学正确与否的争论，这次关于完备性的辩论并未出现明确的胜方。多数物理学家同意波尔的"哥本哈根诠释"（Copenhagen Interpretation），不过支持理由既是基于他论点的合理性，也与物理学界的知识社会学（sociology of knowledge）有关。[22] 但是 EPR 同样也有他们的支持者，而完备性问题也未得到解决。一个原因是当时双方都不认为能够通过实验方法对两个观点进行检验。毕竟双方都同意量子力学的描述是正确的，且两种观点都与已有证据保持一致。EPR 提出了关于如何对这一证据进行诠释的根本性问题，但是那时这个问题看起来只是哲学的，而不具有实证意义。

所有这些都在 1964 年发生了改变，爱尔兰物理学家约翰·贝尔发现了一种检验哪方正确的方法。EPR 的观点是基于两个本体论假设，而这两个假设都反映了经典世界观。第一个是实在论，即世界独立于人类心灵而存在的原则。这一假设隐含在 EPR 关于"实在要素"的定义中,在没有人类干扰的前提下,某些东西的存在是可知的,而这一假设正是波尔-EPR 争论的主要焦点。第二个假设在那时得到的关注相对较少,是定域性(locality)问题,定域观点的基本原则认为没有因果影响可以比光速传播得更快。该原则被用来排除爱因斯坦称为"远距离的鬼魅行为"(spooky action at a distance)问题(这两个假设被合称为"定域实在论"[local realism])。通过修正 EPR 的原始模型,贝尔得出一条定理,该定理明确了一些关于检验结果之间预期关联的不等式,如果定域实在论是正确的,那么这些不等式便必须被满足。[23]结果基于量子力学的计算表明这些不等式无法被满足,而这便意味着或是量子力学错了(如果在实验中不等式得到满足),或是定域实在论错了(如果不等式未被满足)。

贝尔定理(Bell's Theorem)还有另外一个影响。贝尔证明如果量子力学是正确的(EPR 接受了这一点),那么 EPR 便是错误的。但是对于该假设仍然存在一些残留的质疑,因此面对贝尔定理也许依然可以认为是量子力学而非 EPR 出了问题。毕竟定域实在论不仅是经典物理学的基础,也是我们日常生活中关于物质客体的经验基础。因此,如果拒绝定域实在论的话,我们认为自己关于宇宙所知的一切都将被质疑。贝尔这篇论文的第二个结果是它提出了通过实验来验证定域实在论的方法——特别是定域性假设。自 1972 年起,物理学界进行了一系列实验,最终于 1981 年由阿兰·阿斯佩(Alain Aspect)与他在巴黎大学的同事完成了一次决定性的实验。"贝尔实验"证明量子理论的确是正确的,因此定域实在论便不是宇宙的基本属性。

贝尔实验的设置与 EPR 的思想实验类似。[24]在这一实验中,一束光源向相反方向射出两个完全相同的光子 A 和 B。光子的特性之一是它们的偏振(polarization),描述它们的"旋转"或角动量(angular momentum)。与任何量子属性一样,对于偏振也有不同的描述(即存在多个看待它的"基础"),但是为了使这里的讨论不过于繁复,这些描述都可以被约化为两个:水平与垂直。虽然这些描述是互斥的,它们却存在于叠加态,这意味着在波的层面,光子的偏振没有确定值。

继而,这两个光子被射向两个偏振器(polarizer),在偏振器后面是记录光子撞击的测量仪,就像双缝实验一样。偏振器这种仪器允许具有相同偏振的光子通过,而不同偏振的光子则无法通过(就像太阳镜一样)。因此,如果偏振器是沿着纵轴偏振,那么纵向偏振的光子便可以通过,并由后方的测量仪器记录其撞击,而横向偏振的光子则无法通过和被记录(沿着横轴偏振的偏振器则会带来相反的情况)。这些效应使我们得以确定光子的确切状态。

虽然当这些光子处于未被测量的波状态时每个光子的偏振都是纵向与横向的叠加态,量子理论预测当光子被观测时——即当它们的波函数坍缩为粒子时——无论 A 的偏振是怎样的,都会与 B 的偏振完美对应。而这也是 20 世纪 70 年代物理学家在贝尔不等式的最初检验中看到的结果。如果两个偏振器的轴被平行放置,每一个偏振器都允许通过同类光子,则每一个光子被测量到的偏振无论是横向还是纵向的,都应是相同的。每当 A 的撞击被记录时(由于其偏振与偏振器处于同一轴),B 的撞击也同时被记录,而每当记录不到 A 的撞击时(由于其偏振与偏振器处于不同的轴),B 也不会发生撞击。此外,如果我们旋转其中一个偏振器而使其轴垂直于另一个偏振器时,两个偏振器便允许偏振相反的光子通过,被测量的状态应当依然是相互关联的,只不过是负相关:每一次记录到 A 的撞击,便不会有 B 的撞击,反之亦然。最终,如果我们旋转两个偏振器使它们或是彼此平行或是垂直,则在每个角度上,两个光子被测量的状态依然是相关联的。这些实验产生的相关性违反了贝尔不等式,因此强有力地支持了量子力学的正确性。

但是,由于最初的实验设计,每一个光子以某种方式提前"得知"两个偏振器状态的逻辑可能依然说得通,或是通过实验初始设定,或是通过实验开始后两个光子之间的信号交流。诚然,我们不清楚这种可能性会如何发生或如何影响实验结果,但是因为它可以挽救定域性的假设,质疑者希望在这方面得到更多的证明。阿斯佩与他的同事们于 1981 年在决定性的最终实验中提供了这一证明。在这一实验中,两个偏振器的方向在光子飞行时随机决定。因此,光子便不可能"知道"偏振器的最终状态,而由于没有信号能够比光速传播得更快,光子间交流的可能性也是不存在的。而经过测量,他们的偏振依然是相关联的。日内瓦大学的尼古拉斯·吉森(Nicholus Gisin)于 1982 年证实了阿斯佩的实验结果,吉森进一步说明这一关联随着距离的增加并不衰减。在吉森的实验中,光子直到相距 11 千米之后才被测量,而它们的观测状态依然是完全相关联的。考虑到 11 千米相对于亚原子尺度来说是极大的距离,这意味着无论它们相隔多远,即便是跨越整个宇宙,纠缠光子的偏振也是相互关联的。而由于适用于光子的发现也适用于其他粒子,而宇宙中的所有粒子在某一时刻都发生过纠缠,那么现实中的所有事物便都是相互关联的。简言之,整个宇宙是一个巨大的量子系统。[25]

这些意味着什么呢?贝尔实验中的关键点是定域实在的经典假设:即实在论原则与没有信号传播速度比光快的原则。而事实上,实在性与定域性的组合是可以被排除的,因为我们只能或是保留定域性否定实在性,或保留实在性否定定域性。贝尔实验说明即便不存在快过光的信号,分隔的粒子之间仍然可以发生干涉,而这意味着实在在本质上是非定域性的。要理解这一点的重要性,便需要留意光子在测量前后的偏振状态。测量前,每一个光子都处在纵向与横向偏振的叠加态。因此,问题并非出在我们的无知:测量前根本就没有关于光子偏振的"事实"。但是,当我们测量这两个光子时,我们却能发现相关性。当其中一个光子的实际偏振被决定后,对这对光子的赋值便与其他偏振方向上的任何检验相干涉,且这是瞬间发生的,无论这对光子处在宇宙中的什么位置。这几乎等同于每一个光子"知道"另一个光子那里发生了什么,而彼此之间不需要任何信号的传递(即爱因斯坦所谓"远距离的鬼魅行为")。[26]也就是说,这里所发生的不是超光速通信(communication),而更像"交流"(communing)。在这种意义上,有时要在"发生影响"与"发送信号"之间进行区分。不同于基于信号传送的定域性因果,在"非定域因果"中所存在的是相互影响,而非信号发送。[27]搞清楚非定域因果是量子理论诠释的另一个挑战,而它将在后文第五部分我所发展的社会本体论中扮演重要角色。

延迟选择实验(The delayed-choice experiment)

贝尔实验中所呈现的非定域性是空间性的:即时的关联可以在空间相

隔很远的两个事件之间发生。但是，在量子力学中，非定域性也可以是时间性的：在时间上相隔的事件之间也可以发生关联。[28]这与把时间看作每一个"当下"的线性流动这一经典假设是冲突的。此外，更具争议的问题在于，这种关联意味着当前事件在一定意义上可以影响过去。时间的非定域性观点发源于杰出物理学家约翰·惠勒（John Wheeler）的一个思想实验，继而在"延迟选择实验"中得到了证实。[29]

在这些实验中，一束光从左侧进入一个装置，被一个半镀银的反射镜一分为二，这种反射镜是"一片镀有一层银的玻璃，镀银非常薄因而可以反射一半的光并使另一半光透过，使这片玻璃半透明半反射"[30]。一半的光束被从反射镜反射到路径 A，而另一半则沿路径 B 直接穿过反射镜。路径 A 的光经过两个普通镜面，这两个反射镜被设置在一定角度上使得光束最终返回路径 B。* 在两条路径相交处，放置另一面半镀银反射镜使两条光束再次分别一分为二，继而每条光束的一半与另一条光束的一半共同行进。这对行进的光束处于叠加态，这意味着它们应该在探测器上呈现干涉图像。早在量子革命发生之前，物理学家便证明我们的确可以观测到这样的干涉。

目前为止，这一实验都是在集聚的层面发生，光束由数以兆记的光子构成。在这一实验的设置中，依然可以从经典的角度来说某些光子从路径 A 通过，而另一些则通过路径 B，即便它们之间产生了干涉条纹。但如果我们将光束缩减为一系列个体光子的话，会发生什么呢？如果经典物理是正确的，那么每一个光子必须选择一个路径。它会选择哪条路径，又会何时发生呢？基于量子力学，我们无法确切得知光子的路径选择，但是至少可以猜想这一选择应发生在光子遇到实验中的第一个半镀银反射镜，因为这是两条路径最初分开的地方。但实际情况并非如此。（出于某些我不理解的原因）没有一个反射镜进行了观测，因此光子的波函数没有发生坍缩。它维持在叠加态，并同时通过了两个路径。根本没有"选择"被做出。

---

* 此处原文表达似乎不清楚，与温特商讨后认为，应是路径 A 和 B 上各有一个反射镜使两条路径的光最终汇集在一起。——译者注

现在再来看"延迟"的部分。我们首先需要对实验做一下调整,将路径A其中一个反射镜置于十分灵敏的弹簧上,即使一个单独光子的撞击也会使其发生震动。弹簧可以设置在"打开"或"关闭"的状态。在开的状态,震动会产生观测,使任何通过的波函数坍缩为粒子,就像双缝实验中窄缝处的探测器所做的那样。换句话说,当弹簧是开着的,光子将脱离叠加态并做出"选择":光子的撞击或是被记录在弹簧上的反射镜,即光子通过了路径A,或是没有任何记录,即通过了路径B。那么这一选择是何时做出的?根据经典世界观的思路,它一定会发生在两条路径最初分开的地方,也就是第一个半镀银反射镜。但实际情况不是这样的。要厘清这一点,我们可以通过与在贝尔实验中类似的方式来操作实验。首先,我们在弹簧关闭状态进行一次实验。这时我们可以观测到波的干涉图形,意味着没有路径被选择。然后,我们再做一次实验,与第一次不同,这次我们在光子通过第一个半镀银反射镜(即假定光子做出选择的那个点)之后,快速打开弹簧。在这种情况下,我们可以观测到一个粒子(是否)发生撞击,继而推断波函数(是否)坍缩、光子(是否)进行了路径选择。但是,由于弹簧的状态改变发生在光子的飞行途中,在选择点之后,因此这一实验所呈现的是我们当下行为立刻与过去所发生的关联(即时间上的非定域性)。换句话说,由于我们的干预,光子的选择被"延迟"至经典意义上它的选择点之后。

惠勒在宇宙尺度上强调了这一思想实验发现的深远意义。[31]他的论述以爱因斯坦关于引力是时空的弯曲,并可以使光弯曲的发现为起点。引力与质量*相关,质量越大,弯曲程度便越大。现在我们来考虑类星体(quasar),一种数十亿光年以外的强光源**。光通过如此漫长的时间到达我们,意味着它所承载的信息反映了光源过去所发生的,而非现今正在发生的,根据我们的知识类星体也许早已消亡。因此,通过类星体,我们可以看到遥远的过去。下一步,假设一个星系恰好位于我们和类星体之间。这一星系的巨大引力场使得类星体射来的光围绕星系左右两侧发生弯曲。通过该星系后,弯曲的光再次交汇并相交,而后继续沿着不同方向前进。问题是:来自

---

* 原文此处为 object,指物体、客体,似乎用词不严谨,与温特商讨后译为质量。——译者注

** 最近的类星体也有 100 亿光年或以上。——译者注

这颗类星体的光子会从星系的左侧还是右侧通过？

基于常识，我们可能会认为答案是当光子遇到该星系时便早已决定了的。但是量子理论显示，我们观测光子的位置如果发生改变，便会得到不同的描述。如果我们在左右两侧光线交汇点进行观测，我们可以得到波的干涉图形，这意味着光子同时通过了两条路径（正如双缝实验中的两条窄缝均打开且没有放置探测仪）。但是，如果我们在光束分离之后进行观测——即在通过星系之后的其中一条路径——那么我们将得到一个粒子撞击而非干涉图像，这意味着光子选择了其中一条路径（如双缝实验中放置探测仪后）。因此，虽然我们的常识假设十分有力，当下的观测过程选择却会影响我们如何描述过去所发生的事件。

这是否意味着我们能够真的改变过去？好吧，从某种意义上是这样的——虽然这里我们开始涉及诠释问题。[32]让我们回顾一下，作为波，在观测之前的光子处在所有可能状态的叠加态。这意味着相对于经典参照系，该光子是一个潜在而非确实的存在。因此，当我们对它进行观测时，我们所改变的不是它被观测前的确实属性，而是使它选择了其中一个确实属性而未选择另一个潜在属性。换句话说，当观测完成时，光子确实的过去或"历史"才被决定。[33]但是，历史被创造的过程的确会改变光子的潜在过去，或本可能发生而没有实际发生的。这听起来也许并不十分违背常识，毕竟在日常生活中，我们常常假设未来是"开放"的，这便意味着实际所发生的——即历史——是具有偶然性的，因而本可能呈现出不同的样子。但是正如我们将要在后文看到的，这种论述是不严谨的，且与经典世界观不符。从本体论上来说，经典实在是确定性的，因为在那样的世界里，可能发生与实际发生之间的差异并没有意义。与此不同，在量子世界里，可能发生的包括了实际并未发生的事件，而使实际事件确实发生的行动则构成了那些过去本可能发生的。简言之，如果我们想要说明未来是开放的且历史充满偶然性，便一定是在量子的范围内——但是，正如我下文将要说明的，这样我们便同样要接受过去也是开放的可能性。

注　释

1. Squires(1994:3).

2. Plotnitsky(2010:第2章)关于双缝实验和延迟选择实验做了更加具体且易懂的介绍,但是我发现得过晚,来不及将其应用于本书的写作。

3. 接下来的讨论借鉴自 Zukav(1979:83—86),Friedman(1997:51—54),以及 Malin(2001:27—29)。

4. 参见 Herbert(1985:57—58)。

5. Zukav(1979:122);该词句取自 Schrödinger。

6. Zukav(1979:119)。

7. 接下来的讨论基于 Albert(1992:12—14),Friedman(1997:53—54),以及 Nadeau and Kafatos(1999:46—51)。

8. 关于这方面的讨论,可参见 Malin(2001:45—46)。

9. Malin(2001:48)。

10. 关于叠加态的概念和谜题的出色介绍,参见 Albert(1992:1—16)。

11. Malin(2001:47)。

12. 参见 Bohr(1937)。很明显,他从威廉·詹姆斯(William James)的一本书中得到了这一想法。此后这个概念得到延伸并涵盖了多个意义,对此 Hinterberger and von Stillfried(2013)做了很好的研究。

13. Zeilinger(1999:S289),原著标注强调。

14. 对于不确定性原理的研讨,参见 Malin(2001:32—35)。

15. 关于波尔的观点演化以及更宽泛的诠释互补所产生的问题,可参见 Bohr(1937;1948)以及 Held(1994)。

16. Malin(2001:37)。我在此强调"在经典意义上",是因为对于叠加态的描述在从某种意义上来说是"统一的"。

17. Malin(2001:63)。

18. 参见 Einstein、Podolsky and Rosen(1935)。

19. 接下来的讨论借鉴于 Malin(2001:63—66)。

20. Malin(2001:66)。

21. 感谢杰尔姆·布西梅耶(Jerome Busemeyer)为我梳理这一论点。

22. 有关波尔的观点如何变得占据主导地位的详尽研究,参见 Cushing(1994)。

23. 贝尔定理的细节太过复杂,无法在此处加以详述,但于 Albert(1992:66—70)中有很好的概述。

24. 接下来的讨论借鉴于 Zukav(1979:307—312),Herbert(1985:215—227),Nadeau and Kafatos(1999:70—80),以及 Rosenblum and Kuttner(2006:142—152)。

25. Nadeau and Kafatos(1999:81)。

26. 参见 Hardy(1998),其中包括关于该观点的专业性更强的介绍。

27. 对于这些问题的详尽分析,参见 Berkovitz(1998;2014)。

28. 参见 Hardy(1998),其中包括关于时间非定域性的概述。

29. 参见 Wheeler(1978)。接下来的讨论借鉴于 Herbert(1985:164—167),Nadeau and Kafatos(1999:48—50;186—189),以及 Malin(2001:180—183)。全面而专业的概述,请参见 Bahrami and Shafiee(2010)。

30. Malin(2001:129)。下文中我大量借鉴了 Malin(2001:128—131;180—183)。

31. 参见 Wheeler(1994:124—125)。

32. 接下来的内容借鉴于 Herbert(1985:167)，Malin(2001:180—183)，以及 Grove(2002)。更多更深刻的在人类科学语境下的研讨，参见第十章。

33. 然而令人惊异的是，这并不代表它无法被撤销。另一个奇怪的(并被实验证明的)量子理论预测——被称作"量子擦除"——能使个体从塌缩态回归到叠加态；参见 Aharonov and Zubairy(2005)。

第三章 六 项 挑 战

虽然学者在实证事实方面存在共识,自量子理论 20 世纪 20 年代发端以来,关于它的诠释便存在深刻的分歧。"对一个物理理论进行诠释便是在假定这一理论正确的基础上,阐述世界是怎样的。"[1] 所有科学理论都需要诠释,因为严格来讲它们所描述的是我们对这个世界的经验而非世界本身。因此,无论我们在尝试解释这个世界或是仅仅对其进行描述,我们总要进行推断。[2] 为了进行推断,我们便需要诠释的背景。对于任何观点来说,这一背景在狭义上来自相关理论,更宽泛的范围内是基于学科范式,在终极意义上则由关于实在本质的世界观观点来提供。对科学理论进行诠释的挑战在于将这些理论整合为这种由世界观、范式、直到理论所组成的知识体系。这一工作通常并不是十分困难。新理论的出现常常需要相邻理论做出调整,但是我们可以依赖范式使这种调整保持连贯性。范式假设本身很少被挑战,但是一旦它们被挑战,科学家便可以依赖自己的世界观使所需改变合理化。这样看的话,最困难的诠释问题便出现在我们的世界观被质疑之时,因为这时我们没有任何参照系可以依靠。

量子理论便带来了这样一个世界观问题。在量子革命之前,经典世界观无法被科学检验,因此它在本质上是形而上学的。即便经典世界观对应于我们对物质客体的经验,关于它是否充分体现了现实的深层结构,我们是缺乏证据的。量子力学第一次为我们提供了通向深层结构的途径,并使检验或"实验形而上学"(experimental metaphysics)成为可能。[3] 不幸的是,检验结果与经典假设存在矛盾，至少在亚原子层面。这为广受承认的经典世界观带来了"危机"，并引发一种观点认为我们正处在"范式转移的边缘"[4]。但问题在于，如果确有转移的话会转向哪里呢？由于缺乏可以依赖的更高级别知识框架，讲清楚正在发生的转变是非常困难的。[5]简言之，虽然量子理论十分确定地告诉我们世界以某种非经典的方式行为这一事实，它却没有告诉我们这背后的原因。

在第一部分的余下部分，我将分两部分讨论量子理论的诠释问题。第三章将以实验结果为基础讨论被质疑的 6 个经典世界观假设：唯物主义、原子论（atomism）、决定论（determinism）、机械论（mechanism）、绝对的空间与时间以及主客体差异（subject-object distinction）。我们可以称这些为量子理论的负面启示（negative implication），对于这些启示存在广泛的认同。在每一个问题上，我都将先对经典假设进行简要回顾，然后讨论量子理论如何挑战该假设，最后通过对该问题思考的现状做简要评价来结尾（这一结构会造成一些与第二章的重叠，但是对于这样一个不熟悉的领域来说也许并不是坏事）。在第四章，我将讨论量子理论的正面启示（positive implication），对于这些启示存在着更多的争议。

在我开始讨论之前，需要预先强调两点。首先，描述量子理论负面启示时所使用的语言在一定程度上取决于量子理论是以实在论的方式（被指向实在）被诠释，还是以"工具主义"的方式（作为预测的工具）被诠释。这一问题本身便是存在争论的，也就是说，仅仅在描述量子理论挑战这一步上便已经很难避免诠释问题了。由于本章最为明确地讨论量子理论所带来的挑战，我将使用实在论的论述，但同时也将在必要时说明工具主义者会以怎样不同的方式看待同样的问题。[6]其次，即便从实在论出发，量子理论也并不必然意味着经典世界观是完全错误的（虽然对于经典世界观在多大程度上是正确的存在很大限制）。[7]虽然经典世界观是一个连贯的整体，抛弃其中一些假设的同时保留另外一些假设却是有可能的，而量子理论诠释争论主要也是关于这一问题的。但是即便经典世界观没有全错，我们可以明确的一点是，量子理论所呈现的关于现实的总体图景是非经典的。

对唯物主义的挑战

唯物主义认为在本质上，现实是单纯由物质构成的，心理性在其中完全没有位置。经典物质的基本构成非常之小，但是它们的特性可以通过参照我们对熟悉的宏观事物的描述来理解。经典物质粒子是客体、事物（things）或实体（substances）；它们的存在是不以背景（context）与心灵为基础的；它们具有硬度或质量；它们在空间中具有绝对的位置和范围；此外，它们没有生命。那些看起来不具有这些特质的宏观现象，如生命与意识，是可以通过那些具备这些特质的更微观现象来解释的。

量子力学则对这一本体论提出了质疑。亚原子粒子不是唯物主义意义上的客体或事物。在对其进行观测前，我们没有任何基础来说明它们的存在，因此它们是依赖具体背景而存在的。[8]在进行观测之前，量子层面上"存在"（使用这种表述并不太严谨）的是波函数，波函数不具有硬度或质量。基于不确定性原理，我们甚至不能确定量子系统是否在空间中拥有绝对的位置。唯一没有被量子力学直接威胁的唯物主义假设是物质不具有生命，虽然我稍后将说明即便这一点也是存疑的。简言之，在我们进行观测前，量子世界似乎"并不在那里"（no there there）＊。经典世界观中的基本物质客体似乎已消失在稀薄的空气当中，但是我们对于宏观实在的认知一直都是基于这些物质客体的。

从这里面我们可以得出怎样的结论？当代物理学家尝试通过延伸我们对"物质"的定义继而涵盖量子物理的发现来挽救唯物主义。但是正如我们在第一章所看到的，以这种方式来削足适履是成问题的，因为未来物理学的发现可能会使唯物主义不得不再次做出改变。此外，一旦未来的物理学家普遍认定（正如其中一些人已经认定的）心灵是实在的基本特性的话，唯物

＊ 美国作家格特鲁德·斯泰因（Gertrude Stein）的名言，原意是她童年生活的美国乡镇发生了很大的改变，已找寻不到过去的踪迹。——译者注

主义又当如何自处呢？考虑到这种唯心主义观点恰恰是唯物主义所反对的，而这一反对立场正是唯物主义一直以来的定义基础，我们是否应当重新将唯物主义定义为唯心主义呢？这样做，可能会使唯物主义无法被证伪，并且成为一种琐碎真理（trivially true）。为了使唯物主义有存在意义，它必须至少意味着无基本心理性（No Fundamental Mentality）。但是在这一局限之上，量子理论并不能告诉我们用什么本体论来替代经典唯物主义。很多种关于基本状态是非心理性的备选理论已被提出——"信息"、"倾向"（disposition）、"过程"、"事件"——但是没有一个能够与经典唯物主义的事物本体论（thing-ontology）轻易达成一致。总之，由于量子理论的出现，物质的本质变得与心灵的本质一样成问题。

对原子论的挑战

原子论有三个主要观点：（1）大型客体可以被还原为小型客体的特性与互动；（2）客体具有绝对特性；以及（3）客体是完全"可分的"，也就是说它们的同一性仅是由其内在结构与时空位置（spatio-temporal location）决定，而与它们和其他客体之间的关系无关。[9]这些观点为科学家下达了一道方法论上的训诫，要求其尝试通过将现象分解为部分来做解释。在社会科学中，这种对"微观基础"的需要带来了方法论上的个体主义（individualism），该学说认为任何解释都是不完备的，除非我们能够说明社会结果如何由独立存在的个体特性及其互动所产生。

今天，所有这些原子论观点都是有问题的。首先，还原论（reductionism）就算在经典立场方面也受到了挑战。整体经常看起来是"大于其部分之和"的，继而作为反还原论的涌现（emergence）观点得到了越来越多的认可。[10]还原论的支持者如今基本上只为"随附性"（supervinience）这一较为弱化的观点进行辩护，根据这一观点，宏观层面的事实是由微观事实所决定或"确定"的，而非可以还原为后者。[11]但是，即便是随附性观点也以另外两个原子论观点为前提，而这两点都受到了量子理论的质疑。

其次,客体具有绝对特性的观点受到了不确定性原理的挑战,后者认为量子系统在被观测前是缺乏这种特性的,被观测前量子系统都处于潜在特性的叠加态。最后,可分性的观点则受到了量子纠缠与非定域性的挑战。当两个或更多量子系统发生纠缠时,组合系统的部分并非完全可分,因为它们的特性取决于它们与整体的关系。纠缠量子系统的部分仅具有关系(relational)特性这一点颠覆了原子论的基本原则,该原则认为整体的本质是由部分的属性所决定的。此外,纠缠量子系统的这一特点使得"部分"是否真的存在也成为问题。[12]保罗·特勒(Paul Teller)为澄清后一个问题做了一个很有助益的类比。[13]如果我们连续两天向存钱罐放入两枚完全一样的硬币,然后再将其中一枚取出,那么提出拿出的是第一枚还是第二枚硬币这样的问题是合理的,这种设问方式对应于经典物理中的个体性观点。与此相对的是,如果我们连续两天向银行账户存入一美元,并在一天之后取出一美元,上一个问题便没有意义了。账户中的美元在它们被取出("观测")之前是没有个体存在性的。即便我们不像特勒那样极端地拒绝部分本身的存在,至少纠缠量子系统的特性取决于组合系统的状态这一点是被广为接受的,而组合系统则构成了不可见的整体。[14]由于纠缠是普遍现象,那么在量子层面,可分性的假设便是完全不正确的了。

如果否定原子论的话,我们可以用什么来替代呢?相对于不慎明晰的唯物主义替代选项,似乎存在一种广泛的共识认为量子力学意味着整体论(holism),而整体论是原子论的传统对立观点。如何确切理解整体论的含义并不那么清楚,[15]但某种整体论似乎是必须的。需要注意的是,这并不必然意味着整体论存在于宏观层面,从实际角度考虑,宏观层面的可分性依然可以是成立的。但如果是这样的话,宏观原子论便可能只是量子实在转变为经典实在持续过程中的偶然效应,而这将剥夺原子论在本体论上的特殊地位。

对决定论的挑战

决定论认为自然界中不存在内在的随机性,当下和未来发生的事完全是由过去支配物质运动的规律所决定的。[16]在某种意义上来说,当下与未来"已经发生了"[17]。当然,这并不意味着我们必然可以知晓未来将要发生什么。决定论是一种本体论观点,而非认识论层面上的。考虑到世界的复杂性以及科学的不完美,很多事物我们都无法做出预测,看起来是随机的。但是,一个事件看起来随机并不意味着它的确就是随机的。我们不能预测掷骰子的结果,但是根据决定论,这一结果是完全由这枚骰子的特性与下落条件所确定的。以常识来看,这是可能的,而的确正如多数经典世界观的观点,决定论与常识保持了一致,除了一种情况之外:它与我们对于自由意志的经验是冲突的。决定论者已与这一反常斗争了数个世纪,而正如我们将要在本书第三部分看到的,很多人得出结论认为自由意志是一种错觉。

相对于自由意志来说,量子系统的概率行为(probabilistic behavior)对决定论的威胁更为严重,因为它不能被无视为一种错觉。在量子革命早期,这便引发了很大的忧虑,特别是像爱因斯坦这样坚定的决定论者,他们断言量子力学无法成为一种基本理论。而根本问题便在于波函数的坍缩。在观测之前,波函数以确定的方式演化,就像在经典体系中一样,薛定谔方程可以生成精确值使我们预测波函数随时间推移的演化。但是,只要我们进行观测,波函数便瞬间坍缩为粒子,而该粒子的位置无法被提前预测,我们所能知道的只是它在某处的概率。

这一非决定论的启示是不甚明晰的。一些诠释者拒绝得出任何本体论层面的启示,并将其仅仅视为一个认识论问题。其他人则试图通过假设在波函数中隐藏着一个真实的粒子来挽救决定论,他们假设这一真实粒子的行为由波"引导"至其最终位置。根据这种观点,量子理论的随机性是被"附加"(superimposed)在基本的确定性过程之上的。[18]但是当前许多物理学家都已接受非决定论是实在的本质。[19]另一个问题是量子非决定论是否可以延伸至宏观实在。考虑到量子现象的统计显著性在分子层面之上会很快消除,很多人可能会同意约翰·塞尔的观点并否定这种延伸。根据塞尔的观点,量子理论"在对我们重要的客体层面上"并不隐含"任何非决定性"。[20]另外,布鲁斯·格利穆尔(Bruce Glymour)与他的合著者则认为塞尔的这种结论将会带来一种代价,就是我们不得不放弃物理学家关于宏观状态附加于微观状态的观点。他们认为这一代价是不值得的,因此他们认定量子的非决定性必须"向上渗透"至宏观层面。[21]这便关联到一个最终问题,即量子理论是否支持自由意志。自量子革命发端以来,一些人便认为答案是肯定的。[22]但是即便我们允许向上的渗透,多数人认为任何与自由意志关联的观点都将倒在这样一个事实上:随机过程与"意志"或"选择"的概念是不一致的。虽然对于外部观察者来说,不可预测性也许是自由意志的必要条件,但它并不是充分条件。我将在第九章展开讨论这一问题。

对机械论的挑战

经典世界观假设所有因果关系都是机械和定域性的。虽然在社会科学中"机械性"一词具有狭义的、类机器的意涵,在物理学中该词只是表示因果关系涉及从一个客体到另一个的力或能量转移。"客体"的假设是这里的关键,因为它意味着因果关系只能在物质现象之间发生,而这便排除了真正意义上的心理因果性(mental causation)。其他非机械性的因果理解方式也同样被排除,例如亚里士多德(Aristotle)对于物质因(material causation)、形式因(formal causation)以及目的因(final causation)的分类 * ,这些都被认为并非真正的因果关系,或在目的因(目的论)的情况来说根本就是不可能的。继而,"定域性"意味着没有因果影响可以快过光的传播速度。这意味着因与果在时间上的分割,因此便排除了瞬时因果或"远距离行为"。机械论与定域性预先假设唯物主义、原子论以及决定论,特别是原子论或可分性。[23]因此在很大程度上,机械性与定域性因果论的命运是与这些假设捆绑在一起的。

不过,仿佛是为了强化对经典视角的挑战,量子理论为因果关系经典视

---

* 亚里士多德的另一类因果为动力因(efficient causation),接近于机械论的因果理解。——译者注

角的不足提供了独立的证据。[24]这些证据主要分为两种形式：（1）波函数的坍缩在观测时瞬时发生，且没有明显诱因，以及（2）贝尔实验证明纠缠的量子系统之间存在非定域相关性。这些发现并不意味着在宏观层面不存在机械性的因果。但是它们削弱了机械因果穷尽世界万事万物的观点，并提出了一个尖锐的问题：应当用什么样的因果概念——如果这样的概念存在的话——来替代机械因果。

三个主要的替代观点被提了出来，但没有一个非常令人满意。第一个是在微观物理层面放弃因果的语言，并以另一个框架如"互补性"来代替。[25]但是，这样无法回答波函数如何坍缩以及非定域相关性如何发生的问题。第二种替代方案是延展我们的因果观念并引入非定域因果关系。这一方案的挑战在于它忽视了我们不清楚是什么"引发"了非定域因果关系这一问题。一个选择是借鉴亚里士多德的多元方法（pluralistic approach），并将非定域因果理解为"延伸性"或"结构性"因果关系。[26]另一种方式便是接受戴维·刘易斯（David Lewis）的"反事实"（counterfactual）因果模型，而该模型在宏观层面的应用已经十分普遍。刘易斯的模型并不关心因果影响被传递的方式，这样也许会使量子纠缠被视作一种途径。[27]第三种也是最为极端的替代方案是通过基本实在的非物质心理场（mental field）来解释波函数的坍缩与非定域因果。对于所有三种替代方案来说，共同的问题都是它们的因果机制都很难与唯物主义相协调。无论选择哪一种方案，量子"力学"都会成为某种误称，因为这里已不剩下任何"机械"*的要素。[28]

对绝对空间和时间的挑战

在经典物理学中，空间与时间都被定义为绝对概念，它们是不受其他宇宙现象影响的客体实在。[29]这些宇宙中的其他现象被认为存在于空间和时

---

    * 量子力学的英文为 quantum mechanics，机械的英文为 mechanical。

间"之内",而空间与时间则被比喻为某一事件展开的中立舞台。此外,空间被假设为定域性的,这给了距离概念一个精确含义;而时间则被认为是单向的,总是从过去流向未来;空间与时间都被假设为连续的,可以无限分割为更小的单位。

相对论部分推翻了这种绝对论(absolutist)的图景。根据相对论,空间与时间是相对于客体与观察者而言的。相对论说明空间作为客体的引力场方程而弯曲或扭曲,而时间则因观察者行进的速度快慢而异。因此,空间与时间并非完全独立于宇宙。但是,相对论像经典物理一样假设空间是定域性的,且认为空间与时间都是连续的。[30] 因此根据相对论,仍然可以合理地将客体与过程理解为存在于空间与时间"之内",即便这一关系比绝对论观点要更加复杂。[31]

量子理论颠覆了这些残存的关于空间与时间的经典假设。对于经典空间理解的挑战分为三个部分。首先,在多数量子理论诠释中,粒子在被观测前没有绝对的空间位置。[32] 其次,贝尔实验与定域性彻底分道扬镳。如果纠缠的量子系统存在非定域的相互关联,那么距离的概念以及整个客体存在于空间"内部"的概念,便都不再具有确切含义了。最后,量子理论表明空间是离散而非连续的,这意味着我们将其分割为更小单位的能力是有限的;在"普朗克尺度"(比原子尺度小数个数量级)上,空间是"粒状"的。[33] 对于经典时间概念的挑战主要是基于延迟选择实验。这一实验意味着未来在某种意义上可以影响过去。由于一些不同的原因,休·普赖斯(Huw Price)认为量子力学与"逆因果"(backwards causation)也是相互协调的,这也同样意味着"时间箭头"的反转,[34] 本书第十章将具体讨论普赖斯的观点。最后,严格来说有一点需要注意的是,与其说波函数"随"时间演化,不如说它在被测量时坍缩"为"时间。这便引出一个观点,认为时间像空间一样是不连续的:"当观测发生后,过去由不连续的一系列事件组成,而在观测之间,什么也不会发生。"[35]

我将不会尝试对如果不以经典或相对论方式定义,该如何正面定义空间与时间的深奥争论进行描述。尼古拉斯·蒙克(Nicolas Monk)讨论了不下 6 种理解空间的不同方式。[36] 这些方法都与目前发展量子引力理论的尝试紧密相关,而量子引力理论本身被视为统一量子理论与相对论的关键——这两种理论之间的不兼容是当前物理学最主要的未解问题之一。[37]关于时间本质的争论没有那么宽泛。[38]但是有一件事似乎是明确的,关于客体和过程存在于空间与时间"之内"的经典观念已经消亡,空间与时间应被视为以某种方式从各种关系中"浮现"出的现象。正如李·斯莫林(Lee Smolin)关于空间谈到的,世界不过是一个演化的关系网络,而这些关系本身并非存在于空间"之内"。如果没有关系,便不存在空间,也就是说关系定义了空间,而非相反。[39]他的评价其实也可以被延伸到对时间概念的理解上。[40]

对主客体差异的挑战

最后,经典世界观假设在主体与客体之间存在着明确的差别。这一差别使得人类对于自然来说具有观察者的身份,旁观而非参与自然界的运转。[41]保留这一差异被认为对于科学是至关重要的,否则便会存在知识被我们的选择和主体观念干扰的危险。如果一切正常的话,我们便会得到理论和实在之间1∶1的对应。当然,没有人否认人类是自然的一部分,而由于我们只能通过心灵来获取对于这个世界的知识,即便对于经典世界观来说是否能将主体性完全从科学剥离开也是存疑的。例如,薛定谔便认为虽然我们习以为常地认为世界独立于我们存在,主客体差异实际上是由"客体化"(objectivation)所产生的,因为只有把心灵从自然界抽出,世界才能构成为客体。[42]这一自然的分叉意味着一种悖论,即观察者的存在是知晓实在的必要条件,但是观察者却被假设存在于实在之外。不过,在经典世界观中,这一悖论是无害的,因为无论谁进行观察,实验都描绘出一幅关于实在相对恒定的画面。因此,观察者的状态问题可以在实践中被忽略掉,而主体可以被视为"仿佛"是有别于客体的。[43]

不过在量子力学中,这一问题便更加难以绕过了,因为观察者不再明确存在于被研究系统之外。主体性对于量子领域知识的干涉被称为"测量问题"(measurement problem),因为对于量子系统的客观测量显然是不可能的。这一问题产生于观测过程中两个不同的点,有时被称作"海森堡选择"(Heisenberg choice)与"狄拉克选择"(Dirac choice)。[44]在这两种情况下,困难在于观测与某种创造性是相关联的:在观测前,量子系统是潜在性的,但在观测之后我们得到的却是现实性的。[45]由于在量子理论的正面启示方面,主客体差异问题也许比任何其他问题都更为重要,让我对它进行一些更加细化的讨论。

"海森堡选择"是指关于观察什么的选择,例如位置或动量。当这一选择在实验中被落实后,它总是与量子系统从叠加态变为确定结果相关。因此,问题不单单是观测结果取决于我们观测的对象,因为在任何实验中都是这样的。关键问题在于,例如在观测位置之前,量子系统真正地不具有位置(根据我们所知的情况),但是在观测之后该系统便拥有了位置。此外,如果我们进行不同的测量,会得到不同的现实。

惠勒将"海森堡选择"理解为"怎样对自然进行设问"的问题,并提出一个很有帮助的 20 个问题游戏量子版作为类比。[46]在这一游戏的标准版本中,一个玩家被要求离开房间,而其他玩家选择一个词语,接着离开房间的这名玩家可以通过 20 个问题去猜测这个词语是什么,对于这 20 个问题其他玩家只能回答是或否。这里不存在测量问题,因为被选中的词语独立于第一个玩家而存在。在这个游戏的量子版本中,当第一个玩家在房间之外时,剩下的人决定不选出一个词语。他们同意当第一个玩家回到房间发问时,所有人都依然回答是或否,但此时必须在头脑中想好一个词与其他所有已被给出的答案保持一致。虽然与量子问题有许多差异,惠勒认为其中有一些有趣的相似之处:

> 第二,在现实中,关于这一词语的信息通过我们提出的问题而一步步被生成,正如在量子实验中,关于电子的信息也是一步一步随着观察者的选择而生成。第三,如果我们选择了不同的问题,我们最后便会得到不同的词语——正如实验人会得到关于电子行为的不同认知,如果他观测了不同的数量,或同样数量但是不同的观测顺序。[47]

简言之,相对于经典观念中客体("词语")独立于观测选择而存在,在量子理论中是不能进行这种假设的。[48]

"狄拉克选择"是指波函数坍缩为粒子的过程。这里的关键点在于这一坍缩并非独立于观测行为发生。这似乎使观察者成为量子势(quantum potential)转化为经典现实这一过程的参与者,意味着观察者与被观察系统发生了纠缠——事实上便构成了一个由观察者与观测对象所组成的更大的量子系统。[49]但是问题在于,实验设备与观察者本身均处在经典状态(因为经验告诉我们这两者都仅具有现实性),而实验结果——粒子撞击——也同样是一个经典现象。因此,似乎不可能完全摒弃经典概念。[50]也就是说,在从量子到经典状态转化过程的某个位置,存在一个"断点"。问题是,它在哪里?

这一问题的答案,是量子理论各种诠释之间的主要矛盾之一,我们在后文还会谈到。不过通过对实验进行设置,物理学家约翰·冯·诺依曼(John von Neumann)(也因博弈论而闻名)试图通过将坍缩过程分解为一系列步骤解决这一问题,被称为"冯·诺依曼链"(von Neumann chain)。[51]他断言,坍缩发生在链条的最末端,也就是实验结果被记录在观察者心灵当中之时,因为这是整个坍缩过程中唯一不仅由运动分子所构成的点。[52]不过冯·诺依曼的观点意味着观察者的身体与观测设备必须处在量子态(即与被研究系统发生纠缠),虽然我们永远无法看到处在叠加态的宏观系统。

冯·诺依曼的结论是完全违背常识的。而部分为了说明冯·诺依曼结论之荒谬,薛定谔——和爱因斯坦一样试图维护经典世界观——设计了量子物理中最为著名的思想实验之一。[53]在他的设想情境中,一只猫被放入封口的盒子中,盒内放入一个装有致命有毒气体的瓶子,毒气的释放由量子力学机制决定,也就是说,随机决定。我们知道,如果我们打开盒子(进行观察)我们会看到一只死猫或一只活猫。但问题在于,我们打开盒子之前,盒子里究竟发生了什么?根据经典世界观,这只猫必须或生或死;因为客体独立于主体存在,打开盒子只能证实已经发生了什么。但是,如果我们当真认为猫自身处于量子态,因为这与量子力学决定的毒气释放与否是相互纠缠的,我们便必须断言只要盒子是封着的,这只猫便处在叠加态,也就是说在每个时刻生与死都有一定可能被观察到。由于这看起来是荒谬的,薛定谔便认为宏观系统不会是量子力学的,因此主客体差异在宏观层面是合理的。但是这样带来的问题是,如果量子与经典系统之间的断点发生在冯·诺依曼链上观察者和观测设备之前的某一点,这一点究竟会是哪里呢? 我们并没有明显的答案,或换言之,在量子理论领域不存在明显的限制。[54] 因此无论薛定谔在他的猫的问题上是否正确,测量问题始终存在:在链条某一点,观测变得具有"创造性"了。

过去几十年,大量的研究被投入到测量问题上,而随着一些晚近观点的出现,一些分析认为这一问题终于得到了解决。[55] 但是,我个人认同布鲁斯·罗森布拉姆(Bruce Rosenblum)与弗雷德·库特纳(Fred Kuttner)的观点,他们认为这些显而易见的解决方案仅仅是显而易见而已,并非真正的解决方案——只不过是通过更加实用的设备使得物理学家可以忽略这一问题而已。[56] 即便如此,因为这一问题是关于量子力学正面启示争论的核心,让我们现在将焦点转向它。

注 释

1. Ruetsche(2002:199).

2. King, Keohane,以及 Verba(1994)。

3. Esfeld(2001:225).

4. 参见 Peacock(1998)。

5. Squires(1990:177).

6. 对于这个二元化选择感到不适的读者可以参考 Richard Healey(2012)对于量子理论的实用主义论述。感谢斯蒂芬诺·古兹尼(Stefano Guzzini)提出这一观点。

7. 参见 Ferrero et al.(2013)。

8. Paty(1999:374).

9. 关于可分性,举例参见 Healey(1991), Esfeld(2001:207)以及 Belousek(2003)。

10. 参见 Sawyer(2005),其中有关于浮现主义的出色概述,尤其与社会科学相关,虽然他的讨论依然局限在经典理论的范畴;cf. Humphreys(1997a)。

11. 参见 Horgan(1993),其中有很好的介绍;这些观点在第十三章中将有更深入的讨论。

12. 参见 Teller(1986)以及 Esfeld(2004)。这是有争议的一点,一派观点认为即便它们具有纠缠的特性,我们依旧能谈论个体粒子;另一派观点则认为关于个体性的整体概念必须被完全摈弃。可参见 Cstellani, ed.(1998),French(1998),Esfeld(2001:第 8 章),French and Ladyman(2003),Arenhart(2013),以及 Dorato and Morgani(2013)。

13. Teller(1998:114—115,及散见于其他地方)。

14. 参见 Maudlin(1998)。

15. 对于各种选择的概述,参见 Teller(1986),Esfeld(2001;2004),Seevinck(2004),以及 Morganti(2009)。

16. Shanks(1993;21).

17. Malin(2001;23).

18. 这是玻姆或"导波"的解释。

19. 另一种由贝尔实验推动的,将非决定论视为"哲学虚妄"的批判,参见 Shanks(1993)。

20. 引自 Grffin(1998;168)。

21. 参见 GLymour et al.(2001)。

22. E.g. Eddington(1928).

23. 后者的联系可参见 Healey(1994;346),Esfeld(2001;221),以及 Malin(2001;22)。

24. 有关量子理论对于因果关系挑战的全面介绍,参见 Price and Corry, eds.(2007)。

25. Bohr(1937;1948).

26. 譬如,参见 d'Espagnat(1995;414—415)。

27. 有关这一方法,参见 Esfeld(2001;219—220)以及 Frisch(2010)。

28. 参见 Hiley and Pylkkänen(2001;127)。

29. 关于经典物理和相对论对于时间概念的论述,参见 Ehlers(1997)。

30. Monk(1997;3).

31. D'Espagnat(1995;322).

32. Ibid.,324.

33. 参见 Monk(1997;8)。

34. 参见 Aharonov and Vaidman(1990)以及 Price(1996);cf. Grove(2002)。

35. Feinberg et al.(1992;638).

36. 参见 Monk(1997);同时参见 Boi(2004)。

37. 对于这些尝试非常浅显易懂的探讨,参见 Smolin(2001)。

38. 对于在量子力学语境下关于时间问题的介绍,可参见 Price(1996)以及 Albert(2000)。

39. 参见 Smolin(2001;20,96)。

40. 参见 Wheeler(1988;124),以及后边第六章关于量子理论时间对称性的研讨。

41. 参见 Matson(1964;第一章)以及 Schrödinger(1959;38);可参照 Hutto(2004)。

42. Schrödinger(1959;36—51);同时参见 Malin(2001;233 及散见于其他地方)。

43. 譬如参见 Shimony(1963;755—756),Rosenblum and Kuttner(2002;1274)。

44. 参见 Stapp(1999;153),Malin(2001;113—114),以及 Rosenblum and Kuttner(2002)。

45. Malin(2001;49). 这鲜明的创意性为迪德里克·埃特(Diederik Aert)对量子理论的"创造-发现"诠释提供了基础;参见其著作(1998)。

46. 参见 Wheeler(1990;11)以及 Malin(2001;213—214)中的讨论。

47. 引自 Malin(2001;213)。

48. 有关于量子物理学中客体建构问题的多种观点,参见 Bitbol et al., eds(2009)。

49. 参见 Esfeld(2001;275)以及 Heelan(2004)。

50. Shimony(1963;768),Esfeld(2001;274).

51. 参见 Shimony(1963)，Herbert(1985:147)，以及 Esfeld(2001:275)。

52. 参见 Shimony(1963:757)，Herbert(1985:148)，以及 French(2002:469)。

53. 参见 Zukav(1979:94—96)，Herbert(1985:150—152)，Nadeau and Kafatos(1999:56—57)，以及 Esfeld(2002:275)。

54. Esfeld(2001:274).

55. Rosenblum and Kuttner(2002:1291)。

56. Ibid.

第四章　五 种 诠 释

　　量子理论向经典世界观提出了根本性的挑战,对于这一点并不存在什么异议,但是就替代世界观应是怎样的这一问题,人们却没有共识。明确正面启示的缺失是量子理论诠释的核心问题,这一问题也可以理解为当我们假定量子理论正确的话,应当如何理解这个世界。困难体现在两个层面上。首先,如果理论是正确且完备的,则我们似乎没有办法以实证的方式在各种诠释中间对量子理论进行评判,这迫使我们不得不依赖形而上学。其次,人类过去在诠释新理论时所依赖的形而上学本身在量子理论上出了问题,使得我们没有诠释基础来支持我们的想法。贝尔的看法是正确的,无论最终从量子理论中涌现出何种关于实在的图景,都将势必"使我们惊叹不已",但出于同样的道理,真正看清楚这图景是非常困难的。

　　在本章中,我将讨论量子理论对于世界观正面启示方面的争论。在全书中,本章是与社会科学学者关心的议题相隔最远的。但是,这个问题对于我的论点来说却有着重要的辩证功能,即介绍我所认同的量子理论泛心论诠释,并对其合理性进行辩护。该诠释将在第六章有更加具体的讨论。使用"辩护"(justify)一词,并不代表我认为这一诠释优于其他的诠释。我的目的要更加谦卑一些,只是希望说明为何泛心论可以被物理哲学家严肃地采纳为诠释量子理论的一种途径,虽然它的本质十分怪异且反常识。总体来说原因在于:(a)量子系统与人类心灵之间存在着很强的可比性;(b)其他替代诠释方案同样是怪异与反常识的。如果读者准备好接受泛心论为解决心身问题的有效方法,那么便可以跳过本章——为了使本章不太复杂,我将把关于时间对称（time-symmetric）学说的讨论留待第六章，像交易诠释（Transactional interpretation）这种时间对称学说在本书的后半部分将扮演重要角色。但是如果读者——像我起初一样——很难理解为何心理性的存在能够一直向下延伸直至亚原子粒子层面的话，我便会力劝你阅读本章，来看一看这种观点为什么是合理的。

我将首先归纳任何量子理论诠释都必须面对的一些挑战，继而转向这些诠释本身。文献中有超过 12 种诠释，因此我的讨论无法做到全面详尽。[1] 我为下面的讨论挑选了五种诠释，选择的标准是将一些最为著名的诠释纳入讨论，并涵盖比较完整的形而上学选项，无论是唯物主义还是唯心主义的。在对这些诠释的讨论中，描述将会多于评价，虽然我会简单谈一谈每一种诠释公认的优点和弱点。

诠释问题与超诠释框架

如果物理学家能够在诠释问题出现的具体源头上取得一致意见，那将是十分有助益的，但即便是这一问题也令人捉摸不定。正如理查德·费曼所言："我无法定义真正的问题，因此我怀疑根本不存在真正的问题，但是我不确定是否真的不存在真正的问题。"[2]

不过，似乎存在某种共识认为根本问题是如何整合量子系统演化的两个过程。[3] 在进行观测前，量子系统按照薛定谔方程进行演化，具有确定性和线性的特点；而当测量使波函数坍缩为粒子后，量子系统便成为非确定性和非线性的了。问题在于这两种演化方式在理论中没有得到统一的处理，或者更精确地说，量子理论只是关于前者的，而后者却被交由特例理论（theory ad hoc）来解释我们确实观察到了什么。不仅如此，从量子理论的立场来说，没有明确的理由认为宏观层面的事物如猫或观测者不应同样被视为波函数并具有量子属性——但是当我们对其进行观测时，它们总是具有确定的属性。因此，将两种演化联系在一起的问题在一定程度上就是解释量子与经典系统之间的"分界"如何以及在哪里发生的问题。简而言之，就是我们如何才能使经典现象与量子实在达成一致？

与这一问题紧密相连的是另外三个问题，这三个问题的答案——如果我们知道的话——将有助于诠释量子理论。首先是量子理论根本概念波函数的物理意义。[4]从技术层面来说，波函数代表了通过一个测量设备在多个位置中找到一个粒子的概率。但是由于我们没有观测前粒子便存在的证据，那么我们到底是在观测什么呢？在经典世界，概率是指我们关于真实物体或过程的不确定程度，对于这些真实物体或过程，我们可以合理假设它们具有确定的属性。但是在量子世界，这一假设是成问题的，因为波函数的属性显示其本身是不确定的。这意味着波函数或是没有描述一个真实的现象，或者它所描述的真实现象不是物质的。而这两种观点都存在问题。

其次是波函数坍缩的本质及原因。我们在这里又面临着坍缩是真实过程，或者仅仅是我们对其描述的数学建构（mathematical artefact）的描述。此外，如果它是真实的过程，又是什么造成的呢？我们知道它不是由任何经典意义上的因果关系所引发的，那么它又是如何发生的呢？也许它"就那样发生了"，以随机的方式。但是客观概率*怎能存在于自然中呢？

最后，隐含于前述问题当中的，是一个根本性的关于心灵在自然界地位的形而上学问题。在经典物理的唯物主义世界观中，没有心灵的位置：无论以何种方式，心灵必须被还原至大脑。量子理论并不直接挑战这一假设，而有些诠释似乎维护和（或）以此假设为前提。但是量子观测中主客体差异的崩塌确实将心灵问题完全摆上了桌面，并且带来一种可能，即不仅心灵不能被还原到物质，心灵本身是实在的一种基本构成。[5]

诠释文献对于这些问题的解答在许多维度上是存在差异的，以至于如何对它们进行分类并不显而易见。一系列超诠释框架已被提出，并将诠释通过不同的方式进行分类，每一类都是基于不同作者关于核心问题的看法。虽然这些分类方式都富有启发性，却都没有将本书的核心问题即心身问题，明确置于中心位置。因此，我将以我自己的方式来整理文献，分类的依据将主要围绕两点分歧。

---

* 这种概率观认为随机事件在某些条件下出现的相对频率是一种客观存在，区别于主观概率，后者常被用于表示基于历史经验、数据和判断而对未来事件发生的估计。——译者注

首先是文献中一个十分标准的分歧点,即实在论或本体论诠释与工具论或认识论诠释之间的差异。实在论者认为量子理论可以告诉我们对于实在的知识,而工具论者对于实在问题持不可知立场,他们仅仅视理论为预测实验结果的工具。目前,多数诠释都是实在论的,但是由于最为著名的一种诠释即哥本哈根诠释(Copenhagen Interpretation)属于工具主义,下面的讨论将首先从工具主义开始。其次,在实在论的类别中我将再次进行一层分类,一种实在论诠释假设唯物主义本体论,而另一种则反映了我所称之为唯心主义的本体论,每一个类别都将讨论两个例子。唯物主义者希望量子理论能够与无根本心理性的假设保持一致,而唯心主义者则假设心理在自然界扮演了不可还原(化约)的角色。我所使用的这一分类框架将带来一些奇特的组合,因为唯心主义通常被认为与实在论是不相容的,但是将二者归入一类有其道理,下文将一一谈到。

工具主义:哥本哈根诠释

哥本哈根诠释主要由一生供职于哥本哈根大学的波尔所创立。从 20 世纪 30 年代至 70 年代,该学派都是量子理论的主导诠释,虽然现如今它在哲学家当中没有以前那样受推崇,但仍被物理学家视为正统。该诠释的主导地位主要归因于物理学的行业社会学,不过这并不是贬低它在知识层面的吸引力。此外,哥本哈根学派取得主导地位也是由于它使物理学家可以合理地远离似乎无解的形而上学的诠释问题,而只专注于具体的量子理论应用。[6]哥本哈根诠释是非常难以定义的。这部分是由于该诠释本身就存在着许多"诠释"。例如波尔的学生海森堡经常被视为该学派成员,但是他的一些观点在某些方面是与波尔完全对立的。[7]此外,难以对哥本哈根诠释进行界定也是由于波尔作品的晦涩(或说微妙,取决于你的个人倾向)。1972年,亨利·斯塔普(Henry Stapp)尝试用一个确定的陈述来消除混乱,他的这篇文章也许是当前被引用最多的对哥本哈根学派的二次处理。[8]但是即便如此,对于斯塔普为哥本哈根诠释所做的实用主义注解,波尔本人若仍在世的话可能是会反对的。

不过各方都似乎认同的一点是，哥本哈根诠释是认识论而非本体论的。它认为量子世界到底是怎样的这一问题是无解的，转而将注意力放在我们可以获知何种关于量子世界的知识这一更加局限的问题上。[9]因此，哥本哈根诠释所关心的问题不是实在本身，而是对于实在的描述，它认为物理学并非关于自然界是怎样的，而是关于我们可以关于自然界说些什么。[10]这种本体论层面不可知论的出现是由于量子观测中主客体差异的消失。根据波尔的观点，量子系统只能通过包含了实验环境的整体（包括观测者和观测设备）的描述才可被理解，这意味着与宏观客体不同，我们无法确切知晓这些系统的属性（如位置、动量等）是否为量子系统内在所固有的。[11]由于强调这种量子系统与试验条件的不可分性，哥本哈根诠释是整体性的，不过是在认识论而非本体论的意义上，因为我们同样无法确知观测行为是否创造了量子系统的各种属性。[12]

这种认识论上的整体论使得获取客观知识的可能成为问题。因为在描述量子系统时，我们必然被局限于经典概念，如因果律、空间以及时间，因为这些概念属于我们所生活的宏观世界——但问题是它们并不适用于量子现象。经典概念框架的不适用性带来了本章前面提到的量子力学悖论，而为了清晰地讨论量子现象，寻找新的框架便成为必需。波尔发展出互补概念原本是出于这个目的，寄望于使用不相容的经典描述而不引发悖论。但是这种做法的代价是回避掉了关于量子实在本质的本体论观点。因此，当回答前面四个引发了诠释争论的问题时，哥本哈根诠释给出的答案基本可以被归结为："我们根本无从知晓。"

波尔拒绝讨论本体论问题的立场使得一些评论者认为他是强硬的反实在论者，否定任何量子实在的存在。例如，波尔一位前任助手曾引用波尔的话："不存在量子世界。只有一个抽象的量子物理描述。"[13]这类陈述被一些人用以支持后现代或相对主义关于不可能探知独立存在的实在的观点，以及在认识论层面科学不再具有特殊地位的论述。[14]不过，这些并非波尔本人的观点。虽然波尔认为在量子领域获取经典意义上的客体知识是不可能的，但他最为关心的问题只是确保能够针对量子系统进行明确无误的交流，因此波尔认同伯纳德·德斯帕纳特（Bernard d'Espagnat）所谈的"弱"客体性。这是一种由主体间(intersubjective)共识所构成的客体性,对于量子世界而言是可以得到的(即在实验中所有观察者都可以同意他们看到了同样的东西)。[15] 因而,波尔的途径既不是相对主义的,也不是主体论(subjectivist)的。此外,在宏观层面波尔还是一个实在论者,因为他认为日常经验中的物质客体可以用经典方式进行理解,他甚至在亚原子层面上也是实在论者,因为他认同量子系统独立于观察者存在,且是前者引发了后者的经验。[16] 基于这些特点,也许更应该将哥本哈根诠释理解为"非实在论"(arealist)而不是"反实在论"的。哥本哈根诠释不过是认为我们最终无法知晓量子实在到底是怎样的。

但是同理,如果我们将物理理论的诠释理解为在该理论正确基础上对世界真貌的描述,那么哥本哈根诠释便根本不成其为"诠释"。[17] 克里斯托弗·富克斯(Christopher Fuchs)与阿舍·佩雷斯(Asher Peres)将这种观点发展到了极致,此二人认为量子理论完全不需要诠释。[18] 按照他们的观点,虽然科学的理想结果是我们能够从实验中提炼出清晰的本体论,但在量子力学中如果做不到这一点也是没有关系的,因为这并不妨碍我们使用量子理论。因而,我们唯一所需的量子理论"诠释"便是将它视为计算事件概率时一种有用的算法。绝大多数诠释并不提供新的实证预测,那么猜测量子理论如何与实在相关便将不可避免地带来自相矛盾以及实现了理解的"错觉"。即便量子理论不能对现象进行解释,能够做到预测也就足够好了。[19]

虽然这种观点得到了一些人的认同,拒绝对本体论进行讨论还是反对根本哈根学派的重点所在,因为这样的哥本哈根诠释根本是不完备的。[20] 特别是它对于以下这些关键的认识论问题没有给出答案:为什么我们对于量子领域的知识与我们对于宏观世界的知识如此不同?[21] 为什么存在不确定性原理?为什么有互补原理?为什么存在非定域的相关性?这些问题的答案都不是单纯存在于认识论角度,只有进行本体论的考察才能做出解答。工具主义的支持者们也许会说这些问题根本无法作答,而尝试去回答只能导致不科学的猜测。因此,"治疗式"(therapeutic)的量子理论学说是更好的,以这种方式我们可以通过清除概念上的混淆来治愈对本体论问题答案的渴求。[22] 但是,批评者认为这种观点不够成熟,而且工具论者那种对本体论问题"畏之如虎"的心态延缓了知识的进步。的确,在 20 世纪 30 年代,爱因斯坦便担心如果物理学家接受了波尔的方法,他们将放弃对"完备"量子理论的追求,而穆雷·盖尔曼(Murray Gell-Mann)则认为哥本哈根学派的长期统治地位迟滞了对于量子力学启示的哲学思考。[23]本体论的转向是有风险的,因为如果没有新的预测,我们的判断将缺乏实证基础。但是,实证检验也许并非唯一使知识进步的方法,而这是目前物理哲学的主流意见。因此,让我们开始讨论四种实在论诠释,以唯物主义和唯心主义来分类,这些诠释都假设量子理论能够使我们一窥世界的本质。

实在论之一:唯物主义诠释

在经典世界观的所有假设中,唯物主义——可被理解为不存在基本心理性——也许是最难以被放弃的一个。虽然我未见过任何相关调查,但我猜测大多数物理学家与物理哲学家都是唯物主义者,[24]而量子理论的多数诠释也都属于这一类。这种情况并不意外,因为唯物主义与物理学有着深层的联系,正如唯物主义的当代名称"物理主义"所显示的。鉴于量子理论迫使我们从经典世界观中放弃一些东西,我们便有理由预期唯物主义是最后被推翻的那条假设。在这一部分,我将讨论量子理论两个主要的唯物主义诠释。

GRW 诠释

其中一个诠释聚焦于解答波函数的坍缩问题,继而将薛定谔方程的线性演化与坍缩的非线性演化连接在一起。正统量子理论由于没有提供这方面的解释,因此有可能不是(十分)正确的。[25]若果真如此的话,正确的解释便应当能够假定新的规律以整合两种演化过程,继而对现有理论进行修正。

有几种量子理论诠释属于这一类,不过最被广泛接受的是由詹卡洛·吉拉尔迪(Giancarlo Ghirardi)、阿尔伯托·里米尼(Alberto Rimini)以及图利奥·韦伯(Tullio Weber)提出的诠释,被称为"GRW" *。[26]GRW 诠释认为主要问题出在薛定谔方程本身,该方程允许宏观状态的叠加态,而这是从未被观察到的。GRW 的解决方法是修正薛定谔方程,认为在确定性演化之外,量子系统受制于"自发定域化"(spontaneous localization):在任意给定时间区间内,量子系统都有可能随机从量子态坍缩至经典态。[27]为这一过程建模是困难的,因为该模型必须满足两个不同的要求:遵守对于孤立量子系统的预测,同时当这些系统与观测设备发生纠缠时要产生坍缩。[28]换言之,太多的模型修改将无法保留我们对量子系统的认知,而太少的修改又无法产生确定的宏观客体。GRW 的方法是在薛定谔方程中加入一个随机坍缩的概率项,它的值被设定得很低以使孤立量子系统无法发生坍缩,而同时该值又足够高以至于量子系统只要与观测设备产生相互作用,设备中数十亿粒子相互关联的连锁反应便被诱发,使量子系统极速坍缩。

GRW 诠释有很多优点。它解决了在宏观层面产生确定状态而在微观层面保持叠加态的关键问题。在 GRW 模型中,薛定谔的猫只在"一刹那"是既生又死的。[29]重点在于该模型以一种整合的方式获得了这一结果,是波函数正常演化的结果,而不需要将波函数坍缩视为一个独立过程。[30]此外,GRW 模型并不赋予观察者的意识以任何特殊角色,因而与唯物主义保持了一致。最后,与其他诠释不同,GRW 对薛定谔方程的修正意味着它在本质上是一个崭新理论,因而它所做出的预测有时与正统量子论的预测是不同的,这使其至少在原则上是可检验的(对这一模型的最终判定仍有赖实证检验的成功)。[31]

但是,GRW 方法并非没有问题。除去各种困扰这一理论的技术难题之外,[32]主要的批评是它最终只能对自发定域化确实发生这一点下定论,却无法解释它为何发生。[33]由于我们已经知道波函数的行为十分怪异,GRW 是否使我们获得新知便是不清楚的了。GRW 为我们提供了波函数坍缩的数学表述,这一表述被广泛尊为一项技术成就,但是最终该模型仍然没有为我们解释波函数为何坍缩,使其有一种不严谨的感觉。许多与 GRW 的唯物主义相容的解答被提了出来,但是没有一项足够有说服力而获得

---

   * 三位作者姓氏首字母。——译者注

广泛认同。

多世界诠释

多世界诠释(Many World Interpretation，MWI)提供了另一种唯物主义诠释方法。这一诠释十分激进，以至于第一次接触它的人也许会质疑物理学家是否真正地严肃看待这种论点。但是他们的确如此，劳拉·瑞采(Laura Ruetsche)称这种诠释为物理学家"偏爱的框架"[34]，虽然对于物理哲学家来说也许并非如此，后者对于该诠释存在更大的分歧。多世界诠释植根于休·埃弗里特(Hugh Everett)1957 年的博士论文，但事实上他从未使用过"多世界"这种表述，而当前很多人所理解的 MWI 事实上更多是 1970 年由布赖斯·德威特(Bryce DeWitt)在埃弗里特理论基础上所发展的变体。[35]的确，存在着许多的多世界诠释，[36]尤其是"多心灵"(Many Minds)诠释作为 MWI 的派生理论，也被列入这一类别。考虑到这一混乱的局面，我将聚焦在该诠释的假设以及德威特的经典解读上，并在结尾处简要讨论多心灵诠释。

MWI 以一种比任何其他诠释都更遵从量子理论基本内容的方式展开。[37]它并不引入外部考量来诠释或补充量子理论，而仅使用量子理论本身的结构来指引诠释工作。[38]MWI 认为，既然量子理论告诉我们世界的基本物理构成是波函数，而所有波函数都是相互纠缠的，那么我们便应该假设整个宇宙是一个巨大的波函数。由于量子理论认为波函数仅依照确定性的薛定谔方程来演化，那么我们便应假设它们从不真正坍缩。考虑到量子理论不在量子与经典系统之间分野，我们便应假设宏观客体同样是量子系统。因为量子理论没有提到意识，我们就应假设观察者是纯粹的物质系统。[39]当然，这样带来的困难在于这些假设与我们的实验观察会产生冲突，因为在实验中我们可以明确观察到向经典客体的坍缩。但是，如果我们按字面意思来理解量子理论的话，与其说上述困难是一个问题，不如说是一个从量子理论中推导出经典表象的挑战。

基于这些假设，MWI 做出了一个惊人的论断：当波函数被观测时，它的所有可能性都被现实化，不过是发生在不同的"世界"。每一个观测都会使宇宙"分裂"或"分支"为不同的宇宙，每一个宇宙对应一个给定波函数的概率。由于观测随时随地在发生，这意味着宇宙（或"多元宇宙"［multiverse］?）不断分裂为无数的子宇宙。[40]这许多的世界共同存在，相互叠加为宇宙波函数（Universal wave function）的一部分。但是，量子力学的规律不允许我们感知到这些其他的宇宙，[41]而这便解释了实验中单一、经典宇宙的样子。

　　虽然听起来反常识，MWI 却具有诸多优点。特别是如果我们把世界增多这件事先放一边，它是所有量子理论诠释中最为简练、审美角度最令人愉悦的一个。[42]多世界诠释自始至终完全遵从量子理论，解释了经典世界而不需要依赖任何外部考量如新的力学（dynamics）、隐变量、意识或波函数坍缩——毕竟所有这些都没有出现在最初的量子理论当中。此外，即便经典世界的表象目前只是一种表象，而在它后面存在着多宇宙的多世界现实，由于我们无法进入这些世界，从实践角度考虑，我们便可以忽略它们的存在。因此，从某种意义上来说，通过把量子理论的怪异之处全部推给隐藏世界，MWI 实际上对经典世界观的唯物主义、决定论以及实在论进行了维护。而通过断言量子系统仅根据经典与定域性的薛定谔方程进行演化，MWI 甚至可以消除非定域问题的困扰。[43]

　　不过对很多人来说，正如瑞采含蓄的评价所言，MWI 在哲学上是"可疑的"。[44]特别是许多批评者很难接受宇宙不断分裂为无数子宇宙这一"形而上学的怪物"（metaphysical monstrosity）或"本体论上的繁复"（ontological extravagance）。[45]MWI 诠释似乎违反了奥卡姆剃刀原则（the principle of Occam's Razor）——如无必要，勿增实体——它的简洁似乎伴随着本体论繁复的高昂代价。[46]此外还有一些其他问题。[47]首先是 MWI 与其他物理理论的兼容问题，特别是质量守恒定律（the principle of the conversion of mass）。后者基于我们对这个世界的经验，并被这种经验所确证，而它很难与存在许多其他我们看不到的世界这种想法相调和。其次，便是世界到底由什么组成的问题。我们的世界在我们的经验中就仿佛具有随时间推移的同一性，而这与该世界（以及我们每一个人）不断分裂为多个新世界的想法是不一致的。[48]按照多世界观点，"历史"似乎不存在了。此外，还有一些问题被进一步提了出来，如世界到底怎样分裂，为什么我们感受不到这一分裂，为什么我们看不到其他的世界。最后，还有质疑 MWI 关于人类仅仅是物质实体的假设。正如我们在第一部分所看到的,如此便很难说清楚为何我们可以感知到经典世界。

类似这样的反对意见催生了 MWI 的一个变体理论,多心灵诠释(Many Minds Interpretation,MMI),该诠释可以很好地衔接下文即将讨论的唯心主义诠释。[49] MMI 保留了 MWI 的总体诠释框架,但是对于波函数的所有可能性在观测时现实化所导致的分支过程给出了不同的理解:出现分支的不是世界,而是心灵。这一论点的起点是当一个观察者观测量子系统时,他或她便与该系统发生了纠缠,共同构成一个更大的量子系统。虽然不同版本的 MMI 诠释在细节上存在差异,但是基本观点是每一个波函数的可能性都对应大脑的一个心理状态(mental state)。[50] 只有其中的一个"心灵"能够感知到实验结果(即我们看到一个确实的粒子撞击)。其他的心灵出现分岔且变得无法被我们感知,但在某种意义上仍然是真实的。

MMI 具有许多与 MWI 类似的优点,并甩掉了后者沉重的形而上学包袱。MMI 聚焦于量子理论的真正反常,也就是真正需要被解释的问题,即观察者拥有确实的经验(experiences)。但是,正如所有诠释一样,MMI 也是有代价的,它依赖于存在争议的、外生的关于感知如何与自然世界相关联的理论。[51] 如果量子力学是完备和具有普遍性的,我们便应该能够从理论中演绎出意识(将心灵还原至到大脑),但是我们并不清楚如何依靠唯物主义本体论做到这一点。对于量子理论本身来说,并不需要波函数的每一个可能性去对应一种心理状态。此外,因为所有的物理状态(physical states)(包括大脑的状态)都是叠加的量子态,与它们相关的心理状态便也应当是叠加的,但是这并不符合我们的经验感知。[52] 为什么只有一部分心理状态能被我们所感受?戴维·阿尔伯特(David Albert)与巴里·洛威尔(Barry Loewer)承认这一困难,他们认为心灵一定与量子理论所描绘的物理实在存在某种本质差异,而这一认识使得他们否定唯物主义而采纳明确的心身二元论(mind-body dualism)。[53] 迈克尔·洛克伍德(Michael Lockwood)视这种做法为"绝望的权宜之计",洛克伍德发展出了一种替代版本的 MMI,并尝试通过心理随附于物理的想法来挽救唯物主义。[54] 但是如果我在第一章的观点是正确的,这种处理意识的方法最终也不太可能获得成功。

我认为,我们应当从 MWI 和 MMI 的讨论中吸取两点教训。第一,唯物主义对于当代科学想象力强大的禁锢。物理学家愿意认真采纳像 MWI 一样繁复的本体论,甚至将其作为偏好理论框架等做法,说明他们为了挽救唯物主义愿意付出极高的代价。第二,在 MMI 诠释中,MWI 的内在逻辑迫使至少一部分唯物主义者直面难解的意识本质问题。这是一个重大的发展,意味着更加明确的唯心主义量子理论诠释是值得我们去了解的。

实在论之二:唯心主义诠释

所谓量子理论的"唯心主义"诠释,是指那些为意识在量子过程中赋予明确角色的诠释。这种做法或许会被视为优点,也有可能被看作缺点:在我看来,这为一举解决两个"困难问题"提供了可能,而对唯物主义者来说则是一个不受欢迎和不必要的权宜之计。[55] 但是与前文所讨论的唯物主义诠释一样,这些唯心主义诠释在某种意义上同样是实在论的,因为它们为量子系统赋予了本体论上的地位。这看起来也许是反常识的,因为哲学家经常将唯心主义视为实在论的对立面:如果实在论假设科学使我们能够通向"真实存在"的世界的话,传统的唯心主义便否定这种可能。但是这种观点预先假设实在论必然意味着唯物主义,而这恰恰是量子理论唯心主义观点所反对的。[56] 唯心主义观点在量子理论中找到了一个基础,证明意识是客观和实在的,但不能被简化成物质。

意识可以通过两种基本途径被引入量子理论:"外生方式",即通过测量过程中人类观察者的角色;以及"内生方式",即通过亚原子粒子本身具有初级形式的心理性。[57] 由于前一种观点首先出现,我们便先讨论外生方式。

主观主义(subjectivist)诠释

与多数量子理论的诠释不同,沃尔特·冯·卢卡多(Walter von Lucadou)[58] 所称的主观主义诠释并没有一个系统的权威表述,但是自 20 世纪 30 年代起它便的确拥有一众明确的支持者。[59] 他们的基本观点是,波函数的坍缩只是波函数与被观测量子系统之外观察者的心灵发生相互作用(interaction)的结果。因此,这种诠释从一开始便将量子理论视为心身互动的理论,因而不可能无视有意识的观察者,这些观察者实际上帮助"创造"了实在。[60]正如惠勒所言:"在被观测记录前,没有任何一种基本现象成其为现象。"[61]这并不意味着这种途径是反实在论的,因为实在依然"真实"存在。关键在于我们需要重新思考我们与实在的关系,从主客体差异的严格假设转向一种"参与的"观点。

主观主义的起点是冯·诺依曼链(见上文,第76页)。与哥本哈根学派以经典方式看待观测设备不同,冯·诺依曼认为任何物理设备都立刻与其研究的量子系统发生纠缠,进而生成一个更大的量子系统,而这个新的量子系统将排除实验产生确定的结果。这一问题将沿着链条向上延伸直至观察者的身体,而后者作为物质客体将同样与被观测的量子系统发生干涉。但是,因为最终我们观察到了确实结果,冯·诺依曼认为观察者心灵中的观测过程一定包含非物质的终点。[62]简言之,量子系统在大脑与心灵的接合处发生了坍缩。[63]基于这一观点,冯·诺依曼向量子理论中加入了"投影假设"(projection postulate)以描述波函数的坍缩,而这使我们可以连接理论与我们对于确定结果的经验。

不过在冯·诺依曼看来,投影假设的哲学意义依然是不清晰的。[64]弗里茨·伦敦(Fritz London)与埃德蒙德·鲍尔(Edmond Bauer)在1939年的一篇重要论文中部分澄清了这一问题,[65]不过直到20世纪60年代尤金·维格纳(Eugene Wigner)发表了他的研究成果之后,这种诠释的形而上学意义才开始获得持续关注。[66]维格纳的论述以一个日后十分著名的思想实验开始。考虑这样一种情况,我们可以用实验者的一个朋友替代观测设备,而这位朋友拥有与观测设备类似的能力。从实验者的角度来说,这位朋友是一个物理系统,因此与原先的观测设备类似,应处于叠加态,无法记录一个确定状态。但是在实验之后,如果实验者问其朋友是否观察到确定结果,这位朋友的答案将是肯定的,由于这位朋友拥有主体经验,其与实验者本身便具有同样的相对于量子系统的关系。如此,"维格纳友人详谬"(Paradox of Wigner's Friend)便支持了冯·诺依曼的观点,意识一定与纯物质观测设备在量子理论中扮演了不同的角色。[67]但是维格纳的结论更加清晰:存在两"类实在",物理实在与意识实在,由于后者对前者做出选择,意识便是"首要的"。[68]

　　主要出于两个原因,维格纳的观点现如今并不被广泛接受。[69]首先,鉴于心灵对于大脑的明确依赖,如果大脑处于叠加态,那么心灵似乎也应该处于叠加态。但是在任何情况下我们都不会感觉到我们自己的心理叠加态,而只有现实状态。[70]我们可以通过接受明确的心身二元论来回避这一问题。但是,紧接着便会出现另一个问题,我们将面对笛卡尔关于解释心身互动的问题。维格纳认为心灵引发物理世界的改变,但是他没有对这一过程如何发生提出具体机制。如果非物理的心灵与物理结果具有不同的实质,前者如何选择后者呢? 维格纳试图回答这些问题,但是多数物理学家都没有被说服。[71]

　　虽然存在质疑,最近惠勒与斯塔普发展了新的主观主义以避开其中一些问题。与维格纳不同,惠勒并不强调观察者在诱发波函数坍缩中的作用("狄拉克选择"),而是着重于观察者最初对大自然进行怎样的设问("海森堡选择"),后一种选择决定了量子系统的实际状态,如具有确切位置还是动量。这带来了惠勒"万物来自比特"(it from bit)的观点:"每一个物——每一个粒子、每一个力场甚至时空连续体(spacetime continuum)本身——其方程、意涵以及存在本身都完全(即便在某些条件下是间接地)来自观测仪器对于是或否问题所选择的答案,二元选择,即比特。"[72]就像维格纳一样,对于惠勒来说,实在是"有赖于观察者"而存在的,但是观察者的角色要更加间接。观察者并非直接导致状态坍缩及其二元影响,观察者只是"参与"到了这一过程而已。[73]当然,这样仍然无法解释波函数坍缩的原因。此外,从主观主义角度来看,惠勒的理论中存在一个重要的模糊点。他的理论似乎预先假定心灵是自由的且不可还原至物质世界,但是惠勒却没有讨论意识的本体论地位,且不同于维格纳将心灵视为首要的实在,惠勒将"信息"看作最基本的。不过,下文将论述信息与意识之间存在着紧密的关联,因而惠勒的观点可以被视为一种形式的主观主义。

　　斯塔普的方法既重视"海森堡选择",也重视"狄拉克选择",他认为这两者分别与心灵的"主动"与"被动"角色有关。[74]因而,斯塔普可以被看作组合了惠勒与维格纳的方法。在"海森堡选择"方面,斯塔普遵循了惠勒的观点,并更加明确地认为对大自然的设问涉及大脑心灵的"最高层指引",即自由意志。[75]但是,斯塔普同样在"狄拉克选择"中看到心灵的角色,虽然与维格纳的认识是不同的。维格纳认为意识导致坍缩,斯塔普则认为心灵的角色是更加被动的,只是当大自然回应问题时得到这一答案而已。[76]重要之处在于,心灵的两个角色都涉及大脑-心灵复合体(brain/mind complex)。因此不同于笛卡尔二元论,斯塔普的本体论更像是心身二象论(psycho-physical *duality*)或平行论(parallelism),在这种本体论中每一个量子事件实际都是成对出现的:一个大脑-世界纠缠的量子系统中的物理事件使波函数坍缩成为一个与心灵中相关(非因果性)心理事件一致的结果。[77]

斯塔普为他自己的诠释与心灵哲学的连接开了一个头,[78]但是我认为史蒂文·弗伦奇对于主观主义诠释的"再诠释"从哲学层面最好地为它夯实了根基。[79]弗伦奇认为应基于埃德蒙德·胡塞尔(Edmund Husserl)的思想为观测问题给出一个"现象学"(phenomenological)的解答。[80]他先是批评维格纳和质疑维格纳的人,这两派假设心灵或自我是某种浮于经验之上的笛卡尔实体(Cartesian substance),弗伦奇认为这是错误的。的确,做出这种假设是很容易的,因为在普通语言中我们在描述自身时就仿佛自我是"拥有"经验的独立实体,但是根据胡塞尔的观点,这是不正确的。当我们更仔细地审视经验的主体,即"我"时,我们只能找到经验本身的统一。除此之外,并没有进一步客体"经验的"经验。[81]接着,弗伦奇将其应用于量子观测,他将量子观测视为三个系统的组合——量子客体、观测设备与观察者。这些系统都是通过冯·诺依曼链相互纠缠的——也就是说它们之间并非完全可分,因此这些系统应由一个整体波函数来描述。弗伦奇的下一步推论是关键。从观察者的视角来说,客体与观测设备是外部世界的一部分,但是由于"内省官能"(faculty of introspection),我们与我们自身拥有更为紧密的关系,这使得我们能够获取自身(大脑)状态的"内在知识"(immanent knowledge)。通过观测来获取这一知识,她便把自己与组合中的波函数"分隔"开来,而这会使冯·诺依曼链断裂,波函数继而坍缩为确定结果。因此,这里所发生的并非一个拥有确定特质、预先存在的心灵与已然完全独立的物质之间发生了干涉,而是一个创造过程,这一过程是通过思考主客体差异的行为而形成的。[82]

弗伦奇的现象学诠释至少探讨了三个针对主观主义诠释的批评:(1)弗

伦奇的诠释避免了二元论,它否认心灵可以作为一个独立的实体。就像斯塔普的观点一样,弗伦奇的观点中存在一种二象性,大脑的内省能力与心灵和物质的产生都有关系。(2)同理,弗伦奇的观点避免了在心灵与物理世界之间建立神秘因果互动的必要,因为它们之间的关系不是因果性的而是建构性的(constitutive),是通过思考行为对自我极(ego-pole)和客体极(object-pole)的"相互分离"(mutual separation)。[83](3)最后,弗伦奇的诠释解释了叠加态大脑和我们无法感知这一叠加态之间的矛盾,因为"我"作为经验感知的"主体"只能在自我极与客体极的分离开始之后才能存在。[84]

不过,弗伦奇的模型依然缺少了一个重要因素,即观察者如何可以对其叠加态的大脑获得"内在知识",以及为何这应与意识经验相联系。基于其对自我严密的现象学描述,弗伦奇为我们提供了拒绝二元论与唯物主义的强有力理由,但是这尚无法构成一种关于意识的正面本体论。不过,正如他在其文章末尾隐晦表达的,这一诠释无疑将需要"对自然界与我们在其中的地位进行极为激进的重新思考"[85]。

玻姆诠释

泛心论为量子理论诠释提供了十分激进的观点。主观主义仅将意识视为观察者的属性,因此外生于亚原子层面,而泛心论则将意识视为内生因素,为心灵在数学形式系统内留了一个位置。最近出现了一系列量子理论的泛心论诠释,我将在第六章详细讨论。[86]这里我只讨论一个早期的泛心论诠释,戴维·玻姆(David Bohm)的诠释。

在20世纪30年代早期哥本哈根诠释巩固地位之后的20年,其他关于量子理论的诠释普遍被认为是不可能成功的。这反映了将波函数视为量子系统绝对完备描述的一种观念,因而既没有必要也没有方法将"隐变量"整合入量子理论以解释其预测。[87]但是,1951年玻姆发展了一套隐变量理论,该理论被认为在观测上是对等于正统量子力学的。玻姆的模型刚出现时几乎没有引起任何注意,到了20世纪70年代它开始受到重视,部分原因是它具有许多经典物理的要素,对于一些人来说,这为重塑经典世界观正当的核心地位带来了希望。

不过玻姆本人认为他的本体论是非经典的,在他后期著作中这一观点尤其明显——他认为波函数具有初级形式的心理性。[88]有趣的是，玻姆本人的这一观点在关于玻姆诠释的诠释争论中经常完全被忽略，使得玻姆诠释具有了可能超出玻姆本意的唯物主义意涵。[89]这一忽略之所以成为可能，是因为虽然泛心论是玻姆理论的自然推论，但是它并非该诠释的必然逻辑派生，因而具有某种特设性质。[90]此外，玻姆对于"外生性"的唯心主义观点如维格纳将心灵引入量子理论的批评也许强化了这种混淆。[91]无论如何，考虑到这一错误倾向，我将用两部分来讨论玻姆的观点，首先列出它的结构，继而讨论该诠释对唯心-唯物主义争论的启示。

玻姆力学包含三个基本论点。[92]首先，不同于任何其他量子理论诠释，玻姆诠释认为粒子是真实的物质客体，具有确定的位置与运动轨迹。由于不确定性原理，位置与轨迹在观测前是不可知的，因而是隐变量，但是通过玻姆重写的薛定谔方程，它们可以在事后被计算出来。继而，量子理论可以被理解为粒子位置演化的理论。[93]其次，粒子的波动性描述了真实的现象——它是一个真实的场，玻姆称之为"量子势"（quantum potential）——而非仅仅是用于推导被观察现象统计属性的数学表达。[94]量子势的作用实际上是引导粒子朝观测结果运动。[95]虽然在细节上存在差别，但是这种观点与德布罗意（de Broglie）早先的"导波"（pilot-wave）模型十分相似，在导波模型中波函数被假设为真实的波，这种波可以引导粒子至目的地。[96]最后，量子系统是两个独立实体——粒子与波——不可分割的结合。这意味着波函数不是量子系统的完备描述，因为在任意给定波中都隐藏着真实的具有确切位置的粒子。[97]

玻姆的框架具有若干经典物理特性。（1）它恢复了粒子为微小物质客体的观点。（2）量子势被视为真实的现象，与经典物理中的场并无二致，粒子由量子势携带并受其影响，就像软木漂浮在海上。（3）玻姆的诠释具有因果性，在本体论上是决定论的。这一诠释使我们能够倒推出粒子的位置，连接了量子系统的初始状态与实验结果，同时忠实地复制了正统理论先验的方法论不确定论。[98]（4）现实中的波函数不再神秘地坍缩，即便当我们观测时它们似乎发生了坍缩。[99]（5）最后，观察者在该理论中不再扮演特殊角色，因此恢复了明确的主客体差异。[100]所用行为都是内生发生的，而非通过人类的干预得以实现。事实上，玻姆的方法是在经典世界描述的基础上添加了量子波动方程,而不是迫使我们在二者之间进行选择。出于这一原因,玻姆诠释的支持者视其为"薛定谔方程……向物理理论的……自然内嵌"[101]。

鉴于这些经典特征,二手文献忽视了玻姆本人从其理论中得出的唯心主义启示也许就不意外了。不过,玻姆引入的新的力,即"量子势",并不完全符合经典特征,尤安·斯夸尔斯(Euan Squires)称量子势为"十分古怪的客体"[102]。虽然与经典物理中的场很类似,量子势具有两个非经典的属性。首先,经典物理场的作用取决于它的形式与振幅,而量子势的效应则仅取决于它的形式。因此,在量子势中摆动的粒子与水浪中摆动的软木是不同的,当后者越远离波浪中心时它移动的幅度就会变小,而前者无论与振动源的距离有多远都会以最大强度运动。因此,即便是遥远环境,它的特性也会影响粒子的移动。[103]其次,经典场的效应是以推-拉的方式传递至客体,量子势则不然。量子势到底如何作用尚不十分明朗,而这又带来了它由何构成的形而上学问题。

玻姆与其追随者的观点是,量子势主要由"主动信息"(active information)组成。[104]这里的信息是主体性的而不是对于我们知识的度量,这与香农(Shannon)对于信息的常规定义是一致的。[105]不过,玻姆和他的合著者巴兹尔·希利(Basil Hiley)认为香农的信息是"被动的",因为香农定义的信息在没有主体使用的前提下不起任何作用,而主动信息则不同,它靠其自身来实施因果能动性。这一能动性的力量不是机械的而是"信息的"[106]——量子势将周边环境的情况通知给与其相关的粒子,赋予该粒子"视角"(perspective),而该粒子依照薛定谔方程以确定的方式对环境做出反应。通过这种方式,量子势可以影响一个粒子而无需提供移动它所需的能量。[107]因而即便是很弱的量子势也可以移动一个拥有很高能量的粒子,这一点将在后面我们思考心身问题时扮演重要角色。

所有这些可以归总于一个观点,即信息是实在的基本面。如今这一观点在量子物理(既包括玻姆学派也包括非玻姆学派)与量子物理之外都得到了越来越多的重视。[108]但是玻姆关于量子世界信息是"主动"的想法为这一观点赋予了额外的、激进的维度。特别是它引出一种观点,由于粒子与量子势组成不可见的联合体,粒子便具有内在(即便是原始的)形态的心理性。[109]心灵并非人类甚至更宽泛地说有机体所独有,而可向下一直延伸至自然的最微观层面。鉴于物理主义的基石是物理学,这便带来了一个问题,"物理的"到底是何种含义?希利与帕沃·皮尔卡恩(Paavo Pylkkänen)认为量子世界仍然是"物理"的,但是它的物理性是"微妙"的、"心理"的。因此,他们视玻姆的理论为"客观唯心主义"(objective idealism):它是唯心主义的,因为它认为心理性不可还原;而它同时也是客观的,因为心理性独立于人而存在。[110] 这种观点更为普遍的名称便是泛心论。

总之,量子理论质疑经典世界观所有形而上学的假设基础:唯物主义、原子论、决定论、机械论、主客体差异以及绝对时空。这里要再次重申的是,"质疑"并不必然意味着这些假设一定是错误的,但是在表象层面每一条都的确受到了挑战。多数量子理论诠释都成功挽救了一条或更多的经典假设,但是即便哲学观点的平衡在不同观点之间存在摇摆,诠释方面却并没有很大的进步。没有任何一种诠释被彻底摒弃,每一种都存在各自的问题,差别只在于你可以接受哪些问题。[111] 基本上所有人都似乎同意的唯一一点是,最终的谜底将使我们惊讶不已。

在这一辩论中最深刻的分歧之一是意识的角色。唯物主义者保留了经典假设,认为所有事物最终都是物质的。唯心主义者则抛弃了这一假设,他们认为意识在自然界扮演了不可被还原的角色。仅在量子理论的背景下去考虑,我们无法在这两种观点之间做出明确选择。在后文我将要说明,如果我们将量子理论诠释与意识的解释联系在一起考虑,究竟如何选择将会变得更加清晰。

注 释

1. 关于更详尽的归纳,参见 Albert(1992),d'Espagnat(1995),Home(1997:第 2 章),以及 Laloe(2001)。莫德林(Maudlin)对该争论做了尤其出色的介绍。

2. 被引用于 Bub(2000:597)。

3. 参见 Home(1997:76)以及 Laloe(2001:680)。

4. 有关波函数本质的争论,可参见 Matzkin(2002),Friederich(2011),Gao(2011),以及 Ney and Albert, eds.(2013)。

5. Marin(2009)认为这一问题早在 20 世纪 30 年代就被意识到了,并给了量子理论一股"神秘主义"的气息。虽然已过去 80 年,有关该理论是否需要涉及意识问题的争论远未得以解决;例如可参见 Yu and Nikolic(2011)以及 Pradhan(2012)。

6. 有关该问题的详细研究,参见 Cushing(1994)。

7. 关于"哥本哈根主义"的各种诠释,参见 Henderson(2010)。

8. Stapp(1972/1997);cf. Healey(2012). 对于波尔哲学的更长篇重建,参见 Honner (1987)。

9. Honner(1987:84).

10. Shimony(1978:11).

11. Herbert(1985:160—161),d'Espagnat(1995:223).

12. D'Espagnat(1995:221),Esfeld(2001:232—235).

13. Shimony(1978:11);同时参见 Herbert(1985:158)。

14. 譬如可参见 Plotnitsky(1994),关于实在论者的回复参见 Norris(1998)。

15. 参见 d'Espagnat(1995:324,并于本书中多次提及)。

16. 参见 Honner(1987),Stapp(1972/1997:140),以及 Barad(2007:125—131)。

17. 事实上,波尔对于"诠释"是什么有颇为不同的观点,他并不着重于讨论现实是什么的,而是强调使理论和我们所观察到的以及我们所能沟通表述的物事相协调(Omnes,1995:607);可参照 Ruetsche(2002:199)以及 Friederich(2011;2013)关于量子态的"认识论"概念。

18. 参见 Fuchs and Peres(2000)。话虽如此,此后富克斯把他的方法发展成了量子贝叶斯主义(Quantum Bayesianism,QBism),并与我在第六章所辩护的中立一元论之间存在某种有趣的关联;参见 Fuchs and Schack(2014:104)。

19. Ruetsche(2002:208).

20. Squires(1990:183).

21. 如可参见 Shimony(1978:12—13),Esfeld(2001:234—235)。

22. 参见 Friederich(2011:150),他援引了维特根斯坦哲学的精髓。

23. 分别参见 Ruetsche(2002:201)以及 Squires(1990:180)。

24. 更别提大多数的神经科学家、认知心理学家以及社会科学家。

25. Squires(1990:178).

26. 最初由 Ghirardi,Rimini and Weber(1986)提出;关于批判观点的回复,参见 Ghirardi(2002)。

27. Ghirardi(2002:33).

28. Ibid:36.

29. Ibid:37.

30. Laloe(2001:684).

31. Ibid:686.

32. 参见 Albert(1992:100—104)和 Ruetsche(2002:210),关于回应可参见 Ghirardi (2002)。

33. Squires(1990:189);Laloe(2001:685). 近期的评价与诠释引申可参见 Lewis(2005)以及 Dorato and Esfeld(2010)。

34. Ruetsche(2002:217);Jeffery Bub(2000:613)就 MWI 在量子计算著作中的流行性提出了同样的观点。

35. Lockwood(1996:168);参见 DeWitt and Graham,eds.(1973)。

36. D'Espagnat(1995:247),Barrett(1999:149).

37. Laloe(2001:690—691)，Matzkin(2002:289)。我所知的对于这个诠释的最系统论述是 Barrett(1999)。D'Espagnat(1995:247—253)的版本十分简明。

38. Barrett(1999:64)。

39. D'Espagnat(1995:247)。

40. D'Espagnat(1995:247)，Butterfield(1995:132)，Barrett(1999:150)。

41. D'Espagnat(1995:248)。

42. Zukav(1979:92—93)，Squires(1990:198—199)，Laloe(2001:691)。

43. Squires(1990:199)，Lockwood(1996:164)。

44. Ruetsche(2002:217)。

45. Stapp(1972/1977:133)，Barrett(1999:155)，Esfeld(2001:280)。

46. Barrett(1999:156)。

47. 关于批判意见的详尽概览,参见 Barrett(1999:154—179)。

48. Butterfield(1995:143)。

49. 这其实更接近于埃弗里特的最初论点;参见 d'Espagnat(1995:251—252)。有关多心灵诠释,可参见 Lockwood(1996)，Home(1997:92—94)，以及 Barrett(1999)。

50. Butterfield(1995:148)，Ruetsche(2002:216)。

51. Lockwood(1996:170)。

52. 起码在一个既定瞬间,两个心理状态之间的模糊感或许类似于一段时间内处于叠加态的感受。

53. Albert and Loewer(1988);同时可参见 Barrett(2006)。

54. 参见 Lockwood(1966:176 以及在书中多处提及)。

55. 例如可参见 Yu and Nikolic(2011)。

56. 关于实在论问题的讨论结果应该是伯纳德·德斯帕纳特建议称之为的"开放实在论"(open realism)。

57. 参见 Ward(2014)对于量子机制和意识间潜在联系的不同思考方式的概述。

58. 参见 von Lucadou(1994)。

59. 例如可参见 London and Bauer(1939/1983)，Wigner(1962;1964)，Stapp(1993;2001)，Wheeler(1990;1994)，以及 French(2002)。

60. Stapp(2001:1470)，Wigner(1962:285)。

61. Wheeler(1994:120)。

62. French(2002:469)。

63. Butterfield(1995:130)。

64. French(2002:469)。

65. 参见 London and Bauer(1939/1983)。

66. 参见 Wigner(1962),对于维格纳作品的概述可参见 Esfeld(1999)。

67. Wigner(1962:294)。

68. 参见 Wigner(1964)。

69. 对于接下来争论的批判性论述,参见 French(2002);关于现有的对该方法的异议,参见 Butterfield(1995:130)。

70. 但是 Lehner(1997)提出了不同意见。之后我将论述说明这是因为叠加态中是思想的无意识部分。

71. 不过 Barrett(2006)利用维格纳的方法为身心二元论进行了辩护。

72. Wheeler(1990:5)。

73. Wheeler(1988:113；1990:5)。

74. 尤其参见他的作品(2001)；更早先的论述可参见 Stapp(1993；1996)。

75. 参见 Stapp(2001:1483、1488)。

76. Ibid：1485.

77. Ibid：1486；更晚近的类似论述可参见 Pradhan(2012)。

78. 尤其参见其作品(1993)。

79. French(2002)；von Lucadou(1994)对于维格纳的再诠释很类似。

80. 同时参见 Heelan(2004)。

81. 参见 French(2002:476—479)。

82. 可参照 Schneider(2005)的将量子观测视作一种"言语行为"(speech act)的观点。

83. French(2002:484)。

84. Ibid：485.

85. Ibid：489.

86. 例如可参见 Atmanspacher(2003)，Nakagomi(2003a；2003b)，Primas(2003)，Pylkkänen(2007)，Gao(2013)，以及 Seager(2013)。

87. 参见 Home(1997:16 and 54)。

88. 尤其参见他的作品(1990)；该论点在他的经典著作(1980；但参见第 207—208 页)中不是那么突出,但在他早先的作品(1951:168—172)中已有呈现。

89. 关于近期的概述,参见 Sole(2013)；同时可参见 Albert(1992)，Home(1997),以及 Ruetsche(2002)。有关玻姆哲学的详尽研究和泛心论的著作,参见 Pylkkänen(2007),也可参见 Seager(2013)中对于玻姆观点两面性诠释的类似解读。

90. Stapp(1993:137)。

91. Bohm and Hiley(1993:24)。

92. Bohm and Hiley(1993)是对该理论最为系统化的分析。

93. Albert(1992:134)。

94. Kieseppa(1997:56)。

95. Albert(1992:135)。玻姆便是在此处将非定域性引进了该理论。

96. Home(1997:37—40)；有关波导模型的概述,参见 Squires(1994:79—84)。

97. Callender and Weingard(1997:25)。

98. Albert(1992:164)；Home(197:44)。基于此原因,它有时被称为对于量子理论的"随性"诠释。

99. Albert(1992:163)，Hiley(1997:39)。

100. Hiley(1997:39)。

101. Goldstein(1996:163)。

102. Squires(1990:195)。

103. 该例摘自 Bohm and Hiley(1993:31—32)。

104. Ibid：35—36.

105. 参见 Shannon(1949)。

106. Pylkkänen(1995:340).

107. 这被认为是从量子真空中而来的;参见 Bohm and Hiley(1993:37)。

108. 参见,譬如,Wheeler(1990) and Chalmers(1996)。

109. Bohm(1990:281);同时参见 Hiley(1997)以及 Pylkkänen(2007)。

110. Hiley and Pylkkänen(1997:76).

111. 这让我想起了 Kenneth Waltz(1979:18)对于国际关系学科的描述:"似乎没有任何理论在累积发展,甚至连批判都没有。"

第二部分
量子意识与生命

导　言

在第一部分我们已看到，除了意识之外，另一个现代科学世界观所面临的困难问题是理解量子物理关于实在到底告诉了我们什么。而如果要讲哪个问题更加困难的话，那便是后者了。在心灵哲学（philosophy of mind）中，至少存在一种共识足以支撑正统立场（即唯物主义），且存在广泛的预期认为未来神经科学的发展将证实唯物主义。而与此不同的是，在物理哲学中，所有方面都知道量子理论可以和一系列不同的形而上学诠释相容，而且新的实证发现解决这方面争论的希望并不大。不过这两个问题可以说都是"困难的"，因为虽然过去几十年在这两个问题上投入非常大的研究力度，但却并未出现明显的进步。

量子意识理论的基本观点是，如果我们将这两个问题放在一起考虑也许将是一种解决二者的途径（不过我将只在后文讨论心身问题）。[1]将两个问题结合的想法被看作新颖的这一点本身，就说明两个领域的哲学讨论一直以来都是以隔绝的方式在演进。虽然物理哲学家一直都对观测过程中意识的影响很感兴趣，但是他们并没有怎么关注过心身问题；另外，心灵哲学家几乎全都不理会关于意识与量子物理存在任何关联的想法。社会科学学者

103

也许对心灵哲学家的这种质疑存在共鸣，他们会质疑在意识问题中加入量子物理的诠释问题如何能够帮到他们。除了堆积术语和晦涩的争论之外，将关注点移向亚原子层面只能使我们更加远离人类的世界，而且似乎处在与最为粗俗的还原论对抗的边缘。

然而，出于两个原因，人们可能天真地认为这两个问题是相关的。首先是第一章提到过的在心理与量子领域之间有趣的类比。当然，这些也许仅仅停留在类比层面，缺乏现实基础（如果这些类比是不存在的，将更加说明问题）。但是这些类比意味着某种相似的概念结构（conceptual architecture）也许可以共同适用于两个领域，而这被之后的量子决策论所证实。[2]正如物理哲学家米歇尔·比特博尔（Michel Bitbol）所说："某些人类科学的特定领域（经济学、感知心理学、理性选择理论等）与量子力学共享完全一样的（且不仅仅是类比性的）特性与支柱结构。"[3]

其次，这两个问题中的难点都是另一个的镜像（mirror image），虽然也许不像人们所预期的那样。在心身问题上，心灵一般被视作问题所在，而在量子理论中后者则是问题的关键。但是如果"问题"是指相对于现有理论的反常，那么在心身问题中最早被确立的观点却恰恰是意识（"我思故我在"）。如果我们拿不准这一点，那么相对于唯物主义无法解释幽灵来说，便没有更多的理由将唯物主义在解释意识方面的失败进行问题化。* 因此，在心身问题上真正难解的是某种身（body），具有意识的身体。[4]与此类似，在量子理论中最先被确立的是薛定谔方程，它将世界描述为以确定性方式演化的可能性。但是当我们观测这一世界时，我们则能感受到一个确切的实在，而这一实在则以不确定的方式涌现。因此，量子理论中的难解问题是什么呈现在意识中，或心灵在物理学中的角色。[5]因此，这两个问题具有互补性，虽然这种互补性并不意味着必然存在某种联系，但却具有启发意义，并为两个问题的关联提供了一个框架。

量子意识理论便是基于这种直觉，对两种观点进行了结合：（1）量子大脑理论的物理学观点，即大脑能够维持量子相干态（第五章）；（2）泛心论的

---

* 即如果不承认心灵问题是早先确立的，便没有理由质疑唯物主义无法解释意识这一点。——译者注

形而上学观点，即意识存在于物质的结构本身（第六章）。其中，泛心论主要解释了意识。而量子大脑理论则对泛心论的长期主要反对意见提供了解答，这一反对意见即"组合问题"（combination problem）——物质中无数的原始意识要素如何组合成为大脑的单一意识。因此，我将先讨论这一问题。在讨论泛心论之后，我将为第三个观点进行辩护，我认为这一观点是量子意识理论的重要启示，即量子相干性（quantum coherence）是生命的本质（第七章）。这将引出量子版的生机论，其中量子相干便是那捉摸不透的生命力。

这一观点最终发展成为一种认识论方面的双重运动，从每一个层面选取相应知识——第三人称的量子理论知识与第一人称的意识知识——并将其向彼此层面投射，分别向上向下延伸至极致。这里的目的不是将一种知识还原为另一种，而恰恰相反是使其保持隔绝状态直至它们跨越了微观与宏观谱系，并能够彼此面对面。在这一点上，它们可以在生命现象上被组合，进而使第一人称和第三人称（sic）观点都得以体现，以量子意涵来说这可以理解为互补。这听起来也许有点像某种新形式的笛卡尔主义（Cartesianism），但是与笛卡尔将两种存在视为不同且不相关的本体二元论不一样，这里的二元论只是认识论层面的（所以可被称为"二象性"而非"二元论"）。至于本体论的问题，我支持量子版的"中立一元论"（neutral monism），它假设一个单一的根本实在，既非心理也非物质，但是从这一实在中差异会自己涌现。在认识论层面，将论点置于平行轨道上的确从一开始便会带来主客体差异的问题，而这种做法可能被指责是偏向主体性的。但是，"主体性的禁忌"最终得以出现正是由于经典世界观无法解释一种基于常识我们都知道是真实的现象——即第一人称经验——因此哲学家只能转而寻找方法去否定、拒绝或解构它。由于量子意识理论试图提供这种解释，我们便没有理由去接受关于讨论主体性的禁忌。

不过，如果意识一直延伸到自然界的最微观层面，那么关于意识的"解释"应该是怎样的呢？回答这一问题，我们首先需要精确定义什么是心身"问题"。根据经典观点，心身"问题"是通过纯物质现象来解释意识，也就是说不包含任何意识的痕迹。这种解释的表现形式或是以因果、功能或逻辑的角度将意识还原为物质实在，或是基于对更加分层（hierarchical）的本体论的偏好,在某种物质复杂性(material complexity)的层面上解释意识的涌现。[6]无论以哪种方式,根据这种问题的定义,在被解释项(explanandum)完全物质化之前,我们是得不到答案的。但是,这便引出一个关键问题,即实在的终极构成是否完全是物质的。正如我们已经看到的,在量子世界这一假设是存在争议的,由于在量子世界中物理性并不等于物质性,在原则上物理性便与心理性是相容的。将物理学约束以这种方式从 CCCP 改为CCQP,将使我们在完全不同的基础上重新发现"问题",并以范围更广的自然主义(naturalism)取代唯物主义。根据自然主义,意识本身可能是基础的一部分。

不过相对于解释意识,我的最终观点可能更多是关于如何理解它。这种差异在社会科学的认识论中是很常见的,在社会科学研究中这被用于区分那些认为社会科学与自然科学没有本质差异的自然主义与那些认为两者不同的反自然主义观点。在自然科学的哲学中,这种差异同样存在。在自然科学中,最近有一些哲学家反对亨普尔(Hempel)关于解释与理解是一回事的观点,认为理解相对于解释提供了一种认识论上的优点,且即便解释不存在,理解依然是可能的。[7]这一优点被用多种方式进行描述——"可理解性"、"实用技巧"或"了解"所探讨的现象——但是它们的共通点是心理学的、与使用者相关的维度。这一点在此处看起来是十分恰当的,一方面是因为我的观点将主体性置于前列和中心地位,另一方面是因为什么构成了解释取决于人们的本体论,那么至少在量子背景下便是可以争论的。因此,虽然我个人认为后文的讨论构成了对于意识的解释,如果读者认为它只能帮助我们理解意识的话,我也可以接受。

注　释

1. 关于其对量子争论的意义,参见 Aert(2010)对于量子粒子作为"概念体"的诠释,这一诠释完全基于日常生活的概念而创立;同时可参见 Hameroff and Penrose(1996)以及 Manousakis(2006)。

2. 参见 Filk and Müller(2009)以及 Bitbol(2011)。

3. Bitbol(2012:247),原著标注强调;同时可参见 Filk and Müller(2009)以及 Pradham(2012)。此处,比特博尔特别所指的是认识论问题,但我相信他的论点同样适用于本体论问题。

4. 关于心灵哲学中的"身体问题",参见 Montero(1999)。

5.关于"冯·诺依曼链条"的讨论,参见第三章,第76页。

6.关于传统解释选项的讨论,参见 van Gulick(2001)。

7.参见 de Regt and Dieks(2005),Grimm(2006),Lipton(2009),Khalifa(2013),以及 Van Camp(2014);对亨普尔的看法的辩护参见 Trout(2002)。值得寻味的是,这些文献很少参照社会科学领域的类似研究,后者被认为仅与社会认知这一"特殊案例"有关(Kahlifa,2013:162)。

第五章　量子大脑理论

　　最近几十年,社会科学界已普遍认同将人类心灵看作非常复杂的计算机这一想法。借鉴了早先唯物主义将心灵视为机器的比喻,[1]心灵的"计算机"模型发端于 20 世纪中叶计算机的发明及其后心理学的认知革命。在这之后,该模型通过理性选择以及其他主要社会理论渗透了整个社会科学。这一模型的贡献是巨大的。但同时它始终假设我们头脑中的计算是经典的。量子大脑理论对这一假设提出了挑战,认为心灵其实是一台量子计算机。经典计算机的基础是精确定义(0 或 1)的二进制数字或"比特",这些数值通过程序的一系列运算被转化为结果。与此不同,量子计算机的基础是"量子位"(qubits),而量子位同时处在 0 和 1 的叠加态,并以非定域的方式相互作用,使得每一个量子位都同时参与运算。[2]量子计算机的概念首先于 20 世纪 80 年代被提出,从技术上来说仍然远未被实现,但是计算能力方面超乎想象的提高与其他一些高招的前景大大激发了科学家的想象力。如果量子大脑理论是正确的,那么我们的心灵模型也可能被极大改变,无论是否考虑意识问题。

　　量子大脑理论假设基本层面的量子过程在有机体层面被放大并保持在叠加态,[3]继而通过下向因果(downward causation)约束大脑深处的活动。根据这种观点,环境信息被不断从宏观向微观层面转换,再被向上传回形成"内部量子态"(internal quantum state),[4]它是大脑内部一个免于退相干(decoherence-free)的子空间,量子计算过程便是在这一空间中进行的。[5]

　　通过强调大脑中的量子过程,量子大脑理论与现代神经科学的基石"神经元学说"(Neuron Doctrine)发生了脱钩。神经元学说认为神经元是大脑中与解释意识相关的最小单位。人类大脑所平均包含的1 000亿个神经元已经是极为微小的了,但与亚原子粒子相比仍然要大几个数量级,而这些神经元显然属于经典领域。因此,神经元学说有一个预先假设,认为大脑的物理状态是"坍缩的"[6]。神经元学说的支持者当然承认大脑中存在量子过程,因为它们发生在所有地方。但是他们认为在像大脑这种"温暖、潮湿、嘈杂"的环境中,无数相互作用的干涉会导致所有波函数在细胞层面以上发生坍缩或"退相干"。但由于这远低于神经尺度,我们便不需要量子理论来解释神经行为。因此,如果要挑战神经元学说,量子大脑理论学者必须在大脑中找到能够解决退相干问题的物理结构与过程,而这一挑战的难度是众所周知的。

不过,严谨全面地来看,神经元学说同样面对艰巨的挑战。首先是引领讨论至此的关于意识的困难问题,其次是至少三个困难子问题:(1)从无意识到有意识状态的转变:大脑中存在的绝大多数信息是无意识的,那么为什么不是所有信息都为无意识的呢?(2)我们对于自由意志的体验;以及(3)意识的统一或"绑定问题"(binding problem),即在经验中大量的神经元同时触发。为了解决这些问题,已有多种经典假设被提出,所以说这些问题尚未被解决并不意味着量子大脑理论就一定是正确的。不过量子大脑理论是否能够以清晰和统一的方式来解决这些问题是对该理论的重要检验,因此我在后文多个地方会回到这些问题上。

你的量子大脑

与其说量子大脑理论是一种理论,不如说它是一组假说,所有这些假说都认为大脑能够"在分布其中的粒子与波当中不断产生量子相干过程"[7]。但是,不同的假说聚焦于不同的分析层次,而在这些层次之间它们提出了一系列关于在大脑中如何维持量子相干的假说。虽然这些假说看起来基本是互补的,但其中有一些也许并不相互一致,而且/或许这些假说是有对有错的。再加之这一问题涉及神经科学，对于外行来说是十分困难的论述体系。幸运的是，绝大多数技术细节与我们的讨论无关，因为只要至少一个假说是成立的，那么范围更大的宏观层面假说便可能是正确的。因此，我的首要目标不是详细回顾文献，而仅是让社会科学学者了解这一领域正在产出重要的研究成果，我将对这些成果进行整理、粗略分类，并为那些希望进一步深入研究的读者提供相应的参考文献。在本章的后半部分，我将讨论对量子大脑理论的一些批评，并对这一争论的现状进行评价。

在描述量子大脑理论之前，首先需要在该议题经常出现的两个不同观点之间做一下初步区分。一种观点可以被称为"弱"理论，它假设个体神经元的触发受量子过程影响，但是对于整个大脑层面，该理论不假设存在量子效应。弗里德里克·贝克（Friedrich Beck）与约翰·埃克尔斯（John Eccles）为这一观点提出了最为详细的框架，他们将其与心身问题的二元论解答联系在一起。[8]由于退相干问题在神经元层面没有整个大脑层面那么严重，他们的模型的优势在于物理学上的实现难度要低一些。不过，这一弱理论已不是当前量子大脑理论的活跃领域，因为它对社会科学没有多少明显的启示（即没有谈到行走的量子计算机……），我在下文中将不做讨论，同时我认为贝克与埃克尔斯的框架也许已是弱理论的极限。这样便只需要来对"强"理论进行讨论，与弱理论不同，强理论是将量子效应置于有机体层面来探讨的。

此处要区分两个理论分支，这两组理论源于仅相隔一年所发表的文章——路易吉·里奇亚迪（Luigi Ricciardi）、梅泽博臣（Hiroomi Umezawa）1967年的文章与赫伯特·弗罗利克（Herbet Fröhlich）1968年的文章。[9]虽然这两个分支有时会发生交叉，总体上它们构成了量子大脑"范式"中不同的研究项目。它们的差异是由于论述起点的分析层面不同：梅泽传统使用量子场论（quantum field theory，QFT）来思考整个大脑，并以此为起点向下层延伸；而弗罗利克传统则对个体神经元深层内部结构更感兴趣，并以此为起点向上延伸（两个传统都不是非常关注中间层次，即通常观点所谈的神经元尺度）。虽然梅泽比弗罗利克的观点早问世一年，但后者对于更大范畴上的问题处理得更好，所以我将由此开始讨论。

弗罗利克传统

弗罗利克的贡献在于他至少在理论层面证明一种特殊的量子相干——即玻色-爱因斯坦凝聚(Bose-Einstein condensation，BECs)——在个体细胞中也许是存在的。以此为起点，这种相干态可能蔓延至整个大脑。量子相干是指两个或更多粒子的波函数发生纠缠，因而共同构成可由一个方程来进行描述的叠加态。更具体地说，这意味着系统组成要素的特性是非定域相关的，因此对于其中一个要素的观测马上能够使我们了解其他所有要素。在本体论上来说，这意味着这些要素丧失了部分同一性，而系统也无法再被分散("分解")为不同的部分。不过在这里，个体并不需要完全丧失同一性，因为量子相干不要求所有粒子都呈现出完全一样的状态，只要它们在叠加态相互关联即可。

BECs 呈现了一种具体的相干态，在其中粒子状态是完全相同的，并能够保持这一状态，使波函数与它所包含的信息不随时间而流逝。[10]这一特性可被联系到一种独特的量子涌现形式，[11]因为这种涌现与社会结构密切相关，我将在第十三章对其进行讨论。由于同样的原因，BECs 对于意识的物理基础来说是很有吸引力的备选解释，因为它——回顾绑定问题——具有单一整体的性质，要求其物理相关量(physical correlates)都以协调的方式随时间运动。[12]其主要观点是凝聚"激发"构成一种多用途的"能量贮存"，[13]根据假设这些用途包括认知。根据这一观点，达娜·佐哈(Danah Zohar)将 BECs 比喻为"黑板"，而凝聚的激发便是"书写"(思维)。[14]

玻色-爱因斯坦凝聚在大脑中可能存在吗？出现这一质疑的主要理由是 BECs 一般只在极低的温度下才能被发现，这种温度远低于脑细胞中的温度，脑细胞浸泡在由其他有机体所构成的"热浴"当中。热度会使分子以随机的方式进行运动，而这会引发量子态的退相干，而非相干。弗罗利克所说明的一点在于，如果足够多的能量被持续注入细胞，它便可以维持 BECs，即便是在较高的温度下。佐哈为此提供了一个有益的经典物理类比。[15]想象在与地球磁场阻隔开的房间里，在一个桌子上放置一组罗盘。由于不受磁场影响，这些罗盘的指针会指向各个方向，而如果桌子发生抖动，指针将随机运动(这一抖动与脑细胞所在的热浴作用一样)，因此为了描述指针的运动，我们不得不为每个罗盘都写一个独立的方程。但是如果我们阻隔开磁场却向这些罗盘中注入电磁能,它们便将开始对彼此产生拉力,当能量足够强时它们的指针便会"凝结"并指向相同的方向(类似于"相干")。此时我们便不再需要分别的公式,整个系统只需一个方程便可描述。

虽然在理论上颇具吸引力,对于"弗罗利克效应"(Fröhlich effect)的证据却一直不甚明了。20世纪70年代和80年代的第一波实验虽具有启发性但却没有定论。而最近几年虽然出现了新一波的实验,其中一些也很有希望,弗罗利克效应是否真能存在于生命系统当中仍是不清楚的。[16]弗罗利克效应的支持者认为,找不到明确证据的可能原因是"那些隔离和保护量子相干机制的生物机制也许同时使得前者很难被发现",结果我们只能观察到经典属性,这种观点是有一定道理的。[17]反对者当然持不同的看法,他们认为这一效应未被发现恰恰是因为它根本就不存在。最近由杰弗里·莱莫斯(Jeffrey Reimers)和他的同事对弗罗利克效应假说的批评初看起来是颇似盖棺定论的——不过你会发现他们的主要批评目标实际上仅仅是20世纪70年代弗罗利克效应某个模型其中一个假说的特别版本。[18]这一批评也许依然是决定性的,但是弗罗利克在20世纪60年代和70年代的著作对于一些重要细节的讨论必然是含混的,而当前关于这一效应可能如何产生也有着若干不同的模型解释,未来也许还会出现更多的模型。因此,似乎弗罗利克的支持者从容接受莱莫斯及其同事的论点,认为其有助于排除某些意见并为自己的研究缩小参数范围,而不是将这些反对意见看作自身研究误入歧途的证据。不过,这些还需要进一步的观察。

目前,基于弗罗利克研究的主导性分支由斯图尔特·哈莫洛夫与罗杰·彭罗斯于20世纪90年代早期发展,他们的理论聚焦于被称为微管(microtubule)的微小神经元上。[19]神经元学说告诉我们,应当通过神经元之间的关系,即神经网络(neural networks)而非神经元内部来研究意识的物理基础。但是,神经元本身便是极为复杂的。[20]每个神经元都是由细胞膜所包裹的细胞质所构成的单一细胞,由大约70%的水分子、20%的蛋白质与10%的其他成分组成。蛋白质以网状结构形成"细胞骨架",而细胞骨架构成神经元的结构并控制它们之间的联系。微管——因其看起来像中空管而得名——是构成细胞骨架的基本单位,在一个神经元中一般有数千个微管。

而神经元的复杂性并不止于此：微管的管壁由 13 排蛋白"二聚体"构成，而在一个神经元中有大约 1 000 万个这样的二聚体。简言之，每个个体神经元都拥有几乎数以十亿计的组成部分。

这种复杂性意味着什么呢？一般观点是细胞骨架只是神经元的物理支撑，就像骨骼一样，因此是被动和惰性的。[21]但是随着科学家的进一步研究，这种观点越来越站不住脚。微管是一个充满活力的系统，具有多种功能，也许还包括计算，因为它们的内部结构与细胞自动机（cellular automata）十分相似，而细胞自动机被广泛认为是进行计算的。不过，这里依然存在一个问题，那便是微管中的计算是量子的还是经典的？量子观点认为微管的尺度极为适合填补亚原子层面的量子过程与经典层面神经元计算之间的空白。基于这一认识，这种观点强调了若干微管的有趣特性，指出它们能够放大那些量子过程，并使其在微管层面进入相干叠加态。[22]

如果这种观点是正确的，那么若要将它向更宏观的层次延伸，还有两个额外问题必须解决：（a）微管的相干态如何在神经元的嘈杂环境中避免发生退相干；以及（b）它们如何在更加复杂的外部环境做到这一点，并且不仅仅是保持相干态，而是与其他相干态的微管共同组成大脑的整体叠加态。为了解决第一个问题，若干机制已被提出，这些机制认为微管中的量子相干可以从神经元内部环境（intra-neuronal context）中被阻隔开来，这些机制包括一种微管间特殊的水——"有序水"（ordered water）——我们现在知道正是这种水填充并包裹着微管。[23]而关于第二个问题，伴随有序水，一个经常被提出的可能是这里还涉及量子"穿隧"问题。[24]穿隧是量子物理中一个已被确认的现象，它是指电子通过经典世界中不可穿过的障碍物的能力——在此处便是指神经元之间的"间隙连接"（gap junctions）。[25]有大量证据表明由间隙连接（而非神经元突触）相连的神经元可以同时触发，就好像它们是一个神经元一样。量子穿隧可以解释这一现象，并为量子相干性一直向上延伸至大脑提供了一种机制。

梅泽传统

正如这里的讨论所呈现的，在给出清晰解释方面，量子大脑理论同时在不同的分析层面上面临着挑战。由于多数是在分子层面以下，应对这些挑战的任务便落到了遵从弗罗利克自下而上思路的科学家身上。但是,要理解作为量子系统的整个大脑具有怎样的结构、如何进行工作同样是一个挑战。这便是自上而下的梅泽传统所关心的问题,最近几年这一领域的研究得到了继承和进一步发展,如马利·吉布(Mari Jibu)与保江邦夫(Kunio Yasue)、吉乌塞佩·维提埃洛(Giusepe Vitiello)以及其他学者的工作。[26]

推动里奇亚迪与梅泽1967年论文以及之后一系列这方面研究的是关于记忆的谜题。实际上这里有两个谜题:(1)回忆如何使大量神经元以高度有组织的相位和强度同时进行触发(这是前文提到的绑定问题其中一面)?以及(2)我们知道形成记忆的分子最多只能存活几个月,那么记忆又如何能够终生维持呢?斯图尔特及其合作者称这些是记忆的非定域性与稳定性问题。[27]这两个问题都涉及大脑组成要素之间的大范围相关性,这个大范围既是空间上的也是时间上的,对于这些问题的解答是这一文献以及更广泛的记忆科学(memory science)的关注焦点。正统观点认为答案存在于神经元网络,但是在数十年研究之后这一途径依然面临着若干困难问题。[28]这也许并不意外,因为根据定义,记忆的检索是一个有意识的过程,因此在理解意识之前我们也许根本没有办法搞清楚记忆。

梅泽传统的核心观点是这些记忆谜题的解答在于量子物理的一支,即量子场论。传统量子力学(QM)的基础是薛定谔方程,而薛定谔方程只能处理单一或小数量粒子组成的系统,这些是非常理想化的情况。像大脑一样的多粒子系统无法通过传统量子力学来进行解答,所以我们便需要不一样的数学。如果我们关心的是一个各要素不呈现量子相干因此其运动本质上是随机的系统,那么量子统计力学(quantum statistical mechanics,QSM)便成为必需;[29]反之,如果它们是相干的,我们便需要QFT。梅泽理论认为无生命体是第一种无序情况的例子,而生命体是第二种有序情况的例子。我将在第七章具体讨论生命,此处的关键在于,在整体层面上梅泽理论将记忆的物理学约束由经典变为了量子的。更具体地说,梅泽认为布满大脑的神经元网络是一个量子场,这个量子场的活力(dynamics)使其中的要素进入一种相干的运动(解决了绑定问题),并使其维持在这一状态上(解决了稳定性问题)。[30]这样,由于量子场的属性是多重可实现的,该理论便避免了个体层面相干性的问题，正是这个问题一直在困扰着弗罗利克的理论。[31]

梅泽假说对于记忆为何物、存在于哪里这些问题的启示本身十分有趣，但是在目前的讨论背景下都只是边缘问题，我想通过讨论梅泽假说的自上而下逻辑与弗罗利克传统的自下而上逻辑如何相互关联来对这些启示进行总结。两者的联系并不十分明朗，一个社会科学的类比可以帮助我们理解其中的原因。梅泽对于量子大脑问题的切入角度是社会科学学者称之为"社会学"的立场，该立场关心整体而几乎不在意其组成部分，而弗罗利克则是通过"心理学"（或"社会心理学"）的角度进行讨论，该角度更加侧重部分而非整体。在理想状态下，两个观点在中间形成无缝衔接才有可能统一量子大脑理论——而有趣的是它们的确在有序水（ordered water）在大脑中角色的重要性问题上存在共识。但是正如社会科学学者所了解的，在一个复杂系统中，宏观与微观的关系是很难被说清楚的——社会科学学者已对该问题进行了长时间努力的思考，而在量子大脑文献中却鲜有这方面的明确讨论。[32]如果不是来自各组成要素的相互作用，那么大脑宽广的量子场从何而来（sic），又如何而来呢？微管（microtubular）层面的退相干问题真的完全与大脑量子场论无关吗？类似这样的问题还有很多。以上讨论的两个传统具有同样的结论，相互补充，并时不时援引对方观点作为自己的论据。但是在这种程度之上，两者之间的联系尚未真正建立起来。

对当前争论的评价

虽然目前关于量子大脑理论的研究越来越多，并有两本专门的期刊登载相关文章，[33]但这种理论还是遭到了多数神经科学家和心灵哲学家的忽视。一个原因也许是该领域的理论发展把实证研究远远抛在了后面，而鉴于休谟关于奇迹的名言："非常主张需要非常证据"，我们便很容易理解为什么一个没有任何证据支持的观点会被无视。公平地讲，研究活体组织中的亚神经元过程是极为困难的。更不用说量子过程本身就是捉摸不定的，对它们的观测会导致退相干。但是量子物理与量子大脑理论的不同处境在于,在量子物理学中即便对理论预测进行检测的技术尚不存在,预测也会被认真对待,而量子大脑理论却不拥有这种免费通行证。的确,神经元学说的拥护者对于量子大脑理论的态度是非常敌视的,也许这是出于范式的原因。虽然即便量子大脑理论是正确的,也不会推翻我们对大脑的已有知识,但它的确会颠覆未来我们应当如何看待大脑这一问题,对于所有在某一具体范式中投入了整个职业生涯的学者而言,这种前景大概都不会十分具有吸引力。

不过,如果在学术生涯中被批评好过被忽视,那么量子大脑理论家现在可以振作起来了。虽然他们的观点曾被认为"因为是错误的,所以不可能是正确的"而遭到无视,现在它正受到越来越多的认真批评。[34]这些批评也许还谈不上已掀起一场"范式战争"(paradigm war),因为从正统角度来说,这些批评更像是在偏远的殖民地为了镇压恼人的"异端"而爆发的零星冲突。但是这一"异端"的数量正在增长且愈加受到帝国的重视,部分原因在于目前对该理论进行实证检验是很困难的。这使得量子大脑理论的支持者可以阻挡经典神经科学家的正面进攻,后者试图从理论上证明前者是错的——因此,就像所有反叛者一样,量子大脑理论学者只要守住了阵地便可以宣称自己是胜利者。

作为一名社会科学学者,我没有资格对技术层面的争论进行评价,因此我不期望说服读者接受量子大脑理论的可取之处。我仅仅想谈一下个人对于这一学说的"人类学"接触,这也许依然是有用的。在这一接触中,我的确是一个有偏见的观察者,我希望看到对于量子大脑理论的批评无法做到盖棺定论,但同时我也当然不会有兴趣为了一个明显错误的观点来写一本书。因此,在审视这一争论时我会问自己,批评意见是否真地瞄准了它们想要批评的目标?反对方是否在积累胜利,并迫使辩护方进一步让步?是否有办法避开这些批评?等等。怀着这一辩证的目的,我将简要报告一下对于当前争论的三个"案例研究"。我这样做并非想说服读者相信量子大脑理论是正确的,而只是想说明专家尚未证明它是错误的。

首先是由物理学家麦克斯·泰格马克(Max Tegmark)2000年在《物理学评论E》发表的一篇文章,这篇文章在科学媒体上得到了广泛的重视,并被视为对量子意识假设决定性的否定(注意此处与量子大脑理论的糅合),此文现在仍然被视为权威而被广泛引用。[35]泰格马克批评的一个重要可取之处在于,在众多文献中它首次将注意力放在了量子相干是否能在大脑中维持足够长的时间以进行计算工作这一关键问题上。基于退相干率的详细计算,泰格马克试图证明这种相干性是不可能实现的。但是,在一篇激烈的反驳中,哈莫洛夫与两位合作者给读者留下了一个强烈的印象,那就是泰格马克的批评瞄错了目标。[36]他们指出,泰格马克用了一半篇幅说明神经元无法处在叠加态,但是哈莫洛夫从未否认这一点——他的观点是关于微管继而整个大脑,而非神经元——因此泰格马克的论述也许并没有错但却偏离了重点。[37]接着,泰格马克的确转向了微管问题,但是他并没有批评量子大脑文献中的现有模型,而是发明了一个混合模型并忽略了现有文献中一些大大延长退相干率的关键机制假说——因此,泰格马克忽略了大多数现有理论的重点。虽然泰格马克的攻击迫使哈莫洛夫及其合作者澄清并进一步说明其理论,这种批评却绝不是决定性的。

这一点在 6 年后由埃布尼恩德尔·里特(Abninder Litt)与他在滑铁卢大学的同事所发起的第二轮批评中体现得很明显,这篇文章发表在《认知科学》上。[38]对于大脑是量子计算机的观点,他们提出了三个反对意见。第一个是"计算"观点,量子事件能够持续的时间尺度太小,因而无法影响到神经元的触发。在这一点上,他们以泰格马克的观点为基础,同时(在脚注中)肯定了哈莫洛夫模型是关于微管而非神经元的——而对于这一点里特与合著者的回应事实上仅是:参见我们下文的其他观点。但是这样一来,里特等人的这个第一论点是否从辩证的角度超越了泰格马克的批评便是成问题的了。

他们的第二个批评意见是关于"生物学"的观点,这一观点要阐述得更好一些,其中包含若干论点——(a)量子过程在大脑中被隔绝开的程度不足以防止快速的退相干发生(再次引用泰格马克);(b)关于微管的量子理论"缺乏任何实证支持";(c)微管在植物与动物世界随处可见,因此量子大脑理论意味着"胡萝卜与芜菁甘蓝"同样能够进行量子计算;以及(d)有机体中的量子计算不具有存活价值(survival value),因此不会在进化中被选择。但是,这些批评同样可以被较为轻易地驳回:第一条的基础是理论上的可能性,没有人知道现实到底是怎样的。如果第二条中的"任何"确实是指所有实证支持的话,那么里特等人便言过其实了——他们应该说的是"没有多少实证支持"。第三点并不构成一个论点,而只是作者关于植物无法进行计算的意见主张——最近关于光合作用(photosynthesis)(见第七章)中存在不可忽视的量子过程的发现意味着里特等人的这一观点是有问题的。最后,关于第四点也存在着争论,一些科学家认为量子计算是具有存活价值的,而另一些人则认为量子计算没有在进化过程中被选择是因为它是生命的基本构成,因而与生命本身共同涌现。[39]

里特等人的最后一个观点是"心理学"论点。这一论点被归结为对意识的解释。此处他们使用麻醉的例子来支持其关于意识可通过经典神经计算(neurocomputation)来解释的观点。不过,他们不但假设我们已拥有关于麻醉原理的全部知识(而讽刺的是,哈莫洛夫本人就是一名麻醉师),还坚信意识的物理基础,而考虑到困难问题(hard problem),这种观点并没有任何证据。[40]因此最后,如果我们把这三个观点放在一起,我们可以得到一个结论也许是正确的批评,但是其立论基础却未被无可置疑地证明。

我的最后一个案例乍看起来似乎更具盖棺定论的性质。[41]这是一篇2009年发表于《物理学评论E》的文章,由前文提过的质疑弗罗利克假说的同一批学者所写,不过这次的第一作者为劳拉·麦克米希(Laura McKemmish)。[42]本文开篇便攻击彭罗斯-哈莫洛夫模型的核心部分,即微管蛋白二聚体(tubulin dimers)在两种状态之间振荡,因此有可能是大脑量子计算的基本单元(量子位)。这篇文章的重点在于,劳拉·麦克米希等人的批评不仅是理论的而且是实证的,基于微管结构和功能的新证据,他们认为自己有力地批驳了彭罗斯-哈莫洛夫模型。接着,他们讨论了彭罗斯-哈莫洛夫模型是否可以通过新证据基础上的修正而得到挽救。就像在其他批评中一样,这里的关键在于量子相干性是否可以维持足够长的时间来进行计算工作。通过引述唯一系统性指出这种计算可能如何实现的弗罗利克假设,麦克米希等人重申了他们之前的批评意见。本文的最后一句话总结了他们认为自己所取得的成就:

[彭罗斯-哈莫洛夫]模型所依赖的基本物理假设无论从结构、力学

还是能量角度,都根本无法成立,通过本文我们希望可以最终终结这一关于认知功能(cognitive function)有趣却在根本上是错误的模型。

在扑灭量子大脑理论的叛乱方面,麦克米希等人是否取得了前任"帝国将军们"未能取得的成就呢? 通过该问题后来文献的情况来看,似乎他们并未成功。通过最新技术,一个由安尼尔班·班德尤帕德亚伊(Anirban Bandyopadhyay)所领导的研究小组声称首次发现了个体微管内部量子震动(quantum vibrations)的间接证据。[43]这一证据本身并不能证明大脑作为整体具有量子相干性,尽管有序水在这一发现中起着关键作用这一事实暗示了这一结果。哈莫洛夫与彭罗斯在其最近对于理论的更新与详述中援引了这一新发现,他们并未因麦克米希或莱莫斯的批评而感到困扰,并逐条反驳了这些批评意见,称其为"基本上是无知和错误的"。[44]简言之,看起来量子大脑理论仍在抗争之中,虽然没有人清楚未来的实验工作是否能够最终对该理论进行证实。与此同时,对于我们这些局外人来说,有四个原因使我们应当静观其变。

第一,是举证责任(burdens of proof)的问题。对于维护科学的认知权威来说,在学科随时间推移的发展中,任何被接受的新知识都得到旧知识的全面检验这一点是十分关键的。因此,科学实践基本上把重心放在了尽量避免"第一类"错误("Type I" errors),即把实际错误的观点看做正确的。在这种辩证背景下,举证责任便在新理论的拥护者一方,其任务是明确无疑地证明其观点是站得住脚的。用法律的类比来说便是有罪推定,即新理论在被证明无罪之前都是有罪的(错误的)。但是,当前的问题并不是量子大脑理论是否正确,并因此是否该被算作新的知识。鉴于目前的技术,即便是那些相信该理论的人也无法声称他们知道其理论一定是正确的。真正的问题在于,该理论是否有可能是正确的,并因此有必要开展进一步的研究。那么这里要担心的便不是第一类错误,而是经常不那么显著的第二类错误,即一个实际正确的理论被视为错误的。[45]在这一背景下,举证责任便是相反的:批评者需要确定无疑地证明量子大脑理论是错误的。正如我们所知的,"被证明有罪前都是无罪的"是一个更高的标准,而我们也应当赞赏那些批评者愿意接受这一挑战以及他们所展现出的技巧。即便某一理论是正确的，如果没有反方对其弱点进行有力指摘，我们也永远无法知道该理论是否真的正确（在那种情况下，批评者本身其实为理论的发展做出了贡献）。不过这终究是更高的标准，因此有必要对声称"最终终结这一理论"这类观点进行一定程度的质疑。

第二，即便假定麦克米希等人已证明彭罗斯-哈莫洛夫的微管模型是错误的，后者却并非量子大脑理论唯一可能的物理实现（physical realization），因此彭罗斯-哈莫洛夫的理论即便失败了也不意味着量子大脑理论的失败。彭罗斯-哈莫洛夫的理论也许是最为流行和系统的模型，但并不是量子大脑的唯一可能性，就算是与其他自下而上的理论相比。[46]不仅如此，从这一角度来说，必须注意到的一点是，所有我所知的对于量子大脑理论的批评针对目标都是弗罗利克传统，却没有一个探讨梅泽的自上而下理论。后一传统的学者们有时也会提到微管，但是在微管问题上他们似乎更倾向回避微管是否为整件事的核心部分。因此，即便彭罗斯-哈莫洛夫的途径被堵死，量子大脑理论的大军依然有后方阵地可退。

第三，量子决策理论在行为层面为量子认知提供的证据正在加速增长，我在第一章谈到了这一点并将在第八章进行详细综述。这些证据不仅局限于人类，藻类、植物、鸟类以及其他有机体都被证明用到了量子效应，而这正在激发"量子生物学"（quantum biology）的兴起（第七章）。[47]当然，单靠行为证据我们无法确知有机体内部发生了什么，在这一层面至少目前理论上的相关机制可能依然是经典的。但是，以审美角度来说，这种观点无疑是很不优雅的，因为我们接下来便不得不去解释为何在亚原子和行为层面都可以观察到量子效应，而在有机体内部的细观层面（meso-level）所有事情则必须是经典的。简言之，如果这些行为方面的发现是成立的，它可能将在关于量子大脑理论的争论方面开辟新战线，通过这一战线，量子大脑理论学者可以包抄质疑者并迫使对方进入守势。

最后，如果我们现在就否定量子大脑理论，那么在解释意识的问题上，我们便会重新又回到一垒。让我们回顾一下，该理论的引人之处并非大脑也许是一台量子计算机，虽然那将是极为惊人的。它吸引人的地方还在于，在非常不同的量子理论物理基础上为重新发现心身问题提供了可能性。与经典世界观不同，在量子物理中意识拥有天然的位置。因此，只要该理论仍然未被淘汰，进行类似反击便似乎是有益的，通过探索假定它是否正确将有助于解决心身问题。如果可以的话，我们应当增强反叛者最终取胜的信心。

注　释

1. 关于将心灵比作计算机这种说法的历史，尤其可以参见 Mirowski(1988)，Cohen(1994)以及 Maas(1999)。

2. 参见 Siegfried(2000)中非常易懂但略微过时的对于量子计算的介绍。

3. 一些物理学家很久之前便提出了这种放大的可能性，自 20 世纪 30 年代的帕斯库尔·约尔当(Pascual Jordan)起，这些物理学家便认为量子机制和生物学或许存在着联系。随后的作品可参见 Elsasser(1951)，Platt(1956)，以及 Gabora(2002)。

4. 参见 Igamberdiev(2012:24—28)。

5. 参见 Conrad(1996:97)以及 Glymour et al.(2001)。

6. 参见 Pereria(2003:101)。

7. Vannini(2008:176)；有关于该作品的概述，参见 Tuszynski, ed.(2006)。

8. 参见 Beck and Eccles(1992;1998)，有关埃克尔斯(Eccles)想法的笛卡尔根源，参见 Smith(2001)，相关批评则可参见 Clarke(2014)。更早先的一个名不见经传却拥有类似特征的模型，请参见 Bass(1975)。

9. 参见 Ricciardi and Umezawa(1967)以及 Fröhlich(1968)。

10. 有关 BECs 理论和实验的概述，参见 Ketterle(1999)，Reimers et al.(2009)，以及 Healey(2011)。

11. 参见 Healey(2011)；cf. Humphreys(1997a)。

12. 参见 Marshall(1989)，Zohar(1990)，Ho(1997:269)，以及 Worden(1999)。

13. Fröhlich(1968:648)。

14. Zohar(1990:86)。

15. Zohar(1990:82)。

16. 关于支持这一效应的观点，可参见 Clark(2010)，Carddock and Tuszynski(2010)，Lloyd(2011)，Igamberdiev(2012)，以及 Plankar et al.(2013)。BECs 在非生物领域的存在是广为承认的。

17. 例如 Hameroff(2001a:25)；同时参见 Clark(2010:177)。

18. 参见 Reimers et al.(2009)。不过，该论文依旧对区别不同的 BECs 提供了帮助，并且指出了只有最严格的 BEC 才是问题关键所在。

19. 这些精炼的理论来自 Hameroff(1994)，Penrose(1994)，以及 Hameroff and Penrose(1996)。近期的详尽研究可见 Hameroff and Penrose(2014a)。

20. 有关神经元内部结构的概述，参见 Tuszynski et al.(1997)以及 Satinover(2001)。

21. Satinover(2001:163)；同时参见 Tuszynski et al.(1997)。

22. Hameroff(2001b:86)。

23. 所谓有序水，是水分子核通过电磁效应进入量子相干态或"有序"的状态；参见 Mar-

chettini et al.(2010)以及 Ho(2012)。

24. 就我所知,这首先由 Evan Harris Walker(1970)提出。他是一名早期的量子大脑理论家,其研究工作独立于里恰尔迪/梅泽(Ricciardi/Umezawa)以及弗勒利希(Fröhlich)。

25. 参见 Hameroff(1998:1881—1882),以及 Hameroff et al.(2002:162—164)。

26. 尤见 Jibu and Yasue(1995)以及 Vitiello(2001);关于该流派量子大脑理论的介绍,参见 Jibu and Yasue(2004)。

27. 参见 Stuart,Takahashi and Umezawa(1978);关于近期的记忆量子模型,参见 Brainerd et al.(2013)。

28. 例如参见 Arshavsky(2006)以及 Forsdyke(2009)。

29. 参见 Vitiello(2001),以及 Svozil and Wright(2005)中有关 QSM 在社会科学中的应用。

30. 参见 Vitiello(2001:114)。注意,在 QFT 中,"元素"或"粒子"的概念是有问题的,因为从这个角度看,粒子似乎是场的特性。

31. 如 Vitiello(2001:52)所说,生命体根据它的基本构成呈现出"可塑性"。相关概述可参见 Jibu and Yasue(2004)以及 Vitiello(2006);可对照 John(2001)使用非量子方式对大脑进行场理论化。

32. 虽说已有很多关于量子场本身的部分—整体关系的研讨;例如可参见 Castellani(2002)。

33.《神经量子学》(Neuroquantology)与《量子生物系统》(Quantum Biosystems)。

34. 早先的出色批评可参见 Grush and Churchland(1995)。在该学术圈内亦有愈发多的争论,这对理论发展有推动作用,然而这些探讨一般而言并不涉及更深层的问题;参见 Rosa and Faber(2004),Mureika(2007),以及 Craddock and Tuszynski(2010)。

35. Tegmark(2000a);同时参见 Tegmark(2000b)。虽然特格马克(Tegmark)变成了量子大脑理论家的敌人,他本人最近加入了提倡泛心论的队伍(2014),并指出意识是物质的一种状态,该理论被一些人视为是他在物理学界获得"疯狂麦克斯"(Mad Max)称号的原因。

36. 参见 Hagan et al.(2002),更深层的研讨可参见 Rosa and Faber(2004),Davies(2004),Mavromatos(2011),以及 Georgiev(2013)。乔治耶夫(Georgiev)表示,即便特格马克指出的退相干次数是正确的,这也并不排除大脑中的量子效应。

37. 同时参见 Alfinito and Vitiello(2000:219)。然而,也有学者认为量子效应对于神经元工作很重要;例如可参见 Melkikh(2014)。

38. 参见 Litt et al.(2006);哈纳罗夫(Hameroff)自己的回应强调了科学细节,参见 Hameroff(2007)。

39. 有关该研讨,可参见 McFadden(2001)和 Castagnoli(2009;2010)。

40. 此外被指出的是,计算主义如果是真的,那么它便无法避免泛心论;该论点及论据的概述可参见 Bartlett(2012)。

41. Baars and Edelman(2012)是更晚近的、略微更为开通的批评,哈纳罗夫对此也有回应(2012b)。

42. 参见 McKemmish et al.(2009)。

43. 参见 Sahu et al.(2013a;2013b)。参见 Sahu et al.(2011)中对于前 50 年关于微管争论的概述。

44. 分别参见 Hameroff and Penrose（2014a：67—68）以及 Hameroff and Penrose（2014b：104）。

45. 有关科学中的第一类以及第二类错误，参见 Lemons et al.(1997)。

46. 参见 McFadden（2007），他对 Penrose-Hameroff 的方法表示批评；以及 Cooper（2009），他甚至对此不曾提及，但依然坚称量子信息处理在体内高温环境下的可能性。其他新方向的代表是 Romero-Isart et al.(2010)以及 Igamberdiev(2012)。

47. Abbott et al., eds.(2008)给出了很好的概述。

第六章 泛心论与中立一元论

　　虽然本书是关于心灵量子理论在社会科学方面的启示,这种潜力在很大层面来自量子理论将意识问题——心灵的特别层面——整合进自然主义世界观的能力。而在困难问题上,量子大脑理论仅是这一整合的必要条件,而并非充分条件。量子大脑理论之所以是必要条件,是因为它允许身体具有宏观层面的目的性,而同时在量子层面给予了意识物理性却又非物质性的存在空间,即波函数的坍缩,经典物理学是不能给予意识这种存在空间的。不过量子大脑理论并不是充分条件,因为它体现了一种客体的、第三人称的立场,因而对于为何大脑首先具有主体性和第一人称观点这一问题并不能比经典物理告诉我们更多。换句话说,这一解释鸿沟依然存在,只是被推向了量子理论一方。因此如果要跨越这一鸿沟,除了关于大脑的新物理学之外,我们还将需要一种新的形而上学。正如我将要在本章所阐述的,形而上学才能最终解决心身问题。

　　多数社会科学学者对于"形而上学"抱有本能的反感,在社会科学中形而上学往往意味着含混不清和猜测思维,而这些都被认为是不科学的。但是当我们转向形而上学时,真实的情况比起社会科学学者的看法既要好一些同时也更糟。情况更糟,是因为我们没有别的选择。神经元学说本身便是基于形而上学的唯物主义,而唯物主义看起来愈发不像能够解决意识问题。[1]此外,当我们思考量子理论的含义时,形而上学的争论是很难避免的,恰恰因为物理学对于如何在不同的物理学诠释之间进行选择并未给出什么指导。[2]因而,唯一的问题是关于大脑的形而上学是否需要从经典转向量子。

话虽如此，真实情况同时也要比社会科学学者想得要好一些，因为即便根据定义来讲形而上学不是科学，它依然可以是理性的（rational）——在从与已知事实保持一致、论述符合逻辑、结构连贯的意义上来说。因此，虽然我也许无法说服读者下文所要展开的本体论是正确的，我却希望证明可以基于此得到合理的论点。

回顾上文提到的认识论双重运动，这里讨论的起点与量子大脑理论是类似的，我将先讨论那些被认为是已知的事实。只是此处的关注点是反过来的，被认为已知的并非外部、物质的大脑世界，而是内部、主体性的经验世界。在这方面我受到了叔本华的启发，这一策略是他思想体系的定义特征。[3]在叔本华看来："我们自身是物自身（the thing-in-itself）。因此，通向事物真实内部本质的道路是从里面向我们敞开的，从外面我们无法进入。"[4]一些物理学家如迪德里克·艾尔茨（Diederik Aerts）也有类似的表述："我们宏观世界所发生的，即'人们使用概念与概念的组合来交流'，在微观领域已然发生，也就是说'测量仪器或更宽泛的说由寻常物质制成的实体在彼此之间存在着交流，它们语言中的词汇与语句便是量子粒子'。"[5]内省很有力的说明意识不仅是真实的，而且是一种知识。回顾第一章玛丽的例子：一生都生活在黑白房间内，直到有一天她走出房间并头一次感受到色彩。根据实体论的认识论（假设主客体差异）所谓"确证的真信念"，这些经验并不成其为知识，但是如果说玛丽仅仅具有看到了红色的"信念"也是奇怪的。相反，她现在知道红色是什么样的，并且是以一种单纯通过第三人称角度不可能得知的方式。这种通过经验来获取知识的方式从认识论的角度来说让人感到很有把握，因此我们多数人都不会质疑这种知识，即便意识最终完全无法用科学来解释。在了解我们自身的心灵这一问题上，主体性经常战胜客体性——这也是为什么不像幽灵的问题，心身问题是确实存在的。因此，如果通过第三人称角度解释意识的方法无法弥合解释鸿沟，我们便应该利用我们独特的第一人称视角来尝试跨过这一鸿沟。

通过采用叔本华的策略，我所对抗的是20世纪社会理论中强大的反主体主义传统。实证主义者、解释主义者、批评理论学者以及后结构主义者（post-structuralists）都把主体性——我指的是主体性的经验层面——视为一个应当被假设掉、被解构或被绕开的问题。从他们的角度来说，将一种不仅承认意识而且给其优先地位的观点作为获取知识的基础是成问题的,他们认为这种观点是不科学的,主体性仅仅是语言的一种效果,主体是没有生命的,诸如此类。由于这些批评意见在文献中十分范围很广,在详细探讨之前我便有必要先对自己的策略进行一番辩护。如果我只能给出一条辩护意见的话,那便是主体性在社会科学中成为"问题"只是因为哲学中存在心身问题:如果哲学家已经知道如何将经验整合入自然主义世界观的话,社会理论家便也会知道如何处理主体性。不过,为了说明这一点则需要很多的注释说明,而对于支持我的论点则没有太大帮助。因此,我将不对自己的认识论基础进行辩护,不对这一侧翼进行掩护而专注于进攻,希望以此能使得反对意见变得没有意义。

接下来的问题便是:如果我们完全采取关于意识第一人称知识的认识论立场,并在通过量子大脑理论的第三人称知识对其进行补充,我们将得到什么样的本体论?我在本章讨论的答案将结合两种学说,泛心论与中立一元论。这两种学说是紧密相关的,但有时也被视为竞争对手,[6]我认为中立一元论以泛心论为前提,而非相反。更具体地说,泛心论者认为经验是事物深层结构的内在成分,因此在基本层面,心与身组成了一种二象性。不过泛心论者的探讨便到此为止——单纯视其为大自然的基本现实。中立一元论者并不满足于这种解答,他们继续发展这一观点,试图通过既非物质也非心理的实在本质来解释二象性,而中立一元论与泛心论的差异也在于此。我认为,量子理论最近关于"时间对称性破缺"(temporal symmetry-breaking)的研究支持了中立一元论的观点。基于这种观点,中立一元论还提出了关于时间起源的激进观点,时间起源是现代科学世界观的又一个"困难问题",而且引起了社会科学的特别兴趣。因此,如果继续推动中立一元论的研究能够帮助我们在时间起源问题上取得进展,那将为泛心论理论的效用提供独立的证据。

泛 心 论

每一个可以想象的哲学立场的特点几乎都可以在心身问题的争论上得

到体现,但在西方这一问题被两种观点所主导:二元论与唯物主义。虽然这两种观点存在深刻的差异,它们有着三个一样的几乎是完全被习以为常接受的关于物的本质的假设:完全是物质的;具有实体,具有硬度并可触及;是被动与反应的。这些假设都可以上溯至古希腊时期,并为经典物理学所支持。基于这些假设,二元论与唯物主义都将心身问题看作心的"问题"而非物(身)的。对于唯物主义者来说,挑战在于如何说明通过本质上是被动的、而内部不包含任何心灵迹象的实体来解释心灵,无论是以还原论还是涌现论的方式。二元论者认为这是做不到的,因此他们认为在本体论上心灵自成一格(sui generis),但是他们同意物本身是被动、纯粹物质的实体。正如我们已经看到的,量子理论对这些假设提出了质疑,并由此使物的本质像心灵本质一样成为问题。虽然存在量子理论的唯物主义诠释,但是量子理论与老式唯物主义唯一的共通点仅是量子理论假设物的内部不存在心灵,除此之外,物在量子层面的行为与经典物理的描述完全不同。简言之,如果量子的物确实是"物"的话,它也是完全去物质化(de-materialized)的,远不是我们一般所认知中的那种物。[7]

泛心论与这种经典观点针锋相对,前者在过去几个世纪一直宣称在基本层面心灵对于物来说是固有本质,"无心不物,无物无心"大概可以算作这种观点的标语。[8]换句话说,心灵既不能被还原为物,也并非从物中涌现而来,心灵存在于物之内并一直延伸至最基本层面——而这样便消除了像二元论那样假设两种实体的必要性,对于二元论来说只有假设存在两种实体才可以应对唯物主义无法解释意识的问题。总之,如果心灵与物是连续的,那么心身问题的传统框架便是"站不住脚的"。[9]稍后我会解释"心灵化物"(minded matter)的可能含义,但是由于相对于唯物主义或二元论,泛心论对社会科学学者来说是更不熟悉的领域,有必要先提供一些简要背景。

背景

泛心论并未广为人知的一个原因,是在 20 世纪的多数时间里大部分哲学家都将它看作一门荒诞的学说。不过正如戴维·斯克尔比纳(David Skrbina)在《西方的泛心论》一书中所说的,这其实是个很晚近才出现的偏见,该学说在哲学领域其实拥有着显赫的背景。[10]需要注意的是,形而上学的系统都有多种表现形式,而斯克尔比纳在各个时代的哲学作品中都找到了泛心论的体现:古代哲学家如前苏格拉底哲学家(pre-Socratics)、柏拉图(Plato)、普罗提诺(Plotinus);[11] 中世纪哲学家包括乔尔丹诺·布鲁诺(Giordano Bruno)(布鲁诺因为这一思想而被烧死);早期现代哲学家如斯宾诺莎、莱布尼茨以及歌德;19 世纪哲学家如叔本华、古斯塔夫·费希纳(Gustav Fechner)、威廉·詹姆斯(William James)、查尔斯·皮尔斯(Charles Peirce)以及加布里埃尔·塔尔德(Gabriel Tarde)。[12] 但是在 20 世纪早期,泛心论的地位开始下降——而讽刺的是此时的量子革命其实使泛心论的主张更有可能被证实——虽然伯特兰·罗素(Bertrand Russell)的中立一元论具有泛心论的特点,而怀特海(Alfred North Whitehead)的《过程与实在》一书无疑是最伟大的泛心论理论体系。但是除了极个别的例外,[13] 1940 年后泛心论便基本从西方的哲学中消失了,以至于到了 1997 年,大概是代表了多数人的心声,约翰·塞尔将泛心论称做"荒诞"的学说:"连接受这一学说哪怕最轻微的理由都是不存在的。"[14]

鉴于不久之前还存在的这种敌视环境,最近泛心论复起的程度便显得格外惊人,特别是在 1995 年威廉·西格(William Seager)发表的重要文章与一年后戴维·查默斯里程碑式的著作《有意识的心灵》明确与泛心论扯上关系之后。[15] 自那以后,对于泛心论的讨论便开始快速发展,虽然远未达到替代唯物主义正统的程度,但当前泛心论已在哲学层面获得了尊重,而这种尊重是它过去很久已不曾享有的。[16]

已有三个不同的学科领域出现了关于泛心论的讨论,[17] 每个领域都有自己不同的出发点与关注点,因此我们现在所能看到的其实是三种泛心论文献,而这些文献之间通常很少存在交流。其中一个领域是物理哲学,该领域一直以来都对观测过程中意识的作用很感兴趣,并将此发展为全面的泛心本体论。[18] 此种文献的论述模式基本是直接从物理学转向泛心论,跳过大脑中所发生的过程。第二种文献的模式则完全相反,它的基础是量子大脑理论,一些支持者认为这一理论隐含着泛心论。[19] 最后,当前最主要的一个群体是心灵哲学本身。[20] 在该领域,有一种与日俱增的看法认为唯物主义将永远无法解决心身问题,而这种情绪催生了对于泛心论的兴趣,集中体现于最近一篇关于泛心论文章的标题——"它一定是正确的——但是怎么可能呢?"[21]虽然有人希望这种学科发展的碎片化最终能够被克服,但是泛心论背后这些不同的理论依据对于受众来说是有益的,因为它为泛心论观点提供了助力。由于我的兴趣不在泛心论本身,而是它对社会生活可能的启示,我将把这些不同领域的文献假设为一个整体,并自由从中选取我所需的部分。

这样的话,我便可以利用早期泛心论者不具备的优势:量子物理的发现。从历史上来说,泛心论者只能基于纯粹的哲学进行论述,因为对于物具有心灵这一点,经典物理学无法提供任何支持——恰恰是由于经典物理学容不下意识而非它能带给我们什么,最初激发了泛心论的出现。[22]而目前的形势已发生改变:从量子视角来看,泛心论不仅和物理学是不抵触的,而且有许多可取之处。

定义"自性"(psyche),亦称主体性

泛心论是一种关于物的固有本质的观点。正如伯特兰·罗素与康德的观察,物理学只是从属性与行为方面对物进行描述,而不讨论其内部。[23]但是基于经验,我们确实至少知道一些关于物的内部的知识,即我们自己的大脑。如果将这一认识向更基本的层面进行投射(project),我们便首先要区分总体上对该现象至关重要的部分与那些仅仅是偶然的部分,特别是人类自性的特点。后者的显著例子便是自我意识(self-consciousness),自我意识是我们能够感知(aware)的觉知(awareness),这种感知是不太可能存在于进化阶梯(evolutionary ladder)的底层。在考察人类时,很容易混淆这种能力与意识本身,[24]因为我们自身的经验是反省(reflective)的,但如果保留这种混淆认识便实际上否定了其他所有有机体的意识,而这显然是反常识的(此外,意识的困难问题并非关于反身性[reflexivity],而是关于更原始的感知能力)。但如果是这样的话,什么样的意识概念才能包含其他有机体,并向下一直延伸至物的本质呢? 在泛心论的传统中,人们可以找到许多不同的答案,但是如果对此做全面回顾可能会使我离题太远,因为何人、为何、如何说过什么在此处并不是非常重要的。重要之处在于,基于我对文献的理解、实证观察与内省,我将分享个人所理解的泛心论者在"自性"问题上的共识。

此外，我会对术语进行一些调整，这种调整也许会令当代泛心论者无法接受，但是基于实质性的考虑，并顾及本书的受众，我认为这种调整是可行的：泛心论者所谓"自性"等同于社会科学理论学者谈论的"主体性"——至少是在现象学的传统中。因此，在提出泛心论时，我认为主体性或更确切地说"原始"主体性是物所固有的。我将在下文中阐述，原始主体性是主体性的前提，出现在后者成为生命体（living matter）的一部分之前。

我认为自性或主体性的核心属性包括认知（Cognition）、经验（Experience）以及意愿（Will）。[25]虽然在现象学意义上它们是捆绑在一起的，但是在分析层面上它们却是不一样的，正如我后文将要谈到的，它们反映了量子形式系统的不同方面。鉴于我在第三部分将会再从人类的角度论述这些问题，在我提出将这几个核心属性向基本层面投射的理由之前，我将在此仅讨论一下其各自在常识层面的含义。

"认知"是指所有与"思考"有关的功能，包括信息处理（information processing）、记忆储存与检索，以及学习。人类经常把思考与自我觉知（self-awareness）联系在一起，但这是一种人类中心论（anthropocentric）的视角：正如将在下文逐渐明朗的，蝙蝠与老鼠也同样思考却（大概）无须是自觉的，且即便对人类来说大多数思考也是在潜意识（sub-consciously）中完成。虽然认知尚未被完全搞清楚，认知科学已证明它在本质上是一种计算，这便意味着计算机也可以实现认知。因此，不同于难以被观察到的大脑认知（因为做到这一点则必须杀死大脑的主人），计算机中的认知——或至少是经典意义上的——至少在原则上可以被直接观察到，只要机器足够大的话。[26]这也是认知解释对应于心灵"简单"问题的部分原因，虽然在实践中它远非轻而易举。

如果认知就是思考的话，那么"经验"（或"意识"）便是感觉。经验不同于认知，是心身问题的核心。这里的感觉不是指社会科学学者所熟悉的"情绪"，感情具有十分散漫即非常人类的要素，而这里所说的感觉单纯是指感受起来"是什么样的"，在最基本层面也就是感受痛苦。因此，与可能被观察到的认知不同，经验从本质上来说是私有性（private）的，只有从内部才能真正探知。我们通过看到别人的痛苦表情可以获得他人经验的替代（ersatz）知识，但是这不同于了解你自己在当下特定痛苦的感觉。经验的这种内部性使主体成为莱布尼茨所说的"单子"（monads），它具有关于世界的独一视角，因此世界对于主体来说具有独一的意涵。

属于主体性的认知与经验，得到了目前哲学家最多的关注，但在历史上他们对于意愿也同样很感兴趣，叔本华、尼采以及伯格森（Bergson）是现代探讨意愿问题的重要代表。[27]最近几年这一欧洲大陆哲学传统（continental tradition）在分析层面上得到了"心理因果性"（mental causation）研究的补足，这一研究所回答的问题是意识为何或如何具有因果力，例如移动我们身体的能力。[28]从反映而非创造实在这一角度来说，认知与经验是被动与反应的，它们与外部世界的契合关系方向是由前者到后者，正如世界与心灵之间的契合方向一样。而意愿则相反，是主动与具有目的性的，是一种将自身强加于外部世界的驱动力，并因而能改变世界。[29]我将这种重塑世界的能力视为能动性观念的一个重要方面，虽然下文将谈到我认为能动性也是以认知与经验为前提的。

通过生命树（tree of life）投射主体性

如果将认知、经验以及意愿所特有的人类内容剥离掉，以它们最为原始的可能形式来审视，将它们向下投射至比我们简单的物能向下到何种程度呢？鉴于至少是经验所具有的私有性，如果是基于第三人称视角，这一问题便是无解的。从理论上来说该问题甚至对我们的同类也适用。在一定程度上，他心问题（The Problem of Other Minds）是指鉴于经验的内在性，我们无法完全确知其他人是真正地具有意识，或仅仅是模仿意识行为的机器或僵尸。[30]从难易程度上来讲，证明蒲公英与狗拥有意识与证明你拥有意识这两个问题实际上并没有很大差别。但确定无疑的是，我至少知道你是有意识的。这不是一种科学知识，而是基于常识与实践的知识，我们首先通过第一人称视角获取这种知识，继而可以假设我们都拥有意识。向非人类的有机体赋予主体性要困难得多，但是通过实证证据与逻辑推理，我将说明我们能够获得一个理性的答案。

泛心论者认为在某种意义上主体性一直延伸到基本层面，直至物本身的内在固有结构，不论它是有机还是无机形式。鉴于无机物的主体性问题显然是更困难的，我将先从生命体开始讨论。

投射主体性最简单的一步是将其投射至复杂程度和基因构成与我们类似的有机体。高等哺乳动物如猩猩、狗甚至是著名的内格尔（Nagle）蝙蝠[31]都拥有思考能力、经验和意愿，基于常识这是很难否定的，即便是科学界也似乎正在以各种间接方式达成这一共识。[32]那么昆虫与软体动物呢？在这一层面上，关于动物主体性的科学发展要薄弱得多，虽然也有相关观点被提出。[33]当前人们对于这一问题的直觉也许可以通过反动物虐待法的立法情况来进行判断，因为如果动物不能够感受痛苦的话，"虐待"这一概念便是没有意义的。我不清楚法律的分界线在哪里（或者说是基于什么——这是个有趣的问题），但是我不认为有反对虐待蚯蚓的法律存在，或许多人会对虐待蚯蚓提出道德上的指责。因此，简单案例基本上就到这样一个范围为止了。

那么有机体主体性的困难案例呢？这里我们不妨考虑两个依常识来看最难的例子：单细胞有机物和植物。如果将思考理解为计算，草履虫与细菌可以思考吗？而这个问题后来被证明是相对简单的。最近一篇题为《细菌虽小却不蠢》的科学评论文章报道称，不同于关于细胞的旧有机械论观点（mechanistic view），今天我们有"大量的结果显示细胞的行为取决于其拥有的关于自身和周围环境的信息"[34]。信息已取代物成为解释细胞行为的关键，而"细菌认知"（bacterial cognition）也开始被从实质的角度看待，而非仅仅作为一种比喻。那么关于意愿呢？同样的，似乎存在证据显示目标指向性（goal-directedness）或"纳米意向性"（nano-intentionality）在细胞层面是无可争辩的事实。[35]真正困难的问题在于，细菌能够感知（feel）吗？嗯，为什么不能呢？如果存在一种有机体复杂性的门槛，根据这一门槛我们可以清楚地说明高于它便存在感知，低于它便没有，那么我们便可认为至少最简单的有机体是不会感知的。这种门槛也许是存在的，但是从实证和理论角度来看，都不十分明显。经验在某一层面的涌现背后也许需要进化的理由，但是对于如何解释意识，进化理论学者却并不比其他任何人知道得更多，因为我们不清楚意识具有怎样的生存功能（survival function），（对于唯物主义者来说）生存功能或是具有随附性，或是一种错觉。这一原则性门槛的缺失似乎意味着，就像生物学家林恩·马古利斯（Lynn Margulis）在《有意识的细胞》一文中所说的，单细胞有机体同样具有意识。[36]

在植物问题上有一种类似的错误倾向(即滑坡谬误)。植物拥有意识的想法对于大多数社会科学学者来说也许是愚蠢的(最初接触到这一观点时,它无疑也令我发笑了),这种观点在新纪元园艺学中显然比在现代科学中更容易被接受。但是在《植物学年鉴》最近的一篇评论中,安东尼·特里瓦弗斯(Anthony Trewavas)整理了一系列令人印象深刻的证据,说明植物至少是"智能"(intelligent)的。[37]特雷伟瓦斯将"智能"定义为我所说的认知与意愿——记忆与记忆检索能力、信息处理能力,以及"在个体生命周期中进行自适应改变的行为"——并以此概念为基础介绍了一些植物表现出智能的有趣方式。它们可以处理来自环境的信号,感知彼此的存在,争夺光与资源,相比我们人类以移动躯体的方式对外部环境压力做出反应,植物则可以通过实际改变躯体(生长新的枝干)来做出反应。所有这一切都发生得十分缓慢,以至于无法通过肉眼感知到,但却是确实存在的。那么,这是否意味着植物也是有意识的呢? 特里瓦弗斯并没有如此设问,这样也许是明智的,我发现其他科学家同样没有提出这个问题。[38]但是如果考虑到植物拥有认知与意愿官能的话,在解释为什么植物不能以自己的方式拥有意识这一问题上便同样存在一种错误倾向。如果植物确实具有智能,那么在我看来举证责任便要落在那些质疑者的身上,他们需要去证明为何拥有智能的植物不拥有经验。

当然,以上讨论并不是要否认主体性的内容与本质在生命谱系(spectrum of life)上存在极大差异。但是在思考、感知以及施加意愿于世界的能力方面,我认为细菌、植物与我们就是一样的,原因很简单,它们都是有生命的。基于这种观点,我们也许可以说自然界并非"它"而是"它们",或按照诺瓦利斯(Novalis)的观点,甚至是"你"。[39]

……继而一直向下延伸

截至目前,我已说明所有有机体都是主体并具有意识。但这并非一种具体的泛心论观点,泛心论认为意识是所有物的结构所内在所固有的,而不仅仅是生命所独有。这一观点才能真正处理心身问题,否则我们仍然不得不解释意识生命如何来自无生命的物,而这正是我们所有讨论的起点。那么如何说明心与身是连续的,并一直延伸至最基本层面呢?[40]回答这一问题,需要探讨量子理论的因果鸿沟,通过量子力学的形式系统来确认主体性(或更确切地说是原始主体性,因为我们并不是在讨论生命),[41]只不过现在我们是从内部来审视作为物内在的固有属性,而非从外部观察。正如查默斯所说的:"通过这种方式,我们可以在物理学所描述的因果网络内部定位感知,而非在其外部晃来晃去……此外,重点在于,我们这样做的同时不会违反物理学的因果闭合。"[42]

现在让我们来设想在云室(cloud chamber)中一个亚原子粒子与实验者发生相互作用。一般而言,物理学家将形式系统视为一种工具,这种工具可以用来描述外部观察者对于粒子及其可能行为的知识。现在我们假设量子大脑理论是正确的。虽然在大脑内部所发生的过程会涉及无数粒子,但由于量子相干性,我们能够以单一整体的方式来感知所有这些复杂性,即"我"。这意味着就像云室中的粒子一样,外部观察者在原则上可以用一个单一方程来描述我们的行为。基于这种相同点,现在我们来考虑处在人类波函数的内部意味着什么。[43]这并不意味着在对自身内部的了解上,我们一定比外部观察者知道得更多,除了我们可以通过从内部观察自身波函数将意识到这种知识[44]——但是我们的身体只有极小部分能够以这种方式被观察到。相反,处在自身波函数的内部意味着成为一个主体,一个能够思考、感知和产生意愿的生物。这些过程都是外部观察者无法以第一人称方式所获知的,只有我们自己才能知道。因此,即便琼斯与史密斯也许能够在特定背景下写出同样的公式来描述琼斯的波函数——且在一定程度上拥有对于琼斯近似的第三人称视角知识——从内部获得这一方程的方式却是琼斯所独享的。

现在让我们再来设想单一粒子拥有认知、经验和意愿的情况。[45]认知大概是最难的一点,因为这一概念会让我们联想到经典意义上的计算,而这种计算需要多个不同部分来共同完成,这在单一粒子上是不大可能的。不过,如果心灵是台量子计算机而非经典计算机的话,认知便是另一种样子了。虽然在大脑内部也有许多经典现象在发生,这些却可以佐证经典表象以下是存在于波函数内部的思考的量子过程——也就是一种没有可分离部分的可能性结构,且根据定义是无法被观察到的。值得注意的是,大多数人类思考都是在无意识(*un*consciously)状态下发生的,如果认知发生在我们自身波函数内部的话,这便是合理的。[46] 如果大脑是一台量子计算机,能够同时探索所有的可能性,它只能在所有这些可能性都未实体化为意识的情况下才可以做到。那么类似的,有人可能会认为在单一粒子的情况下,无论"它"进行何种思考,都是不能被观察到的,因为一旦被观察波函数便会坍缩。那么,谁又能保证当波函数坍缩为粒子时,这一结果的实现过程中没有涉及像思考这样的过程呢?在我看来,这些单一粒子与人类的真正区别在于粒子不拥有生命,因此没有连续的同一性以及长久的记忆,所以如果粒子存在思考,当波函数坍缩时这种思考便会马上消失得无影无踪。

继而,一个粒子的经验也许可以通过其波函数的坍缩被确认。从外部来说,在坍缩中所观察到的是许多可能状态还原为一个实际态(actual state);从内部来说,所发生的是现象性内容(phenomenal content)的差异化,在这一过程中,有意识的状态是从许多的可能状态中得以实现的。[47] 虽然有些物理学家认为意识在坍缩中的作用是因果性的(参见第四章),我倾向于另一种意见,我认为从内部观察到的经验并非引发了坍缩而就是坍缩本身。重要之处在于,这并不使得经验成为随附性的并因此在本体论上变得多余,主要原因有二。一个原因与意识在连接过去、现在和未来方面的作用有关,我将会在下文再谈到这一点。[48] 另一个原因是,若使 X 成为随附性的,则必须存在某个 Y 能够完全解释 X 的属性与因果力。但是在波函数的坍缩中,当这个 X 被从外部观察到时便会完全违反唯物主义理论。因此在我们已有知识的基础上,从内部观察时波函数的坍缩将被感受到这一假设并非多余,否则的话我们便什么也不知道了。

如果波函数是认知,而波函数的坍缩对应于经验,那么意愿便是引发坍缩的力量。让我来更详细地展开这一观点。

在这里,称意愿为"力量"是指意愿为一种因,但不是那种主宰了现代科学世界观的原因概念。现代世界科学观的因是亚里士多德所谓动力因(efficient causation),当今社会科学学者可能会称之为"机械的"(mechanical)。鉴于经典物理对远距离行为方面的限制,动力因需要一个外部的 X 来与分离的 Y 建立联系,并引发后者状态的改变。虽然这对于某些原因来说是不错的描述,但是量子理论说明动力因在波函数的坍缩中是不存在的——而这正是坍缩如此神秘的原因。因此有趣的是,对于人类来说动力因即便没有缺失的话至少在描述心理因果性时是一种尴尬的方式,心理因果性的经验似乎很难是机械的——而这一事实使社会科学哲学中长期存在一种关于"理由即因"(reasons are causes)是否正确的争论。[49]但是如果人类意愿所牵扯的力量与波函数坍缩中的力量是一样的,这种尴尬则正是我们所预期的,这种力量无法被还原为经典的原因概念。

正因为我们不清楚理由是否就是因,也许有人会认为我们无法走得很远。但是从这里我们可以回到物理哲学的讨论,在这一讨论中我们可以找到一些支持"意愿"论点的量子力学诠释。这一文献中最常被援引的哲学家是亚里士多德,那么一个宽泛意义上"亚里士多德式"(Aristotelian)的观点能够如何帮助我们思考波函数坍缩中的因果关系呢?

有两种方式,取决于我们是从外部还是内部理解坍缩。从外部角度来说,一些物理哲学家包括海森堡在内都将波函数理解为"意向"(disposition)、"倾向"或"趋势",根据其本身特性并不能仅仅归为概率。[50]虽然将人类行为以意向性的方式进行描述是有帮助的(也就是频频被科学实在论者所援引的"因果力"),但是对于量子理论的意向解读并不能告诉我们在波函数内部到底是什么引发了坍缩,因此便无法涵盖关于心理因果或意愿的现象学。为此,我们需要采取一种内在视角,而早期量子理论家赫尔曼·韦尔(Hermann Weyl)已为我们提供了所需的一切。韦尔基于从莱布尼茨和自然哲学(Naturphilosophie)(因而也是承自亚里士多德)那里所得到的解决方案,将量子层面的物理解为"能动者"(agent)。[51]以现在的眼光来看,他的用词选择并不是很理想,因为在今天的社会科学中"能动者"一词意味着某种实体,而这恰恰不是韦尔所讲的。他本"应该"这样说,物是一种能动性(agency)或过程。[52]基于对这一概念的厘清,我将同意韦尔的观点,人类能动性(human agency)的经验为粒子波函数坍缩所涉及的因果性提供了一种可能的解释。

首先,虽然在经典观点下物是惰性和被动的,只有在被别的力推动时才会移动,在量子层面能动性的角度来看,物则是活跃和自发的,运动动力来自其自身内部。这里的因果性来自物的内部而非其外。正如叔本华在人类层面的著名论断:"动机便是从内部可以看到的因。"[53]其次,动力因是回溯性的,因先于果发生,而能动性的经验是前瞻性和目的性的,直指向未来的目的。简言之,能动性是目的论的(teleological),类似亚里士多德所谓目的因(final causation)。[54]最后,经典因果性在本体论上是决定论的,而我们这里所谈的能动性经验则具有自由度。鉴于自由意志长期都是经典世界观所面对的"困难问题",毫不意外自量子时代开启以来人们便投入了大量的努力通过引入亚原子层面的不确定性来解释自由意志——而这些努力最终均被否定,因为自由意志必须超越单纯的非决定论才可以真正构成"意愿"。不过,这些反对意见所忽视的一点是内部视角的可能性,从外部来看那些随机的情况在内部来看也许便是意愿所致。正如我们在第一部分所看到的,一些物理学家在对待波函数的坍缩是粒子对观测做出反应时的"选择"这一观点时是十分严肃的。[55]在《自由意志定理》一文中,约翰·康威(John Conway)与西蒙·科亨(Simon Kochen)证明如果"那些拥有哪怕是一点点自由意志的实验者是存在的,那么这种宝贵的属性基本粒子(elementary particles)也一定拥有它们自己的那一份"[56]。

不过话虽如此,个体粒子并没有内部结构,并非一定与其他粒子组织在一起,而且在波函数坍缩后便不再存在。考虑到所有这些特点,粒子与有机体是十分不同的,他们仅仅是过程,而非同时也是实体的过程。这样便带来一个问题,通常我们认为主体性是由主体所感受到的,而意识是对某人来说"那是怎样的"[57]。尽管韦尔的表述很松散,但很难认为粒子确实就是经验主体。[58]这促使一些泛心论者去区分有机体层面的心理性(也就是我所说的主体性)与基本层面的"原始"心理性("proto"-mentality)。不过,批评者认为这种区分是"空洞的",因为它使我们停留在唯物主义上原地不动,且不得不去解释不具意识的物如何出现意识。[59]这又为我们带来了"组合问题",无论是泛心论的拥护者还是批评者都一直视其为泛心论所面临的核心挑战。[60]

组合问题与量子相干性

组合问题实际是两个相关的问题。其中一个与心灵唯物主义模型中的"绑定问题"类似:无数亚原子粒子转瞬即逝的原始主体性如何组合成为一个稳定的、单一的、我们在日常生活中所经验的意识? 另一个问题是关于生命的特殊性:如果意识存在于物的结构深处,那么宏观层面上那些看起来不具有意识和具有意识的物之间到底存在怎样的差别呢？泛心论是否意味着岩石与冰川同样具有意识呢？

关于后一个问题，有些泛心论者愿意接受这一挑战，他们认为如果在基本层面可以发现意识，那么即便是没有生命的主体一定也在某种意义上是具有意识的。[61]但是在我看来如果可能的话，应当避免这种"强硬的"泛心论立场，这不仅是因为它是反常识的（在当前背景下它很难是一种强有力的观点），还因为这一观点无法拯救现象，也就是有意识与无意识物之间明显的差异。因此在理想情况下，我们应该找到一个真正的差异的基础，而非仅仅是表面的区别。为了达成这一目的，我们需要解释岩石基础构成内在拥有的经验为何到了岩石身上便遗失了——且这种遗失没有发生在人类身上。我会在下一章更详细地讨论生命本质，结果证明第一个组合问题的答案也可以为第二个提供解答。

最近泛心论者投入了很大的精力来解决（第一个）组合问题，不过多数都没有提到量子理论。[62]这其实是很奇怪的，因为根据量子大脑理论，答案似乎十分明了：区分有意识与无意识物的基础，便是量子相干存在与否。我们可以回顾一下，个体亚原子粒子在与其他粒子的相互作用中一般会出现退相干，而这正是为何量子大脑理论学者将其理论的证实寄望于在大脑中找到阻止退相干发生的结构。假设经验对应于波函数的坍缩，这便意味着在基本层面，经验——无论是否为无形的或无主体性的——一直都在发生且涵盖所有的物，包括在岩石和恒温器内部，只要粒子在发生相互作用。但是对于非相干的物来说，这些经验是无组织和转瞬即逝的，它们是随机的亚原子事件，不具有对过去的记忆，也没有对未来目的的连续性。因此，虽然岩石与冰川在宏观层面具有相对稳定的结构，由于这些结构是经典的，它们便不具有经验，即便它们的基本构成在一瞬间是具有的。

相对而言，根据量子大脑理论，大脑的内部结构可以不间断地产生量子相干，虽然它与外部环境的相互作用一直在引发退相干。通过这种方式，大脑组成部分转瞬即逝的经验便可以被统一且放大为整体的经验，并且被保留为记忆。简言之，原始意识和一般意识的唯一差别在于，原始意识与其他基本经验之间不存在跨越空间与时间的相干性，原始意识的同一性瞬间便会消失于无形。这样似乎便可以解决组合问题，因为它解释了当一般意识涌现时所发生的物理过程，与此同时也满足了常识的约束，即便亚原子粒子呈现出意识的迹象，岩石与我们之间仍存在本质的差别。

中立一元论与时间的起源

将自性或主体性向下一直投射至亚原子粒子层面，便能够解决唯物主义理论解释心身问题时所面临的根本困境，即无意识物如何涌现出意识。一言以蔽之，意识根本就不是涌现出来的，而是一直在那里。这一解答的关键在于，在量子层面，物不再是传统意义上的"物"——即完全没有心理性——而是未实现的可能性，当它被实现后，心理性的属性便成为合理的了。重要的一点在于，鉴于它们是由量子物理所描述的，这些可能性仍然是物理的，因而是自然规律的一部分。但是它们的物理性是在更宽广的范畴上，与物质的并非同一个范畴。由于量子理论证明这一差异是合理的，我们可以看到唯物主义在意识的困难问题上已然失败，因为从一开始它的问题设置方式便错了。

不过我们仍然可发一问，为何将心灵一直投射到最基本的层面便能够真正解决心身问题？难道这样做不是只会使这一问题更加复杂吗？因为这种方式为我们留下了一个未解的实在的客体与主体部分的差异，这样似乎不仅没有在认识论角度弥合解释鸿沟，反而还使鸿沟上升到了本体论的层面？

可以确定的是，这种反对意见的力量部分来自唯物主义关于何谓"解决"心身问题的隐含假设前提，这一前提要求解释心灵如何从没有心灵的物中出现。从这一立场来看，我的论点便完全不构成一种答案，而仅是一种移动球门回避掉问题的权宜之计。但是这种意见假设唯物主义是正确的：而如果它不是的话，对于心身问题的解答便必然是很不同的。

不过除此之外，这一反对意见也有一种审美角度的力量：它认为泛心论仅靠其自身，通过在不可还原部分的名单上加入主体性这种权宜之计，以一种廉价的方式解决了问题，这种主体性被假设存在于根本层面，那么也许反对意见便可以认为泛心论的这种解答既不优雅也不简明。如果在基本层面只有一个部分而非两个岂不更好吗，而如果必需两个部分的话，它们又是什么的两个部分呢？

如果反对意见以这种方式得到强化，似乎可以通过两种观点进行回应。其中一种观点以后一个问题为起点，该观点认为问题中的"什么"，即现实的基本单位，应是信息而非物或能量（即惠勒的"万物来自比特"观点）。[63] 基于这一点，它认为大自然的基本现实是信息具有客体与主体双重部分，这一点必须被无条件接受。基本现实就是无法再进一步解释的现实，正如物对于经典唯物主义者的存在一样是被给定的。[64] 在这一层面上，基本现实并非关于两种实体的二元论，而是关于信息的不同部分。虽然在一个完美世界中，也许最基本层面上只有物质而无心理部分，如果真的没有对于差异的解释的话，那么替代理论可能是什么呢？由于物理学的允许，将心理性假设为现实的根本组成部分至少让我们获得了一些以前没有的新知，即便它无法在通常意义上"解释"差异。[65]

如果得以合理的发展，这种具有双重部分、基于信息理论的本体论（information-theoretic ontology）也许对于社会科学的目的来说是够用的了，虽然我对此存疑。我认为这种本体论是有代价的，它无法完全满足我们在审美上的追求。因此，针对反对意见的第二个回应引发了我的兴趣，这一回应超越泛心论而指向了中立一元论。

中立一元论者并不认为自然组成部分的二象性是一种基本现实，他们试图通过既非心亦非物的亚层次来解释这两部分之间差异的涌现。从历史上来说，许多被中立一元论归为一脉的思想家，特别是斯宾诺莎和莱布尼茨——中立一元论这一说法由伯特兰·罗素所创造——同样也被泛心论归入自己的阵营，这说明区分两种学说是困难的。[66] 但是，由于量子理论为中立一元论提供了潜在的实证支持，今天我们可以看到这种观点正在以越来越快的速度发展。其中有一些拥护者是心灵哲学家，[67] 不过主要的支持者还是量子理论学者本身，包括沃尔夫冈·保利（Wolfgan Pauli）、戴维·玻姆、中込照明（Teruaki Nakagomi）、戴维·洛克伍德（David Lockwood）、帕沃·皮尔卡恩（Paavo Pylkkänen）、吉乌塞佩·维提埃洛（Giuseppe Vitiello），等等。[68] 在这里，我仅讨论其中一种由哈拉尔德·阿特曼斯帕彻尔(Harald Atmanspacher)与汉斯·普里马斯(Hans Primas)提出的方案，他们将心身差异的涌现解释为一种"时间对称性破缺"[69]。他们的观点为解决时间的"困难问题"提供了一个支点，并为泛心论视角提供了独立的支持，而且此观点在其本身来说对于社会科学学者可能也是有意义的，社会科学学者已在如何理解时间这一问题上斗争了很久。

时间是一个困难问题，因为正如麦克塔格特(McTaggart)在其1908年的经典论文中所明确阐述的，似乎存在两种不相容的自然，一个是心理的，一个是物理的，他称之为"A序列"(A-Series)与"B序列"(B-Series)。[70] A序列是对有时态(tensed)时间之"矢"的主体经验，它通过一个个连续不断的当下从过去流向未来。这是一种生成中的(Becoming)时间，也就是说，"现在是什么时间"不断在改变，取决于你在时间流中的位置，曾经的未来将会在某一天变为过去。由于这种不断的改变，当下获得一种特殊的本体论地位，是唯一真正存在的时间。虽然过去可能会留下物质或记忆的痕迹，它已然发生而不能再被改变，而未来则尚未到来，因此只能被想象。简言之，无论过去还是未来都不是真实的，即便它们曾经是真实的或是将要变为现实。与此相对，B序列是物理学无时态的时间(tenseless time of physics)。在B序列中，唯一的时间关系是之前与之后的对称关系，这种关系并不偏袒其中任一方，它也不为当下提供特殊地位的基础。这种时间是作为存在(Being)的时间，永远不会发生改变，因为早于X的永远在X之前，之后也如是。那么这里的问题，便是如何使两种序列相协调，一方面A序列的经验感知是无法否认的，另一方面B序列则体现了物理的因果闭合。[71]这个问题显然是困扰了爱因斯坦的，它也使麦克塔格特得出结论认为时间是"不真实的"——或者就像当今唯物主义者可能会说的，时间不过是另一种经验错觉。

阿特曼斯帕彻尔与普里马斯在探讨时间问题时，利用了基本物理规律一个重要却很少被议题化的特点：当那些规律被用以描述封闭系统时，它们是"时间反演不变"(time-reversal invariant)的。[72]这意味着决定它们演进的方程有两个等价解：一个是前进(forward-moving)或"延迟"(retarded)解(我认为这样被定义是因为这个解是以因推果)；另一个是后退(back-ward-moving)或"超前"(advanced)解(以果推因)。第一个解是我们所熟悉的动力因的现代概念,第二个解对应于目的因的目的论概念。虽然这两种解答在封闭系统中是同样有效的,物理学家一般使用第一个而抛弃第二个,他们的理由是假设目的因不具有任何物理含义。因此,多数量子理论框架都是时间不对称的,量子系统的状态被假设仅仅取决于它的过去。但是正如我们在第二章延迟选择实验的讨论中所看到的,量子理论也同样允许时间对称理论,这种理论中,在即刻的将来所做的观测被纳入对系统当前状态的描述。[73] 在一本关于时间物理学的重要著作中,休·普赖斯(Huw Price)据此认为我们对于前进解的偏好只不过是一种根深蒂固的习惯,反映了对因果性先入为主的经典观念。[74] 而在量子领域,任何因果关系都是概然的,因此没有什么好的理由先验地否定超前因果。[75]

这种关于根本层面时间对称性的观点加强了物理学中时间没有"箭头"的观点——时间有"箭头"的观点对于我们来说时间似乎总是向前流动,因此过去的事件可以引发未来的事件,而非相反。[76] 那么这一时间经验(temporal experience)的箭头从何而来呢(或是,另一个时间箭头去向何处)?阿特曼斯帕彻尔与普里马斯认为单凭唯物主义理论我们是得不到答案的。时间经验的箭头毕竟是一种经验,因此如果我们无法通过唯物主义本体论来解释任何经验,便无法解释时间经验。因此,他们认为唯一的方法是放弃物理学的唯物主义诠释,并将意识引入方程。[77]

阿特曼斯帕彻尔与普里马斯采取了两个动作。第一个是把物理学的参照系从仅用来描述物质世界的标准的、时间不对称量子理论,替换为一种概化的量子理论,从而对根本实在(underlying reality)进行描述,这一根本实在既不是时间也不是心身之间的差别。[78] 这种根本实在的存在便是中立一元论的主要观点。斯宾诺莎与莱布尼茨在他们的时代只能进行猜测,而量子物理现已证明确实存在这种实在,即"零点场"(zero-point field)或"真空"(vacuum),真空非但不空,而是一个充满了背景能量(background energy)的空间,一种泡沫海洋,在这个泡沫海洋中新的粒子不断地而且是自主地涌现。[79] 这种整体实在论在一些当代量子哲学框架中占据核心地位,如惠勒的"前空间"(pre-space)、玻姆的"隐卷序"(implicate order)、德斯帕纳特的"终极实在"(Ultimate Reality),以及扬(Jahn)和邓恩(Dunne)的"源头"(Source)。阿特曼斯帕彻尔与普里马斯则将它联系到荣格(Jung)的"一元世界"（unus mundus）概念，这一概念受到了保利的影响，不过阿特曼斯帕彻尔与普里马斯只将其称为"X"。无论如何描述，关键点在于，在这个层面上波粒二象性（以及我在前文基于此谈到的心身二象性）与时间之矢都是不存在的——所有事物都是对称的。

基于这一点，阿特曼斯帕彻尔与普里马斯做出了第二个动作。他们首先把时间的涌现视为无时单位 X 的"时间对称破缺"过程。任何系统只要与它的外部环境发生相互作用，这一对称性破缺便会发生（也就是说，基本上是随时随地在发生），并产生两个"半群"（semi-groups）以相反的时间方向演进。[80]不同于理想化的封闭系统，这些半群在数学上是不等价的，而只是相关联的（纠缠的），因而在量子意义上是互补的。[81]其中一个半群随时间向前移动，满足延迟或动力因，与物质状态相关。另一个半群随时间向后移动，满足超前或目的因，阿特曼斯帕彻尔与普里马斯将后者与心理状态联系在一起——而这正是泛心论的部分。[82]因而，时间之矢的涌现是一种"界面"，通过这一界面，心身之间的差异得以涌现。[83]

根据叔本华的观点，这也是合理的。因为如果在自然界存在一个地方，那里的时间与因果性可以向后运行，那便只能是具有强烈目的性的人类行为。因此，虽然从外部的、物质的视角来看，我们的行为似乎是由过去物的相互作用所"推动"，从内部的、现象学的视角来看，则更像是我们被向未来前进中的——某种意义上是来自未来的——理由所"牵引"。[84]正如斯科特·乔丹（Scott Jordan）所言，"（人类）身体不断在时空中产生的模板在本质上是前馈（预期）的"。"心理时间旅行"（mental time travel）的感觉是所有人类都拥有的经验，[85]而且虽然我们的旅行在时间上的"距离"远远大于其他有机体，"自未来行动"的能力似乎对于任何目的性行为都是内在所固有的，因而我认为对于生命乃至终极意义上物本身也是内在固有的。

那么时间之矢去向何处呢？它去向心灵，通过无处不在的时间对称破缺过程，它与物和能量一道不断地涌现于根本的一元实在。[86]作为有机体，我们利用这一基本过程（并被这一过程所维持），因而时间的两个箭头我们都可以感知——作为物质的身体，我们遵从于延迟因果的机械效应，而同时作为主体，受到我们自身超前因果的目的性效应影响。简言之，另一个时间之矢一直存在于物理学中，存在于隐含的心理部分，只是未被识破真容。

如果要使阿特曼斯帕彻尔与普里马斯的理论以及其他学者的相关观点成为心身问题的恰当中立一元论解答，我们还有许多工作要做。我把它提出来只是为了说明脱胎于量子理论本身，存在着富有吸引力和有趣的方法来清除泛心论的二元论污点，并支持我的论点。至于中立一元论对社会科学是否重要，目前尚不明朗，不过我会在第十章继续讨论中立一元论在时间方面的观点。

注　释

1. 参见 Bitbol(2008)以及 Nagel(2012)对当代针对唯物主义的批评做了出色的概述。

2. 同时，就物理学以及世界模型，可参见 Nakagomi(2003b)。

3. Hall(1995:85)；关于叔本华理论的简介，参见 Jacquette(2005)以及 Hannan(2009)。怀特海解决意识问题的方法(他称其为经验，因为他将"意识"等同于"自我意识")或者也可在此被援引；这方面的优秀概述可见 Weekes(2009)，以及更宽范畴的 Griffin(1998)。

4. 引用取自 Jacquette(2005:84)。

5. Aerts(2010:2967)。我不知道艾尔茨(Aerts)是否受到了叔本华的影响，但根据 Marcin(2006)和 Marin(2009)所言，至少两位严肃对待意识问题的量子理论创始人，沃尔冈夫·保利(Wolfgang Pauli)以及埃尔温·薛定谔(Erwin Schrödinger)，曾经受其影响。

6. 有关中立一元论和泛心论的区别，参见 Holman(2008)和 Silberstein(2009)，虽然这两个学说本身也都存在着内部的区别。

7. 这就是为什么经典唯物主义演化成为更含混的"物理主义"。在相同问题上与我想法类似但比我更稳妥的再思考，一方面可参见 Fox Keller(2011)，另一方面可参考有关于新唯物主义的著作，我在下一章中会对后者进行讨论。

8. 参见 Skrbrina(2005:114)，是对歌德话语的改写。

9. Sheets-Johnstone(1998:260)；同时参见 Atmanspacher(2003)。

10. 甚至更早，如果广布的"原始"文化中万物有灵论可以被视为泛心论的一种形式。有关万物有灵论，参见 Abram(1996)以及 Harvey(2006)；对照 Sheets-Johnstone(2009)。

11. 同时参见 Malin(2001)。

12. Tarde(1895/2012)的本体，相较于泛心，更倾向泛社会，但作为这些人中唯一的社会学家并鉴于莱布尼茨(Leibniz)的单子论对他的影响，将他放在这里似乎是恰当的。

13. 从 1940 年至 1990 年间，我所知的仅有的泛心论学者的重大贡献是 Teilhard de Chardin(1959)，Globus(1976)，Nagel(1979)，Berman(1981)(他所谈及的是万物有灵论，而非泛心论)，以及 Sprigge(1983)，但这些作品并没有形成累积完善，且只在局部范围内引发了哲学兴趣。

14. 引用取自 Skrbina(2005:236)。

15. 参见 Seager(1995)以及 Chalmers(1996)。

16. 以至于在一篇关于 2014 年半年一度的"朝向意识科学"会议的报告中，Keith Turausky(2014:234)总结道："我们如今都已是泛心论者了。"

17. 或是四个，如果我们算入环境哲学，在该领域泛心论被讨论的时间更久一些。例如可参见 McDaniel(1983)，Zimmerman(1988)，当代的作品特别可以参见 Mathews(2003)。

18. 早期物理学家的表述，可参见 Walker(1970) 和 Cochran(1971)，以及更晚近的 Bohm(1990)，Miller(1990)，Stapp(1993；1999；2001)，Penrose(1994)，Hiley and Pylkkänen(2001)，Malin(2001)，Dugič et al.(2002)，Atmanspacher(2003)，Nakagomi(2003a；2003b)，Primas(2003)，Clarke(2007)，Pylkkänen(2007)，Gao(2008；2013)，以及 Tegmark(2014)。

19. 参见 Miller(1990)，Globus(1998)，Miranker(2000；2002)，以及 Romijin(2002)；同时可参见 Tononi(2008)，他的"意识的信息整合理论"从一个经典的立场建立起泛心论。

20. 参见 Seager(1995；2009；2010；2012)，Hut and Shepard(1996)，Griffin(1998)，Bolender(2001)，Montero(2001)，de Quincey(2002)，Gabora(2002)，Rosenberg(2004)，Skrbina(2005)，Schäffer(2006)，Strawson(2006)，Clarke(2007)，Franck(2008)，Basile(2010)，Coleman(2012；2014)，Robinson(2012)，Kawade(2013)，以及 Lewtas(2013a)。

21. 参见(2010)。然而，"泛心论"甚至没有在孔斯(Koons)和比勒(Bealer)晚近的 *The Waning of Materialism*(ed.，2010)一书的索引中出现，它也仅是戈克(Göcke)的 *After Physicalism*(ed.，2012)其中一章的讨论中心。两本文献都大多提供了二元论的新论述。

22. 有关泛心论的经典论点，可参见 Seager(2009)的出色概述。

23. 参见 Chalmers(2010：133)和 Bolender(2001)。如 Nakagomi(2003b)指出的，在物理学中，物质是没有"内部"的。

24. 参见 Jaynes(1976)。

25. 可对照 Kawade(2009)。

26. 对照 Lodge and Bobro(1998)关于莱布尼茨的"磨坊"观点。这在量子计算机上并不适用，如果它们被制造出来的话。因为量子计算机依赖一种无法在不被摧毁的情况下被打乱的内部性。

27. 虽然他们的观点在重要方面有所差别。可参见 Janaway(2004)，François(2007)，以及 Khandker(2013)。须注意的是叔本华对于"意愿"的理解包含了我所区分出的"经验"；参见 Hamlyn(1983)以及 Hall(1995)。

28. 有关心理因果性文献的简介，参见 Robb and Heil(2014)。

29. 同时可参见歌德关于自然的"内在动力"(Steigerung/inner drive)概念(Tantillo，2002)。

30. 参见 Hollis and Smith(1990)对于他心问题的简介，特别涉及国际关系问题。此外，可参见后文第十二章。

31. 参见 Nagel(1979)。

32. 例如可参见 Baars(2004)和 Seth et al.(2005)。须注意的是，该论断的可理解性预先假定了我们自己的意识体验——也就是说，如果我们没有意识，我们便不会想到去质疑其他生物体是否有意识。

33. 分别参见 Carruthers(2007)和 Mather(2008)；有关动物意识文献的详尽介绍，参见 Allen and Trestman(2014)。

34. 参见 Shapiro(2007：808)；同时可参见 Ben-Jacob et al.(2005)，Hellingwerf(2005)，Waters and Bassler(2005)，Tauber(2013)，以及 Weber(2005)针对生物信息有意向性这一观

点的怀疑。

35. 参见 Fitch(2008)，Miller(1992)，Jonker et al.(2002)，Kawade(2009)，以及 Campbell(2010)。

36. 参见 Margulis(2001)。

37. Trewavas(2003；2008)；同时参见 Kull(2000)，Barlow(2008)，Cvrčková et al.(2009)，以及 Affifi(2013)。Cvrčková et al.(2009)提出了一个更为恰当的观点，虽然该观点发表于一本名为 *Plant Signaling and Behavior* 的杂志里。参见 Narby(2005)中对于特里瓦弗斯以及其他学者在类似问题观点的十分浅显明晰的介绍。

38. 然而也有反例，如参见 Nagel(1997)。

39. 18 世纪末的德国浪漫主义诗人。关于 Novalis"自然是你"的论点，参见 Becker and Manstetten(2004)。

40. 同时参见 Kawade(2013)。

41. 例如可参见 Clarke(2007)和 Jansen(2008)。

42. 参见 Chalmers(1997：29；原著强调加注)，此处描述了伯特兰·罗素的意见，该意见此后尤其被 Lockwood(1989)所继承。

43. 参见 Mould(1995；2003)。

44. 然而需要注意的是，以这种方式观察自身，你会在下一刻的意识流中改变自身的波函数。这一观点与以霍华德·帕蒂(Howard Pattee)和松野孝一郎(Koichiro Matsuno)为代表的"内部测量"非常相似；相关概述可参见 Balazs(2004)。

45. 虽然文献中的观点存在交叠，但并不存在关于单一粒子拥有认知、经验和意愿会呈现出何种状态的统一定论；例如，比较 Malin(2001)，Pylkkänen(2007)，Vimal(2009)，Baer(2010)，Martin et al.(2010)，以及 Lewtas(2013a)。该差异可以部分归结于语义，部分则涉及实质内容。为了便于讨论，我将只呈现我个人得出的观点，该观点与 Chris Clarke(2007)最为接近。

46. 例如，可参见 Dijksterhuis and Aarts(2010)。

47. Mensky(2005：405)．

48. 关于该效应的非量子观点，可参见 Baumeister et al.(2011)。

49. 在社会科学学者中，Davidson(1963)通常被认为赢得了在(动力)因方面的争论，然而哲学角度的争论还在持续。在第九章中，我会对该争论进行评论，并使用量子框架对戴维森(Davidson)的观点进行反驳。

50. 例如，可参见 Suárez(2007)，Dorato and Esfeld(2010)，以及 Bigaj(2012)；有关倾向和概率的区别，参见 Humphreys(1985)。

51. 对于韦尔的物理学哲学简介，参见 Sieroka(2007；2010)。同时可参见玻姆的量子力学"波导"模型，以及他之后与巴兹尔·希利(Basil Hiley)一起对"能动性信息"(active information)的概念的发展(Bohm and Hiley，1993)，两者都具有类似的关于意向性的内涵。

52. 对照 Miller(1992)。

53. 该引用取自 Hamlyn(1983：457)；可参照 Miller(1992：362)。

54. 有关亚里士多德对于目的因的看法，参见 Gotthelf(1987)。

55. 同时还可参见 Miller(1990；1992)，Mensky(2005)，以及 La Mura(2009：409)，以及 Klemm and Klink(2008)对于量子力学作为"不同替代理论的理论"这一理解。

56. Conway and Kochen(2006:1441)。1927 年,伯特兰·罗素基于量子理论,是最早提出原子必须拥有自由意志的学者之一;参见 Basile(2006:220)。参见第九章中对自由意志问题的更深层讨论。

57. 参见 Coleman(2014)。

58. 然而也可参见 Lewtas(2013a)关于"作为一个夸克是怎样的"的讨论。

59. McGinn(1999:99)。

60. 我认为 Seager(1995)造了该词组,但这个问题可追溯至 James(1890);在类似立场上相对晚近的对于泛心论的批评,可参见 Goff(2006;2009)。

61. 例如,参见 Chalmers(1996:293—297)关于恒温器的研讨,以及 Tononi(2008:237)关于其他人工制品的研讨;更持怀疑性的观点可参见 Velmans(2000:第五章)。

62. 例如,可参见 Griffin(1998),Basile(2010),Shani(2010),Hunt(2011),Coleman(2012),以及 Jaskolla and Buck(2012)。Seager(1995)和 Coleman(2014:34—38)作为例外,并没有在此处忽略量子理论。

63. 例如,可参见 Wheeler(1990),Bohm and Hiley(1993),Zeilinger(1999),以及 Vedral(2010);cf. Tononi(2008)和 Tegmark(2014)。

64. Fahrbach(2005);cf. Searle(1995)。

65. 参见 Fahrbach(2005)。

66. 尤其可以参见 Skrbina(2005)。

67. 关于中立一元论的详尽讨论,参见 Stubenberg(2014);其他晚近的文献包括 Holman(2008),Velmans(2008),Silberstein(2009),Alter and Nagasawa(2012),Robinson(2012),Nunn(2013),以及 Seager(2013)。关于怀疑论点,可参见 Banks(2010)。

68. Bohm(1990),Nakagomi(2003a;2003b),Pylkkänen(2007),Lockwood(1989),Vitiello(2001);关于这些讨论在泛心理学领域的延伸,参见 Jahn and Dunne(2005)。

69. 尤其可以参考 Atmanspacher(2003)和 Primas(2003;2007;2009),他们将自己的观点与保利(Pauli)对于心灵和物质的思考相联系(参见他们 2006 年的合著)。我认为 Franck(2008)和 Uzan(2012)同样持这种立场。Nunn(2013)提供了十分清晰的有关普里马斯观点的介绍。

70. McTaggart(1908);有关麦克塔格特所做区分的出色介绍,可参见 Gell(1992:149—174)。

71. 参见 Primas(2003:85)。

72. 有关时间反演不变性,可参见 Savitt(1966),以及——如果你感兴趣的话——Henderson(2014)中关于如何使时间反演不变形与热力学相协调的讨论。

73. 例如可以参见 Aharonov et al.(1964);Cramer(1986;1988)对量子力学的交易诠释同样属于这个类别。Kastner(1999)是在这些问题上较易懂的导读。

74. 参见 Price(1996)。

75. 有关量子理论的因果关系问题,参见 Price and Corry,eds.(2007)。

76. 有关时间箭头(其实是数个相关的箭头)问题的概览,参见 Savitt(1996)。

77. 同时参见 Bierman(2006)。

78. 对照 Jones(2014)关于怀特海"扁平本体论"(flat ontology)的讨论,同时参见 Price(1996)的第五章依我非专业意见看来相似的论点。

79. 有关真空或零点场,参见 Laszlo(1995),Vitiello(2001)和 McTaggart(2002);以及 Bradley(2000)中关于其与社会生活联系发人深思的讨论。

80. Atmanspacher(2003:24),Primas(2003:94).

81. 阿特曼斯帕彻尔和普里马斯把该关联性视为莱布尼茨的"心灵和物质的前定和谐"(pre-established harmony)这一观点的自然主义根据;同时参见 Nakagomi(2003a;2003b)关于"量子单子论"的研讨。

82. Primas(2003:94).

83. 参见 Uzan(2012)。

84. 参见 Jordan(1998:173)。有关期望的物理性质以及其在意识中的作用,参见 King(1997)和 Wolf(1998)。

85. 参见 Suddendorf and Corballis(2007);我在第十章中将讨论该观点。

86. 这与怀特海的"心灵,在其最基本层面单纯只是一个物理事件的内在时间性"(Weekes,2012:40)的看法相似。

第七章　量子生机论

前两章的讨论有越来越微观的趋势,起于量子大脑继而将量子大脑的主体性一直向下投射至亚原子层面。这看起来似乎会使我们远离社会科学领域,我的结论却是相反的:社会生活与亚原子粒子根本上没有什么不同。为了加强这一论点,我需要把物带回到宏观实在领域,我会在本章考虑这一本体论对于生命本质的一些启示。这是一个很大的题目,而最终我只对一种十分不寻常的生命形式感兴趣,即我们人类自己的。两个理由促使我探讨这一主题。

首先,从量子视角来说,人类生命在本质上与其他有机体是一种连续的关系,而不存在质的差异。抛开这一观点的潜在道德含义,[1]这意味着通过在总体上讨论生命,我将为第三部分关于人的量子模型打下基础。其次,另一个探讨生命本质的理由是遵循上述本体论的这一观点是一种生机论论点。根据生机论,生命是由一种无法观察的、非物质的生命力或自我力量所构成的。由于当前生机论几乎被普遍视作不科学的,同时考虑到我正是基于生机论威胁提出的关于意向性解释的量子基础,那么便很有必要彻底依循量子意识理论,并以此为基础尝试将生机论威胁变为一种对生机论心甘情愿的接纳。

这一策略的关键在于量子相干现象。在第六章中我讨论了泛心论的组合问题,我认为大脑中的相干性解释了人类意识的整体统一性。在这一章,我将把这一观点延伸到更宽的范畴,即量子相干最终是生命与非生命的区别。正如克里斯·克拉克(Chris Clarke)基于何美芸(Mae-Wan Ho)的观点:"相干态是有机体的根本。"[2]我将这一认识对应于更为主流的关于生命的观点以及新唯物主义(the New Materialism),我将说明量子相干已囊括了我们关于生命力物理(相对于物质的!)基础所需要的一切。

本章将首先简要回顾经典唯物主义与生机论之间的争论,这一争论以生机论者的彻底失败而告终。继而,我将总结现今对于生命的标准唯物主义观点及其存在的问题。接下来,暂且搁置范式和主义的问题,我将讨论从量子角度来说所有有机体可能的共同点,本章最后将在这一共同点的基础上重新思考生机论。

唯物主义-生机论争论

"生命是什么?"这一问题与"心灵是什么?"同样长期困扰着我们。我认为量子相干是两者共同的物理基础,但是哲学界一般却不把这两个问题联系在一起,虽然关于它们的争论看起来是如此相似。因此,在心灵哲学中我们看到唯物主义者声称心灵可以被还原为无心的物并以此否定二元论者、泛心论者,以及支持更加心灵中心本体论的唯心主义者。与此类似,在生物哲学中,我们又可以看到唯物主义者(在生物哲学领域经常被称为"机械论者"[mechanists])的身影,他们认为生命可以通过无生命的物来解释,以此论点来反对泛灵论者(animists)、生机论者,以及其他认为生命永远无法以无生命的物来解释并援引非物质生命力的观点。

"非物质生命力"的想法也许会被多数读者认为是神秘主义和完全不科学的,这便是当下的唯物主义霸权(hegemony of materialism)的一种体现。通过本章,我希望能够改变读者在这一问题上的观点,但是首先有必要回顾这样一点:仅仅在一个世纪以前,生机论还是一门被非常严肃对待的学科。[3]像汉斯·德里施(Hans Driesch)与亨利·伯格森这些生机论者的观点建立在可以追溯至古希腊丰富的哲学传统之上,作为笛卡尔将动物视为机器的反对意见,该传统在17世纪得以重现。[4]虽然现在生机论经常被和反启蒙(counter-Enlightenment)联系在一起——歌德与谢林的自然哲学（Naturphilosophie），以及晚一些叔本华与尼采的生命哲学（Leb-ensphilosophie）——生机论对于启蒙其实有着很大的影响，诸如对于大卫·休谟与亚当·斯密等思想家。[5]

如今，生机论实质上是一门已经消亡的学说。相关科学文献寥寥，只有哈莫洛夫关于"量子生机论"（quantum vitalism）的文章；2000 年一篇关于"分子生机论"（molecular vitalism）的文章，而该文作者是以一种"千禧年"精神来提出的这一词汇[*]；以及心理学家关于生机论式推理在幼儿的成长过程中"因果占位符功能"（causal placeholder function）的研究。[6]在社会科学与人文学科中，生机论通过两种方式无疑保留了更大的一席之地，在隐含的方面，社会理论无法摒除意向性解释，以更明确的方式，出现了"新生机论者"（neo-vitalists）（又被称为新唯物主义者），如简·贝内特（Jane Bennett）与布鲁诺·拉图尔（Bruno Latour）。[7]即便如此，对于生机论的名声依然是十分不好的，以至于除了贝内特在一定程度上例外之外，即便是新生机论者也急于否定它的论断是科学的，例如莫妮卡·格雷科（Monica Greco）称之为"不充分的，在哲学上是幼稚的"[8]。对于他们来说，理论的价值在于引发争论而非带来正面启示——如伯格森便认为理论是一种自省无知的方式，因而是用来批评的工具。

彻底改变生机论命运的是基因革命与生物学的后续发展。在 1900 年之前，生物学的知识十分基础，没有任何一方有把握认为自己关于生命本质和解释的观点是正确的。但是，后来的科学发展开始支持唯物主义的观点，而这又进一步挑战了生机论者的主要论点，即唯物主义永远无法解释生命。鉴于生机论最终是一种对于最佳解释的推断——只有当唯物主义无法解释时我们才能够合理假设一种非物质的生命力——科学进步似乎消除了对生机论的需要，同时还突出了它作为理论的两个弱点。首先，在增进我们对于生命的知识方面，生机论者并没有提出替代的研究项目，或至少是一个被多数生物学家所认可的研究项目。[9]其次，关于生命本质的唯物主义观点至少原则上是可以检验的，而生机论似乎是不可检验的，因此也就是不可证伪的。[10]因此，由于外部和内部的双重原因，生机论在 20 世纪中期便

---

[*] 千禧年精神强调精神性。——译者注

实际已消亡了，仅仅几十年前还是颇为流行的一个想法现如今几乎已成为禁忌。

不过重要的一点是，经典生机论的崩塌并不意味着唯物主义者已经解决了生命之谜，或哪怕只是接近解决这一谜题——生机论者对唯物主义的批评也许是对的，即便在其他方面有错误。因为即便考虑到生物学的所有进步，生命的唯物主义解释一向是出了名的难以捉摸。[11] 困难之处涉及生命的定义本身，关于这一点不存在任何共识。美国国家航空航天局（NASA）的定义被广为使用——"一种稳定的化学系统，能够进行达尔文进化"（Darwinian evolution）——但是这种定义面临着许多反例，有些是简单的例子（骡子），另一些是技术性的。[12] 这种定义之外的其他一些努力也未能取得更好的结果。问题在于，由于缺乏对生命的解释，我们被迫基于它能够被观察到的特性进行定义，就像早期科学家在了解 H_2O 之前尝试对水进行的定义——这种方式同样带来了令人困扰的结果。[13] 这一问题十分混乱，以至于虽然天体生物学（astrobiology）关于生命的新发现有实践上的重要意义，多数生物学家已经放弃了对生命进行定义的努力。[14]

生物学家可以做出这种选择，是因为他们在实践层面的确对于生命有较好的掌握，基于此至少一种粗糙而复杂的共识已经至少在它的"可观察特性"上涌现。[15] 简单总结的话，有机体被一般理解为：（1）个体，是"时空受限与独特的"系统并拥有"一段特别的相互作用历史"；（2）有组织的，是有结构的整体，其部分与整体具有动态的相互依存关系，且是相互建构的；（3）自我再生的（autopoietic），由于面临热力学衰退（thermodynamic decay）而需要吸收能量以维持繁衍；（4）自主性的，它们的行为不仅由外部环境决定，同样受内部构成决定；以及（5）能够进行基因繁殖（genetic reproduction）或等同于基因繁殖的活动。究竟怎样将这些特性实例化在生物学内部是有争议的，争论双方为还原论者（reductionists）与有机论者（organicists），不过考虑到生机论者没有参与争论，争论各方都同意无论怎样敲定细节，它们都必须与唯物主义本体论保持一致。

因此，有了这种实践层面关于生命的描述，即便它不是正式的科学定义，还有任何理由重新引入生机论吗？这个问题的答案取决于描述与定义之间的鸿沟是否有可能被未来的科学进步所弥合，且不需要新的形而上学。

如果我们认为这一鸿沟可以被弥合，便没有生机论的位置，只需要唯物主义便足够了。与此相反，认为鸿沟会继续存在的观点实际便是认为唯物主义面临着生命的"困难问题"，类似于意识的困难问题，这便为生机论提供了机会，就好像在心身问题上的泛心论一样。许多心灵哲学家都认同困难问题的存在（如果不是非唯物主义解答的需要的话），但生物哲学家却普遍将生命看作"简单"问题，他们认为这一问题最终将得到解决且不需要放弃唯物主义——更不需要复活生机论。[16]

这种专家意见的优势地位显然需要被认真对待。但是，同样重要的是承认我们虽然取得了很大的科学进步，在生命本身的问题上我们仍然不清楚我们不知道什么。正如唐纳德·拉姆斯菲尔德（Donald Rumsfeld）可能会说的，生命的本质是一种未知之未知，而非已知之未知。不过，这并不意味着没有一个终极的唯物主义答案。但是考虑到不确定性，如今我们如果要接受唯物主义观点便不仅需要对过去的推断：还需要科学进步本身不会削弱生命的唯物主义观点这种判断。而基于这种认识，目前有两个动向特别值得注意，一个是在科学层面，另一个在哲学层面。

第一个动向，正如《自然》杂志所报道的，是"量子生物学的诞生"[17]。物理学家自 20 世纪 30 年代便已开始猜测，量子力学与生命之间存在着联系。尼尔斯·玻尔（Niels Bohr）认为互补原则能够延伸至生物学（以及心理学）领域；帕斯库尔·约尔当（Pascual Jordan）在其对自由意志的探索中发展出一种理论，将有机体视为"微观物理不确定性（micro-physical indeterminacy）的放大器"；而最为重要的是埃尔温·薛定谔 1944 年的经典著作《什么是生命？》，本书对于生物学的发展具有持续深远的影响。[18]不过一直到了上一个十年，我们的技术才允许从理论猜测进入细胞层面以下的实证探求。而发现是惊人的：例如鸟类通过与地球磁场的非定域联系辅助导航，植物在光合作用中借助量子效应，果蝇的味觉依赖于探测臭气分子量子震动（quantum vibrations）的能力，以及量子过程甚至也许能够协助原生动物的社会学习，等等。[19]重要的是，所有这些效应都涉及量子相干——而量子大脑理论的质疑者认为这种效应在有生命的有机体那种温湿环境中是无法存在的。因此，本书便要发问，如果鸟类、植物、果蝇甚至原生动物都可以做到这一点（量子过程），人类为什么不行呢？

量子生物学的发展本身并不意味着生命的本质对于唯物主义来说是一个困难问题。正如我们已经看到的，量子理论存在唯物主义诠释，因此唯物主义者在生命问题上实际是可以指望量子生物学支持他们观点的。量子力学对于生物学渗透的真正涵义，是所有那些奇怪的量子效应——纠缠、非定域性、穿隧，等等——都将被引入从前纯粹的经典生命模型。此外，我们也看到了，量子理论的涵义本身对唯物主义者来说是一个困难问题，因而在这种背景下唯心主义本体论一直得以兴旺发展。随着生物学进入量子领域，也会面临相似的唯心主义挑战吗？未来的生物学家也许会得出结论，认为有机体中的量子效应在与生命有关的问题上不会跨过"非零"（non-trivial）的门槛。但是这还有待观察，与此同时量子生物学显然并没有使生命的问题变得简单，实际上它使问题变得更难了。

第二个动向是，那些认为心灵与生命相互建构因而有此便有彼的生物哲学家数量在不断增加，虽然总数尚不算多。将这一动向放在当下的讨论背景中，要注意的是我前文所总结的关于生命定义的共识中是没有心灵的；虽然那些特性显然支持人类心灵的观点，却不必然是心理性的。这一点并不意外，在生物学界笛卡尔关于心灵或为人类独有，或至少不会存在于进化阶梯非常低等的层面这一观点仍被广泛认同。但是，正如我们在第六章所看到的，关于心灵也许能够一直向下存在直至细菌的实证正在逐渐累积，而在这些研究基础上，已经出现了认为生命与心灵实际是连续的哲学观点。这方面特别重要的著作是埃文·汤普森（Evan Thompson）的《生命中的心灵》（2007 年），该书用一种复杂的方式说明了这种连续性，借此重塑并希望最终能够消除生物学与现象学之间的解释鸿沟。[20]

不过这一与生命存在连续关系的心灵是什么呢？而以这种方式看待二者是否能够证明一种唯物主义的生命本体论呢？如果我们考虑到认知、经验和意愿这三种官能，那么汤普森便仅将认知与意愿向下投射到了细菌层面，却不包括经验。[21]正如我们已经看到的，存在心灵的"简单"问题，因此假设生命与心灵之间的连续性似乎对于唯物主义来说是相对没有问题的。[22]此外，汤普森并不是老派的唯物主义者，因为他拒绝生命的机械概念，这些概念只关注它外部可观察的支持自再生理论的功能，自再生其实凸显了有机体内部的自我组织——但是这在汤普森的观点中只是意识的前体（precursor），而非意识本身。[23]不过，即使聚焦在自我组织问题上，就算我们接受他更进一步的"生成论"（enactivist）心灵观，该观点将注意力从大脑中所发生的转至心灵如何在与世界的实体化接触中被激活，最终我还是怀疑汤普森会坚持认为生命能够由无生命因而无心灵的物质成分的组织所解释——以免他被批判为生机论者！[24]而在这种情况下，老问题依然存在：如果物的内在是无心灵的，那么什么能够解释经验的涌现呢，无论是之于生命本身，抑或仅仅是更高层次的复杂性？简言之，基于物的唯物主义观点，怎么会有任何生命是有意识的？

　　并非我不认同汤普森的观点。虽然我认为就算是最简单的有机体也是有意识的，这仅仅强调了他关于生命与心灵问题本质上是一样的观点。但关键点在于，由于唯物主义无法解释意识，若将心灵理解为生命的构成部分，将带来麻烦使困难问题增加：如果存在意识的困难问题，那么也同样存在生命的困难问题。鉴于这一破坏性的衍生效果，我们便可以理解汤普森那些不太激进的同事为何希望能够让生命的问题保持简单，将心灵完全排除在理论以外。

　　那么是否有必要令生机论复活呢？生物学的量子化与生命心灵之间的连续性理论至多只是构成一种负面观点，表明虽然（或因为）科学在进步，生命问题在未来也许对于唯物主义者来说会变得更加困难，而非简单。不过生机论自身也有问题，这导致了它在一个世纪前的消亡。如果生命无法被还原为唯物主义过程，那么这神秘的生命力又是什么，而它又如何与现代科学相一致呢？在支持生机论的观点之前需要首先回答这些问题，因此让我首先讨论被我视为量子泛心论（quantum panpsychism）对生命本质的启示，而后我会回到生机论本身。

量子视角下的生命

　　我认为，生命是量子相干的宏观层面的实例化。正如何美芸所说：

　　什么东西构成整体或个体？这是一个相干且自主活动的领域。有机体的相干性需要全时空领域相干活动的量子叠加态，每一个都彼此相互关联，并都与整体关联，但同时又独立于整体。换句话说，量子相干态，作为（不可）分解化的，能够将整体的统一与局部的自由均最大化。它构成了生命系统对弱信号敏感性的基础，以及生命系统进行迅速相互交流和反应的能力。[25]

　　量子物理并不意味着经典物理是错误的，同样的，上述观点也不意味着关于生命的经典共识是"错误的"。的确，基于前述关于生命的特性——个体的、有组织的、自再生的、自主性的，以及繁殖能力——似乎除了最后一点之外，所有这些特性对于维持生命核心的"内在量子态"（internal quantum state）都扮演着重要角色。[26]因而，在生命的物理学问题上，经典与量子视角绝非相互对立，此处如果有条标语的话也许应该是"经典其外，量子其中"。

　　这种路径对于我们如何理解生命的界限有明确的启示。从内部来说，它意味着在不同生命形式之间并不存在本质上的差异，也就是那种机器与非机器之间的差异。生命就是生命，不同生命所展现的差别只是量的而非质的。从外部来说，相反，生命等于量子相干的观点意味着生命与非生命之间存在着明确的差别。量子相干只能在非常特别、高度被保护的物理条件下才能维持——也就是生命的条件，否则退相干便是不可避免的。我这种论点的泛心论方面无疑认为在亚原子粒子中存在一丝主体性，这意味着物"孕育"着生命。[27]但是只要物不处于相干态，生命便没有真正的"诞生"。我会在下文讨论生命与非生命这一明确边界的启示。

　　所有的量子系统都有两个彼此互补的描述，对于生命也是一样，"波动"描述与波函数的坍缩是主体性在物理学中的对应。这一关联给予社会科学学者相对物理学者一个认识论方面的优势，因为物理学者不清楚亚原子粒子内部发生了什么，而社会科学学者却知道人类波函数的内部是怎样的。因此，在更为系统的量子生理学（quantum physiologies）到来之前，我们可以使用人类已发展的丰富词汇来谈论我们波动的内部——即常识心理学——这是一种作为补充的但同样有效地获得生命知识的途径。在这一部分的后文中，我将扩展之前关于认知、经验和意愿的讨论，这次会特别谈到它们潜在的量子基础。

认知

如果量子认知（quantum cognition）是生命的一个决定性特征，那么就会出现三个重要的推论。第一，也是最为明显的，无论有机体内部发生什么样的计算（思考），都会是量子力学的。这使得即便是最为简单的有机体也拥有比经典认知模型大得多的单板（on-board）计算能力，并相应地带来更大的驾驭外部环境的能力。

第二，一个有趣的二象性涌现自有机体与环境的相互作用中。一方面，量子相干需要针对外部环境的隔绝保护以防止相干性的永久坍缩。在这一程度上，该理论必然带来主体与客体的分野。另一方面，为了在热力学衰退下确保生存，有机体还需要来自外部世界的能量，而这需要一个能够感知并与环境相互作用的开放系统。这种二象性赖以维持的界面便是意识，这是波函数坍缩那一刻的主体性显现，而同时也通过有机体的保护屏蔽被重组为这样的瞬间流。如此这般，有机体的相干态便可以被视为一种"吸引子（attractor），或当系统被摄动（perturbed）时便会回到的终态（end state）"[28]。

第三，更具体的一点在于，如果有机体是量子力学的，那么将它们与外部世界连接在一起的感官便应该具有一种非定域特性。这是前面提到的鸟类、植物、果蝇量子生物学发现的结果，在第十二章我会更详细地讨论关于人类视觉的情况。

意愿

在稍早部分，我将意愿等同于使波函数坍缩为粒子的力量。对生物体来说，这一力量被保护量子相干的结构随时间变迁赋予了同一性——这种同一性继而被导向复制那些结构本身的目的。也就是说：所有的有机体都拥有生存的意愿。[29] 当然，我们并非必须依赖量子理论才能知道这一点，但是量子理论使我们可以在新的视角审视关于生存意愿的两个问题。

首先，针对生命明显的目的性是否不可还原这一点，历史上已有很多讨论——即是否这一目的性可以被还原为唯物主义因果观，这种观点意味着关于有机体的机械论观点；或亚里士多德关于目的因或目的论的观点是否为理解意愿的必要条件，这种观点意味着有机体均为"自然目的"（natural purposes）。[30]现代科学家一般认为目的论的解释是不科学的。但与此同时，多数生物学家大概都会认同有机体在一些有趣的意义上是有目的性的，而目的论式的语言也许从实践角度来说对于他们的学科甚至是必要的。[31]但是依照厄恩斯特·迈尔（Ernst Mayr）一种有影响力的观点，这些生物学家大概认为有机体中那些看起来似乎像目的论（teleology）的现象其实是"目的性"（teleonomy），这是一种完全与唯物主义一致的过程，而不需要任何神秘原因来进行解释。[32]

我将不会讨论目的性的概念是否可以帮助我们理解有机体的目的性（organic purposefulness），因为我想强调迈尔讨论的前提：如果生物学要作为科学，那么有机体中目的论的体现则必须被仅仅当作一种体现而已，而不具有任何本体论上的意义。只有在经典物理的约束下，这才是"政治上"必要的，因为量子理论可以接受目的论式的推断。虽然量子理论的多数诠释并不会援引目的因观点，正如我们将在第九章看到的，有一些诠释的确涉及了目的因。[33]因此，虽然量子视角并不会使有机体意愿的目的论观点成为必要，前者的确是允许后者存在于仍是生命的科学解释理论之中。

其次，一个相关问题是关于意愿如何在内部形成，是通过有机体各部分自下而上集聚（"还原论"），还是通过整体对部分施加的自上而下"下行因果"（downward causation）（"整体论"或"有机论"）。[34]在20世纪的多数时间里，还原论者在这一争论中占据了上风，部分原因是技术进步使人们可以探索到从未到达的微观深度，最终带来最近人类基因组序列（sequencing the human genome）的成功。但是这一争论也同样受到一种（经典）哲学假设的影响，即从形而上学的角度来说，整体论存在一些内在含混的东西，而这使得该理论的支持者要承担举证责任，以解释为何还原论不能作为默认选项。

最近几年，这一争论通过不同方式发生了演化，似乎争论双方都增强了火力——又或许正在使双方殊途同归。一方面，科学家正在逐渐搞清楚基因表现（expression of genes）不仅取决于基因本身，也取决于它们所处其中的更大背景，这种情况对于自上而下的学说是有利的；另一方面，随着自组织理论（self-organization theory）与复杂理论（complexity theory）的发展，自下而上学说在处理宏观结构的涌现及其效果上已发展得更为完善，这些效果也许甚至包括下行因果（downward causation）。[35]不过，对于整体论的形而上学质疑仍然存在，这种质疑认为应该继续以经典模式来理解这一问题，而经典观点在本体论的角度给予了部分相对于整体更重要的地位。

关于意愿的量子理论也许能改变这一举证责任的归属问题。在以量子相干为特质的系统中，部分不再具有作为完全独立"组成部分"的个体性，而这是它们在经典世界观中特殊本体论地位的基础。简言之，量子相干的整体性是不可还原的，但是不同于经典整体论（classical holism）的观点，它不会引发关于整体独立于部分存在的形而上学的担忧。这是因为在量子相干中，整体仅作为一种潜在性（波函数）而存在，因而在一般概念下并不是"真实的"。整体只有在其表现（expression）（坍缩）中才变为真实的，这种表现使整体实体化（actualize）为经典事物。这也许可以为叔本华关于意愿能够"客体化"（objectifies）其自身的观点提供量子基础，而这样使我们可以在崭新的视角下审视还原论与有机论关于目的的争论。[36]

经验

在第六章，我认为经验是从外部来看波函数坍缩为粒子的内在显现。在这里我想强调这种观点对于理解生命的三个启示。

第一，经验是意涵的源头，可以被理解为"某人得到的信息"[37]。用量子语言来说，如果经验是时间对称破缺的一个方面，那么它在坍缩中的角色便是以非定域的方式完成意愿所创造的未来现实，并将其向后投射使其以数学方式符合系统过去的潜在性。[38]或以更直白的说法：经验通过预估与有机体演化目的相关的未来信息来赋予意涵。这种挪用未来的效果是将客体信息转化为主体意涵——而人类行为便是以后者为基础。这一转化是指号过程（semiosis）的核心，因而感知与行动在本质上便是符号学（semiotic）的过程。

大概没有社会科学学者会否认人类根据信息的意涵行动，而非仅仅是基于信息本身。更有趣的一种观点是所有有机体都如是。也许这一观点并不被生物学者广泛接受，但它却是"生物符号学"（biosemiotics）这一小众却历史悠久的学科的基础。基于表意（signification）过程遍布包括植物在内的有机体这一观点,克劳斯·埃米切(Claus Emmeche)、杰斯珀·霍夫迈尔(Jesper Hoffmeyer)、卡莱维·库尔(Kalevi Kull)等人展开了研究。[39] 所谓表意过程是指那些创造与沟通意涵或"符号"的过程。他们研究的源头可以追溯至生物学领域的雅可布·冯·尤克斯卡尔(Jakob von Uexküll)(当代德里施,也与生机论有关),以及符号学领域的托马斯·西比奥克(Thomas Sebeok)。有趣的是,虽然生物符号学者强调表意的主体性,他们却并没有怎么参与心身问题的讨论(或同样相关的量子理论)。他们多数都将有机体具有意识这一点视为既定现实,而他们的关注点在于意识性在有机体的行为和功能方面能够告诉我们什么。因此,我并不清楚生物符号学者是否愿意与我的观点扯上关系,但无论怎样,我认为我的论点支持了他们关于生命本质上是符号学的观点。而在目前的讨论背景下,这一点是重要的,因为如果所有生命科学都要讨论意涵,那么人类科学便真的只是一个更大领域的子集而已。

第二,每一个有机体的经验,即作为这种有机体"是怎样的体验",在本质上是私有的——并不必然是没有公开信号(如疼痛)的,但却是观察者无法像这样体验到的。这种经验的私有性的直接基础观点便是量子相干构成了生命的物理基础。[40] 只有当相干性被一堵墙与外部环境隔绝开来时,它才能得以维持,如果你穿过这堵墙并试图进入有机体的经验内部,你便杀死了这个有机体。因此,虽然我们能够知道某一有机体是痛苦的这一现实,而且如果它与我们自身足够相似的话,我们甚至可以知道间接感受到这种痛楚,但是处于这个具体有机体的痛苦之中却是只有它自己才能真正感受的。处在外部的我们只能拥有一种对其经验的替代(erstaz)、客体性的了解。

第三,每个有机体所生存并经历的私有经验世界——冯·尤克斯卡尔称之为有机体的"周围环境"(umwelt)——都是独一无二的。[41] 将这一点与之前的讨论相结合,便使人联想起莱布尼茨单子(monads)概念的有机体版本,每一个有机体都生存在外界无法进入的经验气泡中,并基于这一经验气泡进行选择——不过与莱布尼茨的模型不同,这里的有机体拥有供它们与外部世界相互作用的"窗口"。[42] 尽管如此,周围环境的独一性使这种本体论具有不可还原的主体性。

这也许会带来一个问题,生命的经验气泡是如何相互协调并维持足够的稳定性以使有机体可以进行选择呢？因为如果环境中不存在可预判性，对于有机体来说将意愿（目的）与行为（方式）联系起来便是不可能的。莱布尼茨为自己的哲学解决了一个类似问题，他所依靠的是上帝提供了"先在和谐"（pre-established harmony）的学说。不过从自然主义的角度来看，人们也许会从有机体的物质构成出发，它以两种方式创造了认知稳定性（cognitive stability）。第一，它们的感知器官使有机体能够获得其所处环境中仅仅一个微小的信息剖面（cross-section）——大概是那种与其生存最为息息相关的。这些剖面在不同物种之间是不一样的（狗能够听到我们听不到的声音，我们能够看到它们看不到的颜色），但是在物种内部，它们是十分统一的，因而为世界赋予了某种认知秩序。第二，有机体之间还具有交换信号的能力，最明显的是同类（con-specifics）之间——我们可以推测这对于繁殖来说有很大的助益——不过在一定程度上，不同物种之间也可以交换信号，如狗与人。虽然符号的交换总有产生误解的可能，正如我们通过经验所知，这些交流的预判性可以被塑造得足够高以促成沟通的发生。如果生物符号学者关于所有生命都涉及指号过程的观点是正确的，那么信号的交换便可以塑造信息环境，以使所有有机体都可以大体上实现它们的目的。[43]

　　总而言之，对于主流生物学关于生命的五个可观察特性，我加入了第六点，一种部分不可观察的特性，即主体性，可以将其定义为认知、意愿和经验。[44]量子理论对于这一方案有两方面的贡献：量子相干是生命的物理基础，量子大脑理论（以及生物学）为这种想法提供了自然主义的理由；此外，量子理论接受泛心论诠释，这使得联系相干性与主体性成为可能。另外，我还简短提出了一些此种论点对于从总体上思考有机体的一些启示，其中一些我会在下文进行更为详细的讨论，并联系到人类这一特殊的例子。

为何称其为生机论？

　　现如今的生物学家对"生机论"一词是极其反感的，它仅仅作为一种名称被使用，代表着这一与主流格格不入、被斥为不科学的学说。[45]但是对于社会科学学者而言,问题大概不在于我们是否认为生机论是伪科学(这一点是合理的,只要生机论潜藏于任何使用意向性为解释力的理论)。对于社会科学来说,真正的问题在于我们倾向于将生机论与法西斯主义以及其他形式的非理性政治联系在一起。我将在第十四章探讨这一政治问题,如果在这里给出一个简单回应的话,虽然法西斯主义者曾经使用过生机论的观点,其他几乎所有人也都使用过,因此生机论如果对政治有任何独特的影响,也是在别的问题上。不过,由于这些担忧可能影响读者对我观点的接受程度,且如果我不使用"生机论"一词的话也许就可以避免麻烦,这里便有必要解释一下为什么我认为生机论这个说法是必要的。

最主要的理由在于,我的观点就是生机论的,虽然由于历史上生机论的多种形式使这一问题变得比较复杂,其中有一些与其他学说是重叠的。[46]此处特别相关的是有机主义,它是一种生物学整体论,在当今生物科学中是还原论的主要竞争对手。[47]有机主义在过去既以唯物主义的形式又以生机论的形式出现过,这迫使其唯物主义支持者努力与生机论保持距离以避免重蹈生机论的覆辙。实际上,将生命看作量子相干的方程是一种十分整体论的观点,因此在我的观点与有机主义之间便存在相当紧密的联系。在社会科学中,生机论一词有其特殊的法西斯主义意涵,但是目前的问题在于此处的本体论是否哪怕有最小的可能是生机论的,而这一问题我认为涉及两个论断:负面论断,生命无法通过无生命的物来解释;正面论断,生命可以由不可观察的和非物质的生命力来解释。

量子相干性便是这样一种力。将相干性称为"非物质的"也许听起来有些奇怪,因为它是一种物理现象,因而与形而上学关于生命原理(entelechies)以及生命力的猜测有天壤之别。但是这却正是关键所在:相干性是物理的却不是物质的。不仅如此,它无法被观察到,因为根据定义观察会使波函数发生坍缩,而使得仅仅粒子显现是可见的。在我看来,这是量子理论对解决意识与生命问题的终极贡献,因为它为自然主义却非唯物主义的泛心论与生机论学说在物理因果闭合之内提供了位置。

既然接受了发展生机论的挑战,那么这又是怎样的一种生机论(除了是量子的以外),它又是否能够避免经典生机论所遭遇的陷阱呢?由于这里没有足够篇幅来回顾所有生机论理论,让我仅仅强调我的观点的两个特点,我认为这两个特点使其与经典生机论、当代新生机论之类的学说都不一样。

第一，经典生机论主要是一个负面和不可证伪的学说，而新生机论视其自身为批判而非正面理论，量子生机论在这一点上与两者都是不同的，它是基于原则上可以检验的物理假设。当然这是不容易的，因为量子相干性无法被直接观察到。但是我们至少可以设想两种间接检测。一个是目前对于量子大脑理论的争论，该理论虽然聚焦于人类，核心却是关于量子相干是否可能在普遍意义上存在于活体组织中。如果出于理论或实证能够证明量子相干性无法在大脑中得以维持，那么便可以对不仅是量子意识理论还有量子生机论进行证伪。相反，如果维持这种量子相干性的可能性可以被证实，那么鉴于量子生物学与量子决策理论的发现，我们便有理由认为所有这些发现都可以通过量子相干性进行解释。另一个间接检验更加普通一些。量子相干性构成生命这一想法的有趣启示在于，如果我们可以建造一个拥有这种相干性的机器——即量子计算机——它便应该是有生命的。[48] 那么我们如何知晓它是否真正地拥有生命而非仅仅在定义层面是活的呢？由于成年人可能因先入为主的观念产生偏见，我一个稍有些玩笑的建议是把这种计算机交给四岁的孩子，我们知道这个年龄段的孩子已能够可信地判断生命和非生命之间的差别。如果孩子说量子计算机是有生命的，那便应算作一种理论。这两种检测都无法很快实现，但是它们的确指向一种科学的而非纯粹形而上学的理论。

第二，这种量子生机论将主体性视为生命的本质。这里的主体性不仅是认知与意愿，也包括经验。除了个别例外，如伯格森与冯·尤克斯卡尔，经典生机论者都强调意愿，却容易忽略意识。相比之下，我所提出的生机论同样强调意愿，但同时认为它在本质上是与经验相关联的。可以回顾一下，我将波函数的坍缩理解为时间对称破缺的过程，在这一过程中，意愿对应于"超前"半群，其中时间以目的论的方式流动，从未来回到过去；而经验则对应"延迟"半群，在其中时间以传统方式流动，从过去流向未来。因此，只有通过经验的对称性恢复过程，意愿的潜在性才能被实体化。

虽然对于这种观点，相比生机论传统我可以在现象论传统中得到更多的证实，恰恰因为生机论对于经验的强调，我认为"生机论"一词是恰当的。此外，也因为这里关于生命的观点与唯物主义观点最明确的区别在于前者对意识的强调。经典生机论者的错误在于他们主要只聚焦于生命的"简单"问题,而这个问题与心灵的例子类似,随着唯物主义科学的进步变得越来越容易处理。[49]但是意识始终未受这种进步的影响,这意味着如果生命中有任何独一无二的"生机",那便应是经验。因此,为了使概念清晰,以这种方式重塑生机论便似乎是必要的,它是一个一个在物理学和形而上学意涵上都明确不同于唯物主义的学说。

这一本体论与批判社会理论(critical social theory)中一个新的重要运动紧密相关但又有所区别。批判社会理论这一运动的主要参与者包括简·贝内特、吉尔·德勒兹(Gilles Deleuze)、格雷厄姆·哈曼(Graham Harman)、布鲁诺·拉图尔等人,该运动被称为新唯物主义和(或)新生机论。[50]这一成分混杂的学术流派拥有一个共同的出发点,便是对物本质的重新思考,从经典物理学的惰性和被动实体,转变为自然界中具有创造性与主动性的力量。这一运动的激进效果揭示了一种本质上的连续性,但并不是从无生命到有生命(正如传统唯物主义中一样),而是从有生命到无生命,因而在不同程度上,我们可以将一般只关联到人类的许多意向性特性同样赋予没有生命的客体。因此,拉图尔将物质事物理解为能动者或"行动者"(actants),这些能动者或行动者在抗拒以及与人类主体纠缠方面具有不同的能力。[51]与此类似,贝内特认为"物权"(thing-power)是能动性连续体(continuum of agency)上的一种"物称能动性"(impersonal agency),这一连续体横跨通常的生命与非生命界线。虽然这种观点不是明确的泛心论,但有趣的是它至少让人联想起第六章讨论过的戴维·查默斯或朱利奥·托诺尼(Giulio Tononi)那种强硬派泛心论,根据这种强硬派泛心论,像恒温器与计算机这种人工制品在某种程度上都是有意识的。

我提出的量子生机论与新唯物主义有很重要的共同点。量子生机论的目标同样是重新将物理解为不那么"物质"而更加具有主动性的力量。在量子生机论的泛心论基础中,它同样认为生命与无生命物之间存在着本质的连续性。此外,这一观点认为一切有机体都是主体,因此对于实在而言抱有一种非人类中心论、后人类主义的观点,这种观点否定人类享有特殊的本体论地位,而这种地位正是滥用大自然的理由。[52]

不过,量子生机论与新唯物主义或新生机论之间至少存在三点重要差异。[53] 首先,我的观点突出了意识并视其为生命的决定性特质。与此不同的是,新唯物主义者基本上不提意识问题,他们像老一代批判理论学者一样显然将对意识的顾虑视为一种笛卡尔式焦虑(Cartesian anxiety),而他们没有意识的本体论是成立的。例如,在简·贝内特的"生机唯物主义"(vital materialism)观点中,她明确地排除了主体性(用我的话说便是意识),她认为给主体性寻求物理基础的尝试从规范性的角度看是有问题和"不切实际的"。[54] 其次,我的观点更明确、更广泛地对量子理论进行了借鉴。虽然新唯物主义者已通过援引"后经典"物理学来支持他们对于物的重新思考,[55] 他们所谓"后经典"物理学也可被称为复杂理论与非线性力学(non-linear dynamics)(这些理论最终都表现为一种经典本体论),而据我所知,新唯物主义者对量子理论本身的参与一向都只是匆匆带过的。[56] 最后,我的观点意味着生命与非生命之间的明确差异,既是实质上的也是规范意义上的。虽然基于我的泛心论观点,物在量子层面潜藏了生命,只有当物组成量子相干的整体时它才会真正地成为生命。当量子相干性不存在时,就像在恒温器或计算机中,物便是没有生命的,因而不具有能动性或其他意向性特性——也就是说虽具有因果力但没有能动性。[57] 继而一般来说,我担心一种忽略了生命与非生命差异的本体论虽然能够有益地否定人类滥用自然的基础,却可能适得其反:如果岩石和人类同样处在能动性的连续体上,那么为何不能像对待岩石一样对待人类,仅把人类当作客体而非主体呢?

此处的终极问题是,由于没有正视意识的困难问题,新唯物主义者或新生机论者仍然被困在经典世界观的局限中——简言之,受困于老唯物主义。进行量子泛心论的转向,使我们可以一劳永逸地放弃唯物主义,转而选择更加广泛、更加生机论的泛心论。该理论包含了生命最为独特的一面,即主体性。

注 释

1. 较晚近的介绍,参见 R.Jones(2013)。

2. Clarke(2007:58);同时可参见 Ho(1998:213—214)以及最近的 Igamberdiev(2012)。

3. 有关生机论与不断变化的"科学"概念的关系,参见 Normandin and Wolfe, eds.(2013)的详尽梳理。

4. 以下文献讨论了该争议的不同侧面,Lenoir(1982),Burwick and Douglass, eds.

（1992），Harrington（1996），Reill（2005），以及 Normandin and Wolfe, eds.（2013）。关于有机体的机器模型观点的持续主导，参见 Nicholson（2013）。

5. 尤其可参见 Reill（2005）；后续发展参见 Huneman（2006）。有关休谟和斯密的生机论，分别参见 Cunningham（2007）和 Packham（2002）。

6. Hameroff（1997）；关于分子生机论参见 Kirschner et al.（2000:79）；有关幼儿或幼稚生机论，参见 Morris et al.（2000）。

7. 参见 Bennett（2010）和 Latour（2005）。

8. Greco（2005:18）.

9. 参见 Garrett（2006）。此处的认可至关重要，因为正如我接下来会指出的，在当代"生物符号学"中，我们确实可以看见这样的研究项目会呈现出的样子。

10. 对于该批评的再陈述，参见 Mayr（1982）。Papineau（2001）也重申了长久以来关于生机论是否与能量保存原则相吻合的问题。

11. 有关该问题的经典探讨，参见 Polanyi（1968）。如 Bedau（1998:125）在 30 年后所说的，"现如今的事实是我们并不知道任何形成生命的单独必要和共同充分条件"，并且如果 Cleland（2013）和 Denton et al.（2013）是正确的，这一情况在如今也没有改变。

12. Luisi（1998:617）.

13. Cleland and Chyba（2002:391）；同时可参见 Cleland（2012）。

14. Machery（2012）走得更远，他表示虽然生命最终是可被定义的，但这却是"无意义的"。

15. 接下来的探讨特别受到 Ruiz-Mirazo et al.（2000）的影响；同时可参见 Robinson and Southgate（2010）。

16. 加之查默斯本人（1997:5）并不认为关于生命的困难问题是存在的（参见 Garrett，2006）。

17. 参见 Ball（2011）；关于该领域的综述，可参见 Mesquita et al.（2005），Abbott et al.（2008），Igamberdiev（2012），Bordonaro and Ogryzko（2013），Kitto and Kortschak（2013），以及 Al-Khalili and McFadden（2015）。像《自然》（Nature）这样编辑保守的杂志刊登了鲍尔的文章本就代表了相当的改变，鉴于仅仅几年前卓越的神经科学家约翰·霍普菲尔德（John Hopfield[1994:53]）仍可声称："没有任何一点的迹象证明量子力学在生物学中起到了任何重要的作用。"

18. 参见 Bohr（1933）；有关约尔当的理论，参见 Čapek（1992）和 Beyler（1996）；以及 Schrödinger（1994）。之后，马克斯·德尔布鲁克（Max Delbruck）是另一个重要的跨领域人物（有关这些物理学家对于生命的观点的不同，参见 Domondon[2006]），以及 Andrew Cochran（1971）和 Walter Elsasser（1987）。从另一个方向来研究，Hans Jonas（1984）和 Dale Miller（1992）也发掘过量子力学在解决主体性问题上的潜力。

19. 分别参见 Dellis and Kominis（2012），Hildner et al.（2013），Lloyd（2011），以及 Clarke（2010）。有关有机体对于非定域性的假想使用，参见 Josephson and Pallikari-Viras（1991）。

20. 其他类似的作品包括 Hoffmeyer（1996），Stewart（1996）；Bitbol and Luisi（2004），以及 Kawade（2009；2013）；以及更早期的特别是 Jonas（1966）。

21. Thompson（2007:159—162）；同时可参见 Hoffmeyer（1996）和 Swenson（1999）；对照

Margulis and Sagan(1995)以及 Sheets-Johnstone(1998)。

22. 不过 Robinson and Southgate(2010)有不同观点。

23. 参见 Thompson(2007:222—225)。

24. 汤普森不对量子理论进行讨论或许是有益的,虽说第 439 页上的对其短暂提及暗示了他并不排斥向该方向前进。

25. 参见 Ho(1998:213—214)。原文中是"factorizable",但我猜想这是一个打印错误。

26. 该词出自 Igamberdiev(2012),他的书是该研究话题上的必备(虽然晦涩)读物。

27. 该观点被称作"物活论"(hylozoism),同时参见 Bennett(2010)。

28. 参见 Ho(1998:214)。

29. 参见 Kawade(2009:211)。

30. 关于该经典讨论,尤其可参见 Lenoir(1982)。晚近的将有机体视为自然目的的讨论,可参见 Weber and Varela(2002),di Paolo(2005),Walsh(2006;2012),以及 Zammito(2006),批评则见 Teufel(2011)。

31. 有关目的论对生物学的组成性作用,参见 Barham(2008)和 Toepfer(2012),Birch(2012)则研讨了目的论在科学界的普遍性。

32. 参见 Mayr(1982;1992)。

33. 早期关于生物学的量子理论中的目的论问题,参见 Sloan(2012)。

34. 晚近的有机论学者对于还原论的批评,可参见 Gilbert and Sarkar(2000)以及 Denton et al.(2013)。

35. 关于下行因果,参见 P.Andersen et al.,eds.(2000),以及 Bitbol(2012)的量子理论方法;我在第十三章中将会更加深入地讨论下行因果。

36. 同时可参见 Schrödinger(1959)对于"主体化"的讨论。

37. 参见 Mingers(1995)以及 Markoš and Cvrčková(2013:62)。

38. 特别可以参见 Cramer(1986;1988),King(1997),以及 Wolf(1998)。

39. 当代的经典文献是 Hoffmeyer(1996),有关该领域的近期概括,可参见 Hoffmeyer(2010)以及 *Biosemiotics* 杂志。

40. 参见 Georgiev(2013)。

41. 参见 von Uexküll(1982)。

42. 有关意识和生命的"量子单子"观点,参见 Nakagomi(2003a;b);对照 Tarde(1895/2012)。

43. 即使是在细胞层面;举例参见 Fels(2012)。

44. 虽然我对主体性的定义包涵了其他五个特性中的一些,最终的列表会更精简一些。

45. Oyama(2010)很好地体现了这种策略。

46. 有关历史上生机论的多种形式,参见 Benton(1974)。

47. 参见 Elsasser(1987),Allen(2005),以及 Denton et al.(2013),以及 Garrett(2013)关于"涌现唯物主义"的讨论。

48. 或者至少拥有主体性,因为繁衍能力的前提想必是无法达成的。因此,鉴于我们已经创造了极其简单的量子计算机,我们便已经创造了生命。

49. 参见 Garrett(2006)。

50. Coole and Frost(2010b)提供了出色的介绍。

51. 参见 Latour(2005);关于这一观点意义的优秀讨论,可参见 Sayes(2014)。

52. 同时参见 Wendt and Duvall(2008)。

53. 与新唯物主义的恰当探讨需要比我在此处给出的内容更缜密的(以及超出我知识范围的)讨论,所以接下来的讨论只是在回应这一非常有趣的论点时我可能给出的一组要点。

54. Bennett(2010:ix).

55. 举例参见 Coole and Frost(2010a:10—14)。

56. 此处的特例是 Barad(2007),他的量子世界观与新唯物主义很相似,但至今尚没有在该文献的多数讨论中出现。

57. 指向相同方向的,对新唯物主义的非量子批评,参见 Vandenberghe(2002) and Cole(2013)。

第三部分

人的量子模型[*]

导　言

本书的核心观点是,所有意向性现象都是量子的。它既涉及我们头脑中的个人思想,也包括诸如规范、文化和语言等我们统称为制度的集体意图。在第一章中我提出,由于这些现象依赖意识而存在,经典唯物主义本体论难以对其进行解释。从这种观点出发,它们一定是附带现象或者幻觉。在本书接下来的部分我将揭示,一种量子、泛心论的本体论可以为我们所共知的真理提供物理基础,即个人和集体的意图都属于自然秩序的一部分。

社会本体论的基本组成部分是指生物个体意义上的人类,[1]在这一部分,我将他们从其生活的社会环境中抽象出来。通过将人类带离他们的自然栖息地,我希望将注意力集中在这样一个问题:即我们仅作为某种有机体

---

　*　如今,人们可能倾向于使用"person"而非"man"来表示人(作者本章标题为"A quantum model of man"——译者注),女性主义学者认为"man"在关于人的模型的话语中过去只是关于男人,因而无法代表人类。但是,"person"一词更加难懂,况且我不认为后文将要讨论的模型在女性主义批驳下是脆弱的,因为在他本质是关系的特质中,量子人只能是女人。无论如何,平衡起见,我将称经典人为"他",他的量子伴侣为"她"。

对社会理论意味着什么。抽象个体是较常见的经典社会理论（如霍布斯及其自然状态）的起点。但是，考虑到量子现象的整体性既包含"一路向下"（all the way down）至最微观层面的无基本组成部分，又具有"无处不在"（all the way across）宇宙尺度的非定域性，似乎用抽象个体作为量子社会理论的起点是有些怪异的。看似独立的有机体事实上仅仅是量子域的定域退相干效应，而任何事物之间都真的是互相关联的。从这个意义上来说，抽象的个体不仅表现为一种抽象，并且一定遮蔽了"个体"的真实存在。

但是，以下两个问题是存在区别的：一是对普遍本体论（universal ontology）而言正确，二是与具体社会本体论实际相关。后者会被构成它的有机体属性所约束。[2]不同于其他一些有机体，人类生活在高度相互依存的社会当中，我们自身的意义也大多是由社会所构成的。这一点可能会加剧关于抽象个体主义的担忧，但实际上它并不能改变一个基本的物质事实。由于生物学及其下层面的过程，每个有机体都作为一个独立的主体而存在于这个世界。正如我们将在第四部分看到的，语言的量子本质产生了远远超越这些主体的非定域关联。然而，作为一个人或任何其他主体，都是作为一个具有量子相干性的有机体而个性化的，其物理完整性不仅在本质上独立于社会，而且在某种意义上独立于宇宙整体。物理学家所研究的粒子确实并无来处，但我们的基本单位是与生俱来的，因此会对整体论的观点施加"残余个人主义"（rump individualist）的限制。

以人体为出发点，我们首先要问它的性质：我们有哪些基本特性和性情可以实现及限制社会可能性？有些人可能会怀疑人类的本性是否存在，但在我看来，认为人类具有本性的理由并不比马或蜜蜂具有本性的理由少。我们都源于相同的进化过程，在所有情况下，我们的行为都不同程度地受到物质和精神本性的影响。人类会说话，而马和蜜蜂不会言语，这是我们之间本性的差异。在探讨这一本质问题的过程中，后文内容可以被视为广义"哲学人类学"的练习，被理解为对"人类易变性的不变前提"的探究。[3]

然而，谈论人类本性的内容是一回事，讨论其形式则是另一回事。我希望通过关注后者来避免一些争议。关于人性的内容，我指的是大多数相关争论的关切点，即基本的行为倾向：与动物或彼此（男人相对于女人）相比较，人在多大程度上天生自私、利他、好斗、善于交际，等等。这些大多是实证方面的问题,认知科学家、进化心理学家和其他学者已经对此有很多了解。既然关于人类本性内容的过往研究都是在经典框架内所进行,量子方法会如何把它向前推进将是很有趣的,但这不是我的关注点。[4]我所感兴趣的是物理学家如何看待人类本性,而我认为,这与人类本性的形式而非内容有关——如我们性情的表达如何被我们身体的物理特性所约束和激活。在过去,这个问题不会被提出,[5]因为那时身体被假定是经典的。具体到身体部分,我在一定程度上同意这一观点。但是心灵在物理学上是量子的,而我将说明它可以帮助我们解决关于人类主体性的一些长期争议。

在接下来的三章中,我将分别讨论量子意识理论对人类认知、意志和经验的一些启示。在每一章,我都以当前的辩论及其隐含经典假设作为起点;继而回顾支持量子方法的理论和证据;最后通过展示量子视角对相关争论的推动发展作出结论。不过在此之前,我将首先把我的观点与一个首要的经典选择联系在一起,在后文不同部分,我将对其所包含的不同元素进行质疑。

如果此处的目标是通过量子视角来思考人类本性的形式,那么如果通过经典物理来考察它又意味着什么呢?考虑到社会科学的起源,在经典世界观中,人们可能会认为存在一个明确的答案,但事实并非如此。对于解答这一问题,早已对物理学失去兴趣的当代社会理论几乎没有任何帮助,因为它将意向性现象整合入其本体论当中,而这些社会本体论在经典世界观中是没有位置的。在19世纪社科学者的工作中可以找到一种纯粹的经典表层,他们首先"通过物理学进行思考"[6]。然而,他们的论述在今天看来是模糊的,因为他们缺乏我们后见之明的优势,无法得出全面正确的结论。所以我将从零开始,尽管我未给自己设立太高的目标。我并不会提出一个完整的"经典人"模型,而是确定该模型与严格经典本体论保持一致时所应满足的五个约束条件。后文将在不同情况下探讨这些条件,此处仅作简短介绍。

第一,经典人完全是物质的,从本体论的意义上来说,精神状态仅仅是大脑状态。这并不一定意味着人们不能拥有意识,但如果他们有意识,那么它一定是附带现象,而不具有无法用经典意义上物的运动和能量所解释的神秘力量。这似乎是一个很高的标准,但这是唯物主义者自己为解决心身问题所设置的条件,因此在这种情况下似乎是适当的。

第二，经典人是完全可分离的，即他作为一个有机体的物理同一性都不依赖于他人，无论是作为身体还是心灵。这并非否认在因果意义上我们的生存很大程度上依赖彼此，但在经典观点中，我们是作为独立存在而彼此依靠，我们的个人属性完全包裹在自身皮肤之下。这从直觉上是说得通的，我们的属性如若不在自身皮肤之下，还会在哪里呢？[7]但是，经典视角下生物的可分性意味着精神的可分性，而在量子视角下，精神状态却可以非定域地依赖于他人的心灵。

第三，经典人的属性是真实的，在微观层面上有明确的定义。在宏观层面上，人们经常体验到矛盾、怀疑和其他模糊的心理状态，就好像我们没有完全"处于"某一状态。经典人可能会有这种模糊的感觉，但在内心深处，他总是处于一种特定状态。经典逻辑告诉我们，物质状态不可能同时为 A 和非 A，所以如果矛盾心理是物质状态，在任何时间点我们便必须处于一种或另一种状态，即使在感觉上并非如此。[8]

第四，经典人只对定域因果做出反应，无论是来自环境的外力进入他的身体或知觉场，还是由这些刺激所引起的内力最终导致动机和行为。既然在经典物理学中没有非定域的因果关系，那么如果动机在解释人类行为方面很重要，它便必须通过定域的原因发生作用，就像其他一切事物一样。

第五，经典人的行为是由内因和外因共同作用于身体而决定的。我的理解是，这意味着他没有自由意志。[9]请注意，这一推论并不一定意味着我们可以知晓所有内外因，此处的重点是本体论的而非认识论的。在经典的世界观中，自由意志就像热力学一样，在细节上是不可知的，但最终在本体论上却是确定性的。

把这五个要求放在一起，我们首先需要注意的是，它们忽略了目的论意义上的经验、意义和意图。这是因为这些要求并不符合严格的经典本体论：就经验而言，唯物主义不能解释意识；在意义方面，它无法脱离经验而存在；至于意图，目的论与机械论的世界观是不相容的。那么在这些限制条件下，总的来说，经典人是怎样的呢？两种答案呼之欲出：机器或者僵尸。

"人不过是非常复杂的机器"这一观点由来已久，并随着 20 世纪中期心智计算理论的出现而在认知科学及其他领域占据主导地位。[10]在这幅图景中，我们是行走的电脑，不断地处理环境中的数据，以实现预先编程设定的目标。在理性选择理论中不难看到这一形象,而理性选择理论因其对人的"机械性"描述而褒贬不一。"僵尸"在社会理论中不太常见,但它似乎是对"社会人"(homosociologicus)的恰当描述,其最纯粹的形式是一个不知变通的傀儡,只会习惯性地不断遵循社会规范。[11]与机器相比,僵尸视角似乎从经典物理得到的启发较少,因为僵尸至少是有生命的(即便不是"活着"的),但两者都缺乏主体性和自由意志。

许多社会科学家可能不愿意完全接受人是机器这一观点,更不用说他的僵尸朋友。因此,这些社会科学家仅把经典人视为一个模型而已。但若回顾一下我在此处讨论的目的:并非描述当代社会理论中人的模型,这些模型通常包含了在经典世界观所不关注的意向性现象。更确切地说,我希望通过经典物理学的角度从零开始对人类进行思考。我提出的结果是非常反常识的,因为我们得到的是一个非常复杂但本质上没有生命的物体。的确,如果女权主义者反对关于男人模型的话语模式是因为它是关于男人的,*那么反对经典人的理由就是他是死的。既然经典物理学是用来研究无生命物体的,为什么经典人不能是无生命的呢?[12]在唯物主义世界观中,任何构成主体性特性的东西都必然是缺失的。而相比之下,量子人则生机勃勃。

注　释

1. 但是,参见第十四章关于集体意识的讨论。

2. 参见 Fodor(1974)关于"特殊科学"的论述。

3. 我之所以说"广义",是因为哲学人类学还涉及与阿诺德·格伦(Arnold Gehlen)、赫尔穆特·普莱斯纳(Helmuth Plessner)和马克斯·谢勒(Max Scheler)相关的一种特定的大陆社会理论流派(关于这一传统的介绍,请参见 Honneth and Joas[1988]、Fischer[2009]和Rehberg[2009])。虽然我不会在此对这些思想家进行讨论,但我感觉以下内容与他们的思想有相当大的共鸣,叔本华对他们的思想也有重要的影响(Honneth and Joas,1988:42)。

4. 进化过程的量子模型将提供一个起点;例如 McFadden(2001)和 Gabora et al.(2013)。Fry(2012)对进化论是否基于隐含的唯物本体论进行了深思熟虑的思考。

5. 生态心理学是此处的一个大的例外(参见 Gibson[1979]),有趣的是,它也是一些量子认知的早期反思的场所;参见 Shaw et al.(1994)。

6. Mirowski(1988),Cohen(1994)和 Redman(1997)是很好的综述。

7. 关于将皮肤作为与社会科学相关的边界,参见 Farr(1997)。

---

* "经典人"英文原文为 Classical Man,歧义为"经典男人"。——译者注

8. 这是一种关于心理属性的实在主义观点,这种观点可以说是以衡量心理属性为前提的,参见 Michell(2005)和 Maul(2013)。

9. 这一要求更具争议性,因为一些哲学家认为自由意志与经典决定论兼容。我将在第九章讨论这一文献。

10. 关于社会科学中的机器隐喻,参见 Menard(1988),Mirowski(1988)和 Maas(1999);关于其在生物学中的持续重要性,参见 Nicholson(2013)。

11. 对这种"过度社会化"的人类模式的经典批判见 Wrong(1961);有关国际关系内部的详细讨论,参见 Sending(2002)。然而,僵尸在心灵哲学中占有重要地位,如 Chalmers(1996)。

12. 参见 Wigner(1970)。

第八章 量子认知与理性选择

在主体性的三个要素中,量子认知的实证案例是最有说服力的。过去几十年,在数学心理学和物理学的交叉领域出现了快速发展的学术研究,这些研究不仅用明确的量子术语对认知进行建模,还对这些模型进行了严格检验。虽然主流心理学家会对这类研究作何反应还有待观察,但"量子决策理论"显然已经发展成型。[1]与此同时,还出现了几乎完全独立的量子博弈论文献。这项工作更多地是纯粹的形式一派,因此在真实数据上的检验效果较差,尽管它对量子博弈中人们应该如何表现的预测似乎符合实验博弈论理论家的发现。在本章末尾,我将简要介绍量子博弈论,但是我所主要关注的是它在决策理论方面的相关体系。

量子意识理论认为,人类实际上是行走的波函数。大多数量子决策理论学者并不会做出这种程度的主张。或许是出于对于争论的谨慎,他们事实上很少提到量子意识。他们一般只强调对于行为的兴趣,而不对大脑深处到底发生了什么做出任何结论(更不要说意识)。[2]与讨论意识相反,他们用另外两种方式来推进研究。[3]首先,他们强调量子理论的非决定论和人类行为概率特征之间的直觉契合。[4]如果我们是在今天才创立社会科学,并且在从物理学中寻找有用模型时没有形而上学偏见,那么量子模型将比经典模型彰显更大的意义。其次,量子决策理论学者们认为,他们的模型可以解释人类在不确定性下长期存在的异常行为。除此之外,他们仍然对量子意识持不可知论的态度,这使得量子决策理论成为一种被称为"弱"或"广义"的量子理论。在这种理论中,形式主义脱离了它的物理基础,而只作为一种工具来描述现象。[5]因此需要强调的是,通过把量子决策理论应用到本体论学说中,我愿意比它的大多数支持者走得更远。

然而,虽然量子大脑理论(至少)和量子决策理论在原则上是可分离的,但两者显然是相关的。如果前者在微观层面是正确的,那么在宏观层面,我们应该期待看到后者所预测的行为。因此,如果实验不支持量子决策理论,那么这对量子大脑理论而言也是一个严重的问题。在相反的方向上,关联没有这么紧密,但仍然是存在的。如果实验确实支持量子决策理论,那么在我们理解的这个阶段,大脑中的经典机制仍然有可能解释这一结果。[6]然而正如第五章末尾所提到的,这将打开一个关于量子大脑理论争论的全新领域,即要求怀疑者承担举证责任以解释为何尽管该理论在微观层面指向不可能性,但我们在宏观层面恰恰观察到了该理论的预测结果? 可能的情况是,实在性在亚原子层面上是量子的,在大脑层面上是经典的,而在行为层面上又是量子的。但这种情况的可能性有多大? 没有人知道,但这种情况肯定没有自上而下统一的量子图景那么优雅。

量子决策理论家们将其工作与期望效用理论(EUT)联系在一起,而期望效用理论则是更广为人知的理性选择理论的公理化版本。[7]期望效用理论是当今社会科学中最被广泛接受的关于人的形式化模型,不仅是新古典经济学的根基,也越来越成为政治学和社会学的基础。期望效用理论实际上是两种理论的混合体:效用理论,用来模拟行为人的偏好;以及(经典)概率论,用来模拟不确定性下的期望。(基于该基本框架,期望效用理论复制了更普遍的关于行为的模型,即"欲望×信念=行动"模型,这是哲学中占主导地位的元心理学框架,后文将对此进行讨论。)根据行为人的偏好和概率,理性选择被定义为期望效用最大化的选择。值得注意的是,作为一种选择理论,期望效用理论不仅包括认知,还包括我所谓之意志,它以一种(主要为隐含的)假设形式存在,即偏好和期望("理由")组合而为原因。在下一章,我将论证这种假设是有问题的,但是由于文献将概率和效用元素放在一起讨论,我也将在此处如是处理。

虽然期望效用理论常用于描述和/或的解释效力,但它首先是一个规范理论,即关于在给定的情况下什么才是理性行为。为了达到这一目的,它定义了一组公理,这些公理对参与者如何计算概率和组织他们的偏好(交换性、传递性、独立性等常见要求)施加了逻辑约束。至关重要的是,据我所知,在期望效用理论中"逻辑"专指经典逻辑,尽管(巧合的是)经典逻辑和量子逻辑在同一年(1933 年)被建模。[8]经典逻辑是我们在学校教育和物质世界中所熟悉的"非此即彼"逻辑,在这种逻辑中,事物具有多重确定属性,而这些属性之间是不可以不相容的。不仅是期望效用理论的公理,整个理性选择理论的解释体系都将这种逻辑视为理所当然,而量子理论则对此提出了质疑。

但在量子决策理论出现之前,心理学家进行了数十年的实验研究,表明人类的决策受到相对于期望效用理论预测的系统性"偏差"影响。20 世纪 70 年代,丹尼尔·卡尼曼(Daniel Kahneman)、阿莫斯·特沃斯基(Amos Tversky)等对人们在判断概率时似乎使用的非理性"直觉"进行了开创性的研究,卡尼曼因此获得了诺贝尔奖。但期望效用理论的实证问题一开始就出现在阿莱悖论和埃尔斯伯格悖论中,如今它包含了许多反常现象。[9]这些发现激发了许多创造性的解释尝试,无论是通过从期望效用理论中删除或修改一个公理,还是完全从该理论之外进行探索。这些尝试是许多当代研究项目的基础。不过这些努力都有三个共同之处:它们依然局限在经典的参考框架内;它们是片面的,只针对某些反常现象;它们是特设(ad hoc)的,而非从另一个公理基础派生而来。因此,对量子决策理论的兴趣不仅提供了这样一个基础,而且似乎可以一举解释经典决策理论中的所有反常。

量子决策理论

量子决策理论的文献具有高度技术性,其体量庞大到无法在此进行总结,令情况更复杂的是,该领域的作者们在数学细节上经常无法达成一致。[10]因此,为了大致勾勒这一研究路径的概貌,我将简要描述三项突出的研究领域——顺序效应、概率判断和偏好逆转——继而转向讨论这些研究对理性本质的意义。

量子角度下的顺序效应

经典物理和量子物理之间的一个关键区别是,前者认为物体和测量设备之间仅有"弱"相互作用,而后者则认为存在"强"相互作用。[11] 二者区别在于测量行为是否与系统状态的变化有关,而系统状态的变化又可以通过再次测量来识别。如果没有变化,那么这两个测量值可交换,如果有变化它们则不可交换。可换性是逻辑学和数学中的一个基本原则,当操作的次序不影响结果时,可换性是成立的,因此加法是可换的(8+5=5+8),而减法则不是(8-5≠5-8)。当应用于一系列物理测量时,如果交换性成立,那么世界的状态便独立于观察者,因此观察者只是记录了预先存在的事实(经典情况);如果非交换性成立,那么主客体之间的区别就会被打破,而观察者则在某种程度上参与了建立事实的过程(量子状态下)。后者的典型例子是当你测量粒子的动量或位置时所发生的情况。如果改变测量顺序,你便会得到不同的结果。

"顺序效应"是指信息呈现的次序不同会导致不一致的结果,在社会科学中是众所周知和广泛存在的。[12] 这一现象在民意调查中无处不在,经常影响信念更新,因此可以在医疗和陪审团决策中发挥重要作用。所以从实践角度来看,顺序效应是需要加以管理的问题。此外,由于顺序效应违反了经典概率论的交换公理,因此是不理性的,是一种需要被解释的反常现象。在主流文献中,这种解释尝试完全基于经典视角。[13] 贝叶斯学派处理顺序效应的方法,是把呈现的次序变成另一个需要被主体吸收的信息,但这种方法是特设的,且只是重新描述了现象,而没有提供解释性的洞察。[14] "补充""信念调整"和马尔科夫模型更具实质性,但仍然是特设的,因为它们毫不质疑经典假设,即观察应是可交换的。但为什么要认为这一点是理所当然的呢?仅仅基于直观理由,阿特曼斯帕切(Atmanspacher)和罗默(Römer)指出,在心理学中"实际上'测量'设备与'测量'心理状态的每一次交互作用都会不可控地改变状态,而心理状态是由测量建立起来的,因此认为非交换性应成为普遍存在的规则是非常合理的"[15]。然而奇怪的是,据我所知在这种情况下,顺序效应的"问题"可能在于交换性假设本身从未在主流文献中被讨论过,这也许证明人的经典模型在心理学中是多么根深蒂固。

与经典物理不同,量子力学没有预先规定交换性是否成立,而是认为它取决于在给定经验背景下"基向量"(basis vector)是否被认为"相容"(见后文)。[16]如果它们是相容的,那么量子模型就会还原为经典模型,顺序效应不会被观察到。而如果基向量不相容,那么非交换结果作为量子现象的一个主要特征便会出现。由于顺序效应由其非交换性来定义,量子决策理论在对其进行解释时表现颇佳也就不足为奇了。量子决策理论在预测现有和新的实验数据方面,至少表现的和经典模型一样好,而且通常强于后者。[17]王正(Zheng Wang,音)和杰尔姆·布斯迈耶(Jerome Busemeyer)也对一个基于量子概率论的先验预测进行了测试,发现它也是在现有数据中诞生的。[18]阿特曼斯帕切和罗默已经预测了进一步的顺序效应,这在物理学中很常见但在心理学中还未被实证观察到,如果这种顺序效应被发现,将是迄今为止证明这种方法合理的最有力证据。[19]最重要的是,与试图解释顺序效应的经典模型不同,量子决策理论不是特设和部分的,而是提供了统一的、公理上有充分根据的解释。简而言之,它有力地表明,在认知中"非交换性不是奇异的特例,而是规律,其中交换操作……才是例外"[20]。

概率判断的悖论

认知中不可交换性的重要性存在另一个证据,来自如何给不确定事件分配概率的研究。经典概率论要求人们以特定的方式来做这件事。其中一个规则是,同时考虑两个事件,若其中一个是另一个的子集,则涵盖范围较小事件的概率不能大于涵盖范围较大的事件概率。直觉上这是讲得通的,人们可能会想,怎么会不是这样呢?然而心理学家已经证明,人们经常会犯"合取谬误"并违反这一规则。

这方面的典型案例是"琳达"(Linda),一个虚构的主体。测试对象(评委)们被问及一些关于琳达的问题。[21]琳达最初被描述为大学哲学专业的学生,聪明、关心歧视问题和社会公正。继而评委们被问及琳达是(a)一个女权主义的银行出纳员;还是(b)一个银行出纳员的可能性更大。经典概率论告诉我们,B的可能性更大,因为它包含了A,但也包含了其他可能性。然而,评委们倾向选择A,即琳达更有可能是一位女权主义的银行出纳员,而不仅是一位银行出纳员。进一步的研究表明,只有当这两个选项是一个不熟悉的配对时,才会产生这种效果(例如,相对于女性和教师而言)。这表明，如何将这两个选项相联系的不确定性起了作用。这使卡尼曼和特沃斯基提出了"代表性"直觉（"representativeness" heuristic），即评委们基于这样的假定来进行推论：琳达是女权主义者的代表，而不是银行出纳员的代表。作为一种描述，"代表性"直觉很聪明，催生了整个关于认知直觉的研究项目。[22]但它也是特设的，而且由于对谬误的起源没有共识，作为一种解释无法继续发展。

相反，合取谬误很容易用量子决策理论来解释，量子决策理论使用量子而不是经典概率。相关细节着实令人生畏，但杰尔姆·布斯迈耶和他的合著者在一篇文章中对此进行了精彩的讨论，我将以此为依据。[23]

首先在一个 n 维向量（希尔伯特）空间中表示一个主体的信念和知识。在这个空间中，不同"基向量"对应于与社会生活中不同概念、事件和情况所相关联的组合，它们都作为潜在性以叠加的方式共存于心灵中。不一致或没有共同经历的概念或事件将有"不相容"的基向量。在量子力学中，"不相容"指的是无法同时测量的可观测数据，比如粒子的位置和动量。[24]然而，由于第一次测量会影响第二次测量的结果，这意味着它们的联合概率不能被定义，这违反了经典概率论的交换律。现在回到评委的问题，他们被要求决定两种关于琳达的描述中哪一个更有可能是真实的。在单独回答银行出纳的问题时，故事的细节让人很难想象琳达是一个银行出纳员。在回答合取问题时，评委则必须同时考虑女权主义者特征和银行出纳员特征，而这两个特征由不相容的基向量表示。因为这些问题必须按顺序处理，所以心灵首先将自己投射到女权主义的子空间（姑且如此称呼），评估可能性，继而"旋转"考虑替代子空间，即银行出纳员（这些旋转对应于对问题采用不同的基向量或观点）。从女权主义投射出发，心灵转向银行出纳员的问题，对后者的考虑将包括对琳达是一个女权主义者的判断，而这一过程排除了一些故事细节，使得此时想象她只是碰巧有一份银行出纳的工作比想象她仅是一名银行出纳比以前更加容易。

在现象学上，这似乎是合理的，而量子决策理论也提供了一种机制来解释观察到的偏差：由心灵对不相容状态的内部测量产生的干涉。[25]量子干涉总存在特征效应，"两条可能路径并集的概率可能比单独一条路径的概率要小"这一点明显违背了经典概率论，而这正是我们在琳达研究中所观察到的。[26]事实上，基于这一机制，量子决策理论家甚至可以利用现有研究所提供的参数来预测偏差的大小。这使得他们能够严格地测试这类概率谬论模型，而结果与数据非常吻合。

概率判断的其他异常也遵循类似的模式。比如"分离效应"，在这种情况下，主体违反了萨维奇的"确定事件原则"(Sure Thing Principle)。[27]由于布斯迈耶和彼得·布鲁扎(Peter Bruza)提供了关于这种效应及其量子解释的极好总结，我将引用他们几乎全部的讨论。[28]

（分离效应）是在检验决策理论中被称为确定事件原则的理性公理过程中所发现的(Savage，1954)。根据确定事件原则，如果在 X 世界的状态下，你相对于 B 更偏好 A，且如果在非 X 世界的互补状态中，你同样相对于 B 更偏好 A，那么，即使你不知道世界的状态，你也应当相对于 B 更偏好 A……特沃斯基和沙费尔(1992)通过给学生两阶段赌博实验来测试这一原则。在这场可以玩两次的赌博中，每一阶段玩家决定是否进行有相等机会赢取 200 美元或输掉 100 美元的赌博（赢或输的金额实际上分别是 2.00 美元和 1.00 美元）。关键结果是基于第一局完成之后的第二局决定。实验包括三种情况：第一种情况，学生被告知他们已经赢了第一场赌博；第二种情况，他们被告知输掉了第一场赌博；第三种情况，他们不知道第一场赌博的结果。如果他们知道自己赢了第一局，大多数人(69%)会选择再次下注。如果他们知道自己输掉了第一局，那么大多数人(59%)依然会选择再次下注。但如果他们不知道自己在第一局是赢是输，大多数人则会选择不再继续（只有 36%的人想再玩一次）。

……

量子模型的研究人员将这一发现视为干涉效应的例证，类似于在粒子物理学中进行的双缝实验……两个实验都涉及两种可能路径：在分离实验中，两条路径是根据第一局输赢来推断结果；在双缝实验中，两条路径则是通过分束器将光子分裂到上下两个通道中去。在这两个实验中，所采取的路径可以是已知的（观察到的），也可以是未知的（未观察到）。最后，两个实验中，在未知（未观察的）条件下，（分离实验中赌博、双缝干涉实验在 D1 探测)的概率远低于每个已知(观察到的)条件下的概率……人们不禁要问,在物理学中成功解释干涉统计的数学模型是否也能解释心理学中的干涉统计。

量子化偏好逆转

在决策理论中,人们非理性的方式至少有两种:一是判断概率的方式;二是形成偏好的方式。在偏好方面,理性是由效用理论的假设来定义的,其中三个假设在当前语境下最为突出。[29]第一,理性行为者在做出选择之前,必须对所有的结果有完整且完全确定的偏好。(注意,这并不意味着其他人知道行为者的喜好,只有行为者自己知道。)第二,偏好必须遵循经典逻辑的规则,从而可以传递,即如果行为者相对于 B 更偏好 A,相对于 C 更偏好 B,那么他们必然相对于 C 更偏好 A。第三,因为偏好不能被观察到,如果偏好是决定性的,因此确实存在,那么这些偏好在其被引发的不同过程中必须是"不变的"。与期望效用理论的概率问题一样,效用理论显然与我们在前述经典人模型中确定的约束是一致的。

"偏好逆转"现象挑战了所有上述三个假设,表明偏好根本不是被"显露"出来的,而是在选择过程中所"建构"的,因此对框架效应和语境效应非常敏感。[30]在相关文献中,关键的问题是过程的不变性,即偏好不应取决于如何被引出,因为这可能会违反传递性。[31]测试这一假设的经典实验比较了两种设问方式:(1)让受试者在两种赌博中做出选择,其中一种有较高概率获胜但只能赢一小笔钱,另一种是有较低概率获胜却赢得更多;继而(2)问他们每次愿意付多少钱来进行赌博。这些实验的设置使得选择与预期现金价值在形式上是等价的,因此理性的参与者应该为他们偏好的赌局支付更多的钱。然而,在实践中,人们发现"两种赌博之间的选择主要受到赢和输的概率影响,而买卖价格则主要由输赢美元数量决定",这样便违反了传递性。[32]这些实验被重复多次,受到了新古典主义经济学家的密切关注,他们认为这些实验对他们的理论构成了严重威胁,这并不奇怪。[33]如果琼斯对 X 的偏好取决于我们如何衡量这些偏好,那么不仅他的理性应受到质疑,而且谁又能说琼斯确实对 X 具有偏好呢?而这样的话,效用理论又将如何自处呢?

　　虽然主流的偏好逆转文献没有考虑对这一现象的量子解释,但它得出了有用的(尽管是特设的)经典理论来解释这一现象。[34]然而,在量子决策理论中,我们拥有一个替代的公理框架,它不仅可以解释偏好逆转,还可以对其进行预测。

　　阿里亚娜·兰伯特-莫吉连斯基(Ariane Lambert-Mogiliansky)和她的合著者在一篇名为"类型不确定性:KT(Kahneman-Tversky,卡尼曼-特沃斯基)人模型"的文章中提供了很好的概述。[35]利用其"类型"(偏好排序)是完全确定的且相互排斥的(即使其他人不知道)"豪尔沙尼人"(Harsanyi Man)为探讨对象,兰伯特-莫吉连斯基等首先将一个人的"状态"表示为与某个情况相关的所有可能类型的叠加。继而,关键问题就在于这些类型是否兼容。如果它们兼容,那么就由期望效用理论取代;否则,就像粒子的位置和动量一样,类型不能同时具有定义清晰的取值。[36]在进行测量之前,叠加状态不会还原为实际或"本征"类型。之后基于场景,一个基向量成为首选,从波函数坍缩中涌现一个单一类型。注意,这与标准观点完全相反。"决策被建模为对偏好的测量",而非对潜在预先存在偏好的表达。[37]豪尔沙尼人的问题仅仅是不确定别人的类型,而 KT 人则甚至连她自己的类型也不知道,直到做出选择。

　　有趣的是,这一结论与后结构女性主义理论家朱迪斯·巴特勒(Judith Butler)提出的"施事"(performative)能动性模型有着很大的相似之处。[38]在发展这个模型的过程中,她借鉴了语言哲学家 J.L.奥斯汀(J.L.Austin)的施事话语(performative utterances)概念。与"这条领带是红色的"等描述性话语行为不同,"施事话语"本身就具有某种意义,比如在婚礼上,"我宣布你们结为夫妻"这样的话语。与性别问题相比,巴特勒对语言的兴趣没有那么大,她认为人们只能通过"施为"(perform)某种性别的特征,才能拥有这种性别。然而,尽管她表面上是研究身份理论而不是理性选择的,她对前者的批判也适用于后者,即性别化的施为不是由一个预先存在并带有一套性别偏好的主体/理性行动者来实施的。相反,性别化的偏好由性别化的施为所实现,在那一刻,施为首先将一个人变成了性别化的主体。

　　我将施为看作"量子"的能动性理论,但并不想将巴特勒牵连到这一研究路径的其他方面当中,因为她可能会基于认识论的理由对其进行,我对意识的关切反映了一种主体性的人本主义设想,而对于这一点巴特勒是持坚决批评态度的。[39]然而,她在如何构想能动者和能动性之间关系的具体问题方面,与偏好逆转现象的量子解读有很大的相似之处。此外,巴特勒在回应批评时努力解决的问题之一是宿命论和唯意志论之间由来已久的紧张关系,而这两者她都想避免。[40]我们将在下一章也就是关于自由意志的章节中看到,能动性的量子模型提供了一种解决这个问题的方法,因而可能有助于巴特勒的研究进一步发展。

兰伯特-莫吉连斯基等人将他们的模型与经典的马尔可夫模型和随机效用模型进行了对比,但是他们没有检验任何预测,据我所知也没有其他人进行过类似的检验。[41]但一个有趣的事实是,在"背靠背"的测量中,人们均会再次显示相同的偏好,而这与随机效用模型的预测恰好相反,在随机效用模型中,选择被假定为离散和概然的。与之相反,由于"量子齐诺效应"即重复快速测量可以减缓甚至停止波函数的演化,量子决策理论预测了这种重复模式。[42]这只是一个例子,但考虑到量子决策理论学者在概率判断中的发现,似乎完全有理由期待进一步的成功。

总而言之,当前认知科学的情况似乎与20世纪初的物理学类似。在这两个领域,对经典理论的严格检验都产生了一系列反常现象。用新古典模型进行解释的努力是特设和片面的,而稍后出现的量子理论却非常精确地做出了预测。从拉卡托斯的观点来看,人们几乎不需要更多证据以支持进步的问题转移(progressive problem shift),对于物理学而言这一点在1927年的索尔维会议上得到了确认。同样的情况是否会发生在心理学领域还有待观察,但或许有一天,布鲁明顿会议(Bloomington Conference)也会为量子决策理论给予同样的确认。[43]

无限理性?

卡尼曼-特沃斯基的结果导致了一股对人类理性的悲观情绪。如果人们即使在简单的实验任务中也不能做到理性,那么在日常生活中面临更加复杂的问题时,我们还有什么理性的希望呢? 然而,这种疑虑很快就遭到了强烈反对,尽管这些反对不主要来自理性选择的捍卫者,而更多出于对理性的定义过于狭隘的批评,心理学家将这种定义作为自己的标准。在所谓"理性之战"中,关于何为理性出现了两种相互对立的观点。

"一致性"观点[44]是期望效用理论的正统观点,尽管存在实证方面的问题,但它不仅在其经济学诞生地,而且可能在大多数社会科学领域仍占据主导地位。根据此定义,理性是指拥有合理组织在一起的信念和偏好,并在做出选择时遵循预期效用最大化的规则。[45]如果人们的思维不一致或不遵守规则,那么对他们来说将更加糟糕:这意味着他们是非理性的,容易被利用和/或可能产生不必要的成本。相比之下,"对应性"观点则以成功与否为导向,该观点主要是由格尔德·吉仁泽(Gerd Gigerenzer)及其同事提出的。[46]根据这一定义,理性是关于一个人能否成功实现其目标,这取决于此人的思想和环境之间是否对应或契合。根据这一观点,理性应从适应性和生态的角度进行定义,而不是先天和内在的角度。[47]

正如安德烈亚·波罗尼奥里(Andrea Polonioli)在一篇精彩评论中明确指出的那样,[48]上述两种定义方式都有其可取之处。一方面,我们基于理论有充分的理由认为,遵循一致性标准并不总是带来适应性:在进化环境和社会环境中,不一致有时可能更好。从实证角度来讲,直觉则更能预测实际行为。这些观点说明,不应把一致性作为唯一的理性标准。另一方面,对应性标准是否可以简单地取代一致性标准是不确定的,因为对应性标准在执行方面存在很大的困难。确定衡量成功的目标并不总是那么容易,与世界相对应的标准有时可能会发生冲突。或是即使目标可识别,但信息不可用或难以解读时,也很难对表现进行评估。简而言之在实践中,放弃一个普遍的理性标准,似乎意味着完全放弃任何规范性标准。这就意味着即使人们并不总是遵守正统标准,也有必要将其保留。[49]

迄今为止,这场辩论完全是在一个经典参照系中所展开。这便赋予了一致性观点以特权,因为如果对应性在实践中行不通,那么正统学说的捍卫者就可以坚持认为一致性至少应作为一种规范性的愿望。如果人们是处于经典世界的经典决策者,那么拥有一个有序的大脑就是"驾驭我们环境中的不确定性,对未来事件和相关假设做出准确预测"的最佳方式。[50]

量子决策理论家尚未直接介入理性之争。尽管他们认识到自己的工作对于理性的意义有所影响，但尚未与哲学文献进行对话，且往往仅将他们的思考留在一两个总结段落当中。此外，如同所有量子理论家一样，在将理论转化为解释方面，量子决策理论家们的观点并不总是一致的。[51]然而，很明显他们的研究加强了对应性观点的论据，不仅为我在前述所展示的卡尼曼-特沃斯基效应提供了物理基础，也削弱了一致性观点所特有的辩证地位。

第一，量子决策理论对作为理性标准的效用最大化概念提出了质疑。这一概念的前提假设认为，一个正常的人类大脑有明确的信仰与偏好，而这些信仰和偏好可以在选择行为中最大化。如果我们是量子系统，那么正常的人类思维将处于叠加而非定义明确的状态，因此"不存在任何东西是可以被最大化的"[52]。如果目的甚至在选择手段之前就不存在，那么理性便不能意味着能够将手段与目的联系在一起。可以肯定的是，经典的信念和偏好可能会不时出现，但只有当不存在不确定性或影响不确定决策的不相容基向量不存在时才会出现。现实生活中，这两种条件均不存在的情况很可能是例外，而不是常态。

第二，量子决策理论挑战了相干观点的假设，即拥有一个有序的心灵是驾驭环境不确定性和做出准确预测的最佳基础。如果主体与他们感知的对象完全分离，就像在经典的世界观中那样，有序心灵作为基础的观点也许是正确的，但在量子世界中情况并非如此。回想一下，当物理学家测量粒子时，他们会与粒子纠缠在一起，因此虽然我们不能说测量"导致"了结果，但它在主体和客体之间创造了一种"影响"结果的非定域相关性。这种不可分离性是量子过程整体论的基础，如果人类也是量子系统，那么这种整体论就会延伸到我们与宏观世界的交互中。

让我们回到对所处环境非常敏感的 KT 人。从量子的角度来看，这意味着不仅环境影响她的行为（在期望效用理论中也是如此），甚至随着时间的推移，环境也可能会改变她的信念或欲望（如贝叶斯更新或内生偏好的形成），因为只要分离性是假定的，那么这些过程将具有因果性。相反，KT 人的环境敏感性意味着两者之间存在某种纠缠，这样她的思维实际上就超出了大脑，而可与她所处的环境进行交流。我将在后文关于视觉感知和语言的讨论中指出，这使她能够洞察环境，实现途径并非通过将信息以因果方式传递到一个预先有序的心灵中,而是非定域性地使其心灵潜在叠加态坍缩为确实的心灵状态。我认为,与经典理性观的"最佳"方法相比,非定域性或"直接"感知不仅能更好地协调心灵与不确定环境之间的关系,这一协调还有赖心灵的不相干性,除了在量子意义上。[53]

第三,量子决策是整体性的,也就是说它包含了囊括情绪和潜意识在内的整个大脑。[54]情绪不遵循经典逻辑,因此在期望效用理论中,情绪不仅与理性有区别,而且本质上被认为是"不可建模的"。如果理性和情绪都仅存在于自身领域内,也许经典逻辑没有问题,但当面对 KT 人的行为时,我们在期望效用理论中便只能得出这样的结论:情感在殖民理性的领地,而它本应被排除在外。神经科学家已经证实,在不确定的情况下,理性和情感在决策过程确实深深地相互交织,[55]这使得经典理性定义变得越来越没有意义。不过神经科学家并未提出可供替代的物理基础。量子决策理论提供了一种选择,使我们能够以集成方式对选择的情感层面进行建模。虽然从经典观点来看,这似乎削弱了理性的概念,[56]但在我看来,通过将情感纳为一种决策资源,它可以使理性变得更加强大。

只有当我们的大脑与外界环境相分离,并局限于经典计算时,理性的一致性观点才是合理的。量子大脑是不可分离的,它的能量比经典大脑要大上几个数量级,能够做出经典大脑无法想象的壮举。因此,经典理性是机械论的,并迫使我们放弃所有不一致的想法,而量子模型则允许我们同时思考不相容的思想,并利用与我们环境的非定域联系。这似乎是一种灵活、柔性得多的理性,在一个不确定的世界中尤其有益。那么,为什么要把理性的定义,即我们行为的最高标准,建立于大脑仅在经典极限下怎样运作的基础上呢?从这个角度来看,"有限"理性是经典决策理论更贴切的表征,而量子决策理论所解释的表面非理性过程构成了一种超理性或"无限"(unbounded)理性。[57]

关于理性的一致性观点有其优越的规范性地位,如果这一地位因其经典基础而被否定,这是否意味着我们应该接受对应性观点呢?我不具备这方面的专业知识,因此不敢贸然下结论,但我的直觉可以说给出了一个量子态的结论,或者说既是"是"也是"否"。是的,我们应该接受一致性观点,但应将它作为一个对于人们实际行为更好的描述,而不是作为一种新的规范性标准。在某种程度上,这是因为波罗尼奥里提出的关于它在实践中的可操作性问题,而当对他的观点进行量子解读时,又会指向一个更深层次的问题。量子物理学告诉我们,亚原子粒子的行为对实验环境极其敏感,用一种方法测量它们,你得到某个结果,另一种方法则导致不同的结果。这意味着,我们不能在亚原子层面谈论稳定、客观的实在。量子决策理论认为,人类也是如此:在特定的时刻,我们是谁与我们所处的环境是分不开的。考虑到我们所处的环境要远比物理环境复杂、微妙和多变,这意味着我们的行为也远比亚原子粒子复杂、微妙和多变。

此外,需要注意的是即使直觉与量子决策理论在总体上能够比期望效用理论做出更准确的预测,这些预测也只是关于一个抽样群体将如何表现,而非特定个体。因此,它们必然是在平均值附近变化的统计预测。那么,这是否意味着那些没有达到均值的个体行为是非理性的呢?[58] 这一结论看上去是有问题的,似乎更恰当的说法应是每个行为者都在他们自己独特的个人与情境约束下竭尽所能接近理性。换句话说,也许对应性作为一个规范性标准存在问题的原因是它根本不能成为一个规范性标准,因为在大多数情况下它并没有客观的基础。

考虑到一致性观点的量子批判,我们进而可以得到一个更广泛的结论:当问题不相容时,即经典理性是不可能的,根本就没有理性的规范标准。在这种情况下,所有理性都是具有情境性和特殊性的。[59] 理性之战各方所为之争战的东西,至少在大多数情况下并不存在。

因此,在现实世界的决策过程中,相比客观地定义理性,也许应当主观地为其下定义,正如人们在试图解决生活中的问题时以个人标准定义成功。这并不等于认知科学家不应继续研究人们在某种程度上如何"客观地"成功解决问题,从而概括出对公共政策有益的结论。但是我们应抵制将这种概括转化为规范标准的冲动。如果不让人们遵守社会对成功的定义,那么这些定义又有什么意义呢?社会对成功的定义作为一种主体间现象,与个人对成功的定义一样具有情境性和特殊性。也许从社会的角度来看,有些行为,如吸毒或者加入帮派,具有反作用,但这是否意味着这些个体是非理性的呢?[60] 即使有人事后对先前决定感到后悔,面对不理性的指责,他总是可以回答说:"当时这似乎是个好主意。"如果你我的大脑和他们的一样,处在他们当时的情境中，也许我们也会有同样的"好主意"，因此我们又能说什么呢？

量子博弈论：下一个前沿

鉴于之前的讨论，我们很自然地会问，如果量子决策者被置于一个战略环境中会发生什么。在这种环境中，他们是在相互对抗，而不是在与自然对抗。这是量子博弈论的重点，该理论起源于 1999 年戴维·迈耶（David Meyer）和詹斯·艾瑟特（Jens Eisert）、马丁·威尔肯斯（Martin Wilkens）和马塞耶·卢恩斯坦（Maciej Lewenstein）的几篇论文。[61]自那之后，相关文献呈爆炸式增长，2008 年的一篇综述列出了 177 篇引用论文，且增长毫无减弱的趋势。[62]有趣的是，量子理论的演进完全独立于量子决策理论。出现这一现象的原因是在量子计算领域和密码学中的独特基础，这两个领域所关注的学术问题与认知科学有很大不同。[63]因此，这方面的研究很少经过实验验证，甚至很少涉及行为博弈论。几乎所有研究工作都是形式的，旨在探索不同博弈和假设的数学属性。[64]此外，与量子决策理论不同的是，量子博弈论的实践者几乎没有做出任何努力赋予其与社会科学相关的实质性意义，这使得局外人很难理解它。[65]

然而，量子博弈论理论家们与他们的决策论同事至少有一点是共通的，那便是他们不愿与量子意识理论扯上任何关系。事实上，他们甚至不愿声称量子大脑参与了量子博弈，理由是量子退相干"禁止"了这种可能性。[66]相反，该领域文献通常认为量子博弈是由拥有特殊方法的经典决策者来进行的，这些方法使他们能够采取量子策略。虽然这在密码学中可能行得通，但在社会科学中显然不行。因此，我将遵循威特（F.M.C.Witte）关于量子博弈论的非正统观点，该观点假设博弈的参与者是量子而非经典的。[67]他这么做是为了回应对量子博弈论的一些批评，而我这么做是基于我更基本的本体论论点，也是为了让这一理论更贴近社会科学。无论如何，需要强调的是，我的量子决策理论诠释超越了标准解读。

在量子博弈论中起重要作用的量子概念是纠缠，特别是策略的纠缠。以一个经典博弈为例，其中有两个玩家——埃玛和奥托，每人有两种策略：合作和背叛。这些策略在两个意义上是独立的或完全可分离的。首先，它们是二元选择，埃玛和奥托在给定的一轮中只能用一种策略，即使他们决定用一种随机选择的混合策略，实际上每次也只会用一种策略。在信息论术语中，每个策略集可被看作一个"位"（bit），它可以取某个值，也可以取另一个值，但不能同时取两个值。其次，埃玛和奥托不能控制对方的"位"。尽管假设他们是理性的，会试图预测对方行动，但每个人都对自己的选择拥有完全自主权。

为了将该博弈量子化，我们现在用量子位来代替埃玛和奥托的位，量子位是他们策略的线性叠加。这意味着，首先，对他们每个人单独而言，两种策略现在是纠缠在一起的，因此在某种意义上，每个人都可以同时使用两种策略。[68]请注意，这并不等同于使用混合策略："在量子叠加中，决策者并不是在混合策略意义上进行随机化。相反，所有的纯策略不仅对决策过程具有相同影响，纯策略的影响之间也是以次加和（sub-additively）或超加和（super-additively）的方式相互干扰，削弱或增强对方的影响。"[69]"在某种意义上"这个限定是指：同时使用两种策略的结果仍然是合作或背叛，就像在物理中波函数坍缩的结果是一个实际的粒子。但是因为埃玛和奥托的思想处于叠加状态，所以这个结果只有通过结果才能知道，而非事前，即便对他们自己而言。[70]（回想一下能动性的行为模式：只有在行为本身中，对策略的偏好才会实现。）在此之前，由于与实际选择的纠缠，未做出的选择也在过程中发挥作用。

其次，把策略集看作量子位意味着纠缠不仅局限于埃玛和奥托的心灵内部，还可以扩展至心灵作为一个共同整体，[71]使两人构成一个单一的量子系统。这并不意味着埃玛与奥托完全失去了个体性，就像纠缠在一起的亚原子粒子一样。在这两种情况下，系统的单位都是不相同的。但两人也并不像在经典条件下那样完全可分离，而这一点有一个重要含义：两人现在都可获得一个共享的纠缠状态，他们的策略集都与这一纠缠状态相关，而这也使他们对彼此的决策有了一定的控制。[72]此外，这种控制无须受益于交流而存在，无论是以博弈前协议、高成本信号、第三方调解还是廉价谈判的形式，所有这些都涉及基于定域因果手段的信息传递。[73]量子博弈论中的联合控制通过对非定域关联的操作来实现,这与测量纠缠对中一个粒子自旋会引起另一个状态变化的原理非常相似。这使得量子博弈中的策略具有不可还原的集合性,即参与者至少部分处于"我们模式"(We-mode),而非仅仅是"我模式"(I-mode)。[74]

想象量子密码学中的策略纠缠是一回事,但具体来说它在社会生活中又是怎样的呢? 在这一点上,相关文献含混得令人沮丧,不过马赛亚斯·哈诺斯克(Matthias Hanauske)和他的合著者给出了一些有用的提示。[75]在对2008年国际金融危机进行的一项演化量子博弈论分析中,他们关注的问题是未来如何诱使交易员采取更多的"鸽派"策略,而非导致危机的激进"鹰派"策略。他们将两者之间的差异解释为纠缠度的不同:鹰派表现出与他人较低的纠缠度,因此呈现出经典行为,而鸽派则表现出更高的纠缠度,继而引发更多的量子行为。基于此,哈诺斯克等人的解决方案是寻找增加交易员之间和交易员与公众之间纠缠的方法。他们认为,一方面可以通过提高道德标准、分享培训、法律改革,尤其是教育方面的经验来进行实现;另一方面可以通过减少对过往传统交易行为的物质激励来实现。[76]重点在于,这些变化将在交易者之间没有交流的情况下将其行为导向期望的方向。简言之,量子博弈中的纠缠符合社会学家所讲的共同规范秩序,这种秩序构成了我们作为社会成员而不是自然状态下动物的身份。

当然,也有将规范构建到经典博弈论中的方法,但存在显著的差异。第一,规范运作的"机制"是不同的:在量子博弈论中,规范不是改变独立个体成本效益计算的外部约束,而是通过内部、非定域、整体性的方式将个体联系在一起,使它们不再完全可分离。第二,量子纠缠是量子博弈论的一个重要组成部分,而不是附加在经典博弈论模型之上。第三,由于以上两种区别,形式化也会有所不同。

"理性的"策略选择还有一个重要的结果:一般来说,量子博弈论预测在给定类型的博弈中会比经典博弈论有更多的合作,这样参与者可以获得更有效率或帕累托最优的结果。例如,在经典的"单次囚徒困境"中,参与者总是应该背叛。在量子囚徒困境中,形式期望随假设的纠缠度而变化,但在实验中,行为博弈论学者发现人们在单次囚徒困境中合作的"时间大约是一半",这与相对较高的纠缠度是一致的。[77]这表明,即使这些实验在表面上似乎是用来评估经典博弈中的行为,如果参与者作为社会成员将一个共同的规范背景带进实验室,那么他们事实上所参与的是量子博弈。实际上,从这个角度来看,似乎很难评估人类在真正经典博弈中的行为,由于测试对象大体上是社会的成员,因此本质上是相互纠缠的!

或许我们应该说,经典博弈是参与量子博弈的结果,我认为这是巴拉德有趣的"内互作用"(intra-action)概念给我带来的收获。[78]众所周知,经典的博弈论是关于相互作用的。虽然社会科学家倾向认为相互作用的概念理所当然,[79]但该概念只有当主体完全可分离时才有意义。在这种情况下,社会关系确实会被恰当地视为已经存在的独立行动者之间的交流。根据巴拉德对巴特勒施为理论的量子解读,她首先提出,人类只有通过波函数坍缩成为定义明确的状态,才能成为他们自己,而这种状态是对我们环境的持续测量以及环境对持续测量影响的结果。她接着指出,作为量子系统,我们与社会世界是纠缠在一起的,因此不能完全相互分离。这破坏了"相互"作用的前提,同样也激发了"内互作用"这个新词,因为我们通过衡量彼此而成为什么样的人,是我们共享关系,即纠缠的内部因素,而不是外部因素。然而,这些测量的结果,即使只是一瞬间,也会使我们成为独立个体。简而言之,"内互作用产生了能动可分性"[80]。巴拉德没有提到量子博弈论,但她的论点表明,参与量子博弈的效果是创造了经典博弈的可分性要求,尽管实际上这种博弈永远不可能被参与。

我把量子博弈论称为量子认知的"下一个前沿",因为需要做更多的工作来把它与行为博弈论的实证发现联系起来,并与经典博弈论提出的假设进行比较。但作为结论,我想指出的是,量子博弈论中出现的人类社会性图景,在微观世界中说明了一个关于实在本质的更大观点。正如弗雷德里克·扎曼(Frederick Zaman)所言:

> 经典力从根本上来说是不合作的,因为它们是盲目的、机械性的,所有发生的事情……都是通过不情愿、没有目的的外力施加而发生。另一方面,量子力是潜在的,而且常常是真正合作的,因为所有发生的事情都是通过在参与其中的力之间相互传播信息而发生。[81]

量子过程的"合作"本质是由于纠缠，它给了实在一个与原子论经典世界观完全不同的整体性维度。[82] 只要社会科学学者被经典世界观所占据，我们就会认为竞争和冲突是人类的默认状态，而当在现实中我们的这一悲观态度被扰乱时，我们总会感到惊讶。相反，如果社会科学学者接受了量子世界观，那么"我们就不应该把人类看作因果性地相互作用的独立因素，而应该同样将他们看作一个具有共同基础的关联投射"[83]。从这个角度来说，人类合作的倾向并不是非理性的错误或反常，而恰恰是我们应该预料到的。[84]

注　释

1. 据我所知，量子决策理论最早的先驱是玻姆（Bohm，1951：168—172）和多布斯（Dobbs，1951），但据我所知，后者在当代文献中从未被引用过。较近但仍较早的著作包括 Orlov(1982)（写于他在古拉格服刑期间），Shaw et al.(1994)，Aerts and Aerts(1995/6)，Bordley and Kadane(1999)，以及 Deutsch(1999)。

2. 这一免责声明几乎是文献中必不可少的；参见 Aerts et al.(2011:137)，Yukalov and Sornette(2009b:1075)，Busemeyer and Bruza(2012:24)；以及 349—357，有进一步的讨论；以及 Wang et al.(2013:673)。

3. Busemeyer and Bruza(2012:1—8)实际上给出了六个理由，但它们似乎都是基于两个基本理由的。

4. 参见 Glimcher(2005)关于人类功能的不同尺度的非决定论。

5. Atmanspacher et al.(2002).

6. 如 Glimcher（2005：35），beim Graben and Atmanspacher(2006)，de Barros and Suppes(2009)，Khrennikov(2011)，以及 de Barros(2012)；另一方面，Hameroff(2013)认为量子意识理论最终将是解释这些结果所必需的。

7. Savage(1954)是期望效用理论的经典轨迹；关于理性选择理论在哲学背景下的优秀讨论，请参见 Hollis and Sugden(1993)。

8. 后者的作者不亚于约翰·冯·诺伊曼（John von Neumann），后者后来与人合著了（经典）博弈论的基本文本（1944 年）——人们不禁要问，他是否考虑过将其中之一应用于另一个！参见 Primas(2007:9—15)，以获得关于身心问题的经典（布尔）逻辑和量子逻辑的比较。

9. 有关早期但仍然有用的概述，请参见 Shoemaker(1982)和最近的 Rieskamp et al. (2006)。

10. 量子决策理论简介见 Pothos and Busemeyer（2013）和 Wang et al.（2013）；Busemeyer and Bruza(2012)是目前最全面的文本。

11. 这段话转述自 Atmanspacher and Romer(2012:274)。

12. 文献非常丰富；参见 Hogarth and Einhorn(1992)和 Moore(2002)的说明性讨论。

13. Atmanspacher and Römer(2012:275).

14. Trueblood and Busemeyer(2011:1522).

15. 参见 Short(2007:136)。Atmanspacher and Römer(2012:275)；楷体为作者所加。

16. 参见 Trueblood and Busemeyer(2011)。

17. 参见 Trueblood and Busemeyer(2011)和 Wang and Busemeyer(2013)。

18. 参见 Wang and Busemeyer(2013)；但同时见 Yukalov and Sornette(2014:89)提出的怀疑，认为他们的结果需要一个量子解释。

19. Atmanspacher and Römer(2012:277).

20. Atmanspacher and Filk(2014:34).

21. 参见 Tversky and Kahneman(1983)的经典论述。

22. 参见 Gigerenzer and Gaissmaier(2011)对晚近文献的综述。

23. Busemeyer et al.(2011:196—197)；在 Franco(2009)和 Yukalov and Sornette(2009b)中也有一些有用的叙述片段。

24. 因此，"相容"意味着"任何一组问题的答案可以同时被知道"；在经典概率论中，所有的问题都被假定为相容的。参见 Pothos and Busemeyer(2014:2)。

25. 参见 Franco(2009)，Yukalov and Sornette(2009b:1088—1093)和 Busemeyer el al.(2011)；心理学中干涉效应的全面综述，参见 Haven and Khrennikov(2013:124—154)。

26. Busemeyer et al.(2006:220).

27. 参见 Savage(1954:21—23)。

28. 参见 Busemeyer and Bruza(2012:8—10)。关于分离效应的其他量子处理，参见 Khrennikov and Haven(2009)，Yukalov and Sornette(2009；2009b；2011)，以及 Asano et al.(2012)。

29. 特见 Slovic(1995)，Lambert-Mogilianskyetal.(2009)，以及 Alfano(2012)。

30. 参见 Tversky et al.(1990)和 Slovic(1995:365)，以及 Smith(2012)对晚近文献的综述。

31. 也参见 Michel(2005)和 Maul(2013)。

32. Slovic(1995:365).

33. 参见 Guala(2000)关于经济学家对偏好逆转现象的抵制和最终接受。

34. 比如，参见 Alfano(2012)。

35. Lambert-Mogilianskyetal.(2009)；参见 Pothos and Busemeyer(2009)，Yukalov and Sornette(2009a:543—545)，Khrennikov(2010)，以及 Khrennikova et al.(2014)关于偏好逆转的其他量子处理。

36. Lambert-Mogiliansky et al.(2009:353).

37. 参见 Lambert-Mogiliansky and Busemeyer(2012:103)，楷体由作者所加。

38. 参见 Butler(1990；1993)。参见 Butler(1990；1993)。在经济学社会学中，由 Donald MacKenzie(2006)等人发展出了一个独特但相关的施事性理论传统。

39. 通过不把意识主题化，Karen Barad(2007:59—65 and passim)提供了一种更符合巴特勒理论的关于施事性的替代量子解读。

40. 参见 Allen(1998)的一个特别有用的讨论。

41. 关于量子决策理论的非马尔可夫性，参见 Asano et al.(2012)。

42. 参见 Atmanspacher et al.(2004)和 Franck(2008:135—137)。

43. 印第安纳州的布鲁明顿(Bloomington)是这项研究的中心；布鲁塞尔自由大学(Free University of Brussels)的迪德里克·埃特斯(Diederik Aerts)量子认知项目是另一个例子。

44. 请注意,这里的一致性(coherence)与量子力学意义上的相干性(coherence)无关(参见第五章)。

45. 关于效用最大化的合理性,参见 Cudd(1993:103—110)。

46. 比如,参见 Gigerenzer and Gaissmaier(2011)。

47. 这似乎与亚里士多德的"实践"理性的概念相呼应,尽管据我所知,这种联系并不是由对应性理论的支持者提出的。

48. 参见 Polonioli(2014),我在这一段的讨论中主要依赖此文;同时参见 Wallin(2013)。

49. 参见 Wallin(2013:474)。

50. Pothos and Busemeyer(2013:270)。

51. 参见 Lambert-Mogiliansky et al.(2009:356),Yukalov and Sornette(2009:537)。我在文献中发现的最长的关于理性的讨论是 Pothos and Busemeyer(2013:270—271;2014),尽管这些都是相当简短的。

52. Slovic(1995:369)引用了 D.克兰茨(D.Krantz)关于偏好逆转现象的观点;楷体由作者所加。另见 Whitford(2002)从德维依的角度对均数目的理性的批判。Yukalov and Sornette(2009a:537)提出了这一观点的明确量子版本。

53. 另外参见 Pothos and Busemeyer(2013:271)。

54. 尤其参见 Yukalov and Sornette(2009a;2009b)。其他的量子决策理论家尚未把这种联系主题化,所以我不知道他们是否会同意。

55. 在国际关系研究中,尤见 Mercer(2010)和其中的引用。

56. 参见 La Mura(2009)。

57. 参见 Rieskamp et al.(2006)和 Pothos and Busemeyer(2014:2)。

58. 另外参见 Martinez-Martinez(2014:43)。

59. Pothos and Busemeyer(2014)似乎对一种新的规范性标准抱有希望,但最终却求助于量子方法的描述性优势。

60. 参见 Wallin(2013:472)。

61. 参见 Meyer(1999)和 Eisert et al.(1999);爱德华·彼德罗夫斯基(Edward Piotrowski)和简·斯拉德科夫斯基(Jan Sladkowski)也是早期的贡献者,在他们 2003 年的论文中提供了有用的介绍。

62. 参见 Guo et al.(2008)。

63. Martinez-Martinez(2014)是我所知的第一个明确的跨越鸿沟的尝试,尽管又见 Pothos and Busemeyer(2009),他们将量子决策理论应用于策略互动。

64. Chen and Hogg(2006)是少见的例外;关于行为博弈论,参见 Camerer(2003)。

65. 例外情况参见 Arfi(2005)和 Hanauske et al.(2010)。

66. 参见 Hanauske et al.(2010:5092)及第五章。

67. 参见 Witte(2005)。Khrennikov(2011)和 Asano et al.(2011)持中间立场,他们认为大脑中有一个"类似"量子的过程,但在他们看来,这个过程有一个经典的基础。

68. 参见 Goff(2006)关于"量子井字游戏"的一个非常清晰的说明。

69. Arfi(2007:795)。

70. 也可以在第六章中看到对量子理论的交互解释的讨论。

71. 我说"可能"是因为纠缠的程度可以变化,原则上可以降到零。

72. 参见 Chen and Hogg(2006:52);对照 Rovane(2004)。请注意,这与经典博弈论中的"相关均衡"不同;参见 Arfi(2007:795)和 Brandenburger(2010)。

73. Arfi(2007:795).

74. Ibid:795.

75. 参见 Hanauske et al.(2010)。

76. Ibid:5099—5100.

77. 参见 Camerer(2003:46),关于量子囚徒困境和其他博弈结果的进一步讨论,参见 Chen and Hogg(2006)和 Guo et al.(2008)。

78. Barad(2003;2007 passim).

79. 一个例外是约翰·杜威(John Dewey)和阿瑟·本特利(Arthur Bentley)在他们的著作(1949 年)中提出的"交易"方法,该方法同样把行动想象成一种跨越多个行动者的东西;关于有用的综述,参见 Khalil(2003)。

80. 参见 Barad(2007:140);原文为斜体。

81. Zaman(2002:368);另外参见 Brandt(1973:67)。

82. 事实上,多年来,这经常导致物理学家用社会隐喻来解释他们的发现;参见 Kojevnikov(1999)。

83. Pylkkänen(2007:145).

84. 参见 Martinez-Martinez(2014:43—44)。

第九章　能动性和量子意志

量子决策理论是一种选择行为理论，它不仅涉及认知（Cognition），还涉及我所区隔出的意志（Will）。然而，该理论的支持者将目光聚焦于证明被视为输入的量子偏好与信念可以预测观察到的行为输出。因此，他们未对中间过程进行主题化呈现，也就是量子心灵做出选择的机制。所以该理论如同它在经典层面的先驱一样，选择了"基向量"（basis vector）来思考那些更多处于认知而非意志领域的人。这作为第一步是合理的，因为如果理论不能预测行为，那么剩下的也便没有什么意义，但为了得到一个更全面的量子人，我们需要"转向"到意志的基础上面。

意志是能动性的本质，是一种激发身体和以注意力形式呈现的心灵并使两者行动起来的力量。[1]这种力量覆盖范围从本质上被动的认知立场到主动有目的性地与世界互动。在第六章中，我将这种力量等同于波函数坍缩的一个方面，即可被视为一个时间对称性破缺的过程，在这一过程中，超前行动通过意志进行，而延迟行动则通过经验。（请注意，这意味着意志并不是直接有意识的，下文中我将详述这一点。）如果这是正确的，那么意志与经验在量子意义上便是互补的，它们不相容，但对于一个完整的坍缩过程描述是共同必要的。所以只有在阅读下一章后，本章的意义才会被完全理解。

如果意志是波函数坍缩——量子力学最令人费解的特征之一——的其中一个方面，那么这可能有助于解释为什么与认知甚至经验相比，意志在哲学家眼中的地位似乎更不确定。在 19 世纪叔本华和尼采的鼎盛时期之后，意识这一概念在 20 世纪中期变得声名狼藉，吉尔伯特·莱尔（Gilbert

Ryle)对于意志存在的否认广为人知,他认为意志只是另一个形而上的"机器中的幽灵"[2]。自那之后,人们对意志的哲学兴趣已经恢复,现在更常被称为"意志力"(Volition),[3]尽管人们仍然对意志指的是什么以及这个概念的必要性表示怀疑。特别是最近在行动哲学(philosophy of action)中出现的"意向"(intention)概念,被理解为对行动重要性的信奉,似乎也体现了"意志"(volition)的一些意义,并认为后者可以还原至前者。其他人对此有不同看法,[4]对此我将补充一条量子观点。无论多么坚定,意向都保持为一种叠加的心灵状态,因此在对意向付诸行动(意志)而使身体开始运动之前,意向不会起到任何因果作用。因而这两个概念虽然相关,但并不是指同一件事。虽然在经典世界观中,意志的力量可能显得神秘和/或可消除,从量子的角度来看,它在波函数坍缩中有一个天然的位置。

与意志(volition)或意志(willing)相关的当代文献涉及许多问题,我将只就两个对社会本体论特别关键的要点进行讨论。其一,意志是否自由(free),一直以来这都是哲学思考和大众想象的焦点。然而在专注于"自由"这部分时,该领域的研究似乎往往把"意志"部分视为理所当然,仿佛意志的本质是无需设问讨论。[5]由于这第一个问题很不清晰且涉及自由(freedom)问题,我将从第二个问题开始谈起,即意志到底是一种什么样的力量。简而言之,什么是能动性?

动机、目的和超前行动

我们如何从心灵状态过渡到世界中的行动? 在哲学中,这是被称为心理因果关系的问题。我们明显具有通过思想来移动身体的能力,而心理因果问题便是如何使这一能力符合物理学的因果关系。[6]迈克尔·埃斯菲尔德(Michael Esfeld)认为,在他所接受的给定的经典框架内,有两种基本方法来解决这一问题。[7]一方面,我们可以假设心灵状态是不可还原为大脑状态的(至少在认知的意义上而言,就像随附性的情况一样),继而我们可以认为行为是由心理和物理原因"系统地过度决定"的,每个因素都对结果有贡献。

但是根据物理的因果闭合（CCP，以下用简称），这是有问题的，每个物理事件都有一个充分的物理原因，那么心理因素还需要去额外解释什么呢？或者我们也可以假设心理状态和大脑状态其实完全相同，继而认为心理和物理的论述只是认识论层面描述相同（物理）过程的不同方式。但如果这样的话，我们究竟为何还需要心理论述呢？这两种方法似乎通过不同的方式说明我们对于心理因果的经验只是副现象（epiphenomenal）。

自 1963 年以来，关于心理因果关系的文献已有长足发展，但在社会科学哲学中，解决这一问题的主要路径仍然是唐纳德·戴维森（Donald Davidson）的方法，他在那一年发表了一篇经典文章，主张"动机（reasons）即原因"[8]。重要的是，尽管戴维森并未明确区分上述两种方法，但他将物理意义上的"原因"理解为动力因，使他的观点成为上述第二种方法的变体。戴维森对当时被广泛接受的维特根斯坦主义观点提出了挑战。维特根斯坦主义认为，动机并不导致行动（action），而是通过赋予行为（behavior）意义来构建行动。典型的例子是眨眼和抽搐之间的区别，在这个例子中，适当的动机将后者构建为前者。戴维森并不否认行动由动机构建，但他指出，这并不能解释为什么人们会采取行动。当我们研究约翰为什么做 Y 这件事所赋予动机的结构时，答案是因为他有 X 动机。[9]根据戴维森的观点，这种关系符合因果解释的标准，因此他的结论是，动机一定是（有效的）原因。他的观点在社会科学领域极具影响力，帮助巩固了新兴的实证主义论点，即社会科学与物理科学并无本质区别。[10]尽管社会科学学者对不可观察的心理状态和常识心理学的依赖可能会让我们的工作看起来不那么科学，但通过戴维森的研究，我们也可以声称自己做出了因果解释。

然而，尽管长期占据主导地位，"动机即原因"的观点仍然存在争议。解释主义者依然认为，理解行动和解释客体行为是不同的。[11]其他社会科学主流哲学领域的学者对戴维森在这一问题上的架构和/或分析表示了质疑，并对他的结论提出了各种各样的可能含义。[12]我特别感兴趣的是，有些人同意动机即原因，但并非戴维森所假设的动力因，而是目的因（final causes）。[13]在我看来，通过强调行动不可还原的目的性本质，这些"新目的论者"最为成功地把握到了意志的因果力，我在此提议以他们的观点为基础进行后续讨论。不过尽管他们认为自身的方法支撑了社会科学的反自然主义，我将通过量子理论为它提供一个物理的、自然主义的基础。

我将先把戴维森的结论和亚里士多德的因果观联系起来进行分析，后者比我们今天通常认为的更为多元。亚里士多德认为世界上有四种原因：形式因（formal）、物质因（material）、动力因（efficient）和目的因（final）。[14]形式因指的是一个对象或过程的结构赋予其形式和同一性的方式（就像动机在构成论中的作用），而物质因指的是一个实体或过程由于具有某种构成而存在。虽然与我后面的讨论相关，但形式因和物质因并不描述状态的变化，因此不能解释身体如何或为什么运动。它们所说明的是存在（being），而不能说明形成（becoming）的过程。[15]

亚里士多德的另两种原因都与变化有关。动力因是指能量或力从 X 向 Y 随时间正向传播的定域传递，它具有改变 Y 的性质或行为的作用。经典的世界观把所有的因果关系都归结为这种类型，这也是今天大多数哲学家和科学家本能地思考"因果"的方式。尽管称其为"机械的"并不能很好地对其可能形式进行解释，[16]但动力因关系显然推动了关于人的机器模型，以及对"因果机制"的探索，后者已经占领了社会科学的广大阵地。与动力因相反，亚里士多德体系中最独特的元素，即目的因或目的性因果，却为经典世界观的拥护者所唾弃，如今被广泛认为是不科学的。[17]目的因指的是一个系统的目标或目的，即该系统的未来，与它当前行为或发展相联系的方式。[18]因此，动力因以一种时间轴向前 * 的方式提供解释，而目的因则"以时间轴向后 ** 的方式来解释"[19]。对于主张动力因的人来说，使这一观点变得更容易理解是很困难的，因为他们也同意未来并不会像过去引发未来那样导致过去的发生。但如果并非字面上的反向因果关系，那么目的的因果作用到底是什么，以至于它不能被还原为动力因呢？

在回答这一问题之前我们还需注意到，对于目的因的批评者来说，还有一个很难回答的问题，那便是以有机体目标导向行为形式而存在的合目的性（purposiveness）似乎无处不在。因此，尽管生机论已失败，而有人可能认为这一失败同样会压垮目的论，生物学哲学家仍然在努力基于动力因来解

---

* 即未来。——译者注

** 即过去。——译者注

释有机体的合目的性。厄恩斯特·迈耶(Ernst Mayr)一项很有影响力的研究认为,有机体中看似目的论(teleological)的过程实际上是"目的性的"(teleonomic),是一种良性的目的导向性(end-directness),可被还原为动力因。[20]然而,许多人并不相信这种还原是可能的,因此他们继续维护关于有机体的目的论观点,认为有机体即"自然目的",而生物学在这方面的争论仍在继续。[21]

在行动哲学和社会科学中,关于目的论动机的争论似乎更加棘手,因为直觉上来说动机是有作用的(至少在个体层面)。虽然我们没有动物行为的内部经验,因此可能有理由认为其原因是纯机械的,但我们确实拥有关于人类行为原因(动机)的经验,这些原因感觉起来显然不是机械的。事实上,也许今天的大多数社会科学学者都同意人类行为从根本上是目标导向的,而"意向性解释"不仅合理,且从实际角度而言与因果解释截然不同。[22]然而,尽管社会科学中的大多数自然主义者似乎接受了人类行为的合目的性,他们可能会同时否认人类行为与目的因存在任何联系。这是因为自然主义者认为唯物主义的正确性是理所当然的。这也就意味着归根结底,动机必须像其他所有原因一样是动力因。[23]在这一点上,他们可以遵照戴维森的观点。戴维森认为,动机解释通常采用目的论的形式,而这些解释在标准物理学意义上只是原因的替代而已。[24]

行动哲学的新目的论认为,这样的还原是不可能实现的,因此,对人类行动的目的论解释在认识论层面上是必要的。但令人意外的是,当涉及本体论问题时,他们也假设唯物主义是正确的(至少我没有看到他们主张任何其他的观点)。他们只是做出了与自然主义者相反的结论,即目的论解释的不可还原性证明了人文学科相对于物理学具有自主性。在我看来,这个结论存在问题且不够成熟。一方面,该结论有问题,因为它似乎与CCP并不一致。另一方面,这个结论并不成熟,因为新目的论者未将他们的方法建立在量子背景之上,而依然停留在经典范畴。

正如以上简要综述所表明的,关于动机即原因的争论几乎完全基于常识心理学进行,而未明确提及动机如何在大脑中被执行。[25]这是讲得通的,因为我们对大脑所知甚少,然而在描述这个"黑匣子"时,每个人都假设它是经典的,这使得很难把动机想象成除了动力因之外的任何东西。但如果量子理论为目的因提供了物理基础的话,又会怎样呢?[26]假设量子大脑理论是正确的,这将使得我们可以对自然主义和目的论两者兼得,进而完全改变此处的讨论。[27]

虽然我已经将意志确定为波函数坍缩的一个方面,在进一步发展这一观点的过程中,应当注意到大多数对量子理论的诠释并不比经典世界观更多地涉及目的论。因此,我们并不清楚量子理论是否为目的因提供了物理基础。[28]然而,在有一种量子论的诠释中,目的因的确具有至少是隐含的角色。这便是时间对称诠释,其中包括阿特曼斯帕切和普里马斯(Atmanspacher and Primas)的中立一元论(见第六章),约翰·克拉默(John Cramer)的交易诠释,以及其他一些观点。[29]在这一诠释中,特别令人感兴趣的是"超前行动"(advanced action)概念。[30]虽然讨论时间对称的量子理论家并不总是将其与目的因联系起来——他们中的一些人似乎更愿意接受"倒退"或"向后"的因果关系概念[31]——我认为超前行动提供了一切我们希望从目的论因果力中寻找的东西,因此超前行动必然是亚里士多德"所想要的"。

让我们来回顾一下量子理论时间对称诠释的起点:所有基本物理原理在时间反演(time-reversal)下都是对称的,这意味着在封闭系统中它们的方程可以向前或向后求解。然而,反向求解的值通常被摒弃,因为这些值被认为没有任何物理意义。这就给我们留下了一种时间不对称性,一方面,时间不对称的优点是与我们的时间经验相对应,即只向前流动;但另一方面,它又不能解释这种经验,且在美学上没有吸引力。不过,虽然量子物理大部分是时间对称的,但在波函数坍缩中却并非如此。在波函数坍缩中,时间的对称性被打破了,使得我们无法在其中任何一个方向上对方程求解。事实上,"现在"是在坍缩中出现的,而过去和未来的区别也随之产生。时间对称诠释的支持者认为这种时间对称性破缺(temporal symmetry-breaking)是诠释量子理论的关键。

克拉默关于波函数坍缩的诠释在这里尤为有用。在他看来,量子事件可以被描述为两个状态矢量或波之间的"交易",一个朝正常方向前进的延迟波和一个从测量仪器或"最终状态"(destiny state)向后前进的超前波。这些波不对称,但它们是相关的。这种相关性不仅是在人们可能期望未来与过去相关这一明显意义上,而且还在于将会发生的未来会加强与过去的关联这一意义上。[32]测量导致了"未来和过去之间的双向契约",而直到未来"确认"了过去之后,坍缩才能完成。请注意,因为这种确认过程只涉及加强相关性,所以它不能用来将信息传递到过去,因此在动力因的意涵上与因果关系并不冲突。相反,我们在这里所讲的是一种时间上的非定域性,就像惠勒的延迟选择实验所观察到的,克拉默认为我们每天晚上都可以观察到惠勒实验中的结果:

> 当我们站在黑暗当中,仰望100光年之外的一颗恒星时,不仅是这颗恒星发出的延迟光波经过了100年到达我们的眼睛,我们眼睛吸收光的过程所产生的超前光波也到达了100年以前的过去,完成了让这颗恒星能够朝我们的方向发光的交易过程。[33]

在这种时间非定域性的意义上,我们可以说"现在实际上是受过去和未来的影响而被创造出来的。"[34]

像这样的时间对称观点最初被提出是为了解释亚原子粒子的行为,其之后的贡献也主要是在基础物理领域。[35]在我看来,这可能是这些观点在量子理论争论中处于边缘地位的原因之一。即使超前行动的概念恢复了我们对世界图景的一种美学上令人愉悦的时间对称性,但在物理学中,我们很难具体地看到它指的是什么,这就是为什么这种对称性通常被认为是毫无意义的。此处的困难可能部分源于大多数物理学家心中挥之不去的唯物主义,特别是关于物质在最基本层面是无生命的信念。尽管在量子理论之后,旧式的唯物主义已经不再是一种选择,但在量子诠释的辩论中,大多数哲学家似乎更愿意接受虽然非常怪异但至少是唯物的多重世界解释,而不愿意承认自然是心灵或目的的这一无情事实。由于这一事实的可能性被否定,无论超前行动可能是什么,它绝不会是目的因,而我们也只剩下诸如"倒退(retro)因果"和"逆(backwards)因果"这种更加反直觉的认识。

那么如果我们从量子生物学和更重要地从心理学的角度来研究超前行动,并因此假设人类有诸如超前行动这样直接的量子效应经验,事情看起来会有多么不同呢?心理学研究的是这样一种有机体,它们的行为既受到期望未来的牵引,也受到它们所继承的过去的推动。在日常生活中,我们通常以行动者的动机来解释这种行为,而这些动机的因果力通常以目的论的方式被叙述。唯物主义者认为,尽管这看上去是目的因,但真正体现的只是动力因。但是,无论是从脑科学还是哲学的角度,研究人员都没有为这一观点提供多少证据,而如果人们真的是行走的波函数,那么这种情况便显然存在问题。在量子理论中,有一件事是没有争议的,那便是当波函数坍缩时,动力因并未涉及其中,而这也正是为什么坍缩如此难以解释的原因。这说明了以下几个推论:如果(1)目的因不能从常识心理学对人类行为的解释中移除;(2)人类是拥有直接超前行动经验的行走的波函数;(3)超前行动有特殊的向后运动特性,而这似乎有违物理学常识;那么,(4)超前行动物理学而言便等同于目的因之于人类。简而言之,动机即原因,但此处的原因是量子目的因,而非戴维森的动力因。

那么,关于这一节的开篇问题,即人类如何从心灵状态转至行为,我们能得出什么结论呢?在我看来,量子将在能动性中发挥两个关键作用。首先,意志做出决定,从量子角度可理解为将不确定的动机还原为确定的选择。因此,一个能动者做 X 的实际动机在其做 X 之前并不存在,而是随着做 X 的过程而涌现。请注意,意志在这个意义上依然是重要的,即便在量子意义上能动者的所有动机都相容,因而选择可被还原为经典问题,因为使她的波函数坍缩依然需要意志的行动。在弥合我们内在叠加和外在经典世界之间鸿沟的过程中,[36]决策在一瞬间从混乱中创造出了秩序,并与相关经验相结合,因此为主体创造出了意义。这可以被看作一种"向下的因果关系",因为决策是在整体层面上做出的,而身体的各个部分会对整体做出反应。但是这也是一种"没有基础"的向下因果关系,因为作为一种叠加,从中产生决策的状态是一种潜在状态,而不是现实。[37]

其次,意志通过利用时间的非定域性来控制身体随时间的运动方向,而这种控制可能是长"距离"的。作为超前行动,意志将自己投射到未来,并在那里创造一个最终状态,通过与将要成为过去的状态建立相关性来引导我们有目的地走向那个目标。[38]注意这个投射不一定是有意识的,因为我们在意识中所经历的是延迟行动,而非超前行动,而时间也是以通常的方式前进。然而,意志可在有机体中以明确意向的形式成为有意识的状态,而这些有机体可以有自我意识地将自身投射到不同的未来,这是计划行为的基本要素,也被称为"精神时间旅行"[39]。虽然相关文献只是比喻性地对待这一概念,我会在下一章建议就按字面意思来理解它,但是从一个非定域的意义而言。通过重复的意志行为来维持有意识的意向(a conscious intention),能动者随着时间的推移在他们的行为上反向执行相关性,* 这些做法不仅使能动者的行为与过去保持一致性,也在目的论的意义上使得未来赋予过去以意义并使过去得以完成。在人类身上,这种相关性可以非常深入地进入"未来",也可以被许多人分享,而时间的这一非定域性也将成为下文的重要主题。

自由意志与量子理论

但是,意志的力量是"自由的"吗? 自由意志是另一个似乎无法解决的"困难问题",因此相关文献也非常的多,而这些文献的唯一共同点就是都遵照经典的参照系。[40]即使是关于自由意志的定义也存在颇多争议,由于假设前提和/或倡导者想要得出的结论都充满争议而被侵染。因此,让我从一个被广泛接受的常识开始:在做一件事时,如果你在原则上本可以做出别的选择而不这样做,那么你的意志就是自由的。确切地说,如何解读这个观点是哲学家需要回答的问题,但大多数人至少同意,这里的自由应该从存在的意义而非实践意义上进行理解。[41]在实践意义上,"本可以不这样做"意味着对一个人的行动范围没有外部限制,这本身并不等于自由意志。一个囚犯没有行动的自由,但仍然(也许)有存在意义上的自由来面对自己选择的命运。

这一区别对社会科学来说很重要。在社会科学中,"能动性"通常被定义为行动者对事件或结构的控制或权力有多大,这显然与行动自由有关。[42]关于这种意义上的能动性,已经有很多著述,但就自由意志而言,虽然心理学家表现出了一些兴趣,[43]但令人意外的是,这种兴趣在社会科学学者之中

---

* 即本段开头关于过去与超前行动的相关性。——译者注

少之又少,[44]尽管我们许多人谈论能动性时默认它以自由意志为前提。对一些人来说,这种脱节的理由可能在于,如果社会科学的目标是发现类似于定理的归纳,那么像自由意志这样没有变化且不能被测量的现象便不可避免地应被归为"误差项"。[45]因此,如果社会科学学者的工作是尽可能减少误差项,他们的态度似乎便是最好把自由意志问题留给哲学家。然而,考虑到现代法律和道德假定人们实际上具有存在意义上的自由意志,这一问题在现实生活中显然是非常重要的。[46]对社会理论家来说同样如此,因为没有自由意志的能动性几乎不成其为能动性。

哲学文献

那么问题到底出在哪里呢?当然,并不是所有人都同意确实存在问题,但从直觉上讲,问题在于:我们基本上认为我们的行为是自由意志主导的,就好像我们本可以做出别的选择而不这样做,但我们并不清楚如何在这种感觉与现代科学的本体论之间进行调和。当然如果科学可以解释任何经验的话,对于处理这一问题将是有帮助的,但是意识总体上对正统唯物主义提出了一个问题,而自由意志的具体经验则挑战了唯物主义(本体论)决定论,即假设至少在大脑的宏观层面每个事件都有一个物理动力因。

当我开始阅读这方面文献时,我以为主流观点认为自由意志与决定论是不一致的,因此我们对自由意志的体验是一种幻觉。这的确是神经科学家的主流观点(见后文)。但令我意外的是,哲学家们对此提出了更多质疑。许多(或许是大多数)哲学家是"相容论者"*,尽管他们承认大脑以确定性方式运作,但认为从实践角度而言,大脑功能的细节与我们可能需要一个自由意志概念的目的完全无关,例如在说明我们需要为行为负道德或法律责任这一观点的正当性问题上。换句话说,对于相容论者来说,所谓自由意志的问题并不真正存在,因为它与决定论是"相容的"。[47]"不相容论者"则不同意这种观点,他们认为这为自由意志的自然主义理论设置了太低的门槛,而大脑功能的细节对这一问题**至关重要。[48]鉴于量子大脑理论对这场争论

---

　* 即自由意志与决定论是一致的。——译者注
　** 即一致性与否的问题。——译者注

的共同前提，即大脑功能是决定性的这一点提出了挑战，那么相容论在目前背景下似乎尤其没有意义，因此我将在接下来的讨论中将它搁置一旁。但这并不意味着自由意志问题的解决将有利于不相容主义。

根据定义，成为不相容论者有两种方式，拒绝自由意志或拒绝决定论。大多数不相容论者是后者，[49]因此"不相容论"常常等同于反决定论（anti-determinism）。因为这可能容易让人感到困惑，所以我将使用"自由意志主义"（libertarianism），它是反决定论的不相容主义的同义词。自由意志论者面临的主要挑战仍然是"相容主义"的问题，不过是具有非决定论特征的自由意志的相容问题。也就是说，自由意志意味着控制自己行为的能力，而非决定论意味着随机性，而这似乎更像是疯狂而非意志的基础。作为对这个问题的回应，自由意志论者把注意力集中在解释非决定论的因果关系上，比如"能动因果"或"事件因果"，如果自由意志能让身体移动，那么这必然是一种因果关系。[50]有些人引用了量子理论（尽管据我所知从未有人引用量子大脑理论）来证明这些观点，但是除了少数例外，都只是顺便提及。[51]像大多数关于自由意志的哲学著作一样，关于自由意志主义的叙述仍然停留在常识心理学层面。

相反，量子理论家从一开始就在思考他们的研究与自由意志问题存在怎样的相关性。[52]近年来，他们的讨论变得更加系统化，甚至产生了形式化的结果，即"自由意志定理"（Free Will Theorem），尽管这个名字具有误导性。[53]这个定理并非证明人类有自由意志，而是如果人类在某种程度上拥有自由意志，那么亚原子粒子也一定有同样程度的自由意志。这个结果为泛心论（panpsychism）赢得了一分，也同样支持了我更大的论点。我的论点是，亚原子层面与人类层面所发生的事情是有联系的。但是这个自由意志定理并不能证明自由意志的真实性。这种不确定性就是我对物理学家之间哲学辩论的总体感受，一些人认为量子力学对自由意志问题毫无帮助，而另一部分人则持相反观点。[54]这一状况虽然令人失望，但考虑到量子理论的诠释问题备受争议，这并不令人意外。对一些人而言，即使仅仅是将量子理论和听起来神秘的"意志"联系起来，也是有问题的。因此，与其总结物理学家的争论，不如转向神经科学。在这个领域，本杰明·利贝特（Benjamin Libet）的一项重要实验发现被广泛用来反驳自由意志的存在。随后我将开始对利贝特的研究进行量子再诠释,而这将说明利贝特的研究实际上支持自由意志的存在,并且作为一个加分项,他的研究正是使用超前行动的观点来证明的。

利贝特实验

利贝特的实验可以追溯到20世纪70年代和80年代,他的研究位居近几十年来最著名的神经科学成果之列。然而,尽管其结果本身被广泛接受,且已形成一套正统诠释,但这些结果的意涵从一开始便存在争论。[55]利贝特试图对意识知觉(conscious awareness)和脑电活动"准备电位"(Readiness Potential,RP)之间的关系进行测时。在利贝特之前,准备电位已经被观察到并确定与意识有关。他观察了两种情况,一种是自愿行为,比如举起一根手指,另一种是无意识体验,比如在皮肤上针刺。对于前者的研究吸引了大部分的注意力,因为似乎自愿行为相对更多地与自由意志相关。但后者也同样产生了惊人的结果,我将在后文详谈这一问题。

在自愿行为的情况下,利贝特让实验对象选择何时抬起手指,然后用非常精确的时钟测量三个量:准备电位何时形成并累积;实验对象何时报告第一次意识到他们想要抬起手指的意向性;以及他们的手指在何时实际发生移动。他发现,准备电位出现于意识到意向性之前的350—400毫秒,抬起手指这一动作之前的550毫秒。* 至少对于神经科学家和生物学家而言,[56]这被广泛视为反对自由意志实际存在的证据,因为意识只是在大多数行为结束后才介入,这使其成为一种副现象。利贝特提供了一种更精细的诠释,他认为虽然自由意志本身并不存在,但意识和行动之间的空当意味着意识能够"否决"行动,使我们拥有"自由否意志"(free won't)。[57]持怀疑态度的人进一步反驳认为,进行否决的意识意向性本身只能出现在准备电位之后,从而导致无限递归(infinite regress)而无法挽救自由意志。因此,当今的学者似乎越来越倾向丹尼尔·韦格纳(Daniel Wegner)的重要论点,即自由意

---

* 此处作者对于实验的描述不甚清晰,实验方式是通过受试者报告身前时钟上圆点的走位,这两个数字说明准备电位在受试者报告意向性知觉的0.35秒之前。——译者注

志的体验最终是一种幻觉。[58]

　　然而,对利贝特结果的决定论诠释至少在三个方面受到了挑战。第一种观点质疑这样一种隐含的假设,即如要被视为自由,决策必须由意识来发起(并因此在时间上与意识共同扩展)。这一观点认为,自由意志最终并非关于意识,而是控制,所以我们应该允许"前意识的自由意志"(preconscious free will)的存在,而这将使时间上的差异变得毫无意义。[59]第二个回应认为,正统观点忽视了实验环境对利贝特结果的影响,尤其是每个受试主体首先有意识地做出接受测试的选择,有意识地选择遵循实验指令,尔后注意到通常为潜意识的身体信号。[60]第三,没有人真正知道准备电位的作用是什么,或者它是如何导致行为的。例如,它可能只是导致某个选择会出现,而并非选择本身,这就为自由意志留下了空间。[61]

　　这些回应可以从量子的角度获得更大的说服力,但这一想法几乎从未出现在关于利贝特实验的争论中。利贝特争论只是简单地假设大脑是经典的,因此是决定性的。然而在这些文献之外,我注意到对这一假设的四种批评,其中三种来自物理学家。[62]罗杰·彭罗斯认为这些结果指出了经典时间概念的不足之处,并暗示也许可以通过量子理论所允许的倒推因果或超前行动来解释,但他未对这一建议进行详细阐述。[63]亨利·斯塔普将利贝特的结果与爱因斯坦、波多尔斯基、罗森(EPR)发表在《量子理论》的论文联系起来,后者第一次提出了非定域性的问题。[64]然而,虽然斯塔普的结论支持自由意志,但他的文章大多涉及其他问题,而且利贝特争论的延展也并不广泛。斯图尔特·哈默洛夫将他的量子大脑理论应用到这一问题上,在此基础上,他得出结论认为:"时间非定域性和对量子信息(超前行动)的向后传输(backward time referral)可以提供对自愿行动的实时有意识控制。"[65]哈默洛夫的文章在利贝特结果和延迟选择实验(本书第二章)之间进行了有益的联系,但其中大部分内容都聚焦于总结他其他方面的工作,对自由意志本身的讨论也相对较短。因此,我基于弗雷德·艾伦·沃尔夫(Fred Alan Wolf)对利贝特最系统的量子回应进行讨论,而此回应也强调了时间非定域性。[66]沃尔夫探讨了我上面提到的利贝特研究的另一方面,即感觉意识(sensory awareness)而非自由意志,但他提出了一个普遍的心灵量子模型(quantum model of mind),我认为这个模型也可以应用于自愿行动。

利贝特发现,在用针刺刺激时,准备电位需要大约 500 毫秒的时间来建立足够的力量来有意识地感知刺激。然而,矛盾的是,正如我们从自身经验中可以预料到的,他的实验对象几乎立即报告了对针刺的意识。[67]利贝特解释了这种时间上的差异,他认为人们在主观上将感觉事件发生的时间"提前"了,即使他们在报告之后才真正体验到刺痛。他将这种"反向传输"的过程比作"空间传输",这种"空间参照"发生在我们对外部客体的感知中,即使我们实际看到的(在利贝特看来)是落在视网膜上的光,我们的体验则是外部客体"在那里"。这个类比是有启发性的(见下文),但是利贝特并没有提出一个可能使提前(antedating)发生的神经机制,而且这一想法已被批评者所唾弃,他们认为这在物理上是不可能的。[68]然而,利贝特坚持自己的立场,而至少对一些人来说,这依然是个合理的问题。[69]

沃尔夫指出,利贝特关于主观提前的异常发现可以用克拉默的量子理论交易诠释来解释,特别是基于超前行动和时间的非定域性。因为我刚刚讨论了这些,所以我在这里不再重复沃尔夫的讨论,而将指出沃尔夫论述的三个具体贡献。首先,沃尔夫在这个问题上增加了一个进化意义上的考虑。他认为,在意识到危险的刺激之前能够预测未来的经验这一点,比起等待整整半秒钟,具有明显的生存价值。[70]其次,他提出了一个关于大脑作为巨大的"延迟选择机器"建议性概念,我将在下一章继续讨论这一点。最后,也是最重要的,沃尔夫证明了用时间对称的量子视角可以解释利贝特结果中的一个关键异常,即主观提前。而且不仅是可以对其进行解释,还可对它进行预测,就像量子决策理论可以预测我们所观察到的非理性行为异常一样。这与正统的、经典的方法形成了鲜明的对比。正统方法对主观提前感到非常困惑,而认为这种现象必定是一种幻觉。[71]就像将意识本身假定为幻觉一样,正统观点的吸引力在很大程度上取决于没有任何可能的物理方式来解释这些表象*,否则也就没有必要把这些表象归为幻想而搪塞掉。量子理论提供了这样一种解释,因此在我们接受"意志幻觉论"(willusionsim)之前,需要对其进行考虑。

综上所述,我们似乎可以得出这样一个公正的结论:完全发展成熟的自

＊ 即主观提前。——译者注

由意志量子理论尚不存在。然而,理论所需要素显然是存在的,并且可以回答自由意志主义的基本问题,即不确定性是如何被意志所支配的。也就是说,在波函数的坍缩中,从外面看来不确定的东西,从里面观察则是目的因意义上的合目的决定(purposeful determination)。[72]

这为我们在社会科学解决能动性难题提供了一个独特的视角。在这一难题中,自由意志似乎既被认为至关重要,又被归入了"误差项"当中。通常,我们认为误差项在观察到的行为中是非系统差异,因此并不具有因果作用(使得自由意志不仅是一个误差项,而且还是副现象)。行为的原因被假定为存在于非随机当中,无论是外部环境还是能动者自身内部。虽然这种假设在经典情况下是合理的,但在量子情况下就不一定了。我们所做的选择,作为一种坍缩的波函数,根本不是由一种潜在(动力)因果秩序所产生,而恰恰是这种秩序的一种断裂或"穿孔"。[73]从这个角度来看,社会科学解释中的误差项与其说是对我们局外人无知程度的衡量,不如说作为一种迹象表明了是什么首先让对行动进行因果解释成为可能,即自由意志的力量。事实上,这即使在行为是完全可预测的情况下,依然是正确的,比如根深蒂固的习惯,因为即使在那时,能动者仍然保留着量子自由而可以不同的方式构建选择问题。[74]因此,我的观点并不是人类行为不能通过强制、纪律或激励变得更可预测,即更"经典",而是无论这样的计划多么成功,人体内都有一种自发的生命力从根本上逃避了因果决定。

注　释

1. 参见 Vermersch(2004)和 Stazicker(2011)关于注意力在心理学中的作用的研究,以及 Stapp(1999)关于具体的量子视角的研究。

2. 参见 Ryle(1949)。

3. 参见 Burns(1999)和 Zhu(2004a)的综述。

4. 参见 Zhu(2004b)以了解该争论。

5. 一个重要的例外是 Robert Kane(1996)的研究,它用"尝试"(trying)来定义意志。

6. 文献的全面介绍见 Robb and Heil(2014)。

7. 参见 Esfeld(2007:207—208)。

8. Davidson(1963);有关这场辩论的精彩历史,请参见 D'oro and Sandis(2013)。

9. Davidson(1963:691)。

10. 参见 Gantt and Williams(2014)关于牛顿思想对心理学中关于动机作为原因的争论的影响。

11. 例如，参见 Schroeder(2001)和 Brinkmann(2006)。

12. 参见 Tanney(1995)和 Risjord(2004)。

13. 参见 Stout(1996)，Schueler(2003)，Sehon(2005)，以及 Portmore(2011)，关于社会科学中目的论解释的早期辩护，参见 von Wright(1971)。

14. 参见 Hennig(2009)对亚里士多德的四个原因的扩展讨论。

15. 参见 Short(2007：136)。

16. 参见同上：94—98 论"机械"的演变意义及其与目的论的关系。

17. 对照 Nagel(2012)在自然世界中为目的论辩护，其中涉及目的因的物理学的开放的评论，参见 Bishop(2013)。

18. 参见 Gotthelf(1987)亚里士多德关于目的因的方法。最后的因果关系也是莱布尼茨形而上学的重要组成部分；参见 Carlin(2006)。

19. 参见 Jenkins and Nolan(2008)。

20. 参见 Mayr(1982)和 Perlman(2004)对当代在不接受亚里士多德的目的因的情况下，努力理解目的论推理的很好的概述。

21. Weber and Varela(2002)，Short(2007)，Griffiths(2009)，以及 Toepfer(2012)。

22. 意向性解释，参见 Elster(1983)，Dennett(1987)，以及 Searle(1991)。

23. Rosenblueth，Wiener，and Bigelow(1943)的早期还原尝试，Jenkins and Nolan(2008)的论点是，任何这样的努力注定要失败。

24. 参见 Davidson(1963)。尽管后来出现了许多复杂的目的论方法来研究动机，但戴维森主义的学术思想仍然倾向把因果关系的标准观点视为理所当然，因此认为目标导向的行为不会对自然主义构成威胁；例如 Mantzavinos(2012)。

25. 尽管如此，参见 Gustafson(2007)，他强调了一个具有讽刺意味的事实，即虽然因果论者在关于动机的讨论中表现出他们自己是自然主义的捍卫者，但下文所综述的晚近的神经科学发现似乎对因果主义提出了质疑，并表明构成主义者终究是正确的。

26. "因果关系"这个词在量子语境中是否恰当本身就是一个问题(参见 Price and Corry，eds. 2007)，但我将把这个更大的问题放在一边，只关注目的因。

27. 尤其参见 Barham(2008；2012)。

28. 尽管如此，参见 Bohm(1980：12—15)，Primas(1992：27—29)，Costa de Beauregard(2000)，Helrich(2007)，以及 Castagnoli(2010：313)，他们认为："量子算法，部分由其未来结果驱动，提供了目的论进化的形式化例子。"在生物学领域，几位杰出的物理学家一直在努力探索在有机体的量子观中建立目的论的可能性；参见 Sloan(2012)。

29. 参见 Cramer(1986；1988)，Price(1996)，Atmanspacher(2003)，以及 Primas(2003；2007)。

30. 参见 Price(1996：231—260)中的全面讨论。

31. 例如，Price(1996；2012)，Dowe(1997)，以及 Berkovitz(2008)。

32. 参见 Cramer(1988)，Price(1996：242—243)，以及 Castagnoli(2009；2010)；Kastner(2008)对文献做了很好的综述。

33. Cramer(1988：229).

34. 参见 Tollaksen(1996：559)；楷体为原文所加。关于时间的非定域性，参见 Price(1996)和 Filk(2013)。

35. Tollaksen(1996)和 Wolf(1998)是我下面引用的例外。

36. 关于意志的不同方面对其做出反应的实际推理中的"鸿沟",参见 Searle(2001:14—15)和 Zhu(2004b:177—180)。

37. 参见 Bitbol(2012)。

38. 参见 Tollaksen(1996:562)。

39. 关于精神时间旅行,参见 Suddendorf and Corballis(2007)。

40. Kane, ed.(2011)提供了一个优秀和全面的介绍。虽然自由意志的量子论点有时会得到独立章节的讨论(例如,Hodgson,2011),但它们通常在文献中被忽略。

41. 参见 O'Connor(2014:1—2)。

42. 参见 Ortner(2001)关于作为力量的能动性的论述,她将其与作为意图的能动性区分开来。

43. 例如,参见 Sappington(1990),Baer et al.(2008),以及 Bertelsen(2011)。

44. Dray(1960)和 de Uriarte(1990)讨论了例外。

45. 参见 Sappington(1990)更加细致的分析。

46. 参见 Habermas(2007)和 John Searle 对他的反驳,Bertelsen(2011)和 Hodgson(2012)对这一问题的一些晚近的、特别深入的讨论。

47. Frankfurt(1971)对自由意志进行了经典兼容论角度的讨论;有关弗兰克福(Frankfurt)的量子批判,参见 Georgiev(2013)。请注意,这篇文献高度以人类为中心,因此其论点很难在进化阶梯上走得很远。

48. Kane(1996)可能是当今最突出的不相容论者,而 O'Connor(2000)是另一个重要的贡献者。参见 Warfield(2003)对这场辩论的概述。

49. 但是,参见 Honderich(1988)和 Balaguer(2009)对他的方法的批评。

50. 参见 Clarke and Capes(2014)对这些解释的出色的简述。

51. 我所了解的主要例外是 Kane(1996),Hodgson(2012);对照 O'Connor(2000),Balaguer(2004:402—403)。

52. 早期讨论参见 Eddington(1928),Compton(1935),及 Margenau(1967);最近的讨论参见 Suarez and Adams, eds.(2013)。

53. Conway and Kochen(2006);非技术性介绍参见 Valenza(2008)和 Hodgson(2012:121—128)。

54. 关于自由意志的量子怀疑论,参见 Loewer(1996)和 Esfeld(2000),另一方面的论点参见 Ho(1996),Pestana(2001),以及 Hodgson(2012)。

55. Libet(1985)是对他的研究的早期表述,含有同行评议。关于当代研究状况,参见 Sinnott-Armstrong and Nadel, eds.(2011)。

56. 生物学家安东尼·卡什莫尔(Anthony Cashmore)可能代表了许多人的看法,即对自由意志的信仰"不亚于对生机论的持续信仰"(Walter,2014a:2216 引用)。鉴于他是如何实施这一概念的,哲学家对于利贝特的工作是否涉及自由意志问题存在更多分歧;关于对这些迥异的反应的分析,参见 Schlosser(2014)。

57. 有关他的研究和观点的书籍版本,请参见 Libet(2004)。

58. 关于更广泛的早期讨论,参见 Wegner et al.(2004),关于对"意志幻觉论"的怀疑论分析,参见 van Duijn and Bem(2005),McClure(2011),以及 Walter(2014a)。具有讽刺意味

的是,利贝特自己也反对维格纳对他作品的解释,参见 Libet(2004:152—156)。

59. 参见 Velmans(2003),Levy(2005),Pacherie(2014),以及 Sheperd(2013)对这一问题的当代状态的研究;关于更广义的无意识目标导向行为,参见 Dijksterhuis and Aarts(2010)。

60. 参见 Zhu(2003)和 Schlosser(2014:258),关于实验设计问题的进一步评论,参见 Radder and Meynen(2012)。

61. 参见 Balaguer(2009;2010)。

62. 据我所知,利贝特一派还没有人对此作出回应。

63. 参见 Penrose(1994:383—390)。

64. 参见 Stapp(2006)。

65. 参见 See Hameroff(2012a:14)。

66. Wolf(1998);另外参见 Wolf(1989)。

67. 散见于 Libet(2004)和 Chiereghin(2011)。

68. 例如,Churchland(1981)和 Pockett(2002)。

69. 参见 Libet(2004)和 Chiereghin(2011)。

70. 关于这一点,另外参见 Castagnoli(2009;2010)。

71. 尤其参见 Wegner(2002)。

72. 对照 Kane(1996:151)和 Hodgson(2012)。

73. 我认为"穿孔"一词是米歇尔·比特博尔(Michel Bitbol)发明的,但我找不到出处。

74. 关于习惯性或无意识的选择如何仍然可以是自由的,参见 Holton(2006);也可参见 Balaguer(2009:2)。

第十章　时间中的非定域经验

如果一个人类模型没有留出空间给作为人类的经验，即作为你或我是一种什么样的感受，那么这个模型便不能算作是完备的。这种感觉、意识，是人类生存状态的基本特征，如果没有它，生命将毫无意义。[1]然而，正如在第一章中所指出的那样，出于对笛卡尔二元论的恐惧，20世纪的主流和批判社会理论都在逃避经验，试图在其关于人的模型中将经验还原、取代或边缘化。相反，人类被呈现为机器或僵尸，两者最终而言都是物质系统，能够思考和行动，但无法感觉。简而言之，人类在这些理论中从主体被转化为客体。

最近，针对这些唯物主义倾向有了更多的抵制，表现为"将主体带回来"的持续努力。[2]大陆传统的学者通过借鉴德国唯心主义和现象学来批评批判理论未能将经验主体置于其本体论的中心。女权主义理论家认为女性的经验不同于男性，并以此将经验推上前台。在分析传统中，《意识研究期刊》（*Journal of Consciousness Studies*）的建立和戴维·查默斯等人的工作给了主体经验很久以来都未能享有的主流哲学地位。即便在如何正面对待经验的问题上学界仍然没有达成共识，对主体性的禁忌至少终于被打破了。本书试图通过赋予意识一个波函数坍缩的量子基础为主体主义的复兴贡献一份力量，而这个量子基础应被理解为由意志驱动的时间对称性破缺的过程。就此而论，"成为一个能够思想的人在一定程度上需要具有量子理论效应的直接经验"[3]。在第六章中，我指出这不仅适用于人类，也适用于所有的生物有机体，甚至在某一时刻也适用于亚原子粒子。不过在此处我将只考虑人类的情况。

这项工作的复杂性有两个层面。首先,经验在本质上是特定的,因此从根本上便很难概括,而概括却正是建立一个关于人的模型所需要。不过至少有两种经验是普遍的,即时间的经验和空间的经验。[4]我并非认为所有人都以同样的方式体验时间和空间,但由于我们的身体具有同样的物理属性,我们对时间和空间的经验也具有普遍性的一面。就时间而言,我们普遍觉得它是前进的,从过去到现在直至未来。就空间而言,我们普遍体验到的是物体"在那里",而不是光子所到达的视网膜。由于这两种经验在很深的层次上是社会生活的组成部分,我建议将它们作为一种概括经验的方式进行关注。事实证明,从经典的角度来看,这两种经验都是存在问题的,而量子方法不仅解决了这些问题,还能帮助我们以一种全新的方式来看待它们,将其看作本质上的非定域现象。在本章中,我主要讨论对时间的经验,而将空间的经验留到关于语言的第四部分。

其次,把量子理论运用到经验上的第二个困难是,人类经验的内容部分上由语言、特别叙事构成,它们赋予了一系列转瞬即逝的此刻意义及连贯性。叙事的中心性也许会给我把经验本身主题化的努力带来问题,因为正是由于语言的构建作用,语言学转向的追随者才认为我们可以完全在研究中免去经验这一范畴。[5]然而,承认语言的作用却并不意味着经验可以被还原为语言。不管人们是否承认所有的生物都拥有经验,至少有一些无语言的动物是有的。就人类而言,没有经验的话,语言就没了意义,也就不再成其为真正的"语言"。因此,在时间的叙事和经验之间存在着区隔,而我希望通过聚焦后者,为前者提出一个新的视角。

更具体地说,我认为在某些重要方面,有可能在字面意义上改变过去。我的出发点将是一场哲学家之间关于时间叙事特性的辩论,而这些特性至少在表面意义上似乎表明过去是不确定的,是可以改变的。这场辩论中的大多数派别都倾向从认识论的角度解读这一主张,他们认为可以改变的只是我们对过去的描述,而不是过去本身。而我认为,文献中的这一倾向源于没有在物理学层面考虑过去,特别是这一观点建立在隐含的时间定域性假设基础上,而该假设是经典物理的因果闭合(CCP)的一部分。基于延迟选择的量子概念,我认为经验是时间非定域的,而这一假设前提则支持一个更强的关于改变过去的本体论解释。

最后,需要指出的是大多数关于改变过去的哲学文献都聚焦于集体叙事("历史"),而它与个体叙事在两个重要方面有所区别:(1)我们可以亲身获得我们自己过去的记忆,而无法获得关于非个人和历史过去的记忆;(2)对过去的集体叙事是由成千上万甚至数以百万人所共同撑起的社会事实,这为集体叙事相对个人叙事更加持久增添了保障。不过,我在后文将要讨论的具体问题在这两种叙事中都存在,而由于在集体层面有更多的材料可加利用,我将大量提及集体叙事,尽管我的主要关切在于个人经验。

关于改变过去的定性争论

人们通常认为时间有一个明确的方向,从过去至未来。大多数社会科学学者可能认为未来是开放的,[6]而过去在他们眼中则是封闭的,过去了便结束了。然而,近年来,至少哲学家开始对过去的固定性有了相当多的辩论,不仅是物理哲学家,还包括历史哲学家。对前者而言,"逆因果"(retro-causality)只是量子力学带来的又一种奇怪的可能性罢了。在某个层面上,这场辩论所涉及的是纯粹学术问题,如历史、因果和事件的本质。然而在实践层面,这些问题与我们在集体和个人两个层面的身份认知问题——即我们是谁——都密切相关,因而我们的答案可能具有深远的社会和政治影响。

关于改变过去的哲学辩论存在着三足鼎立的格局。其中一派是关于过去的"实在论",它是一种常识观点,认为所有关于过去的陈述要么是对的,要么是错,因此历史学家——或就对错而言,类似陪审团——的任务,是确定"到底发生了什么"[7]。然而,从《历史与理论》和《历史哲学期刊》等刊物来看,关于过去的实在论并不是当前哲学研究的关注点。真正的争论在于我们能在多大程度上推动"建构主义"对过去的看法。对于这一问题的观点,主要集中于两大阵营,我将其称之为认识论和本体论的观点。由于前者是常识性的,而且是大多数人的观点,所以我将把大部分注意力集中在激发了后者的直觉之上。

在这场辩论中,各方有一点是相同的,那便是几乎没有人援引过物理学。在后面的文献回顾中,我将忠实于这一对物理学的忽视,但请记住我此处的计划是为下一节的辩论奠定基础,认识论观点*有着隐含的时间定域性经典假设(将在后文中定义)。相反,我所持的本体论观点假定时间非定域性,而我将为其提供一个量子解释。

认识论观点

关于改变过去的认识论观点主张,能够改变的只是我们对于过去的描述,而非过去本身。这方面的大多数学术研究都是对两位学者工作的回应,即亚瑟·丹托(Arthur Danto)与伊恩·哈金(Ian Hacking)。由于他们两人相隔近 20 年,因此这些研究基本上是彼此独立的文献。[8]

在《历史分析哲学》一书中,丹托列举了许多陈述案例,这些陈述现在我们都知道是真实的,而在过去却无人知晓,即便是能够每时每刻对在任何地方所有事情进行记录的"完美编年史家"。[9]例如,"三十年战争始于 1618 年";"亚里达古在公元前 270 年提出了哥白尼于 1543 年发表的理论";"彼特拉克开启了文艺复兴";等等。丹托指出,每一个这类例子都是典型的历史探询,即对过去事情的描述只有在事实出现之后才成其为真实。尽管丹托轻率地对这些案例进行了本体论解读,暗示道"在某种意义上,我们可以说过去在改变"[10],但他最终还是选择了认识论路线,认为变化的只是我们今天对过去的描述,而非当时真正发生的事情。

伊恩·哈金研究中那些被广泛讨论的例子涉及他所称为过去的"不确定性"[11]。当新的概念出现并被追溯应用到过去没有这些概念的人身上时,就会出现这种不确定性,比如"虐待儿童""性骚扰""创伤后应激障碍"(PTSD)等。他分析了著名探险家亚历山大·麦肯齐(Alexander MacKenzie)的例子。麦肯齐在 1802 年 48 岁时娶了一位 14 岁的女孩。麦肯齐是虐童者吗?哈金自己最初的回答是有些令人费解的"是",尽管在回应批评

---

* 即对于改变过去的认识论观点。——译者注

者时,他进一步澄清自己的立场,声称这一问题根本不存在明确答案。[12]或可以性骚扰为例,这个概念在 1950 年左右出现。一方面,如果说我们今天称之为性骚扰的具有强迫性并有辱人格的行为在 1950 年之前没有当前普遍,那是值得怀疑的。然而,如果没有这一概念,那么罪犯和受害者便可能会认为这种行为完全正常。那么在 1950 年之前"到底发生了"什么? 答案似乎也是不确定的,因为这个问题没有正确或错误答案,至少与我们今天的话语体系相较而言。

不过就像丹托一样,哈金和那些对他的研究做出回应的人,都认为对过去不确定性的唯一合理解释是认识论层面的。因此,哈金保留了一条隐含假设前提,那就是过去本身已经结束了。事实上,过去本身可以改变这一观点在以上文献中几乎未被提及,除了作为关于过去的建构主义所必须明确避免的反证法。[13]正如一位评论家所说,本体论的主张实在太"令人难以置信",不能被认真对待。[14]

本体论观点

然而,也有一些勇敢的灵魂正是这样做的。我将主要引用戴维·韦伯曼(David Weberman)一篇鲜为人知的文章来探讨这一直觉,[15]继而简单地讨论珍妮·佩恩伯格(Jeanne Peijnenburg)的一篇文章,她也是该文献中我所知唯一引入物理学的学者。这两篇文章都是关于事件的本体论。

韦伯曼以丹托的分析为衬托,认为历史(或人类)的过去在对其后事件的回应中,可以获得新的特性,且不仅是对当前的我们有新意涵,而是事件本身的特性。他的第一步是区分两种可将事件个体化为"事件"的方式＊。[16]一种方式是物理主义的,如扣动扳机,开枪,一人毙命。以这种方式构成的事件在本体论上是离散的,因而与其他事件没有内在的联系。所以在这种情况下,围绕着这个人的死亡有三个不同的事件。虽然韦伯曼只在讨论中做了暗示,但他对离散性的强调表明,他所指的"物理"是经典的(或物质的)。经典物理学是原子的,所以这种世界里的事件最多存在因果联

＊ 即确定一个具有确定统一意涵的事件,如后文列举提到的第二次世界大战等。——译者注

系，而没有内在联系。第二种个性化事件的方法"不局限于基本的物理状态和运动"[17]。虽然这包含了物质性的事件，但韦伯曼真正想要探讨的是意向性和/或关系性的事件，如"参议院批准了限制军备协议"、"罢工工人迫使工厂关闭"等。

基于这一区分，我们有两种对过去的描述，韦伯曼称之为"概略型"（skeletal）过去和"稠密型"（thick）过去 *。由此可得出两个重要推论。首先，从关于过去的纯粹物理的和概略型观点来看，历史学家所感兴趣的大多数事件，如文艺复兴、第二次世界大战、古巴导弹危机，根本算不上"事件"。这并不是说后者**没有物质基础，因为作为一个事件的第二次世界大战其组成当然包括许多人遭遇暴力死亡。但就这些死亡本身而言，它们是单独的，而绝无可能加总为"第二次世界大战"。将后者作为单一事件的唯一方法是赋予那些无数的物理事件统一的意义。这就引出了第二个推论，即意涵（meanings）是意向性状态之间的内在联系。它指的是人们如何看待构成事件的物理发生（physical happenings），而不是物理性（physicality）本身。[18]这种想法在本质上是关系性的（relational），即对于个人和群体而言，它是关于物理事件如何处于一个意涵网络（web of meaning）当中，而这一网络对于那些事件是什么至关重要。

接下来，韦伯曼的讨论引向这样一个问题，即上述这个关于事件构成的观点如何影响我们对过去变化的思考，首先是同步性的变化，继而是追溯性的改变。关于前者，一个常被讨论的例子是苏格拉底（Socrates）被迫自杀时，他的妻子姗蒂柏（Xantippe）的遭遇：成为寡妇。[19]在将此事件视为概略型过去的物质描述中，苏格拉底是那个精确时刻***唯一发生了事情的人，因为姗蒂柏并不在那里。此外，苏格拉底之死也并未导致姗蒂柏守寡（至少动力因的意义上），因为并没有任何力量被转移并改变了她的属性。当然，在他死后，其他人对她的态度发生了改变，与她一起悲伤、带东西看望她，等等，但这并不是使她成为寡妇的原因。相反，让她成为寡妇的原因

---

* 中文学术界关于 thick 的翻译包括稠密、厚实、浓密、深厚等，此处选择基于语义理解和音韵偏好，但并不表示某个单一中文译法能够最恰当的表达原义。——译者注

** 即这些"非事件"。——译者注

*** 即自杀。——译者注

只能通过关系性的稠密过去来描述：如果你的丈夫死了，那么根据定义你便成为寡妇，这基于共享的意向性，而这种意向性则构成了我们称之为"婚姻"的物理事件的意涵。按照这种观点，姗蒂柏地位的改变是苏格拉底之死概略事实的一种关系属性，如属于第二次世界大战组成部分是1939 年至 1945 年间数百万人死亡的一种关系属性。这种被称为"剑桥变化"（Cambridge Changes）的非因果改变是否为真正的变化，哲学家们对此意见不一。铁杆唯物主义者可能认为它们不是，但许多哲学家认可其实在性，而且我猜很少有社会科学学家会质疑第二次世界大战是一个真实的事件。

有了这一框架，我们便可以考虑这样一个观点，即事件可以在事后发生改变，不仅在认识论层面上，更是在本体论意义上。重要的是，韦伯曼将他的主张限制在稠密型、关系性的过去，他同意（我也同意）概略型的过去是不能被改变的。这显然限制了过去可以被改变的程度，如我们不能起死回生，不能回到过去杀死希特勒的祖父母，等等。然而，正如我们所看到的，关于人类过去发生的事情，概略型过去所能告诉我们的东西非常之少，以至于大多数的历史事件根本不成其为事件，因此我们仍然有足够的空间来提出有争议性的论点。所以问题已变为：在历史或稠密型的过去发生的事件，是否可以因其后发生的事件而获得新的、关系性的属性？

思考一下韦伯曼文章中的例子。阿米尔上午 10 点向拉宾开枪，导致拉宾下午 1 点死亡：后一件事改变了前一件事的性质，将其从枪击变成暗杀。[20]"史密斯提交了诗歌比赛中的获奖作品"：提交诗歌的事件通过评委的后续决定获得了新的属性。"一个男人在不知不觉中变成了父亲"：虽然这个男人的物理属性没有改变，我们的法律体系认为他和之前不一样了。（丹托的例子）："三十年战争始于 1618 年"：那一年的局部战斗在 1648 年之后成为一个更大事件的一部分。[21]这样的例子还有许多。韦伯曼认为，在所有这些例子中，虽然最初发生的事件其物质属性没有改变，但由于后来的事件，这些最初事件获得了新的社会或关系属性。他称之为"延迟关系属性"。此外，他指出这些变化可以不仅是增加新的属性，还可以将过去抹去，例如"一个人的生活可能会因为后来的行动和事件而从成功变为不成功。或一个事件也可能从被遗忘变为被铭记"* 22。

这些仅仅是我们对早期事件的描述发生了改变,还是事件本身的变化?韦伯曼在他的文章中用了很大篇幅来反驳认识论观点的表述**。我认为其基本观点如下。绝大多数决定了人们是谁和是什么的属性,都是意向性和关系性的,而非物质和内在的。丈夫、妻子、主人、奴隶、公民、士兵,以及几乎所有其他的社会角色,都由习俗定义,由个人在一个共享意涵网络中的位置来定义。当然,在某种意义上,这些是对人的"描述",但绝不仅仅如此。虽然描述一朵花是美丽的并不影响它的实际属性,但是关于角色***的描述将我们构成各种类型的人,构成我们是谁。如果这都不算本体论层面的话,那么社会生活中就没有任何事物具有本体论地位,而只有个体及其相互作用的纯粹物质属性。绝大多数的社会事件都如是。当人们结婚后,他们所获得的新属性不仅改变我们对他们的描述,也改变了他们在社会中的身份。类似的,在海湾战争中服役的士兵,现在拥有参战老兵的身份,这使他们有权利获得非老兵没有的福利。此外,还有那些事件的串联,如海湾战争本身,如果不是因为那些包含其中的个人与行动以关系的方式被构成,那么海湾战争也根本不成其为一个"事件"。简言之,鉴于历史事件是由共同的意向状态被关系性构成的,那么以下观点便并不牵强:在构成它们的物质事实早已不复存在之后,这些事件确实可以成为事件。

这就把我们引向了一种时间上的整体论:这种观点认为,基于稠密过去的理解,历史不是一系列完全可分离的事件,而是一系列在内部或逻辑上相互关联的事件。昨天所发生的事情在一定程度上取决于今天发生的事,而由此可推论(虽然我并未强调这一点)也取决于明天将要发生的事。23 这种依赖关系不是因果性的,而是构成性(constitutive)的,就像主人因为有奴隶才能成其为主人一样,24 只是这里的讨论是在时间的意义上。请注意,这种观点与认为过去的事引发现在和未来是完全一致的,就如同主人和奴隶之

* 作者此处举的例子相比前例似乎没有那么清晰,此处例子的改变并非"实质"的由成功走向失败,那属于概略过去的物质、离散改变,作者所指的是随着后续事件的发生,由于关系属性的缘故,整体过往的意涵发生了变化。——译者注
** 即关于改变过去的认识论观点,强调时间的定域性。——译者注
*** 社会角色。——译者注

间的内部关系是通过强迫和反抗的因果过程来维持一样。事实上，要使事件在时间上具有构成性的联系，它们必须由一条因果链连接起来，而这意味着并非历史上的每一个事件都与随后的每一个事件具有内在联系。但时间整体论概念所带来的不同在于，因为稠密型过去的事件是由附着其上的意涵所构成，而那些意涵又在内部与其后的意涵相关联，所以在这些事件之后所发生的，不仅影响我们今天对它们的描述，也决定着它们的本来面目。

韦伯曼的例子大多都在集体层面，他并未使用物理学来支持自己的论点。而在这两个方面，佩恩伯格的文章有助于完善当前的综述。[25]她的兴趣在于一个行动的属性可如何由其后的某人采取的行动来决定。她所列举的大多数例子都涉及行为所表现出具有两两重叠性并难以区分的性情，比如勇敢和鲁莽，吝啬和谨慎，自我意识和虚荣。在这些情况下，她认为只有通过行为的重复，过去的行为才能成为一种或另一种性情的构成部分。此外，她指出在某种程度上，这是一个选择的问题，而且不仅是在"今天的行动会影响明天我们是谁"这样显而易见的意义上。相反，通过选择重复（或不重复）某些行为，我们会影响自身的过去，并非在因果层面，而是在构成意义上。[26]这一点在佩恩伯格列举的另一个例子中更为明显，这个例子与性情无关。[27]试想一个幸福的已婚女人，她去参加一个聚会，喝了很多酒，早上在床上醒来时发现身边躺着一个陌生人。虽然她无法改变前一晚和陌生人同床共眠的物质事实，但通过随后的行动，她可以改变这件事的属性——继续与此人约会，则"前晚所发生的事"便是一段婚外情的开始，反之便是一夜情。最后，在休·普赖斯的量子论时间对称诠释基础上，佩恩伯格认为这些情况不仅涉及对过去的重新描述，还在本体论的意义上牵扯了初始行为本身的本质："有一些行动，与其说它们的性质在其后获得了新的描述，或称它们的性质通过对其后行动的观察而被揭示或发现，不如说是由其后行动所决定的。"[28]这是一个大胆的论断，而科恩利斯·范普滕（Cornelis van Putten）对佩恩伯格的回应和挑战对我具有启发意义。[29]与韦伯曼一样，范普滕认为人们可以用两种不同的方式来理解过去：（1）从物质的角度看，过去是"一系列实际发生的物理事件"；（2）在心理学层面，过去是与个人叙事相关的对已发生事件的主观理解。他并不否认对过去的叙事可以改变，事实上他认为这是很常见的，例如一个参战老兵后来成为和平活动家，那么他曾经视为英雄主义的行为现在看来便是反人类的罪行。但是范普滕认为这种叙事上的改变与实际所发生的事情没有任何关系,更与逆因果这一怪异的量子物理概念无关,因此这种改变只能发生在当下。

范普滕的论点是常识性的,但它回避了一个关键问题,即物质事实和心理事实之间的区别。他没有对这种二元论进行评论,但我怀疑他像大多数社会学者一样认为改变只是认识论层面的。换句话说,仅仅因为我们还不知道如何通过参照大脑状态来解释心理事实,这种事实最终在本体论意义上必然还是物质的。因此,让我们假定他会接受关于哪些心理事实是可能的这一问题的经典物理约束。然而,在这种情况下,鉴于老兵例子中的重新思考*是有意识的,而经典世界观又存在意识难题,那么老兵新精神状态的物理基础又是什么呢? 如果对人类的物理约束是经典的,那么似乎老兵的新状态便没有任何物理基础,因此要么是副现象的,要么是彻底的幻觉。简而言之,范普滕通过轻易诉诸常识二元论来驳倒佩恩伯格的方法并不成立,因为它会带来一个根本性的问题,即新的心理上的事实究竟如何成为"事实"。

在这场哲学辩论中,举证的重任完全落在了本体论观点一方,以至于他们似乎很难得到申辩的机会。这是可以理解的,因为对过去做出改变的想法的确是"令人难以置信的"。然而,关于韦伯曼和佩恩伯格对事件本体论的分析是否错误这一点,也并不明显。后文将转向时间和记忆的物理学,而我建议为他们(韦伯曼和佩恩伯格)的直觉提供一个量子基础。我希望这样做即使无法说服读者认为本体论观点是正确的,至少可以增加认识论观点方面的举证责任。

改变过去的物理学

在关于改变过去的认识论观点中,有一条涉及时间的隐含假设,即时间

---

 * 即对自己的战争经验。——译者注

是一系列点的线性序列,这些点不断从当下穿过。这是一种关于时间定域性的假设,虽然我没有在文献中看到这样的描述。回想一下,空间定域性是经典世界观的基础,而在量子理论明显的非定域性面前,像爱因斯坦这样的量子理论批评者努力想挽救这种定域性。然而,由于贝尔定理被实验证实,我们现在知道空间非定域性是量子实在的一部分。这些实验的关键假设是"可分离性":位于不同地方的事件不能通过比光还快的影响联系在一起,因此它们在本质上是分离的。[30]同样,时间上的定域性假设认为不同时间发生的事件是时间序列中可分离的点,因此也不存在内在联系,昨天是昨天,今天是今天。时间非定域性是指这种可分性的丧失,是指一种纠缠状态或"各种状态在不同时间的叠加"[31]。此外,正如空间非定域性使量子理论在空间上是整体论的,时间的非定域性也使其在时间上是整体论的。

现在,来考虑在第六章中讨论过的麦克塔格特关于时间观的"A-系列"和"B-系列"区别:过去、现在、未来的时间时态,以及较早、较晚的无时态时间。A-系列是我们都熟悉和有体验的主观时间,它穿过一连串的"当下"像箭头一样向前移动至未来。在这一观点中,"现在几点"是相对于"当下"的,且是不断变化的(虽然时间总是在"当下"),而曾经的未来终将成为过去。这也是关于过去的认识论观点中所隐含的时间概念。B-系列是物理学的无时态的客体时间,它不认可被称为当下的专有时刻,因此未来或过去的概念是不存在的。基于这一观点,时间永恒不变,曾经比 X 更早的时间永远更早,但这就是此观点的全部了。

重要的是,根据 B-系列物理学的时间,过去甚至概略过去,是并不存在的。虽然这一主张看似激进,但它实际上是常识。如果你在街上问一个普通人过去是否真的存在,他很可能会说不 *。三十年战争不存在,正如未来不存在一样,只有当下才是存在的。[32]因此,过去只在 A-系列才有本体论的地位,也就是说就主体而言,过去是一种诠释。请注意,这并非意味着过去是纯粹主观的,以至于某人可以编造一些东西并称其为过去。构成对过去诠释的绝大多数意向性状态都是共享的,因此具有主体间性(intersubjective),甚至个人的记忆也部分依赖于社会背景,而所有这些都有助于稳定

---

　　* 此处的"存在"是指存在于此时此刻。——译者注

A-系列的过去。此外,过去可以有的样貌进一步受到从前事件物质痕迹的限制,例如一张名为《大宪章》(Magna Carta)的纸。但是只有 A-系列才包含过去的概念这一事实,意味着过去能否被改变的问题只能存在于主体性的范畴。话虽如此,如果 A-系列与经典的时间定域性假设相结合,就像通常的情况一样,那么与 B-系列一样,它意味着过去无法被改变,因为即使过去曾经作为当下而存在,但它在当前是不存在的。唯一能改变的是我们对过去的诠释。而量子理论恰恰对这种假设提出了质疑。

时间的"难解问题"是如何调和这两种时间概念,特别是如何解释 A-系列,因为根据经典物理的因果闭合(CCCP),自然界并不存在 A-系列的时间。正如我们所看到的,阿特曼斯帕切和普里马斯对这一问题的解决方案认为,客体时间和主体时间之间的区别产生于一个时间对称性破缺的过程,而这个过程存在于根本的永恒实在。[33]用来描述波函数的薛定谔方程是确定性和时间对称的,这意味着它可以向前或向后求解。与此相反,用于描述从波函数到粒子转换的投影假设(Projection Postulate)是不确定和时间不对称的。因此,在波函数坍缩的过程中,也就是我认为的意识涌现过程,A-系列被创造了出来。

到目前为止,这似乎只是对于"过去不能被改变"的认识论观点给出了一个量子解释,但此处也正是涉及记忆的地方。要使 A-系列成为一个"系列",从而能够构成过去,那么意涵必须被记住。一个没有将集体记忆代代相传的社会也将没有过去,因此不得不每时每刻对自身进行重构(如果它可以被称为一个"社会"的话)。同样,一个患有老年痴呆症的人也没有过去,至少对其个人而言。没有记忆,就没有历史。

记忆是建立在经验之上的,而经验作为波函数坍缩的主体层面,发生在经典(即现实)世界中。经验发生时,便会自动地铭刻于记忆中,而随着时间的推移,记忆会建立一段我们生命的经典历史。人们对记忆的物理基础了解有限,但一段时间以来人们已经知道,记忆的存储并非局限于特定神经元或神经元群,而是分散在整个大脑中。量子大脑理论基于这一发现得出逻辑结论,认为记忆在量子意义上是非定域的。[34]更具体地说,"记忆被印刻到真空,即量子场的最低能量状态,并在大脑中延展至宏观距离"[35]。这些记忆以纠缠态存在于我们无意识的叠加中,在那里记忆可以被随后的回忆所唤起。[36]

当你仔细思考,这种混合的经典–量子情形是有其道理的。以开车去商店为例,一路上可以有很多选择,如第一个红绿灯左转,第二个灯右转,第三个灯左转,中间还有很多小的选择。作为一个量子的自由能动者,我的过去在每一点上都是不确定的(因为我可以选择另一条路线),但每一次选择过后,我的波函数都会坍缩成一段经验,作为我历史的一部分被存储在记忆中。然而,这些不同的记忆从它们彼此的纠缠中获得意涵,如在开车去商店这样更长的事件中,而开车去商店这件事与我生命中其他与之相关的事件也是如此。如果我们是行走的波函数,那么尽管我们在每一个时刻的经验都是现实的,但在无意识的量子层面上,"许多历史作为潜在性而存在"[37]。

从这个记忆的概念中可以得出一个重要推论:过去的经验存在于当下。[38]这并非在比喻意义上表示记忆是关于过去的经验,就好像过去在当下仅只是所发生事件的画面或表征(representations),而就是指从字面意义上说,过去的经验今天仍然存在。这是因为过去的经验与无意识记忆的波函数纠缠意味着时间的非定域性,而在这种非定域性中,过去和现在并不是完全分离的。由于记忆的这种非定域特征,经验被保存在时间中,使得我们能够"重新体验"它。而我认为通过这种重新体验,我们也有可能重新建构它。请注意,这一不可分性并不意味着过去与现在是完全相同的,因为回忆需要波函数的再一次坍缩,即对过去经验的新体验。[39]然而,正是由于记忆的时间非定域性,我们才能够回忆起过去的经历。因此,基于这种观点,从量子角度理解的记忆代表了一种既非 A-系列也非 B-系列的时间概念,因为这两个系列都假定过去已不存在。如果记忆体现了时间的非定域性,那么在某种意义上,过去仍然存在,也因此可能被改变。

更具体而言,我对于如何改变过去的想法基于将回忆记忆诠释为一种延迟选择过程。回顾惠勒的延迟选择实验,作为双缝实验的一个变种,它旨在呈现时间上的非定域效应(第二章)。在双缝实验中,光子可以通过测量装置的两条不同路径到达记录仪。如果不刻意去确定光子通过哪条路径,那么连续进入装置的光子将在记录仪上形成一个干涉图案,说明每个光子都同时通过两条路径,即保持为波的形式。然而,如果我们试图测量光子通过哪条路径,那么光子的波函数就会坍缩,而测量也会显示出光子通过了其中一条路径。在延迟选择实验中,测量设置被做了调整,以使光子在通过两条狭缝之后(但在击中记录仪之前)才能确定其通过路径*。然而矛盾的是,两种实验得到同样的结果:如果我们不试图获得关于光子通过哪条路径的信息,那么我们将得到干涉图文,表明光子同时通过两条路径,但只要我们想要知道光子到底通过了哪条路径,就会发现只有一条路径被选择,即便我们是在光子已通过两条狭缝之后才问出这个问题。这表明波函数不仅在空间上是非定域的,在时间上也如此,因而"从光子在光源发出那一刻起到其被探测,波函数坍缩发生在这整个时间段中"[40]。简言之,测量创造了一个特定的过去,这一过去直到测量的那一刻都是不确定或"开放"的。[41]

那么,延迟选择机制如何帮助我们理解关于改变我们过去的可能性呢?G.加利·卡米纳蒂(G.Galli Carminati)和F.马丁(F.Martin)最近的一篇论文明确地回答了这个问题。[42]在他们的模型中,观察对象的选择是由自由意志决定的,意识扮演着粒子探测器的角色,记录所观察到的事物,而"由我们的无意识(记忆)所记录的现象作为量子态的相干叠加而持续存在"[43]。试想当我们回忆一段记忆,让它出现在意识中时,会发生什么。就像光子的过去可以根据我们放置镜子的位置以不同方式被创造一样,叠加记忆也可以根据我们观察它的角度和背景以不同的方式出现(即坍缩为一种新的经验)。可能性并不是无限的,因为叠加被构成的方式使得某些结果更有可能发生,例如我开车去商店的记忆不会被回忆为坐飞机去芝加哥。但在这些限制条件下,不止一个过去是可能的。更具体地说,有两种方式可以影响过去的延迟选择,我称之为"附加"和"替代"效应。[44]

附加效应更为直观一些,尽管从经典角度而言仍然很难理解。还是以开车去商店为例,现在假设由于我第二天打橄榄球发生意外,再也不能开车了。因为打球的选择与或可被称为"我的驾驶能力"这一状态矢量存在因果关系,所以打球这个选择以追溯和非定域的方式将我开车去商店的经历构成为我的最后一次驾车,从而给这个事件附加了它之前没有的新内容。附加效应填充了过去,使其更加详细,而因此在这个意义上"过去尚未完成"[45]。

---

* 这里是指观测人员对光子路径选择的确定。——译者注

替代效应则更进一步,意味着过去的某些方面确实可被改变。回想范普滕关于参战老兵变成和平活动家的例子。[46]与这位老兵过去所发生的那些永远完成并结束的纯粹物质事件不同,他过去的经验被保存在非定域的记忆波函数中,并作为过去本身而非过去的表征存在。在波函数中,在当下,这些经验可以在被唤起至意识时被重建。这并不会改变老兵在战争中所经历的过去,但因为这种经验"保留了下来",原则上便可以通过现在新的衡量标准而将其改变。此外,我们也不需要仅仅依赖于假设,因为在精神分析中有一种被称为"事后"(apres-coup)的被广为观察记录的现象。[47]"事后"是指这样一种情况:人们会有一些在当时或是被压抑或是不视为麻烦的经历,在其后因为治疗、新信息或新范畴的引入,而将这些事情看作是有问题的。例如,数千名犹太儿童在纳粹占领比利时期间与非犹太家庭一起躲藏而幸存下来。[48]虽然这些儿童中有许多对处境有一定了解,对绝大多数而言并不是创伤性经验,部分原因是其他人并未以这种方式去建构这些经验,而这些绝大多数的儿童并没有将自己视为大屠杀的幸存者。然而数十年后,在对大屠杀的集体理解发生变化后,他们由于自身经验的"延迟追溯效应"(delayed retroactive effect)而受到了创伤。

有人可能会说,这只是对很久以前发生的事情的重新诠释,因此只是认识论层面的变化。但这掩盖了"事后"的本质,即质疑很久以前到底发生了什么。可以肯定的是,幸存者的过去在物质方面并没有改变,他们当时的经历也没有改变。然而,从延迟选择的角度来看,记忆与过去的经验不可分离,两者存在非定域关联。因此,当通过新的理解这面"镜子"来唤起过去的经历时,这些经验是什么便被改变了。这种改变不是因果性的,而是构成性的,是一种本体论的改变。[49]这给"心理时间旅行"的概念赋予了新的意涵,这一概念最近被发展起来作为一种思考记忆(和先见)的方式。[50]尽管心理时间旅行概念的倡导者把这个想法仅仅当作一个比喻,但是从量子角度来看,在某种意义上人们确实可以回到过去,不是通过传输他们的身体,而是通过将思想与存在于记忆中的过去经验进行纠缠。

最后,如果将附加和替换效应放在一起考虑,我们可以得到一个更为广泛的结论。这些效应不仅作用于特定经历,而作用于人的一生,也就是说生命本身便可被看作一个延迟的选择。只有在生命的尽头,我们是谁和我们做了什么才被完全定义。一个年轻时做了坏事的人，在一定范围内可通过做好事到了老年时改变这一过去。简言之，量子意识为救赎提供了一个物理基础。我们都认为救赎具有理所应当的可能性，但如果我们只是经典层面的机器，这便很难解释。

在本章中，我着重讨论了个人对时间的经验，以及这种经验如何使得人的过去能够发生变化。作为向本书后续章节对社会结构探讨的过渡，我将以改变集体过去或更广义上改变历史的讨论来结束本章。尽管我认为本章论点能够延伸，但不可否认的是，这两种情况之间有一个重要的区别，至少如果我们讨论的是重建今天已无幸存者的事件 *。那些亲历事件的人有直接经验，因此对事件有个人记忆，而他们之后的人两者皆无。因此，即使我的观点被认可，即个人可以通过重新体验储存在记忆中的过去经历来改变过去，这对于未来的世代而言又怎么可能呢？[51]

在探讨这一问题时，需要首先指出的是，即使对于"曾经在那里"的个人而言，了解历史事件也不像表面看上去那么容易。首先，参加第二次世界大战的所有人都没有经历过"第二次世界大战"，因为他们不可能同时出现在所有地方。甚至斯大林格勒战役也没有人经历过，因为他们最多只是经历了这次战役的一小部分，例如拖拉机厂的战斗，而即使在这场战斗中他们的经历也都多少有些不同。其次，第二次世界大战直到 1945 年才结束，所以之前的个人经历一定程度上取决于战争是如何结束的，如果轴心国获胜，这些经历的性质便将有所不同，对德国人来说，将会是为了建立千年帝国而做出的崇高牺牲，而非为了迷失的理想而进行的不义之战。（或者试想一下1941 年的基辅大合围，当时它是德国的一次重大胜利，但后来成为一个战略失误，而一些历史学家认为这是失误让德国最终输掉了战争。）因此，无论从共时性（synchronic）还是历时性（diachronic）角度来看，即使是那些参战的人，作为个体也并未"拥有"构成了第二次世界大战的那些事件。第二次世界大战之所谓第二次世界大战，只是由于共同意涵，而这些意涵构成了他们的经验。

---

    * 作者此处想要表达的是，本章关于个体历史改变的论点可以延伸至集体历史，但两者之间存在差别。——译者注

现在把这一点延伸到第一次世界大战。战争中的个人经历无法再被直接重新体验,但构成当时经历的共同意义以集体记忆或历史的形式保存了下来。这种记忆只存在于语言中,而我在本书第四部分中认为正是语言建立了个体心灵之间的语义非定域性(semantic non-locality)。这种非定域性并不能使我们真正拥有彼此的经验(语言不是心灵感应),但它使我们能够直接感知而不仅是推断彼此的经验。此观点的一个关键含义在于,即使我们栖身于在彼此分离的躯体,我们的心灵也并非完全可分离。也就是说,鉴于我们通过集体记忆与第一次世界大战参战军人所建立的语义联系,我们今天也没有完全与他们分离,从某种意义上来说,他们的心灵也是我们心灵的一部分。因此,虽然我们无法亲身再体验他们的经验,但用 R.G.科林伍德(R.G.Collingwood)的话来说,我们可以"再扮演"(re-enact)他们的经验。[52]可以肯定的是,一个事件在时间上过去得越久,就会有越多心灵牵扯进该事件意涵的确定过程,而这一意涵也就越难被改变。因此,虽然当时在场之人可以说开启了过去事件的构成,它却在后来者的记忆中非定域地存在了下去。因此,正如当前关于第一次世界大战史学的激烈辩论所证明的那样,第一次世界大战(the Great War)也是"我们的"事件,而在这个意义上,我们也可以对其进行重构。

注　释

1. 关于意识的价值见 Siewert(1998)。
2. 这里指的是狭义的主观经验,而不是广义的涵盖所有三种心智官能的经验。
3. 参见 Pylkkänen(2004:183)。
4. 参见 Gell(1992)关于跨文化时间意识的可变性。
5. 参见 Grethlein(2010)对经验和叙述如何相互联系以避免还原其中之一的深入讨论。
6. 然而,考虑到它的确定性本体论,在经典物理学的约束下,这怎么可能是正确的还不清楚。
7. 参见 Roth(2012:324)。
8. 但是基于 Roth(2012)最近的整合,这可能正在开始改变。然而,在这个群岛中还有另一个岛屿似乎完全没有被发现,那就是关于"时间外部性"的文献;例如,参见 Jackman(1999;2005)和 Tanesini(2006;2014)。由于我将在第五部分中更广泛地讨论外部性,所以在此处我将把这项有趣的工作先放在一边。
9. 参见 Danto(1965)。
10. Ibid:155.

11. 参见 Hacking(1995)和 Tanesini(2006:199)关于法律、认知和语言实践的"开放结构"如何使未来"有助于确定过去一直是什么"的论述。

12. 参见 Gustafsson(2010)和 Roth(2012)对这场辩论的精彩总结。

13. 然而,我认为 Roth(2012)的实用主义分析接近本体论的解释。

14. 参见 Gustafsson(2010:312)。

15. 参见 Weberman(1997)和 Ni(1992);我之所以说"鲜为人知",是因为据我所知,它只被罗斯(Roth,2012)在脚注中引用过一次。

16. 参见 Weberman(1997:753)。韦伯曼的区分与他人对"硬"和"软"事实的区分相似;参见 Hoffman and Rosenkrantz(1984)和 Todd(2013)。与硬事实不同,软事实"依赖或凭借未来"(Todd,2013:830)。

17. Weberman(1997:754).

18. 关于事件的构成概念,参见 T.Jones(2013),关于构成"第二次世界大战"的论述工作的有趣讨论,参见 Reynolds(2003)。

19. 参见 Kim(1974)。

20. 参见 T.Jones(2013:79—81)。

21. 关于欧洲三十年战争的回溯性构成,Steinberg(1947)和 Mortimer(2001)有相反的观点。

22. Weberman(1997:note 34).

23. 类似的,强调未来角色的论点,参见 Parsons(1991),Jackman(1999)和 McSweeney(2000)。

24. Weberman(1997:760—762)强调他的主张不是一种反向因果关系。

25. 参见 Peijnenburg(2006)。

26. 参见 Varga(2011:72)。

27. 她的最后一个例子来自即兴音乐,连续的音符使之前的音符具有追溯性。Bohm(1980:198—200)也引用了音乐的例子来说明量子理论的整体性。

28. Peijnenburg(2006:248),楷体为原文所加。

29. 参见 van Putten(2006)。

30. 参见 Healey(1991;1994)。

31. Filk(2013:535).菲尔克(Filk)的文章很好地概述了时间非定域性的各个方面,但遗憾的是,它没有与惠勒的延迟选择实验联系起来,我试图在下文做此联系。

32. 在时间哲学中,这种观点被称为"现世主义"(相对于"永恒主义")。虽然符合直觉,但现世主义面临着强有力的反对,主要集中在它被认为无法证明关于过去的事实,比如"德国输掉了第二次世界大战";要了解这场辩论,请参见 Markosian(2004)和 Mozersky(2011)。虽然这场辩论很大程度上是关于向对现世主义提出挑战的狭义相对论的,但据我所知它并未涉及量子物理学。我认为我下文的论点是非定域的现世主义。

33. 参见 Atmanspacher(2003)和 Primas(2003;2007)。

34. 参见 Stuart et al.(1978),Jibu and Yasue(1995),以及 Vitiello(2001);对照 Brainerd et al.(2013)将量子概率论应用于情景记忆,但对量子大脑理论本身没有立场。

35. 参见 Franck(2004:52)。

36. 参见 Carminati and Martin(2008:563)。

37. Carminati and Martin(2008：564). 正如格罗夫(Grove，2002：577)所说："我们世界的过去可能包含了很多没有发生的事情，但在原则上是可以发生的。"

38. 或者更准确地说，就像 Franck(2004)所说的那样，"次"现在，因为只要过去的经历没有被回忆到现在的意识中，它们就会保持叠加状态。

39. 例如，我们可以在心里重新体验过去的痛苦，但是我们不能再经历那种特定的痛苦。

40. Carminati and Martin(2008：564)；楷体为笔者所加。

41. 关于开放的过去的概念，参见 Markosian(1995)。

42. 参见 Carminati and Martin(2008)和 Yearsley and Pothos(2014)，由于它们出现的时间太晚，因此无法纳入正文。

43. 参见 Carminati and Martin(2008：563)和 Franck(2004：55)；参见 Brainerd et al.(2013)。

44. 这些术语改编自 Bernecker(2004)，尽管他没有考虑改变过去的想法。

45. Sieroka(2007：92)，提到韦尔(Weyl)的观点。

46. 卡米纳蒂和马丁自己的例子是哀悼父亲的死亡(2008：569—572)。

47. 参见 Birksted-Breen(2003)和 Fohn and Heenen-Wolff(2011)。"重生"的经历可能具有类似的特征，尽管创伤较小。

48. 关于这种情况的讨论，参见 Fohn and Heenen-Wolff(2011)。

49. "量子橡皮擦"的概念似乎与这种效应有关，但我对它的理解还不够透彻，无法在这里讨论；如想跟进，可参见 Egg(2013)。

50. 参见 Suddendorf and Corballis(2007)，Suddendorf et al.(2009)，以及 Gerrans and Sander(2014)。

51. 这个问题需要进行比我在这里所能做得更广泛的讨论，所以下面只是作为一个建议。

52. 有大量关于"再扮演"的文献。参见 Stueber(2002)和 Dharamsi(2011)的两个描述，这两个描述似乎与我的论点尤为相关。

第四部分
语言、光和他者心灵

导　言

我在本书第三部分开始时描述了人类在严格经典物理约束下——不涉及意识和意向性属性——是什么样的。这样得到的图景是机器或僵尸,即物质的、界定清晰的、只受局域因果关系影响、确定性的,因而实际上是无生命的。

在前文中,我已阐明如果我们想象自身受到泛心论本体论的量子约束,那么就会得出一幅截然不同的图景。量子人也是物理的但并非完全物质的,具有意识且意识处于叠加态而非明确界定的状态,受限于非定域因果同时也是这种因果关系的来源,自由且有目的性,非常具有生机。简而言之,这样的人是主体而非客体,是能动者但更是一种能动性,总是处在"成为"中的状态(a state of Becoming)。此外,这一能动性是一种过程,而在这个过程中她﹡享有独立和最高的主导权(sovereign)。她可通过如何坍缩波函数来决定她的现在(第八章),通过在时间上向前投射自己,并强制向后关联来决定自己的未来(第九章),且在某种程度上她甚至可以通过在实践中附加

﹡　即量子人。——译者注

或替换过去*来决定自己的过去（第十章）。当然，这些决定在内部和外部都并非不受约束，但在这种约束范围内，人的量子模型设想了一种不可还原的、创造了我们是谁的自由。我认为这是一幅存在主义的图景，在其中我们的生命就如同艺术作品。[1]

在此基础上，我将在本书第四、第五部分转向能动者-结构问题的结构方面。结构方面不仅强调约束，还突出了人类能动性嵌入其中的可供性（affordances）**。其中一些是纯粹的物质客体，比如山川河流，对于人类来说是外在的。毫无疑问，这些客体的意涵是被诠释的，因此可以变化。对一个人来说，一座山可能是神圣的地方，需要被崇敬和敬畏；而对另一个人来说，同样一座山可能就是障碍，需要被炸掉。[2]这些不同的意涵牵扯进意识的作用，因此从量子角度进行分析将是有帮助的。然而山也同时是纯粹事实（brute fact），独立于任何人的意识，这就限制了我们通过意识来做的分析。[3]社会结构或机制方面的事实则不同，虽然它们对个人来说是外在的，但对人类集体来说却是内在的。尽管在实践中，许多社会结构是纯粹事实和机制事实（institutional fact）的混合体，比如拥有河流边界的国家。在下文中，我将先把纯粹事实搁置一旁，重点关注我们彼此之间的关系，这种关系构成了机制事实或初始形式的社会结构。

虽然不少量子概念会在接下来的内容中出现，但最核心的可能应是这样一种观点，即存在纠缠时，量子系统不是完全可分离的。可分性（separability）是经典世界观的一个基本假设，[4]它是指"世界的完整物理状态决定（伴随发生）于每个时空点（或每个类点客体）的内在物理状态以及这些点之间的时空关系"[5]。

正是这种假设支撑了现代科学的还原论，因为它意味着任何事物都可以被分解成更小的部分，而这些部分的存在并不以彼此存在为前提。

在经典社会科学中，可分的"类点客体"是个体人，其内在属性由我们的物质状态所构成。这种复杂的表达方式其实讲的是一个大多数人都能完全凭直觉得出的结论，即皮肤在我们每个人之间形成了一道不可逾越的界限，

---

*　即前文的附加和替换效应。——译者注
**　即所嵌入外部环境可提供给人类主体的属性。——译者注

使我们成为完全不同的个体。[6]这一观点是如此直观，即使亚原子粒子违反了可分离性，也很难看出这在社会层面上可能意味着什么，难道意味着你和我会是同一个人吗？当然，人类经常会体验到"我们感"（We-feelings），这种感觉是如此之强烈，以至于一个人可能会为了别人而牺牲自己的生命。但这种感觉是心灵状态，就像大脑的状态一样，似乎被包裹在我们的皮肤里，因此很难使我们在数值上（numerically）相同。可分性似乎是这些感觉的先决条件，如果没有"你和我"之分，那么"我们"能是什么呢？基于此，便很容易理解为什么绝大多数社会科学学者认为，对社会结构的分析必须建立在以可分性为出发点的个人主义本体论的基础上。

我所论证的要点在于，尽管可分性假设在直觉上具有很强的吸引力，它在社会生活中并不适用。不过我的讨论仅停留在此，因为我并不打算为相反的假设辩护，即人类是完全不可分的。即使在亚原子层面，完全不可分也是站不住脚的，纠缠状态的粒子也会保留一部分个体性。[7]更确切地说，在社会结构中相互纠缠的人的特征在于他们不是完全可分的。正如我们将会看到的，这仍然是一个激进的主张，但至少它没有那么明显的疯狂。而这一主张所导向的是一个整体论的社会本体论。在社会理论中，整体论观点很早便存在，诉诸似乎与人类可分性所不一致的意向现象特征，但这些观点是定性而非物理的。由于现代科学是还原论的，社会整体论（social holism）一直处于当代思想的边缘。通过为社会整体论提供一个量子纠缠的基础，我希望不仅能够加强（lend）其合法性，还能够把举证责任转移至经典个体主义正统的倡导者身上。

我通过两部分来阐述此观点。在本书第四部分中，我将以语言为特例进行考察，它是所有其他社会结构的媒介。基于量子语义学的最新研究成果，我将在第十一章论证，语言意涵具有不可还原的语境性和非定域性。继而，基于对光的本质的分析，我将在第十二章讨论他心问题（the Problem of Other Minds），提出这样一个观点，即当我们从量子力学的角度理解时，语言使我们能够直接感知彼此的心灵。在本书第五部分，我将讨论能动者-结构问题本身，并展示意识和语言的量子理论将如何为一种涌现论、整体论和生机论的社会概念提供物理基础。

注　释

1. 参见 Varga(2011)对这一古老主题的反思。

2. 参见 Freudenburg et al.(1995)。

3. 关于纯粹事实,参见 Searle(1995:2 and passim);参见 Wendt(1999:109—113)的"残余唯物主义"。

4. 正如 Kronz and Tiehen(2002:332)所说:"在经典力学中没有不可分状态。"

5. Maudlin(2007:51).

6. 参见 Farr(1997)关于皮肤作为身份边界的重要性,以及 Bentley(1941)的评论。

7. 尽管有多少个体性是一个有争议的问题;参见例如 Castellani, ed.(1998)。

第十一章　量子语义学和意涵整体论

　　语言是人类社会最基本的制度(institution)，它将我们与所有其他物种区分开来，[1]且如果没有语言，我们的其他制度也就不可能存在。然而，把语言称为"制度"，其实已经在关于语言是什么的辩论中表明了立场，这就涉及了能动者-结构问题。近年来，语言学的主流观点一直认为，语言存在于个体人的大脑中，无论是作为"心理器官""计算装置"抑或甚至是"本能"。[2]基于这种观点，语言学本质上是认知科学的一个分支。而强调语言的超个体性(supra-individual)的学者则持截然不同的观点。仅提其中一些人，如索热尔(Saussure)、维特根斯坦、戴维森和塞尔(Searle)，都强调了我们使用语言的方式是如何被一个语言使用群体共有规范所构成和决定的。从这个角度来看，语言与其说是认知事实，不如说是制度事实。[3]当然，制度不能脱离人而存在，因此主张"自上而下"的人会认可头脑中的想法也很重要，正如同主张"自下而上"的人同意语言必须共享才能促成交流。但是，就像在更普遍的能动者-结构问题中一样，如何结合部分和整体并非显而易见。

　　重要的是，语言使用者和语言群体之间的相互依赖意味着隐含的主客体两极同时构成了这两种观点*。[4]对于社会科学学者而言，这种对立最常见的例子大概要数索热尔对语言和言语(parole)**的区分，前者指的是一种语言的结构，作为是一种抽象的符号系统，而后者是指实际的话语。作为一

---

　　*　即前段强调个体和群体的两种观点。——译者注

　　**　这里选择使用对 parole 在该领域中文语境的常用翻译。——译者注

个制度主义者,索热尔忽视了讲话(speech),而作为一个认知主义者,乔姆斯基(Chomsky)则忽视了制度,但后者对于"语言能力"(competence)与"语言运用"(performance)的区分反映了同样的极性。如果一种语言的使用者能够使用一种语言的生成语法(generative grammar)(一种"头脑中的语言"[5])进行交流,那么她就具有这一语言能力,但她需要通过语言运用在讲话中实现这种潜能。这种极性反映了语言学中语义学(semantics)和语用学(pragmatics)之间的不同,前者关注的是语言的语法如何赋予意涵,或"本身意涵"(meaning-in-itself),而后者则关注现实世界中意涵如何赋予的,或"使用意涵"(meaning-in-use)。语义学超越了特定能动者,因而具有客体性质,而语用学由于与语言的使用者联系在一起,因而具有(或倾向)主体的性质。[6]此外,回顾我在第一章关于社会结构的讨论,语义是不可被观察的,可见的只是话语(utterances)。[7]正如我们将会看到的,语言哲学中的一个重要问题是如何在同一框架下整合这两个极点。

然而,语言在语用学方面提出了另一个问题,即对解释主义者(interpretivists)来说,语言是自然主义社会科学的根本障碍。这是因为语言的运作方式与物质世界的运作方式几乎没有共同之处。在物质世界中,事物通过因果过程而发生,在这种过程中,力或能量的传递引起了物质客体的变化。这些过程是完全客体性的,因为它们的影响并不取决于诠释它们的方式。相反,语言通过施为过程(performative processes)使事物发生,而这种过程构成了具有意涵的现象。施为过程不是完全客体性的,因为其内容取决于其如何被理解。可以肯定的是,社会科学学者可以抽象脱离这些理解,使他们的工作"似乎"像化学一样。[8]但是,这种理解是实证主义者和解释主义者之间争论的关键源头,而这种争论从一开始便困扰着社会科学。在这场争论中,我和解释主义者一样,认为语言与化学本质上是不同的,因此从这种差异中抽象脱离出来就会错失社会生活的一些本质。

但什么是语言呢?根据物理的因果闭合(CCP),自然界的一切最终都是物质的,因此语言也必须是物质的。[9]如果它不是的话,那么又可能是什么(或在哪里)呢?另一种观点认为,语言是一种超自然现象,但这似乎不太可信,或者说它是实体二元论(substance dualism)中与自然没有联系的精神现象,这似乎也是有问题的。因此,如果语言是社会世界的一部分,那么它一定具有某种物质基础。但又是哪种物质基础呢，是经典（即物质）物理的还是量子物理的？

这一问题直到最近才被提出，因为一直以来争论各方都隐含假定了一个经典的答案。我认为意识以意向性现象为前提，而对意识的唯物主义解释尚未被提出，但实证主义者相信这一解释终究会被找到，并且不会破坏科学的统一性。就解释主义者而言，虽然他们并不怀疑"物理的"便意味着"物质的"，[10]但他们似乎相信即便出现了关于意识的唯物主义解释，也不会威胁到人类科学（human sciences）至少在认识论层面的自主性。然而，从心身问题的角度来看，没有任何证据表明意识的唯物主义解释是存在的。虽然这似乎对实证主义者构成了更大的威胁，但同时也带来了生机论的威胁，而即便是绝大多数的解释主义者也都急于避开后者。

在本章中，我将挑战这一争论的共同前提，即语言是一种经典现象。我的讨论将基于物理学家的工作，他们已经开始将量子理论应用到概念和语言意涵上。他们的分析介入了语言学的一场长期争论，即意涵如何构成，是来自具有内在内容的更小的语义单位（成分主义观点，compositional view），还是不可还原地依赖于局部语境（语境主义观点，contextualist view）。这本质上是一场关于语义学和语用学相对重要性的辩论，我们将看到语言的量子视角明显倾向语境主义。这一量子视角的倾向性证明了解释主义的观点，即当涉及认识论时，语言的确不同于化学，同时它也证明了实证主义的观点，即当涉及本体论时，语言是自然的一部分。

意涵中的成分与语境

长期以来，关于语言意涵如何产生的主流观点一直都是成分主义，也即社会科学学者视角中的一种还原论：一句话、一个段落或文本这类整体的意涵取决于其组成部分（词）的意涵及其组合方式。正如杰里·福多尔（Jerry Fodor）所讲的：

以下两点论述都是非常合理，一方面，语言和思想的多产性（pro-ductivity）和系统性（systematicity）都可以用心理表征（mental repre-sentations）的多产性和系统性来解释；另一方面，心理表征之所以是系统性和多产性的，是因为它是成分性的。这种观点认为，心理表征的构建方式是通过将有限数量的组合原理（combinatorial principles）（相对或绝对地）应用于原始概念（primitive concepts）的有限基础之上。[11]

由于其还原论和对原始及可分部分的强调，这种观点显然是经典的意涵理论。这种理论对于我们定义基本部分的能力要求很高，基本部分即词汇特别是概念，它们的意涵已达到最底端，这在人们对状况做出诠释方面发挥着关键作用。但在实际中这是很难办到的。概念曾被认为可基于其应用定义为必要和充分条件，但现在已经清楚这是不可能的。这之后，更灵活的标准被纷纷提出，这些标准诉诸"原型"（prototypes）、"范例"（exemplars）和"分级结构"（graded structure）等概念，以呈现人们如何使用概念统计证据中的相似性。[12]关于这些不同模型优点的争论仍在继续，尽管目前尚不清楚是否有任何模型能够处理隐喻和类比等非字面意涵而是比喻意涵的相似性。[13]但无论如何，如果概念要组成更大的意涵，便需要稳定和清晰的属性。

然而事实证明，对概念进行定义是相对容易的部分，一旦涉及概念组合（concept-combinations）和整句，事情很快就变得更加困难。有些概念组合是成分性的，比如"黑猫"[14]，但"宠物鱼"这种概念呢？[15]如果你在词语联想实验中提示受试者"宠物"这个概念，那么"古比鱼"很少会被联想到，"鱼"也是如此。然而，如果你用"宠物鱼"来进行提示，那么"古比鱼"就会被高频率提及。如果意涵是成分性的，那么为什么当一个词与另外两个被单独考虑的词关联时出现的概率低，而这另两个词组合在一起时，第一个词出现的概率便非常高？这并不是说成分主义理论未尝试解释"古比鱼效应"，但目前尚不清楚这种理论是否能胜任这项任务。[16]

继而让我们来看看另一个尽管仍然很基础但更难的例子，同样是关于一个句子的意涵能否可以分解为其组成部分的意涵以及组合的方式。文献中经常讨论的例子是《皮娅与画叶》的故事：

> 皮娅的日本枫树有黄褐色的叶子,她把这些叶子涂成了绿色。她的邻居摄影师正在寻找绿色主题,皮娅对他说:(1)这些树叶是绿色的。这句话显然是正确的。
>
> 现在试想,皮娅的植物学家朋友在其论文中对绿色树叶感兴趣,作为对她的回应,皮娅又说道(1)这句话。而这一次,她的话在直觉上似乎是错误的。[17]

也就是说,句子虽然一模一样,意思却完全不同了,这是因为皮娅讲这句话的语境改变了。

语境影响语言意涵的想法至少可以追溯到维特根斯坦,但在过去,主流学界一直对其兴趣不大。最近因为受到诸如"皮娅的故事"这种思想实验的推动,语境主义已成为对成分主义正统的重要挑战。[18]语境主义有许多形式,从可与成分主义相结合的温和形式到激进语境主义。激进语境主义认为,在认知中根本没有文字范畴(literal categories),而只有"相似性各维度的暂时联合,而这些相似性维度是由语境所联系在一起的"[19]。它们*的共同点在于,都认为语用学在决定语言意涵方面起着至关重要的作用。语用考量几乎覆盖所有层面,包括言语交流背后的宏观结构,对话者意图和/或知识的互动层面,言语的曲折(inflected)变化**或句子的组织方式,以及概念组合的微观层面(如"宠物"和"鱼"各自构成对方的语境),语用考量在所有这些层面同时发生作用。

从直觉上来说,语境显然影响着言语表达的意涵,这一点也得到了成分主义者的认可,他们除了主要强调语义学外,也对语用学的有限作用给予承认。[20]然而,成分主义者定义和操作语境的方式并未使批评者满意。成分主义者通过确定谁在何时何地发言等固定参数值,构成了一个在其批评者眼中的至多是"狭义"(narrow)的语境,而非言语所实际发生的"广义"(wide)语境,在广义语境中,几乎任何事物都可能影响意涵。[21]广义背景的复杂性和潜在微妙性至少在两个方面构成了挑战。首先,它使得自然语言系统性

---

    * 即温和与激进语境主义。——译者注

  ** 如时态、语态、人称、数词所引发的变化。——译者注

语义学(即科学)的可能性存疑。如果一个话语的意涵可以基于任何数量的语境差异而改变,那么有什么希望对意涵进行归纳概括呢?[22]从最近关于成分主义可以处理更广泛语境影响的研究来看,这一挑战似乎得到了认真的应对。[23]其次,福多尔认为心灵的计算模型甚至在原则上也无法处理语境敏感性(context-sensitivity),因为这些模型假设心灵是一台计算机,通过固定的表征结构和因果结构对信息进行一比特一比特的处理。[24]福多尔的观点存在争议,[25]但它也为语境主义者提出了问题,那就是他们关于的广义语境理论如何能够与认知科学相协调? 简言之,语境对意涵产生影响的物理基础是什么?

量子语境主义

我既没有能力,也无意愿对这场辩论做出裁决。相反,我希望能够将其经典参照系问题化。这一参照系是完全隐含在文献中的,因为物理学几乎从未在相关讨论中出现,[26]甚至当经典心灵观被如福多尔所使用时,也并非在与量子观进行对比。因此,在量子语义学文献之外,我所了解的语言哲学对量子理论没有涉及,除了一篇实验语义学方面的文章,其作者杰夫·米切尔(Jeff Mitchell)和米雷拉·拉帕塔(Mirella Lapata)急切地驳斥了量子建模选项,因为它的数学特征"不仅削弱了量子模型在人工计算环境中的可处理性,也降低了量子模型作为人类概念组合模型的可行性"[27]。如果我们假设心灵是经典的,那么这些抱怨便是有道理的,但这也恰恰是问题所在。

为什么需要在语言学中进行量子转向(quantumturn)? 首先,语言根植于大脑,如果大脑是一台量子计算机,那么我们就有理由认为语言也是量子的。其次,量子理论是最为卓越的情境理论,如何对测量进行准备会对结果产生重大影响。因此,在量子理论和语言之间可以存在"相当强"的类比,而"完全相同"的建模操作对于两者来说都适用。[28]量子语义学的主要贡献者之一、物理学家迪德里克·阿尔茨(Diederik Aerts)认为这一类比非常有力,他甚至反过来用它提出量子理论的新诠释。他的观点是,尽管由于量子过程的表现与我们日常生活中所遇到的任何事物都不同,而因此被认为是神秘的,但实际上量子过程就像我们都非常熟悉的"概念"一样。[29]阿尔茨并未明言概念确实是量子力学的,但他的许多例证都具有说服力,并表明其研究是向我更加实在主义观点的小跃进。

最后,就像量子力学一样,语境主义是一种整体论理论,其中"整体的意涵决定了部分的意涵,但反之并不亦然"[30]。意涵(或语义)整体主义分为不同程度,从激进到温和(moderate)再到几乎仁善(benign)的,激进观点认为"一种表达的意涵本质上取决于它和语言中所有其他表达之间的关系……",温和观点认为,"语言表达的意涵取决于它与同一整体(totality)中许多或所有其他表达的关系",宽厚观点认为,"一个表达的所有推断属性(inferential properties)构成了它的意涵"。[31]我并不清楚量子语义学意味着这些整体论中的哪一个,因为文献没有直接讨论这一问题。一方面,量子理论是最具整体性的;而另一方面,正如我们在第八章所看到的,心灵的希尔伯特空间被划分为经常性关联概念的态矢量(state vector),而只有其中一些概念能够在给定的语境中被激活。因此,与其在此讨论哪一种整体论最恰当,不如对量子语义学进行介绍,尔后留待读者自行判断。

该论证的出发点在于,概念通常具有许多意涵,因此在抽象层面上缺乏明确的属性。以"suit"一词为例*,它可以用来描述一件衣服、一个法律程序**或扑克牌的某个方面***,等等,而这些意涵彼此之间几乎没有关联。[32]这表明,一个概念的"基态"(ground state)可以表示为潜在意涵的叠加,每个潜在意涵在其波函数中都是一个不同的"矢量"。处于叠加态意味着这些矢量在量子力学意义上是纠缠的。[33]然而,它们具有不同的"权重",这可以通过调查实验来确定,通过要求受访者对给定概念的"典型"程度进行评级(这是语言学的一种常见研究方法)。这些权重给出了波函数的结构,告诉我们在其他条件相同的情况下,函数坍缩到某种而非其他实际意涵或"本征态"(eigen-state)[34]的可能性。由于一个概念不能既潜在、抽象,又实际、具体,阿尔茨认为两者之间的关系是海森堡测不准性的一种,就像我们无法同

---

* 由于作者在这里试图以该词的多重含义为例,故而选择保留原词。——译者注
** 即控诉。——译者注
*** 即花色。——译者注

时知道一个粒子的动量和位置一样。[35]因此,"不能再认为词汇'拥有'与其实际使用无关的内在意涵,就像在玻尔看来,不能认为电子'拥有'内在的位置或自旋一样"[36]。

在量子力学中,测量是导致波函数坍缩的原因*,这是一个固有的情境化过程,首先要确定对自然提出什么特定问题,然后准备实验,使其能够得到解答。如果以不同的方式执行这些步骤,便会得到不同的结果。与之类似,在语言中,能够使一个概念从潜在意涵坍缩为实际意涵的是言语行为(speech act),这种行为可被视为把概念与其他词语和特定听众置于同一语境的测量。[37]这一过程始于讲话者决定尝试传达一种意涵而非其他。虽然沟通意图(类似于物理学家的问题和实验设计)以某种方式构成结果,但实际生成的意涵(出现"粒子"的节点)也取决于听者,而她的理解将取决于所说内容如何与她对词汇及其相互关联的记忆(可能与讲话者是不同的)发生互动。因此此处的指导思想在于,记忆结构与概念的关联方式,就像物理学中的测量装置与粒子的关系一样。[38]如果这是正确的,那么我们应该能看到量子纠缠和干涉体现在实际的语言使用当中,这也是量子语言学想要呈现的。这项工作主要通过对概念组合的研究来实现,比如"宠物鱼",在这个例子中,一个新概念的引入改变了原来概念的语境,进而改变了某一特定概念实例出现的概率。

首先考虑概念干涉的情况,阿尔茨基于人们如何对水果和蔬菜进行分类的实验数据举了一个很长的例子。[39]受试者被要求完成三项任务:(A)从食物清单中选择一项他们认为能代表"水果"的典型例子;(B)从相同的清单中选择一个"蔬菜"的典型;(C)"水果或蔬菜"。清单上有 24 种食物,其中有一些比较好的选择(苹果和西兰花),但大多数都有些模糊(蘑菇和芥末)。对(A)和(B)的回答衡量了每种食品作为概念实例的"典型性",或者说在量子层面上衡量了水果和蔬菜叠加状态不同矢量的权重。至于(C),当两个概念结合起来时,如果意涵是经典的,那么某人选择一个给定范本作为"水果或蔬菜"实例的预期概率应是(A)和(B)答案的平均值。但是,来自

---

* 译者认为,作者对于量子理论诠释的使用在与社会研究相连接时存在某种以偏概全的倾向,甚至脱离了作者自身的量子诠释偏好,此处为一例。——译者注

（C）的数据所显示结果却并非如此，每种食品都在不同程度上偏离了预期值。在完成数学运算之后，阿尔茨说明偏差可以用干涉来进行解释，意味着概念组合的逻辑实际上是量子的。

其次，阿尔茨表明，这个实验可以用图形化的方式作为物理学双缝实验的直接模拟。对（A）的回答对应于粒子通过其中一个狭缝同时另一个狭缝关闭，而对（B）的回答则对应相反情况。在概念和物理实验中，结果都是呈现在打开狭缝对面的正态分布，概念实验中是食物的选择分布，物理实验中是粒子击中幕布。（C）对应于两条狭缝都打开的情况，我们所得到的不是前两个分布的平均值，而是干涉效应的条纹特征，正如在双缝实验中一样。虽然阿尔茨的目的是说明粒子行为像概念一样，但他的实验映射（mapping）证明反过来也是正确的。此外，在这两种情况下，我们都可以看到与经典物质客体的区别。这一点将更加清晰，当我们试想对于任何两个概念，如"家具"和"鸟"，它们的析取（disjunction），即"家具或鸟"本身就将是一个概念（即使这种概念的范例很难找到），然而正如本例所示，两个实际物质客体的析取却通常不是一个客体。[40]

现在让我们来看看概念之间是否存在纠缠，方式是通过推导贝尔不等式并检验它们是否在实验中被违反。如果违反，那么纠缠便是存在的。为了推导这些不等式，阿尔茨考虑了"动物行动"（The Animal Acts）这个句子及其中两个概念。继而，他选取"两组动物概念的范例或状态，即马、熊和虎、猫，以及两组行动概念的范例或状态，即吼叫、嘶鸣和咆哮、喵叫"[41]。在一系列四个实验中，受试者被问及第一对中的哪个词是"动物"范例，第二对中重复这一问题，继而在后两对中就"行为"也提出相似问题。这些实验为每一个概念的范例提供了权重，当该概念与另一概念分开考虑时。接着阿尔茨又设计了另外四个实验，在这些实验中，范例被分成不同的组合，比如"虎喵喵叫""猫咆哮"等，接着受试者被问及每一个组合是否为"动物行为"的好范例。在每个实验中，期望结果是总会有一个组合，如"猫喵喵叫"，将明显对其他组合占据优势。实验中的不同答案都被赋予不同数值，在此基础上阿尔茨得以推导整个集合的贝尔不等式。

虽然这一研究设计适用于标准的心理测试，但是阿尔茨转向了对数千页网络数据的分析，他认为这有助于进一步阐明他的量子解释。由于细节浩繁,不便在此展开。阿尔茨的结果清楚地显示了对贝尔不等式的违反,即存在纠缠。

这是因为"动物行为"不仅是概念的组合,其自身还是一个全新概念。正是这一新概念决定了范例组对的权重赋值,因此如果我们只考虑由组成概念(constituent concepts)所决定权重的乘积,它将与新概念决定的权重赋值不同……这表明,以一种自然和可理解的方式对概念进行组合会产生纠缠,而且其方式在结构上完全类似于纠缠在量子力学中出现的方式,也就是允许两个实体联合变量(joint variables)的所有函数作为波函数来描述由这两个实体所组成联合实体的状态。[42]

将这一实验联系到语言哲学的争论,它表明即使是非常简单的概念组合,意涵也具有内在的语境性,而非成分性。

词汇联想实验(word association experiments)进一步证明了概念之间的纠缠,在这种实验中,受试者被要求根据所给出的提示词汇列出所有与之相关的词汇。该实验的思路在于,词汇之间的隐含联系是不一样的,如"行星"与"地球"和"月亮"有关,但与"老虎"或"椅子"则无关。因此,通过描绘联系的数量和连接性(connectivity),我们可以深入了解语言的结构。这些实验证明,词汇并非作为独立实体存储在记忆中,而是作为相关词汇网络中的节点。需要注意的是,这本身并不意味着纠缠,因为网络可以是经典的(如在社会科学中广泛使用的网络理论)。纠缠的关键点在于词语如何被激活。第一条线索出现在 2003 年道格拉斯·尼尔森(Douglas Nelson)、凯茜·麦克沃伊(Cathy McEvoy)和丽莎·珀因特尔(Lisa Pointer)的一篇论文中,他们测试了两种词汇激活模型。[43] 根据"激活扩散"模型(Spreading Activation model),"激活从目标(target)出发,并在该目标关联者之间返回该目标,此过程是一条连续链"(第 42 页)。这是一幅经典图景,依赖于每个词汇到下一个词汇的定域因果关系。与之相对,根据"远距离激活"(Activation at a Distance)模型,"目标并行激活其表征和组成其网络的关联者"(第 42 页),或同步激活而不需返回到此目标。尼尔森等人在回顾现有证据并进行两项实验之后得出结论,认为后者具有更好的预测能力,因此

"记忆激活的基本原理是激活的同步性（synchrony），而非其扩散性"（第49页）。

这并非尼尔森等人所期望的，部分原因可能是他们并未明确地基于量子视角来建立远距离激活模型的理论，因此他们的发现是"反直觉的"，很难做出解释。然而，尼尔森等人随后与一些量子理论家合作，从而为观测结果提供了解释，这些量子理论家从量子角度对远距离激活模型进行了形式化。[44]虽然从经典角度来看，同步激活是一种异常现象，但如果词汇以纠缠叠加的形式存储在记忆中，从而并非完全可分，那么同步激活便是我们所预期的结果。[45]这意味着，我们的心理词典（mental lexicon）与经典理论特别是成分理论相比，构成我们语义网络节点的词汇在实体化之前并没有明确的本体特征。只有随着语境的引入，即关联的测量方式，词汇才会呈现出具体的本体特征，这是网络"坍缩"的结果。简言之，概念并不是正统观点所认为的"客体"，而是随时间而逐渐呈现的过程。[46]

量子理论在语言方面的应用还很初步，迄今为止持经典观点的语言学者还未进行反击。因此，目前还不清楚这些观点是否会占上风。然而，考虑到成分论者一直难以给概念一个精确定义并解释语境对意涵的普遍影响，量子语义学能够对这些困难问题提供预测这一事实是很有启发性的。如果心灵和语言的物理基础真的是量子力学的，那么语用学在意涵产生方面便比人们通常认为的要重要得多，而成分论者和语境论者之间的争论便应以后者的明确胜利而告终。

作为向下一章的过渡，我想指出贯穿语言哲学的一个令人不解的空白：意识的作用。制度主义者忽视意识是有道理的，因为他们对言语者头脑里的东西不感兴趣。然而，认知主义者同样忽视了它，并代之以计算角度来理解心灵。[47]事实上，意识在文学中扮演的最大角色似乎是由语言所产生的一种"幻觉"。[48]具有典型代表性的一例，《牛津语言哲学手册》（2006年）作为该领域一份超过1 000页的综述，却没有"意识"一词的索引条目。[49]

量子语言学家同样未将意识主题化，但我更大的论点指出了意识在他们研究中的重要作用。回顾前文，意识在波函数坍缩中产生，被理解为由自由意志引起的时间对称性破缺过程（见第六章）。意志通过超前行为起作用，使未来和现在之间产生关联。经验则通过延迟行为对这一倒退运动进行补充,通过在时间中前进恢复了时间的对称性。

这说明了语言的两个方面。第一,语言意涵的产生是有意为之的结果,因为它需要基于不断的决定,将词汇潜在意涵转化为实际意涵。[50]这意味着,尽管语言作为一个整体处于量子相干态,但真正创造意涵的却是退相干过程。*[51]第二,作为退相干的一个方面,只有在语言的经验中,意涵才得以实现。[52]语言意涵完全不是语言所产生的幻觉,而是以意识为前提的。这指向了一种现象学语言观(phenomenological view of language),这一观点"反驳了如下观点,即说与听、写与读是对思想和感觉的无意识与自动推出(roll-outs),而思想和感觉是在语言发生之前或之外形成的"[53]。此外,由于意识起源于本质上非定域的波函数,只要这些波函数是共享的,而它们也必须是共享的,因为语言必须是社会性的,那么通过语言的经验,我们便可能接触到他人的心灵。

注 释

1. 广义上的语言并不是人类独有的,但动物语言相比之下显然是相当初级的。

2. 参见 Zlatev(2008:37),他分别总结了诺姆·乔姆斯基(Noam Chomsky)、雷·杰肯道夫(Ray Jackendoff)和史蒂文·平克(Steven Pinker)的观点。

3. 尤其要注意 Harder(2003),他主要借鉴了 Searle(1995);关于戴维森主义和维特根斯坦主义对语言社会性的研究方法,参见 Williams(2000)和 Verheggen(2006)。

4. 特别参见 Cornejo(2004)。

5. Cornejo(2004:9)。关于生成传统的权威综述,请查阅乔姆斯基(1995)的概述,因为他的观点与本章和 Jackendoff(2002)有关。

6. 我之所以说"倾向",是因为许多哲学家否认意识在语言学中有任何有趣的作用;见下文。

7. 参见 Itkonen(2008:21—23)。

8. 参见 Padgett et al.(2003)的令人耳目一新的对这方面影响的明确讨论。

9. 参见 Benioff(2002)。

10. 但是,Apel(1984) 是一个例外。

11. 该引用来自 Busemeyer and Bruza(2012:145)。

12. 参见 Gabora et al.(2008)关于概念研究历史的简要概述。

13. 参见 Thomas et al.(2012:596),他们认为成分主义的连接主义变体可以处理这种情况。

14. Busemeyer and Bruza(2012:145).

---

* 译者认为这里也是作者对不同量子诠释存在便宜混用的一例。——译者注

15. 关于就此的彻底讨论,尽管是从量子的角度,请参见 Gabora and Aerts(2002:344—346)。

16. Mitchell and Lapata(2010)对这方面的努力做了赞同性的概述。

17. Predelli(2005:351)和 Hansen(2011)对本例和类似的例子进行了很好的讨论。

18. 参见 DeRose(2009)关于语境主义的全面陈述。语义语境主义与认知语境主义有关,但不同于认知语境主义,我不会在此讨论这个问题;关于本文献的一个很好的考察,参见 Rysiew(2011)。

19. Thomas et al.(2012:595)。参见 Recanati(2005)关于语境主义的多样性,他将其与"彻底写实主义"(literalism)并列。

20. 参见 Lasersohn(2012)中关于两种传统如何处理语境对意涵的影响的讨论。

21. 比如,参见 Recanati(2002:110—112)。

22. 参见 Lasersohn(2012)。

23. 比如,参见 Pagin(1997),Predelli(2005),Hansen(2011),Lasersohn(2012),以及 Thomas et al.(2012)。

24. 参见 Fodor(2000)。

25. 参见 Thomas et al.(2012)。

26. 我所知道的唯一例外是 Chomsky(1995),他认为我们应该像对待其他任何物理系统(他明显指的是经典物理系统)一样对待语言的研究。

27. 参见 Mitchell and Lapata(2010:1399—1400);Dalla Chiara et al.(2011:85)的作者是量子理论家,他们对此并不感冒,将"不可处理性"的指控称作"常见的偏见"。

28. Widdows(2004:217);另外参见 Neuman(2008)。

29. 参见 Aerts(2009;2010)。

30. 参见 Dalla Chiara et al.(2011:85),以及相同作者 2006 年的论文。

31. 参见 Jorgensen(2009:133—134),分别引用克里斯托弗·佩佐克(Christopher pezocke)、彼得·帕金(Peter Pagin)和迈克尔·迪维特(Michael Devitt)的话;楷体由笔者所加。参见 Malpas(2002)和 Pagin(2006)以了解意涵整体论。

32. 这个例子来自 Bruza and Cole(2006:12)。

33. Busemeyer and Bruza(2012:151)。

34. "Eigen"在德语中的意思是实际的或真实的。

35. 参见 Aerts(2009:388—389)。

36. Ford and Peat(1988:1239)。

37. 参见 Schneider(2005),他和阿尔茨一样,实际上从相反的方向建立联系,认为物理学中的测量是一种言语行为。

38. Aerts(2009:371).

39. Aerts(2009;2010:2954—2959);另外参见 Busemeyer and Bruza(2012:144—146),及第八章中的"琳达"案例。

40. Aerts(2010:2965)。另外参见 Sozzo(2014),该论文讨论了边缘情况,也复制了既存的实验结果。

41. 参见 Aerts(2010:2960),另外参见 Aerts,Czachor and D'Hooghe(2006:466—469)中的另一个例子。

42. Aerts(2010:2964).

43. 参见 Nelson，McEvoy，and Pointer(2003)。

44. 参见 Bruza et al.(2009)；关于该形式化的进一步讨论和例子，参见 Kitto et al.(2011)及 Busemeyer and Bruza(2012:Chapter 7)。

45. Busemeyer and Bruza(2012:200).

46. 这个概念的开端可追溯到威廉·詹姆斯(William James)；参见 Larrain and Haye(2014).

47. 比如，参见 Jackendoff(2002)，当他最终讨论意识时(原文如此)(第 309—314 页)，是从功能性而不是经验性的角度来定义意识的。

48. 参见 Dennett(1991)。

49. 参见 Itkonen(2008)，Zlatev(2008)，以及 Ochs(2012)对文献中此种偏见的批评。

50. 关于语言使用的目的性特征，参见 Zlatev(2008:48—49)和 Aerts(2009:401)。

51. 参见 Aerts(2009:371—372)，他认为意涵更类似相干性。

52. 参见 Itkonen(2008:19)和 Ochs(2012)。

53. Ochs(2012:152)；另外参见 Robbins(2002)和 Zlatev(2008:49)。

第十二章　直接感知与他心

　　量子语义学文献关注的是孤立个体,而在本章我将把它扩展到更加现实的对话情况中来。在这种情况下,构成言语行为语境的不仅是相邻的词句,还包括拥有自身意图的他人的存在。而转向互动,我们也便遇到了"他心问题"。哲学家实际上对这样两个问题进行了区分:一个是认识论层面知晓别人在想什么的问题或"读心"(mind-reading)*问题;另一个则是更深层次知晓别人是否拥有心灵的问题。[1]然而,对于社会科学学者来说,主要问题是读心,心理学有大量这方面的文献,因此我将依据这些文献在下文聚焦。[2]

　　一般意见认为人是很擅长读心的,但问题在于我们是如何做到这一点的,考虑到意识明显的私有性。主导观点认为,读心机制是表征性和推断性的,因此是"间接的"。根据这一观点,我们每个人的头脑中都有一个"心灵理论"(Theory of Mind),它与科学理论相似,能够很好地反映他人心灵,使我们得以推断他们的想法。而"直接感知"的主张者对这一观点提出了质疑,他们认为我们在与他人接触时所看到的行为,并非他们的心灵在我们头脑中的表征(representations),而是他们思想本身在行动中的反映。不过这两派意见都假定我们的思想是经典的,因此心灵作为系统是相互之间可分的。这对于直接知觉理论来说是非常有问题的,因为它意味着我们与他人心灵的接触受制于定域因果关系的约束,因此这种接触无法是真正直接的。

---

　　* 作者此处所讲的当然不是特异功能或玄学,而是指对心灵的解读,下同。——译者注

我将通过我们视觉感知物体的方式来间接地探讨这一问题。我这样做有两个原因。首先，文献本身专注于心灵解读的视觉方面，因此令人不解地并未将语言作为中心主题。语言学习对于开发儿童的解读心灵的能力很重要，这方面已有相关研究，[3]当然还有很多关于表达行为（expressive behavior）的研究，其中大部分是关于语言的。但是，对话作为进入他人心灵途径的特殊性却基本上被忽视了。[4]其次，"在视觉世界（visual world）的创造方式和语言被用来创造我们心灵空间（mental space）的方式之间，有着很强的相似性"[5]。尤其重要的是，我认为由于光的非定域性，在视觉中我们可以直接感知周遭环境中的客体。由此可以更容易地看出，语言的语义非定域性（semantic non-locality）使我们能够对他心做同样的事情 *。总之，语言和光是相似的。

感 知 问 题

简要来讲，感知的"问题"在于解释我们的感官如何与外部现实联系在一起，从而使我们通常能够成功地驾驭这个世界。关于此问题的大多数研究都集中在视觉感知上。视觉是人类与世界互动的首要感官，尽管其他感官也以各自独特的方式运作，但人们似乎有一种共识，即其他感官所带来的哲学问题与基于视觉的问题并无本质不同。[6]关于视觉的文献涉及许多问题，[7]而对于我来说的关键问题是知觉为直接抑或间接。我的观点是，这种区分通常在经典视角下被理解，而经典视角使讨论偏向于间接观点。

直接感知通常被认为那些未受哲学训练"污染"的人的直觉观点。虽然人们对于"直接"的确切含义没有共识，[8]但基本观点认为在视觉感知中，我们所看到的便是真实的客体本身，而非它们在我们大脑中的表征。这种观点有时被称为"朴素实在论"（naïve realism），至少有三方面理由支持直接观点。首先，它符合我们的经验。客体的确看起来就在那里，在世界里而非

---

* 即直接感知他心。——译者注

我们的头脑里。其次,当我们睁开双眼时,客体便立即呈现在意识中,而没有概念中介或心灵推断所提供的暗示。最后,它可以自然延伸至较低级的有机体,而对这些有机体来说,心理"表征"的说法似乎有些牵强。

尽管直接感知的观点在直觉上具有吸引力,今天的绝大多数哲学家和视觉科学家都认为感知是间接或推断性的(inferential)。这种观点与心灵的计算模型密切相关,在感知中,我们与客体的表征[9]相接触,而不是客体本身,即"没有表征就没有感知"[10]。在一定程度上,这一观点是由关于幻觉和错觉的哲学争论所推动的,不过关键还是在于视觉科学的发现,即刺激我们眼睛的光线中所包含的信息与我们实际看到的之间存在很大差距,而这一差距由大脑中的无意识推理(unconscious inferences)来填补。这意味着间接感知理论是"建构主义"的(constructivist),因为大脑必须将视网膜传感器 * 的输出整合或"建构"为感知。[11]虽然很多人可能会回避这个词,但大多数社会科学学者也认为感知是"间接"的。相信所有的观察都"渗透着理论"(theory-laden)是实证主义者和解释主义者之间少有的一致点,后结构主义者甚至可能更进一步,认为感知是由理论决定(theory-determined)的。

然而,尽管有人声称在没有假定表征的情况下解释感知的努力已"系统性、大范围地失败了"[12],争论却仍在继续。这主要因为如果我们在视觉中实际看到的是客体表征而非客体本身,这一观点很难与感知现象学(phenomenology of perception)相协调。[13]这种情况给了感知的"生态"(ecological)理论一席之地,它将视觉感知至少部分地从大脑中剔除,并试图将其嵌入或定位于与环境的关系当中。[14]此外,视觉现象学(phenomenology of vision)中相对被忽视的一个特性对我的论点很重要,那便是它的投射特性(projected quality)。既然信息处理以这样或那样的方式参与感知过程,那么大脑是如何将其内部"推断"投射到外界客体的经验当中呢?或就此而言,为什么你脚上的疼痛是在脚上被体验,而非处理信息的大脑?[15]考虑到心身问题,这一点令人困惑也就不足为奇了。如果我们不能解释任何经验,那么我们也同样不能解释视觉投射(visual projection)。不过这一困难也是实证性的,因为视网膜上的信息为二维,而感知到的事物为三维,而正如

---

* 即感光细胞。——译者注

我们将看到的，目前尚不清楚经典计算大脑如何能将二维信息转换成三维。

一如既往，量子理论几乎从未出现在这场辩论当中，这表明双方都有着隐含的经典世界观。这体现在不同方面，但尤其是在关于大脑/心灵可完全与周遭世界分离的假设上。经典的感知理论是二元论的，但却是主体与客体之间的二元论，而非传统的大脑与心灵之间的二元论。

可分性有一个至关重要的含义，即世界与心灵的关系必须是因果性和定域性的，这一点对直接感知形成了不利局面。因果性隐含在这一观点中，认为只有当光穿过了空间并与我们的视网膜接触时，才会启动感知过程。[16]正如迈克尔·索尔伯格（Michael Sollberger）所说："进入因果链似乎是实体对于我们这些感知者变得认知上显著（epistemically salient）的唯一方式。"[17]因果性意味着定域性，即没有任何影响传播速度能够超越光速的经典假设。泰勒·伯格（Tyler Burge）基于此推导出了"近因原则"（Proximality Principle）*。[18]根据该原则，"远因的影响完全被其对近因的影响所耗尽"，也就是说最终重要的是我们大脑的内部活动。伯格认为这条原则是科学的基础，但这一说法走得太远，因为该原则在量子物理学中并不成立。但与索尔伯格一样，他仍然可以指出："实证研究者和感知哲学家都同意这样的观点，即必须在感知的宏观物理领域禁止远距离的直接行为。"[19]这引出了一个反对直接感知决定性观点，即"时间滞后论"（Time-Lag Argument）：我们能直接感知到的事物正在发生，而因为即使在光速下视觉信息到达我们视网膜也需要一定时间，所以我们直接感知的一定是世界"受心灵影响的替代"（mind-dependent proxies），而非世界本身。[20]

尽管经典假设在辩论中偏向于间接知觉，但在文献中，可分性、定域性和因果性的经典假设被根深蒂固地认为理所当然，甚至直接知觉的主张者也未对其提出质疑。例如在近期对直接知觉的辩护中，朱莉·扎勒（Julie Zahle）将知觉分为两个阶段：

> 在第一阶段，环境通过光的反射和发射，激活视网膜细胞。接下

---

* 请与保险术语近因原则（principle of proximate cause）以及心理学的近因效应（recent effect）进行区分。——译者注

来，我将不深入讨论该过程的这一阶段。相反，我将专注于第二阶段。它开始于视网膜细胞受到刺激，结束于知觉信念（perceptual belief）的形成。我把第二阶段称为感知过程（perceptual process）。[21]

然而，这样便把知觉大辩论（Great Perception Debate）归结为大脑内部活动，而大脑是推断观点的"主场"（home turf），这样做还回避了"时间滞后论"的问题。一些生态心理学家（ecological psychologists）察觉到了这种危险，并指出"关键问题（对于他们的直接感知观点来说）*是远距离行动"[22]。但是这些学者虽然指出了量子方向，但还未建立全面的解决方案。

据我所知，还没有人对于人类视觉是否存在量子效应这一问题进行过实证研究。[23]然而，正如我们在第七章中所看到的，植物、鸟类和其他几种生物通过量子过程来感知它们的环境，而如第八章所述，有相当多的证据表明人类通过量子方式来感知概率。这些发现都指向了与间接感知截然不同的直接感知定义，即直接感知本质上是一种非定域性的现象，而不是关于大脑活动的一种不同观点。因此，将文献中被视为理所当然的经典偏见问题化，将会创造出一个公平的竞争环境，从而为直接感知的主张者提供更大的支持。

然而，为了证明人类感知的确是非定域的，仅有我们的"接收端"（大脑）是量子力学的还不够。我们还需要改变关于发送方的视角。这是因为标准观点认为光从客体传播到我们的视网膜，而这支持了可分性假设并启发了时间滞后论。所以首先，我们需要明确这只是光的故事的一半。

光 的 双 重 属 性

在标准观点中，光由微小粒子（光子）所组成，以每秒 186 000 英里的速

＊ 括号内容为作者行文中的注解。——译注

度穿越空间。虽然相对论（relativity theory）告诉我们，没有什么能比光速更快，但根据正统理论，光并无任何更深的形而上学意义上的特殊性。

然而对于这一点，那些思考过光的本质的哲学家和物理学家却不那么笃定。1887 年，迈克尔孙（Michelson）和莫利（Morley）发现不管人的视角如何，光总是以相同速度运动，因而永远不会停下来。自此以后，光的物理学便一直令人费解。在这方面，光不同于自然界的其他任何物质，因为它们的测量速度总是相对观察者而变化。相对于地球表面上的某人，一辆车可能以每小时 60 英里的速度行驶，但相对于太空中的观察者，这辆在地球上行驶的车却好像在以每小时数千英里的速度疾驰过天际。对于任何其他运动的物体都是类似的，速度完全取决于你与它的距离，以及你自身运动的角度和速度。而光则完全不同。无论以什么参照系来测量，它的速度总是保持不变。这个"光速恒定之谜"是导致爱因斯坦发现相对论的关键因素之一，至今仍引起物理学家的讨论。[24]

除了物理学之外，人们早已注意到光至少在三个更加哲学的层面同样独一无二。戴维·格兰迪（David Grandy）在一系列发人深省的文章和书籍中，巧妙地总结了这些发现。[25]首先，我们从未看到过光本身，我们所看到的只是被照亮的表面或物体。格兰迪举了电影院放映机的例子。虽然我们想当然地认为有一束光从投影仪射到银屏，但除非空气中有灰尘颗粒，否则光束本身是不可见的。[26]或试想在外层空间是黑暗的，尽管周围有数十亿颗恒星，作为真空，在外太空没有任何东西可以反射从恒星辐射出的光，从而让恒星自身被看到 *。光只能与其他物体一起被看到，这一事实意味着无法将其客体化（objectify）。这进而表明，光根本不是一个客体，而是我们通过其来看见的原则（principle by which we see）。这个原则就像一个"无框窗户"（unframed window），世界的其余部分都位于其中。[27]

其次，"时间并不存在于光的世界里"[28]。从《星际迷航》（*Star Trek*）中我们都知道，当一个人加速接近光速时，时间就会变慢。然而，人们往往没

---

　　* 此处格兰迪的解释是存在问题的。缺乏反射物质也许会使我们看不到可见光，但真空中所谓看不到星光是其他原因，包括大气层内的透镜效应，太阳和地球反射的太阳光亮度太高，格兰迪与本书作者谈论的"光"只是可见光，恒星距离太远等。——译者注

有注意到的是，如果我们真的能够以光速旅行，时间便会静止。这就使我们通常用"光年"来描述恒星间距离的方式出现了问题。光年是光从一颗恒星到达地球所需要的时间，相对于我们的参照系来说，这便是它看起来的样子，但是从光自身的视角而言——在泛心主义（panpsychist）的宇宙中，光子是具有视角的！——无论 A 点到 B 点相距多远，在其间的旅行都不需要花任何时间。

最后，如果时间对光来说没有意义，那么空间对光又有什么意义呢？如果某一现象能够从仙女座（Andromeda）瞬间到达地球，那么从这一现象的视角来看，被称作"移动"似乎是怪异的。事实上，光的运动无法被真正看到，而是从我们所能看到事物所得出一个推断（inference）。[29] 诚然，光拥有"速度"，但这是从我们视角所谈的光的粒子一面，因此只是片面真理（partial truth），而在其波的一面，光在本质上是非定域性的。[30] 实际上，光速根本不是我们时空系统（space-time regime）的一个正常部分，而是像爱因斯坦所认为的那样，一个外生赋予的值，这个值调节着该系统中物质物体的时空属性（space-time properties）。[31]

正是这样的考虑使一些人认为光不"只是另一种粒子"[32]，而在形而上学层面是特殊的，即使这种想法是反直觉的。格兰迪认为直觉上出现这种困难的原因在于现代以及经典和唯物主义的倾向，即认为光是一种"独立"现象，就像任何其他物质客体一样是一种独立存在的东西。然而，正如物理学家孟德尔·萨克斯（Mendel Sachs）所问的："是'什么'将光从发射物如太阳，传播到吸收光的物体，如人眼？'它'本身真的是一个独立事物吗？抑或它是发射体与吸收体结合的一种表现？"[33] 换句话说，光打破了主体和客体之间的可分性。为了讨论这一整体论观点对视觉以及最终对会话的影响，现在让我回到等式的接收一方。

全息投影与视觉感知

如前所述，理解视觉感知的一个关键问题是解释它对世界的投影，即我们对客体的经验是它们就在那里，而不是在我们的视网膜上。此处的困难在于理解视网膜上的二维信息如何转换成为对客体的三维感知。

马克斯·韦尔曼斯（Max Velmans）提出了一个很有希望的类比来思考这一过程，他认为知觉投射（perceptual projection）是全息（holographic）的。[34] 为了在实验室中生成全息图像，激光被分成两束波。"参考波"（reference wave）从分裂点传至全息胶片，"对象波"（object wave）则经过一个客体，将其包裹，继而到达胶片，并在那里与参考波汇合。两束波一起在胶片上记录下了干涉条纹，就像石头掉进在池塘所激起的涟漪。看着这张胶片，你只能看到涟漪。但如果第三束与参考波频率相同但相位相反的波，即"重构"（reconstructive）或"相位共轭"（phase-conjugate）波也被传至胶片，那么一个幽灵般的三维物体便会出现。除了引人注目的视觉效果之外，全息照片与传统照片还有其他三点不同。

首先，它们是整体性的，即关于客体的所有信息都记录在胶片的每个像素上（"全息图"="写下整体"）。在普通照片中，图像中的点和客体本身的点之间有着1∶1的对应关系，所以如果把胶片切成两半，照片也就被切成了两半。与此不同，剪切全息胶片只会使整体图像略显模糊。有了全息图，即使只有胶片很小的一些碎片，也能够再现整个图像。这意味着在部分和整体之间，存在参与性（participatory）而非成分性（compositional）的关系，整体存在于部分中，而并非由部分组成。[35] 其次，通过改变参考波的频率，一张全息胶片可以记录多个图像。这使得全息胶片所储存的信息大大超出简单照片。最后，全息摄影就是把一个虚拟或模拟的图像投影到真实图像（在胶片上）不存在的地方。与感知相似，"真实"图像是我们视网膜上的二维信息，但我们所看到的是存在于世界中的三维客体。

作为哲学家，韦尔曼斯仅是指出此处存在有趣的相似性。然而，一些科学家更进一步，推测大脑实际上就是一台全息投影仪。首先提出这一观点的是20世纪60年代的卡尔·普里布拉姆（Karl Pribram），[36] 他的研究后来被彼得·马瑟（Peter Marcer）和沃尔特·谢曼普（Walter Schempp）明确地引向了量子方向。[37] 在他们的模型中，神经表面的功能相当于全息平面（holographic planes）（即胶片），而大脑作为全息投影仪持续发射参考波（每秒百万次）。而对象波则从世界中各种物质客体所反射的光线中涌入。

由此产生的干涉图样被编码在神经表面,然后通过"相位共轭自适应共振"(phase conjugate adaptive resonance)或"pcar",即大脑重建波(reconstructive wave)的反向过程进行解码。马瑟和谢曼普认为,正是持续的相位共轭过程使我们能够感知外部世界的客体。

这个模型最近又添加了一个新要素,使得模型进一步完善,并与我在前几章的讨论很好地结合在了一起。米夏·佩鲁斯(Mitja Perus)和拉加特·普拉德汉(Rajat Pradhan)分别提出,pcar 方法最好与克拉默对量子理论的交易诠释结合起来理解。[38]克拉默的模型是时间对称的框架,其中包含两种波,一种是在时间上向前移动的延迟波,另一种是向后传播的超前波。当两波相遇并完成它们的"交易"时,波函数坍缩(即在我看来的意识)便发生了。将此应用到视觉上,从大脑发出的全息重建波实际上便是超前波。这一想法直接回应了时间迟滞论,它假定感知是定域和因果过程。定域因果性仍然以延迟波的形式存在于交易诠释中,而"大脑通过知识序列接收信号,超前波则是通过沿着这些信号所构成直线进行反向射线追踪(ray-tracing)来实现心理感知的工具"[39]。简言之,由于在时间上的反向传播,超前波利用了光的非定域性,使我们能够直接在量子力学的意义上"触碰"客体。[40]

诚然,这一模型是推断性的,但它得到了三种观点的支持。首先,它假设大脑是一个量子而非经典的计算设备,而我在前面已说明有相当多的证据支持这一点。其次,它提供了一个逻辑清晰的关于视网膜上二维信息如何被投射为对于世界三维经验的解释。间接感知的支持者认为,这一过程是通过储存在大脑中的"直觉"(heuristics)和"偏见原则"(biasing principles)来实现,[41]但由于缺乏意识的唯物主义基础,这种观点不过是敷衍的论证而已(hand waving)。普拉德汉认为如果没有超前波,投影是"不可能被理解的",而对于佩鲁斯来说,"神经网络……如果没有电磁或量子嵌入,便绝对不可能独立将其图像投射到外部空间"[42]。最后,最近的宇宙学研究表明,全息过程不仅局限于大脑,而是普遍存在的。[43]假设"宇宙是一个在诸多表面内部的全息表面系统"[44],那么如果有机体没有体现这一原则将是令人惊讶的。

语义非定域性和主体间性

现在转回关于心灵解读的争论。我认为争论各方的观点至少都暗含着对经典世界观的认同。正如我附带提到的，由于争论集中在视觉感知，前文所讨论的关于视觉的量子解释因其自身特点提供了一个独特的视角。不过，我的主要目的是利用这一解释来思考量子语义和心灵解读之间的联系，特别是语义非定域性的作用。

心灵理论的辩论

让我们回顾他心问题的"问题"之所在。一方面，人们普遍认为，心灵状态完全是脑内现象（intra-cranial phenomena），因而在本质上是不可观察的。[45]因此，在与他人交往时，我们只能基于他们的语言和非语言行为，而这些行为可能具有欺骗性或存在多种不同的诠释。但另一方面，在现实世界的对话中，人们通常知道别人在想什么，因为我们大部分时间都可以毫不费力地交流和协调我们的行动。那么，我们是如何做到在心灵不可观察的情况下，如此准确地对其进行解读呢？

一种被广泛接受的解释认为，人类头脑中有一个"心灵理论"（theory of mind），当它被应用于他人行为时，便使我们得以了解他们的心理状态。然而，在这一正统学说中，就心灵理论如何运作的两种不同观点一直存在着长期的争论。根据"理论-理论"（Theory-Theory）*，心灵解读就像科学推理，将他人的行为作为观察数据，我们的心灵基于这些数据得出推论，对导致这些行为的心理状态做出最好的解释。与之相反，根据"模拟理论"（Simulation Theory），心灵解读更接近于同理心（empathy）。在这种理论中，我们参照自己的行为方式来解释他人行为，继而将这种模拟投射到他人

---

* 当代关于心灵解读的理论总体分为 theory theory 与 simulation theory 两种，分别强调不同的解读机制。前者强调成长过程中不断通过外部规则与规范所建立的关于理解他心的理论，而后者则强调通过代入自身心灵去模拟并理解他心。——译者注

的心理状态之中。辩论尚无定论，[46]但尽管这两种理论在过去被视为对立的，人们现在对它们各自的局限性有了更多认识，因此混合观点也相应增多了起来。这之所以成为可能，是因为最终双方在一些基本问题上达成了一致：（1）心灵完全存在于大脑之中；（2）因此知觉是间接的，其形成是基于我们心灵中的表征（representations）作为介质；（3）在相互感知时，我们处于一种第三人称的"旁观者"（spectator）模式；[47]（4）沟通因此遵循一种信号模式，发送方向接收方发出信号，接收方根据自身表征对信号进行处理，并将信号发回。这显然是一个以心灵可分性为前提的经典图景，尽管这一点从未被明确阐述过。

尽管这两种心灵理论的观点在文献中仍然占主导地位，但最近一个理论上颇为多样化的学者群体对它们提出了挑战，这些学者拒绝接受心理状态实际上不可观察这一基本假设。根据这一不同观点，我们对他心的感知是直接的，因此根本不需要"理论"。[48]鉴于我们缺乏心灵感应的能力，这似乎是违反直觉的，但该论点的主张者基于自己的直觉对其进行了证明。

首先，在现实生活中，我们总是为了特定目的在特定环境中与具体的他人打交道，这与我们是彼此行为的"旁观者"并总是从远处抽象地观察对方行为这一想法是不一致的。社会认知是一种参与性的"我-你"关系，换言之，它不是一种超然的"我-她"关系，[49]也就是说，应站在第二人称而非第三人称的位置来思考心灵解读。[50]这种观点给予了我们之间（in-between）的空间一种特殊角色，而这一空间是主体间性的所在，正如马丁·布伯（Martin Buber）、格奥尔格·西梅尔（Georg Simmel）和汉娜·阿伦特（Hannah Arendt）等观点不同的思想家所一致强调的。[51]

其次，在这些情境性的接触中，在意识层面上几乎没有证据表明，为了相互理解，人类通常会进行推理或模拟。正如维特根斯坦所言：

> 一般来说，我并不猜想他的恐惧，我能够看到它。我不觉得我是在从外部事物来推断内部事物的可能存在。相反，就好像人脸是透明的，而我并非在反射光中看到它，而是它本身。
>
> "我们能够看到情感。"——相对于什么而言呢？——我们并非先看到面部扭曲，尔后推断出他感到高兴、悲伤、厌倦。在我们描述一张

脸时,即使无法给出任何关于面部特征的其他描述,也会立刻认为它是悲伤、容光焕发或无聊的。*有人会说,悲伤是人格化在脸上的。[52]

此处的主张是,心理状态是通过行为所表达出来的,而不是隐藏在我们的大脑中来引发行为。因此,当我们看到他人的行为,我们事实上正在经历他们行动中的心灵(minds in action)。[53]在不寻常的情况下,的确当我们不知道他人在想什么时,我们可能会被迫有意识地对他们的心灵进行理论化,但在绝大多数情况下感知是"聪明的",因此我们能够直接看到他们的意图。[54]

这两种竞争理论之间的战斗现在已经有更多的人加入。间接感知的主张者已经在很大程度上承认,心灵解读很少是有意识的,而是主要在亚个人层面(sub-personallevel)作用。批评者对于这一点继续他们的攻击,认为大脑深处的事件很难称得上是"理论化"或"模拟"。[55]此外,正统学说也发起了自己的攻击。特别是如果心理状态是在行为中发生,那么它们就不能独立于其所出现在的物理和文化情境而被感知,这表明需要某种感知机制(perceptual mechanisms),特别是由理论-理论所假设的那种机制,而直接感知因此不能真正与心灵理论(theory of mind)的路径相匹敌。[56]然而,我想强调的并非这场辩论本身,而是它的两个缺失,而这推动了另一种路径,即量子方法。

其中一个缺失在于,两派都没有考虑到心灵解读仅只涉及信息从一个行为体到另一个的因果传递。由于任何这类过程都存在时间迟滞,这意味着行为体之间的可分性,即传统参照系没有被问题化。这对于心灵理论的主张者来说没有问题,因为他们认为知觉是间接的而非相反。加拉格尔(Gallagher)承认自己的观点基于或落在"直接"的定义上,他认为自己与吉布森(Gibson)的观点存在距离,[57]但并不质疑"聪明"感知的基础是一个定域的因果过程。因此,尽管直接知觉的倡导者脱离了笛卡尔的正统思想(Cartesian orthodoxy),即心灵从大脑中溢出并注入行为,但他们在心灵的

---

* 所谓"其他",维特根斯坦是指在无法明确给出面部特征本身的描述时,也能够立即对面部背后的情绪或心理状态给予界定,而非在这三种情绪之外的其他心理状态。——译者注

可分性方面仍然是笛卡尔主义者。此处有一种挥之不去的个体主义，换言之，这种个体主义削弱了他们理论的整体主义主旨。[58]这里便是量子视觉理论可以起到作用的地方，因为它表明，在行动中的心灵之间存在非定域联系，因此在心灵解读时，首先我们的心灵并不能被完全分离。

然而，为了真正说明这一点，我们需要关注心灵解读文献的第二个缺失，那便是语言的作用。[59]我们所看到的显然很重要，但是交流至少同样取决于我们所听到的。这涉及分享和理解语言意涵的独特过程，这种意涵不能被还原为视觉感知，而且当从量子角度理解语言意涵时，它支持直接感知他心的观点。

语义非定域性和他心

语言有两个突出特征构成其对心灵解读独特贡献的基础。首先，与视觉感知不同，语言使用在本质上是对话性（dialogical）、施为性（performative）和动态的（dynamic）。它的主要目的是一起做事，而且是长时间的，而非通过对他人心灵状态（state of mind）的一次性感知（one-off perceptions）。其次，要实现对话性，语言便必须是共享的。一个行为体的言语如何影响他人对其表达的感知*将取决于他们是否使用同一种语言，在他们使用同一种语言时有意义的行为在其言语不通时便繁冗而费解（gobbledygook）。在后文中，我将首先讨论共享这一点，继而转向动态方面。

经典的假设认为我们的心灵是完全可分的，这意味着共享一种语言只不过意味着如埃玛的大脑会说英语，而奥托的大脑也会。从物质意义上来说，并考虑到CCCP，语言共享最终仅止于此，两人都说英语的情况之间不会互为前提也没有任何关联。这就好像埃玛和奥托都有蓝色的眼睛一样。

但从量子视角来看，共享一种语言的意义不仅如此。首先回想一下，经典观点认为语言是一套明确界定意涵与规则的组合，量子观点则相反，我们每个人头脑中的语言都是潜在意涵的叠加，只有在言语行为中发生坍缩才能实现这些意涵。那么，如果我们把两个量子头脑放在一起，它们开始尝试

---

* 此处作者有笔误，译文做了修正。——译者注

交流时将会发生什么呢？当然，如果一个越南人在丹麦度假，而另一个是当地商人，他们都不说对方的母语，那么最初他们的语言能力是可分的，而他们的对话也将限于手势和其他视觉线索。然而，如果有人冒险说出"你讲英语吗？"而另一个回答"是的"，那么一个新的叠加便会被突然创造出来，在这个叠加中，他们潜在英语言语行为的意涵将与这些言语行为在对方心灵中的意涵纠缠在一起。此时他们的语言能力不再是完全可分的，而是通过他们之间一个总括的意涵系统非定域地关联在一起。由于语言是心灵的组成部分，这不仅意味着共享语言不能完全可分，与它们相关的心灵也同样不能完全可分。[60]

现在试想当我们从静态的语义层面非定域性，转向实际对话的语用层面时会发生什么。在经典观点中，对话是一个因果信号过程（causal signaling process），在这一过程中，埃玛试图通过振动她的声带来传达她头脑中的意涵，振动通过空气传播到达奥托的耳朵，然后由他的大脑处理成他头脑中的意涵，在此基础上奥托做出反应。我们称这一过程为意涵沟通的"传输"或"管道"（conduit）模型，[61]该模型以定域触发因素（local triggers）的连锁反应为假设前提。因此，我所指的无法还原为因果和时滞过程的对语言意涵的真正直接感知便是不可能的。此外，语言信号的发送者和接收者所共同产生的意涵，也无法比同样有蓝色眼睛的发送者和接收者在更深的层次上得到共享。每个人赋予声波的意涵都被锁在他们的头脑里。

作为替代的量子解释，其出发点是言语者在具体情境中的共同在场（co-presence），这意味着每个人都构成了对方讲话时语境的一部分。正如我们所看到的，情境性（contextuality）是量子理论所固有的，这就是为什么量子语义学可以如此自然地处理单个词汇意涵的语境特征。将这种分析置入对话环境中将以两种方式扩展语境。其一，至少是在面对面的情况下，可以引入我在上文所描述的视觉感知非定域性。其二，也是我在此处重点讨论的，将基于琼·施奈德（Jean Schneider）的观点，他把量子物理学中的测量比作言语行为。[62]由此而产生的一个重要影响是，通过言语所进行的交流并不主要是因果性的，至少不是经典意义上的动力因。

量子物理中的测量可分为两个步骤。在第一步中，实验设计为波函数选择一个"偏好基"(preferred basis)*，这个基决定了波函数坍缩相关概率。这一选择不会导致波函数结构的改变，因为尚未与"它"**发生交互作用，如果有的话它便已经坍缩了。第一步所做的是创建一个与观察者的纠缠，为测量构成一个特定的情境。在第二步中，物理学家进行测量，粒子的波函数坍缩成观测结果。这一进程有两个方面需要强调。首先，在实际执行测量（而非午餐休息）时，她***也通过意志的目的性行为坍缩了自己的波函数。[63]其次，她的行为并不导致观察结果，因为波函数不是人们可以对其施加力的物质客体。相反，由能够诱发退相干的测量所触发，粒子的波函数导致其自身坍缩，尽管就像实验者一样，这一过程在目的论意义上是因果性的。基于这两个步骤，我们便可以明白为何测量就像言语行为一样。"我现在宣布你们结为夫妻"，"并不是在描述一种独立的情况，它同时创造了其所描述的情况。"[64]施奈德谨慎地论述，在物理学中"创造"并不意味着实验者的意识导致了结果。她的观点是，被记录的并非独立于观察者的世界的状态，而是一个与其相关世界纠缠的意识状态。在这个意义上，"测量行为……是一种归因行为，一种陈述行为(declarative act)，"[65]就好像在说，"就是已经发生的事情。"

现在试想埃玛和奥托用量子心灵进行的对话。最初的"偏好基"是由以下因素构成的：(a)双方都知道对方讲英语，因此他们的语言能力在一般层面上已纠缠在一起；(b)促使他们开始交谈的直接语境，例如他们的父母带回家一套乐高积木玩。这一事件将他们的叠加心灵还原到与"乐高"相关的特定态矢量(state vector)，从而改变了他们说出的第一句话（理想情况下是在"谢谢，爸爸妈妈"之后）与乐高有关的概率，而不是说看什么电视节目这样的话。需要注意的是，乐高的出现并没有引起这种概率上的变化，因为孩子们的心灵仍然处在关于乐高的叠加态。目前为止所发生的，仅仅是通过视觉接触，他们的心灵已根据新情境进行了非定域调整。

埃玛现在开始对话。假设她偏好玩乐高，而在这个态矢量中仍有各种（自由）选择，从"让我们一起拼东西"到"让我们自己拼自己的"，再到"让我

　＊　　或译为优先基、优先基矢。——译者注

　＊＊　　即波函数。——译者注

＊＊＊　　即观测者。——译者注

们把乐高扔得满屋都是,把房间弄得一团糟"。假设她选择"一起拼东西"。在促成这一言语行为的情况下,她做了两种测量:一种是对她自己的,把先前叠加的偏好坍缩为一种偏好,另一种则是对奥托的测量,尽管对后者的测量有些扭曲。这与物理学中的测量不同。在物理学中,实际进行实验或午餐休息的决定并不影响粒子最终选择的情境(研究设计已将其确定)。但埃玛的陈述恰恰具有这种效果。它改变了奥托反应的偏好基,而不是立即通过他的言语行为而导致他的波函数坍缩,也就是说埃玛的陈述发生在前述第一步,而非第二步。因此,虽然埃玛的话影响了语境,从而影响了奥托回复的概率,但这是一种非定域性的变化,这一变化由他们的纠缠而非因果关系所造成。同样的,当奥托通过"不,我想自己拼"来坍缩他自己的波函数并开始一场争论时,这也改变了埃玛下一段陈述的偏好基,但实际选择仍然取决于她。简言之,对话中没有第二步,因为粒子被困在稳定情境中,但当人每次讲话时,都会改变听者的语境。正如关于顺序效应(order effect)的文献所展示的(第八章),言语行为会干扰我们对话者真实状态的测量。我们在社会生活中唯一可以采取的无中介测量(unmediated measurements)是对于我们自己,而非彼此。

总之,经典的对话模型假设我们的心灵是处于明确定义状态下可分离的信息处理机器。在这种假设下,理解某人意涵的过程必然是推断性和间接性的:语言信号由发送者发向接收者,后者大脑通过分析数据来推断它们的意涵。量子模型假设我们的心灵通过语言和语境纠缠在一起,因此不能完全分离,而我们的大脑也是处于叠加态的量子计算机。根据量子观点,通常没有必要推断言语者的意涵,因为这些意涵本就包含在她的话语和语境之中,而这些话语和语境被非定域即直接地由听者心灵获取而非"传递"给后者。这并不是说所传达的意涵总是符合想要表达的意涵,因为言语者可能未将他自己表达得足够好,而听者所做的实际关联(associations)*也会反映她自身量子心灵的状态。此外,这也并不意味着对意义的推断完全不会发生。有时候人们并不清楚某人想说什么,这时便需要有意识的思考才能弄清楚。但考虑到日常交流十分轻松,这种情况可

---

* 即对语境、话语的非定域关联。——译者注

能只是例外而非常态。[66]

回应三个反对意见

在结束关于对话和语义非定域性的讨论时,我想解决三个潜在的反对意见。这三者相互关联,但是每一个都提供了一个独特的机会窗口,让我知道我想说什么,因此我希望即使分别对三个进行回应会造成一些冗余,也将有助于把我的论点整合在一起。

第一个反对意见认为,我的乐高例子中所描述的更像是幼儿的"平行游戏"(parallel play)*,而不是真正的对话,因为埃玛和奥托之间没有真正的**互动**,而只有一系列对彼此心灵没有直接影响的言语行为。这看起来似乎是有问题的,因为这样描述成年人对话是不切实际的,而且考虑到我对经典共享观点的抱怨,即共享意涵被简化为同有蓝眼睛,似乎共享意涵根本就是不可能的。

如果我们所说的"互动"(interaction)**是指因果互动,那么我的观点的确是当成年人在互相交谈时,实际上并没有互动。这体现了经典世界观影响当代社会理论的深刻程度,因为绝大多数读者可能会认为这个想法是反直觉的,但它直接遵循量子理论,而量子理论是非因果(acausal)的。[67]在实验中,物理学家不与粒子"互动",因为在他们进行测量之前只有波函数,而没有粒子可以与之进行互动,因此没有以因果方式影响粒子行为的可能性。如果不仅是粒子而人也是量子系统的话,那么对话中"测量"的两端也是如此:轮到我说话时,其他人会处于叠加态而非明确定义的状态,而我在通过言语行为使自身波函数坍缩之前也是如此。互动这一概念以具有明确定义状态的实体为前提,换句话说,在量子世界中是不成立的。"内行为"(intra-action)与其更为类似***,[68]根据内行为,我们通过纠缠的言语行为将自身实现为可分本体(separable beings)。

---

* 2—3岁儿童在个人认知和同伴认知的初期,在临近其他同龄儿童时,经常只是各玩各的,并时而基于对方行为做出调整,而不会有真正意义上的互动。——译者注

** 或可译为相互作用。——译者注

*** interaction与intra-action分别可被译为互动、相互作用与内行动、内在互动。——译者注

不过,这并不是说我们无法通过言语行为影响彼此,显然我们正是这样做的。问题在于这种影响是如何产生的。在我看来,它是间接发生的,基于言语行为对我们对话的共同语境所产生的影响。这种影响不是因果性的,因为对话语境是一种意向性客体(intentional object),而非物质客体。但是,通过在语境中添加词汇从而改变随后言语行为的偏好基,我们可以影响他人将要说什么的概率,即便他们实际所说话语的真正动机(在目的论意义上)完全来自其自身。因此,对话和平行游戏之间的区别,并非我们在互动而幼儿没有,而是他们没有注意到相同语境,因此影响彼此行为的机会更小,而我们则通常注意相同语境并因此影响彼此行为。

但是如果我们无法通过对话来产生对于彼此心灵的因果影响,那么创造共享意涵以及在其基础上进行社会合作的机会便会显得相当渺茫,如何应对这种担心呢?答案取决于"共享"的涵义。如果它是指完全相同,那么的确,我的论点表明要创造出这样的意涵＊即便并非不可能也将是困难的。在我对量子理论的泛心论(panpsychist)解读中,从人类开始向下的每个量子系统都是自身连贯的、不可穿透的单子(monad)＊＊,位于独特的时间和地点并因此对周围世界拥有特有的主体视角。[69]然而,如果"共享"语言是指参与者纠缠在一起的叠加态,并因此对所有人都是非定域可用的,那么只要该状态不同时存在过多相互冲突的意涵,合作便是可能的。事实上,缩小潜在意涵的范围至一个重叠的共识,而非单一意涵,正是对话的主要功能之一。例如,我们并不一定所有人都要在私下自己的心灵中就"美国宪法"的意涵达成一致,但依然可以共同维护它。

第二个反对意见认为,量子理论的一个既定原则是不能利用非定域性在纠缠实体之间进行交流,有意义的信号只能以经典方式被交换。鉴于我的观点认为共享语言通过语义非定域性使人们纠缠在一起,对超光速信号传递的禁止似乎意味着我们完全无法交流!

然而,对话不仅具有量子维度,还在两个方面具有经典维度。一个是实

＊　即共享意涵。——译者注

＊＊　这里采用的是莱布尼茨哲学体系中文语境的常用译法,其涵义和关联不仅局限于莱布尼茨体系,是指物质特性可呈现的单一形而上学实体,在中国传统哲学概念中可成为"一",在西方哲学传统中可称为"一元"。另一种选择是用音译。——译者注

际说过的话。就像波函数坍缩中出现的粒子一样,言语行为是潜在性的实现(actualizations of potentials),一旦"存在"于意识并保留在记忆中,就无法被抹去(尽管它们的意涵可能在事后发生变化;参见第十章)。这些词汇构成了经典事件,而听者最终也是对它们做出回应。但这并不会将对话的量子理论还原为经典理论,因为词汇的意涵并非孤立存在,而只能在语境中被赋予。语义非定域性所增添的是一种以物理为基础的整体论语境概念,它使听者倾向于以某种方式而非其他方式来解释被说出的词汇。通过这种方式,语义非定域性使得经典的信号传递成为可能。

对话经典维度的另一面是参与者所谈论的内容。"最小交流情境"(minimal communicative situation)总是包含三个元素,而不仅是我目前为止所关注的两个,即埃玛和奥托,还包括乐高,即他们对话的共享客体。[70]在我的例子中,这是一个实际的物质客体,但它通常是一个意向性客体(in-tentional object),比如国家或看什么电视节目。意向性客体不是物质的,因此在我看来不能用经典世界观来解释。然而,当我们思考或谈论它们时,它们是我们所意识到的客体,而意识发生在现实性(actuality)的经典世界,而非潜在性(potentiality)的量子世界。这意味着意向性客体是真实的,但不是通常意义上的真实。那么它们在什么意义上是真实的呢?基于我上文关于视觉感知的论述,在第五部分中我认为共享的意向性客体是全息的,也就是"虚拟"客体("virtual" objects)的有意识心灵在个体之间空间的投射,只有当人们意识它们时,它们才会存在。这一论点需要一些篇幅来展开,因此在此我只想说,对话中这种虚拟客体的存在使交流成为可能,因为它超越参与者的语义纠缠,给予他们一个言语行为指向的共同参照物。

我想讨论的第三个反对意见涉及我的核心论点,即在对话中人们可以直接感知他心。回想一下,对所有直接感知理论的重要批评是时滞观点:即使有关客体或他人行为的信息直接从射入我们眼睛的光线中获得,光本身仍然需要时间从那里传播到这里,因此感知必然是间接的。就对话而言,问题更加复杂,声波传播速度比光慢得多,因此与我前文关于光的非定域理论不同,我们不能说从声音的"观点"来看时间是静止的。有趣的是,直接感知模型是当今关于言语理解(speech comprehension)的主要解释之一。根据该模型,我们在言语中听到的并非声学提示(acoustic cues)本身,而是产生这些提示的声音姿态（vocal gestures）。[71]然而，这被明确地理解为一种因果过程，并与我的观点相悖，因为因果关系是定域和经典的，[72]因此在我看来并非真正的直接。

我对这一反对意见的回应分为两部分。首先，言语感知（speech perception）不是一个累加的线性过程，而是一个整体的动态过程。我们并非逐字逐句地理解某人言语的意涵，而是只能在他们独白结束时才能理解。相反，我们通过完形（gestalts）＊方式即下意识地将正在讲的内容与在过去已经说过的内容联系在一起，以及预测未来对方将要讲的内容来进行理解。正如弗朗西斯科·费里缇（Francesco Ferretti）和埃丽卡·科森蒂诺（Erica Cosentino）所说：

> 理解每一句话并不足以理解话语的意义；对话语流（speech flux）的理解意味着听者在积极倾听一连串话语，不断地检查话语的连贯性，并预测说话人将要讲的话。[73]

鉴于语境在决定意涵上的重要性，这是讲得通的。言语理解的语境不仅是共时的（synchronic），即词汇在某一时刻连贯出现，而且是历时的（diachronic），即词汇通过融入一个运动和时间的整体，从而获得它们的特定意涵。这个整体的边界由两方面确定：一是讲话者在某时刻开始和停止说话的决定；二是听者通过对话意识到他们试图一起做什么。[74]如果语义语境是一种非定域的量子现象，那么言语理解的动态就表明这种非定域性可以是时间，也可以是空间的。

我的回应的第二部分便通过援引"心理时间旅行"（mental time travel，MTT）的概念建立在这一点上，心理时间旅行是指"允许我们在心理上投射到过去和未来以重温或预期事件的官能（faculty）"[75]。"心理时间旅行"的关键一面是"从时间的角度看问题"（temporal perspective taking），或将自己投射到不同的时间情景当中，这使得"个人能够将他们的意识扩展到'此

＊　完形指的是各组成元素之间的关系非常紧密，不能通过简单加和来对整体进行理解。——译者注

时此地'之外"[76]。在第十章中,我用这个观点来论证改变一个人的过去在某些方面是可能的。在对话的情况下,心理时间旅行意味着能够将自己投射到其他人的时间视角当中,而后者的交流意图表现在她的完整话语中,这些话语在时间上是向前后同时展开的。到目前为止,心理时间旅行概念的支持者尚未将其与量子理论联系起来,但是考虑到前文的讨论,建立这样的联系是很自然的。从这个观点来看,听者把自己暂时投射到别人的言语中,实际上是利用语义性而现在同时也是时间上的非定域性来接触他心灵。[77]由于是非定域性的,这种投射不会受到声波从讲话者到听者因果传播(causal transmission)所涉及的时间迟滞的影响,因此它能够支持真正的言语直接感知的解释。同时,因为是潜意识的,这种投射也意味着因果过程仍然存在,该过程发生在有意识言语所所发生的经典世界当中。[78]

总之,在本书第四部分我尝试做了三件事。首先,是单纯回顾了量子语义学的新兴文献,此处不仅表明量子理论为语言意涵的产生建立模型提供了一种令人信服的路径,这样做还为语言的成分理论和语境理论之争提供了杠杆。其次,是在他心问题上加入了关于视觉方面的讨论,我认为光的非定域性不仅为直接感知理论设置了更为苛刻的检验标准(即它是非因果的),同时也助于它们达到这一标准。最后,我认为语义非定域性的观点使得人们可以将同样的推理运用到对话中,在心灵解读的争论中这种推理被相对忽视了。在对话当中,心灵并没有被锁在我们的大脑当中,相反我们的心灵会溢出到外部世界,在那里它们可以被其他人直接感知。从这一点出发,默认的问题并不是"我们怎么才能知道别人在想什么?",而应是"为什么有时我们会犯错?"*

第四部分是阐述这些论点的第一个部分,我更大的整体论主张在于人类并非完全可分。事实上,我想通过对直接感知的量子描述来说明的是,在我们的"内行为"中,有一种字面的意义上的"我就是你",借用丹尼尔·科拉克(Daniel Kolak)高深费解的表述。[79]当我们纠缠在一个语言波函数(linguistic wave function)中,也就是在无意识的层面上(unconscious level),我

---

* 正如作者在前文提到过的,这里是在强调直接感知使我们在日常生活中常常能够并不费太大力气便能够准确"读心"。——译者注

就是你。当我们在内行为中同时波函数坍缩时,也就是甚至在意识当中,同样我就是你。可以肯定的是,这并不意味着我们在数值上是相同的,就像纠缠的粒子也并不相同。由于我们是由量子相干构成和维持的有机体,你和我必须有自己的生命,我们的生命也将各自结束。因此,我就是你只是作为一种共享叠加的潜在状态(in potentia),即使这种潜在通过内行为而得以实现,也只能是暂时的,只要我们同时存在(co-present)＊。但是视觉和语言的非定域性仍然提供了比经典意义上我和你更深层次的"我们"概念。我认为,科拉克的"开放个体主义"(Open Individualism)观点很好地诠释了这一点。根据该观点,个体之间的界限就像海洋之间的界限一样是模糊的。北太平洋与南大西洋不同,但在共同无意识(shared unconscious)的层面上,我们都是这(同一)大洋的组成部分,而在内行为中我们形成了暂时的意识统一体,即使是通过不同的视角所体验。

注　释

1. 参见 Smith(2010a)和 Gomes(2011)。

2. 参见 Leudar and Costall(2004)对心理学中关注他者心灵的历史性但也持怀疑态度的观点。

3. 例如,参见 Astington and Fillipova(2005)。

4. 关于例外,参见 Gallese(2008),Iacoboni(2008:Chapter 3),以及 Fusaroli et al.(2014)。

5. Ford and Peat(1988:1235)。

6. 例如,参见 Velmans(2000:Chapter 6),Matthiessen(2010),以及 Crane(2014:14—15)。

7. Crane(2014)提供了当代感知哲学的优秀综述,尽管只是针对其主流变体;例如,詹姆斯·吉布森(James Gibson)的生态观就没有出现在这篇综述中,更不用说量子观了。

8. McDermid(2001)识别出五个主要含义。我自己在下文的使用更接近于 Warren(2005)。

9. 过去被称为"感觉数据",但这只是代表性理论的一个版本,大多数理论今天都否定了这个术语。

10. Warren(2005:337)。

11. 参见 Paternoster(2007)。此处的权威文本是 Marr(1982);参见 Palmer(1999)。

12. Burge(2005:20)。

＊　作者此处强调的是"我"与"你"只要作为实在个体同时存在,那么"我就是你"便只能是一种暂时的潜在状态,而非只要共存便"我就是你"。——译者注

13. 然而,关于这一点的代表性观点的辩护,参见 Millar(2014)。

14. 最近的例子参见 Gibson(1979)和 Orlandi(2013);对照 Hudson(2000) 和 Brewer(2007)。尽管奥兰迪(Orlandi)的文章对间接感知持批评态度,但特别好地解释了为什么它一开始看起来如此可信。

15. 参见 Velmans(2000:116)。

16. 这个想法可追溯到伽利略;参见 Reed(1983:88)。

17. 参见 Sollberger(2012:590);楷体为原文所加。

18. 参见 Burge(2005:22)。

19. Sollberger(2012:587),楷体为本书作者所加;另外参见 Burge(2005:24—25)和 Sollberger(2008)。

20. 引自 Warren(2005:337),但此处我主要借鉴 Power(2010)。

21. Zahle(2014:506).

22. Kadar and Effken(1994:322);另外参见 Kadar and Shaw(2000:167)。

23. 也有理论方面的研究;参见 Woolf and Hameroff(2001),Flanagan(2001;2007),Rahnama et al.(2009),以及 Khoshbin-e-Khoshnazar and Pizzi(2014)。

24. Grandy(2012) 提供了概述。

25. 参见 Grandy(2001;2002;2009;2012);海德格(Heidegger)和梅洛-庞蒂(Merleau-Ponty)是当代哲学对光的反思中出现频率最高的两位哲学家。

26. Grandy(2012:542).

27. 引自 Grandy(2001:11);另外参见 Young(1976:11)和 Rosen(2008:164)。

28. Young(1976:24);另外参见 Germine(2008:153)。

29. Grandy(2012:544).

30. 参见 Healey(2013:50—53)讨论物理学家关于光是波还是粒子的观点。

31. Grandy(2012:542).

32. Young(1976:11).

33. 引自 Rosen(2008:164)。参见 Flanagan(2007),他将感知场等同于光子场。

34. 参见 Velmans(2000:114—127;2008);关于全息感知,也可以参见 Gillett(1989)和 Talbot 1991)的对全息思维的通俗介绍。

35. 参见 Bortoft(1985:282—283)。

36. 参见 Pribram(1971;1986);然而,Robbins(2006)认为,真正首先提出心灵全息观的是伯格森(Bergson)。

37. 参见 Marcer(1995) 和 Marcer and Schempp(1997;1998)。

38. 参见 Perus(2001:583—584) 和 Pradhan(2012:635—637)。

39. Pradhan(2012:635)和 Perus(2001:583)。

40. Perus(2001:584);Manzotti(2006:27—28)。

41. 参见 Burge(2005:10—18)。

42. 参见 Pradhan(2012:636)和 Perus(2001:583);另外参见 Mitchell and Staretz(2011:939)。

43. 例如 Bousso(2002)和 Bekenstein(2003)。早在这些发现之前,David Bohm(1980)就以一种更定性的方式使用全息推理来概念化隐含顺序和解释顺序之间的关系。

44. Germine(2008:152).

45. Krueger(2012:149)称之为社会认知研究背后的"不可观察性原则";Gallagher and Varga(2014:185)称之为"不可感知性原理"。关于这一原则实际上比通常认为的更微妙的争论,参见 Bohl and Gangopadhyay(2014)。

46. 部分原因是大脑中"镜像神经元"的发现,这推动了模拟理论的发展;以 Gallese and Goldman(1998)和 Iacoboni(2009)为例。关于镜像神经元的"理论-理论"和更怀疑的观点,Jacob(2008)和 Spaulding(2012)。

47. 参见 Hutto(2004)。

48. 例如,参见 Hutto(2004),Zahavi(2005),Gallagher(2008a;2008b),以及 De Jaegher(2009)。

49. 参见 Reddy and Morris(2004)和 Stawarska(2008)。

50. 参见 Schilbach et al.(2013)讨论这对神经科学意味着什么,而 Pauen(2012)则更侧重于主体间性的解释。

51. 参见 Fuchs and De Jaegher(2009:476—477)和 Bertau(2014a);关于布伯和西梅尔的之间(in-between),分别参见 Stawarska(2009)和 Pyyhtinen(2009)。

52. 引自 Gallagher(2008b:538);楷体为原文所加。

53. 参见 Zahavi(2008),Krueger(2012),以及 Smith(2010b)。

54. 关于"聪明的"感知,参见 Gallagher(2008a;2008b)。

55. 参见 Herschbach(2008)在这个层次上对心灵理论的辩护,以及 Zahavi and Gallagher(2008)的回应。

56. 比如,参见 Jacob(2011)和 Lavelle(2012)。

57. 参见 Gallagher(2008b:537 footnote 2)。

58. 参见 De Jaegher(2009),以及本书第十三章。

59. 我所知道的最重要的例外是 Hutto(2008),他认为对他者心灵的直接感知取决于建立关于他们的叙事。

60. "分布式语言理论"(如 Steffensen,2009),尤其是在 Steffensen and Cowley(2010)中明确提出语言是非定域的。然而,他们没有提到量子语义,最后似乎对如何推进量子连接很矛盾(参见 Linell,2013:170)。

61. 分别参见 Ford and Peat(1988:1235)和 Lipari(2014:506)。

62. 参见 Schneider(2005)。

63. 另外参见第八章,其中决策被视为衡量一个人自己的喜好。

64. Schneider(2005:349).

65. Ibid.

66. 虽然他没有提到量子理论,但 Recanati(2002)提出了一个强有力的反推断论的观点,与我的论点产生了共鸣。

67. 这也是莱布尼茨形而上学的一个显著特征,在他的形而上学中,单子不是随意相互作用的;参见 Bobro and Clatterbaugh(1996),Piro(1997),Puryear(2010),以及 Nakagomi(2003a:16)对莱布尼茨概念的量子演绎。

68. 参见 Barad(2003);以及我在第八章对量子博弈论的讨论。

69. 参见 Jorgensen(2009)关于这对意义的整体论和交流提出的挑战,以及一个非量子的尝试来应对它。

70. 参见 Cornejo(2008:174)。

71. 这主要归功于卡罗尔·福勒(Carol Fowler)的研究(1986);该研究还强调,语音感知与其他形式的感知并无本质区别;另外参见 Worgan and Moore(2010)。该领域的最新综述见 Samuel(2011)。

72. Fowler(1996:1732)。

73. Ferretti and Cosentino(2013:28);另外参见 Cornejo(2008),Pickering and Garrod(2013),以及 Bertau(2014b)。

74. 参见 Togeby(2000)。

75. 参见 Ferretti and Cosentino(2013:24—25),更一般地,参见 Suddendorf and Corballis(2007)及 Suddendorf et al.(2009)。

76. Ferretti and Cosentino(2013:39);另外参见 Gerrans and Sander(2014)。

77. 参见 Velmans(2000:118—119)关于投射听觉的讨论,尽管他不是从量子角度来说明这一点。

78. 把这个论点从言语感知延伸到写作/阅读的情况是很有意思的,这将允许在更长的时间距离上进行非定域的交流,包括与未出生的人(从作者的角度来看,时间是前进的)和与死去的人(从读者的后退角度来看),但是我在这里不打算这样做。不过,如果要开始这样的尝试,可参见 Togeby(2000)和 Tylén et al.(2010:5—8)。

79. 参见 Kolak(2004);Zovko(2008)为这一晦涩的文本提供了有用的介绍。

第五部分

能动者-结构问题的回归

导　言

如何理解语言及其与言讲者之间关系的问题，是如何理解社会结构与能动者关系这一更为普遍问题的一例。语言本身并不构成社会结构，一个人需要特定的语言形式，如关于"资本主义"或"婚姻"的话语（discourses），来做到这一点，但首先是语言使这种社会结构成为可能。[1]在本书这一部分中，我将从量子视角重新思考社会结构的本体论以及社会结构与能动者之间的总体关系，从而进一步向这种话语的推进。

能动者-结构问题是关于如何理解意向性能动者（intentional agents）与其所嵌入（embedded）的结构化社会系统（structural social systems）或社会之间的关系。一般来说，所讨论的能动者被假定为个体，但在某些学科中，特别是国际关系，它们是类似于国家（state）的团体（corporate）或群体（group）层面现象，学者们往往赋予这些现象以能动属性（agentic properties）。鉴于我已经详细讨论了应如何从量子角度来概念化个体能动者（第三部分），因而在处理此处的社会结构概念时，有理由保持对个体的关注，尽管在第十四章我会讨论国家能动性（stateagency）问题，并以此说明我的方法在国际关系领域的潜在价值（potential purchase）。

在社会科学中,社会结构(social structure)的概念有各种各样的定义,令人眼花缭乱。[2]关于结构的量子观点究竟意味着什么将以如下方式更清晰地呈现:首先,基于安东尼·吉登斯(Anthony Giddens)的观点,我将它与社会体系(social system)(或社会)的概念区分开来。[3]后者指的是行为规律(behavioral regularities),即我们的外星人朋友也许可以通过其监控摄像头所发现的。相比之下,社会"结构"指的是基于心灵(mind-dependent)且相对持久的关系,而这些关系解释了上面的行为规律。因此,谈论能动者-结构而非体系(或社会)问题,是在强调(不可观察的)原因(原文如此),而非(可观察的)效果。这在目前的情境下是有意义的,因为确定社会结构的物理位置正是写作本书的动机之一。然而,虽然我的重点将是社会结构的本体论,但应清楚的是,这不能完全脱离于社会体系的本体论。没有持久的关系就没有体系,而没有行为规律来具体例证说明这些规律,那么就不存在结构。

能动者和社会结构的"问题"在于,尽管各方都认为它们是相关的,应如何理解这种关系则是不清楚的。我将区分这一辩论中的两个问题,并按照菲利普·佩蒂特(Philip Pettit)的观点称其为"纵向"和"横向"问题。[4]这两个问题经常被合并为一个,但是考虑到我在本章的最终论点,将其分开是很重要的。对于每一个问题,佩蒂特都给出了两个主要答案,于是便得到一个2×2的观点矩阵。

纵向问题是关于社会结构是否可还原为能动者及其相互作用,抑或由能动者所涌现(emergent),或换句话说,社会实在(social reality)是否被划分为不同的"层次"(levels),即宏观层面的结构与微观层面的能动者*。[5]此处的争论是佩蒂特所说的集体主义者(collectivists)和个体主义者(individualists)的对立。前者可至少追溯到涂尔干(Durkheim,又译为杜尔干、杜尔凯姆等),主张等级本体论(hierarchical ontologies),其中结构被视为涌现现象而不能被还原至能动者。涂尔干自己对结构的看法被普遍认为受到了

---

   *   此处作者的表述并不清晰,亦可理解为结构的宏观层面与能动者的微观层面,后者为前者的所属层面之一,但是综合前后文,作者所引述的纵向问题是关于宏观结构与微观能动者,而非在结构与能动者均有宏微观的前提下分别只考虑其一。——译者注

难解的物化问题（problems of reification）的困扰，因此在今天并不是一个重要的观点。然而，形式更为复杂的集体主义观点在近来得到了相当大的关注：在社会学中，涌现是批判现实主义（critical realism）和新涂尔干观（neo-Durkheimian）论点的中心主题；在分析哲学（analytical philosophy）中，关于不可还原集体意向（irreducible collective intentions）的观点已得到广泛认同；而在国际关系领域，"层次分析"（levels-talk）更是惯例。[6]相比之下，个体主义者则为"扁平"本体论（"flat" ontologies）进行辩护，这种本体论认为社会结构并不是超越或高于能动者属性及相互作用的存在。[7]这也是推动经济学、政治学和其他领域微观基础的本体论，博弈论在其中扮演了引领角色。

横向问题得到的重视相对少一些。它所关注的并非社会结构是否可还原为个体，而是个体之间的关系，尤其是什么使他们首先成为"个体"。此处的争论存在于佩蒂特所称的原子论者（atomists）和整体论者（holists）之间。原子论者认为，是我们作为有机体的物质属性将我们构成（constitute）为个体，而这些个体完全包裹在我们的皮肤之内。[8]请注意，这并非否认我们的心理状态由与他人的互动而被因果性地塑造。它的观点在于，从构成本质上讲（constitutionally）＊，这些心理状态完全是由我们大脑的物质状态所决定的。继而可认为，在本体论上，个体先于社会。[9]整体论者方面，他们当然不否认我们的身体有皮肤，但他们认为我们心灵的内容是以与他人关系作为前提的。再一次强调，这里的主张并非因果性，即心理状态通过与他人互动而形成，而是一种构成性的论点，即除非在与他人的关系中，否则我们的思想甚至无法被定义。[10]根据这种观点，身体可能是原子论的，但心灵不是，这意味着从能动者的整体层面考虑，他们在本体论上并不先于社会结构存在。虽然这似乎违反直觉，但正如我们将会看到的，这是一个在哲学中被广泛接受的观点，而我会从量子视角来论证这一点。

当这些维度和差别被结合在一起时，便产生了四种社会本体论。[11]然而，从该讨论完全不涉及量子理论的情况来判断，争论各方都隐含假定了一

＊　该词在中文语境习惯译为本质上，而作者此处所引用的讨论及其用词是呼应前文的构成，即从构成本质来讲。——译者注

种经典世界观。[12]由于不像化学或生物学中的部分-整体辩论,这里的部分是意向性能动者,而整体是集体意向,因此可以肯定的是,上述判断会十分复杂的。如果我在第一章的主张是正确的,即经典世界观永远不允许意向性现象,那么既然辩论各方都诉诸这种现象,便同样有理由认为他们其实隐含假定了一种量子世界观。尽管如此,正如我们将看到的,经典思维仍然在构建这一辩论中发挥着关键作用,尤其是在分配举证责任方面。这使得涌现论(emergentism)和整体论(holism)非常难以产生影响力,而这使它们处于社会理论的边缘。

下一章分为四节。我将从哲学中的涌现论-还原论辩论开始,即问题的纵轴,并说明经典世界观使得个体主义成为社会理论相关辩论的起点。在第二节,我将重点阐述基于随附性(surpervenience)概念的关于社会结构的涌现性概念。在论证这些观点将注定失败之后,我会引入横轴并从整体论角度,特别是从"外部性"(externalist)角度来批判"随附性"论述。虽然这去除了随附性思维的特权地位,但我认为外部性本身与经典世界观是不相容的。在第三节中,我将展示量子体系中涌现的独特性如何使我们能够重塑整个辩论。其结果是整体论、涌现性、但同时扁平的社会本体论。有了这一框架,我将说明它如何帮助我们解决所有形式的涌现论的一个关键问题,即如何理解社会结构"向下"(downward)的因果力。正如我们将在第十四章中所看到的,其结果是一个全息或一元的社会模型,在这一模型中,我们每个人都是一个"像素"(pixel),纠缠于社会结构当中,而这既使我们的能动性成为可能,又使它具有潜在的、深远的和非定域性的影响。

注　释

1. 参见 Elder-Vass(2010b)关于此区分的非常好的讨论。

2. 参见 Porpora(1989)和 Wight(2006:Chapter 4)对国际关系学术的进一步阐述和扩展讨论。

3. 参见 Giddens(1979:61—66)。

4. 参见 Pettit(1993a:111 and passim)。

5. 佩蒂特对这个问题的看法有些不同。他认为,这个问题在于社会规律是否会破坏我们对人类作为意向性能动者的看法,而这种看法更多的是关于社会体系,而不是结构。

6. 虽然在国际关系中,它通常仅指分析意义,而不是本体论意义;参见 Temby(2013)关于学科目前情况的综述。

7. "扁平"本体论这一术语是由德勒兹（Deleuze）和拉图尔（Latour）等后结构主义者推广开来的，他们的作品在许多方面与那些将自己描述为个体主义者的作品不同。然而，这两个群体都反对等级分明的本体论，"扁平化"显然是对主流个体主义本体论的恰当描述。

8. 参见 Farr(1997)关于皮肤作为身份边界的重要性，以及 Bentley(1941)的评论。

9. 请注意，这里的问题不是在社会意义上人们是否被视为个人或行动者，这可以说是一个现代的发明（参见 Meyer and Jepperson[2000]）。

10. 关于因果关系和构成的区别，参见 Wendt(1998)和 Ylikoski(2013)。

11. Pettit(1993a:172—173)很好地证明了两个"混合"的立场——原子主义集体论和个体主义整体论——在智识上是一致的。

12. 我所知道的唯一例外是 Kessler(2007)对我（2006）和 Lawson(2012:355—356)的回应，在文中他简要地引用了量子场论；Pratten(2013)提出了社会生活的过程论本体论。

第十三章　一种涌现的、整体的、扁平的本体论

　　涌现论(emergentist)思想的全盛时期是 20 世纪 20 年代,当时它被视为还原论和生机论辩论中的居中观点。[1]然而,由于其原始表述的模糊性,以及逻辑实证主义(logical positivism)在更大哲学舞台上的兴起,带有强烈还原主义冲动的涌现论迅速失宠。但自 20 世纪 70 年代以来,涌现论经历了一次复兴,一方面是由于还原论无法解决生命和心灵问题,另一方面由于动力系统(dynamical systems)和复杂性理论(complexity theories)的发明,迫切需要找到一种涌现论的诠释。涌现主义现在绝不是正统理论,特别是在科学实践中,还原论仍然是默认的方法。但在哲学中,它又开始被相当认真地对待。[2]

　　涌现主义在社会科学中的处境甚至要更好一些,在 20 世纪 50 年代关于个体主义方法论的争论中,该问题(如果不是这一术语本身)第一次被提及。尽管那场辩论没有定论,但 20 世纪 60 年代实证主义科学哲学的引入,以及理性选择理论从经济学向其他社会科学的传播,为还原论制造了一种势头。然而,在社会学中,宏观层面的理论化工作从未失去其首要地位,批判现实主义者如罗伊·巴斯卡尔(Roy Bhaskar)和玛格丽特·阿彻(Margaret Archer)最早明确提出了涌现主义社会理论;[3]在经济学中,宏观理论显然不能还原为微观理论;在政治学中,理性选择理论的兴起被历史制度主义、建构主义等非还原论社会理论所平衡。因此,在社会科学领域,涌现论始终是一个鲜活的选择。

涌现论和还原论至少有一个共同的关键假设：唯物主义本体论。[4]这对于还原论来说并不意外，它主要就是要展示不单宏观的物理对象，还有看似非物质的现象，如生命、意识和社会结构，最终都由表面上以物理学描述的物质材料所构成。在涌现论中，唯物主义的前提不那么明显，但同样重要。根据定义，一种涌现现象从其他事物中涌现，且并非随意发生，而是必然作为其要素组织的结果，而这些要素也被涌现论者假定为物质的。如果没有这种与物质基础的联系，就像笛卡尔的二元论，那么更高层次便根本不会"涌现"，而是就在那里且不受物质现实的束缚。因此，尽管涌现论者倾向不像还原论者那样重视物理学，但他们同样接受因果闭合原则。

然而，尽管有这一共同出发点，对于是否存在任何事物是真正涌现的这一问题，两种理论却有着根本分歧，这可归结为三个主要的涌现论论题。第一，不可还原性（irreducibility）。虽然就还原论的实际要求存在争议，[5]但对于不可还原性的直观想法是简明清晰的："整体大于各部分之和。"第二，涌现现象具有其组成部分所不具备的新属性。在这方面同样存在争议，[6]但人们普遍认为新属性必须看起来是性质上的（如生命或心灵相对于物质），而不仅是量上的（一袋10磅的糖相对于10袋1磅的糖）。这使得涌现论者成为属性二元论者（property-dualists），即便他们拒绝实体二元论（substancedualism）。第三，涌现现象表现出"下向因果关系"，即整体影响部分的属性和/或行为。这是涌现论最具争议的主张，因为它提出了一个循环问题，或整体如何导致其自身组成部分的问题，批评者认为这与因果闭合原则是不协调和不一致的。[7]即便是一些涌现论者，也对下向因果持谨慎态度。但在多数人看来，这是该学说的基本组成部分，因为如果涌现属性缺乏因果力，那么它们便是副现象和多余的。这里的一个关键问题在于，涌现被看作历时的还是共时的。对于涌现论者而言，前者更容易论证，因为它考虑到了部分和整体之间的因果关系，但也正因如此，它在哲学上是相对缺乏吸引力的。[8]

关于涌现的辩论如何展开，关键取决于人们所讨论的是本体论还是认识论，或有时被称为"强"与"弱"涌现。[9]两者都涉及层次之间的关系，但存在关联的事物是不同的——前者是实体、事件和属性（即实在的元素），而后者是理论、概念和模型（描述或解释的元素）。[10]重要的是，在这两个问题上的立场不必要是相同的:某人可以在本体论层面是还原论者,但同时也是认识论层面的涌现论者(反之亦然)。[11]尽管在社会科学中,这一区别常常是模糊的,但大多数讨论都是关于认识论的涌现。这并不奇怪,因为不同于化学与生物学,其中物质实在的不同层次是显而易见的,在社会科学中,我们真正能够看到的只有人。从唯物主义的观点来说,看似层次间(inter-level)的关系实际上是层次内(intra-level)的关系,是个体之间的关系。[12]

诚然,一些社会科学学者,特别是批判实在论者认为,即使无法被看到,涌现的社会结构也是实在的。然而,正如我在第一章论述的,在经典世界观中,一切事物最终都是物质的,所以如果各种社会结构是真实的,那么为什么我们看不到它们呢?实在论者的回答是,我们可以通过结构的种种影响将其推断出来,但问题在于:(a)这与其他经典现象是不同的;(b)它预设假定了各种意向性状态的现实,而后者在表面上产生了那些影响。因为那些状态意味着意识的存在,而唯物主义对意识存在提出质疑,这便使得实在论观点站不住脚——如果意识是一种错觉,那么为什么社会结构不是呢?[13]事实上,以唯物主义者自居的实在论者也对社会结构的具体化持谨慎态度。因此,实在论者陷入了两难境地,他们要么承认社会结构最终是物质的因此并不是真正的涌现,或是接受一个非唯物主义、二元论的本体论。[14]简而言之,如果一个人接受了经典世界观的约束,那么在本体论意义上捍卫社会涌现论便似乎是不可能的。这也许可以解释为什么不同于认识论和方法论个体主义的长期争论,[15]几乎没有关于本体论个体主义的争论,批判现实主义之外的个体主义似乎被所有派别视为理所当然。然而,如果后者失败,那么认识论的个体主义也会失败。[16]

考虑到这一辩证情况,以及由于这是一本关于本体论的书,我将着重于本体论意义上的涌现,而这对于社会科学而言是个难题。(因此,除非另有说明,当我在后文使用"个体主义"一词时,我所指的是它的本体论形式。)我对于本体论意义的关注并非意在挑战如下观点,即只有个体才是真正意义上的,也就是经典意义上的真实。因而,后面讨论也并非对于本体论集体主义(collectivism)的辩护。相反,我所要捍卫的是社会整体论(social holism)。整体论与表面上看似个体主义的扁平本体论(flat ontology)是相容的。[17]然而,我认为从形而上学角度支撑整体主义的唯一方法是通过量子视角,而其结果与个体主义是不相容的。这将为能动者-结构问题提出新的解决方案铺平道路,而在能动者-结构公式的两边都是涌现的,但只是在量子意义上。

随附性遇到外在主义

当前,为认识论涌现观点辩护的努力几乎都是基于本体论个体主义的随附性＊(supervenience)概念。[18] 随附性是一种介于低阶"支撑"(subvening)基础与高阶"随附"(supervening)结构之间非因果依赖的非对称关系,在这种关系中,一旦基础的所有属性都被确定,结构的属性也便得以确定。它有多种形式,如弱、强、定域性、全局性,甚至是"超特级"(super-duper)(！),不同形式的依赖关系,其强度与范围各不相同。[19] 但它们都是共时而非历时的,即随附性是层次之间的构成关系而非因果关系(原文如此)。这一概念有很强的一般性,在很多领域都有应用,从美学(一幅画的美如何随附在画布上色彩的安排)到心灵哲学("非还原唯物主义者"试图用它来解释意识)。不管它在其他领域有什么吸引力,它似乎在社会科学中特别适用。正如佩蒂特针对社会科学所言:"个体主义坚持随附性观点,即如果我们复制个人的与其之间的事物,我们便可以复制在他们中间所获得的所有社会实在,没有任何社会属性或权力会被遗漏。"[20] 这反过来也提出了本体论涌现主义的简明定义:"个体层面的事实并不能完全决定社会事实。也就是说,可能存在这样不同的世界,其中所有个体层面的事实都相同,但某些社会事实却是不同的。"[21] 我估计,当前大多数社会科学学者都不会认为这一观点具有说服力。[22]

虽然在社会理论中很少被提及,但是随附性本体论在经典意义上是物理主义(physicalist)的。[23] 正如我们在第一章所看到的,"物理主义"中的"物理"是双重模糊的。它是指经典物理学还是量子物理学?对于后者,它意味

＊ 或译为依随性。——译者注

着不存在基本心理（No Fundamental Mentality）（量子理论的唯物主义诠释）还是一直向下的心理（Mentality All the Way Down）（泛心论诠释）*？然而，在随附性的情况下，很明显物理主义意味着经典唯物主义，因为在物理学中，人们普遍认为量子系统意味着随附性的失败。[24]这是因为，所有形式随附性的核心都假设支撑基础的要素是可分的。[25]这意味着，支撑部分的属性必须是固有和非相关的（这被纠缠所违背），同时也必须是兼容或非析取的（这被测不准原理所违背）。简言之，随附性假设随附结构最终是"特定事实定域性质"的函数。[26]因此毫不意外的，唯物主义心灵哲学家最早开始广泛地使用随附性概念，特别是由于基思·索耶（Keith Sawyer）的研究，一些关于个体主义的争论已与他们的工作存在明确类比。随附性理论的经典本质将在下文发挥关键作用。[27]

对于社会理论家而言，随附性概念的一个关键吸引力在于，它在个体主义本体论中为认识论涌现创造了空间，如果我们考虑它对变化的影响，便可以看到这一点。在本体论层面，随附结构的变化意味着支撑基础的变化，但由于这种关系是非对称的，反过来说是不成立的，因为通过元素的不同配置可能在宏观层次实现同样的结构。如果可能情况的数量低，这也许不会排除解释性还原，但如果多重可实现性的程度高，即索耶所谓基础和上层建筑之间存在"野蛮分离"（wild disjunction），那么即使社会结构在本体论上不独立于能动者，在认识论上也不可能把它还原至其基础。[28]这便支持了宏观与微观理论的分离，以及社会科学与心理学的分离。

关于随附性的概念是否能承载认识论层面即弱涌现论，存在着相当大的争议。[29]特别令人感兴趣的是对于它能否为下向因果提供空间的怀疑。然而，相较于现在就讨论这一问题，我将先聚焦在随附性本体论的一个方面，至少在社会科学中，这个方面被广泛认为是没有问题的。即如何以一种尊重经典物理约束的方式阐述基础（即个体人）的属性？

与物理和生物科学中的结构不同，支撑社会结构的大多数属性是意向状态，而非物质状态，如规范和制度、身份、信仰等。可以肯定的是，社会结构的实现有赖于人们在这些状态下行为，这些实践（practices）有物质层面，

---

　　* 即从有机体宏观尺度到无机体、微观尺度。——译者注

但若没有意向性便不会存在实践，只有行为（behavior）。这种社会结构对意向性状态的依赖造成两个问题。由于我已经讨论了第一个问题，即意向性状态在唯物主义世界观中没有位置，我将聚焦在第二个，即在心灵哲学中被广泛接受的外在论*（externalism）观点。[30]与随附性不同，外在论从本体论意义上证明了社会结构的涌现论观点。然而，这只有在量子化（quantized）的情况下才是正确的。在当前隐含的经典形式中，我认为外在论缺乏物理基础，因此与因果闭合原则是不一致的。

如果能动者-结构关系的本体论从随附性的角度被构想，那么在指明能动者的意向性属性时，这些属性便绝不能以它们应该构成的结构为前提，否则将导致循环结构且违反随附性关系的不对称性。满足这一要求的关键，以及更普遍而言个体主义的关键，在于归属于个人的状态是内在固有的（intrinsic），这意味着人们可以独自完全拥有这些状态。[31]请注意，这是一个共时和构成性的条件，内在属性与通过历时、因果过程（如社会化）而获得的属性是完全一致的。关键在于，一旦获得，这些属性在任何特定时刻的存在都独立于其他个体。

那么，意向性状态是如何构成的，或者用哲学家的术语来说，是如何"个体化的"（individuated）？直观上来说，答案可能是显而易见的：通过大脑状态（brain states）。常识告诉我们，我们的思想在本质上并不依赖于我们皮肤之外的任何东西，而唯物主义的心灵哲学进一步强调这条信念，认为心理状态由大脑状态所构成。这种关于意向性状态的观点被称为"内在主义"**（internalism），它明确地支持一种个体主义、基于随附性的社会结构本体论，因为基于这种观点"思想在逻辑上先于社会"[32]。

鉴于内在主义在直觉上的力量，社会科学学者可能会对其仅仅在心灵哲学中占少数派地位这一点感到惊讶（至少我在第一次听说时是很惊诧的）。[33]外在主义认为，至少某些心灵状态的内容是由身或心外部的条件所构成的。根据这种观点，思考是取决于社会的——这并非就因果意义而言，即如果我们没有学习一种语言或未被社会化到一种文化当中，我们便

　＊　或外在主义。——译者注

　＊＊　或内在论。——译者注

不会拥有我们所拥有的思想（虽然这当然也是正确的）；而是说就构成而言，我们思想的内容是由外部环境所决定的。[34] 更令人惊讶的是，这种观点不仅在受黑格尔（Hegel）或维特根斯坦（Wittgenstein）所影响的大陆哲学（continental scholarship）中占主导地位，而且在分析哲学（analytic philosophy）中同样如此，后者因希拉里·帕特南（Hilary Putnam）和泰勒·伯奇（Tyler Burge）在 20 世纪 70 年代所进行的所谓"孪生地球"（Twin Earth）思想实验而呼声日隆。[35]

现在让我们来看一下伯奇（Burge）所举的一个例子。[36] 琼斯一号对关节炎有各种正确的看法，如他的脚踝有关节炎、他的父亲有关节炎、关节炎导致疼痛，等等，同样他也有关节炎会影响大腿这种错误认识。由于担心最近的疼痛，琼斯一号告诉他的医生，他担心自己的关节炎已扩散到了大腿。医生说这是不可能的，因为关节炎是关节部位的炎症。琼斯松了一口气，并改变了之前的看法。现在想象一个反事实（"孪生"）世界，在这个世界里琼斯二号在各个方面都和琼斯一号相同，相同的看法、相同的病史，但在这个世界里，"关节炎"这个术语的确是指大腿疼痛。因此，在琼斯二号抱怨病痛之后，医生为他治疗"关节炎"。伯奇的结论是，即使琼斯二号的心理状态和一号相同，但他的看法无论内容还是意义都与琼斯一号不同。这种差异是由他所处社会背景造成的。

这个例子和其他类似例子旨在表明，心理状态的内容由被使用的"概念格栅"（conceptual grid）所个性化，[37] 这些格栅与有关心理状态的社会规范和规则相对应，由社群而非个人所据有。需要注意的是，这并不意味着人们在其头脑中没有个人想法。问题的关键在于，使这些想法成其为想法的条件并不取决于个人。如果我认为我看到了大脚怪，而我生活的社群否认大脚怪的存在，那么我的想法就是一种"幻觉"或"疯狂"，但是在另一个完全相同却承认大脚怪存在的社会里，同样的想法便可能有不同的内容。如此，思维本质上取决于社会关系。而由于后者是语言现象，这意味着语言不仅是思想的中介，更首先使思想成为可能。[38] 简言之，正如普特南对外在主义的总结："意涵不在头脑当中。"[39]

外在主义是一种明确的整体论学说，因此被普遍认为与狭隘或"局部"（local）随附性形式在逻辑上是不一致的。基于局部随附性，一个人的心理状态只会随附于她的大脑状态。[40]然而,如果随附性是总体的(global),即支撑基础包括所有个人、他们之间的相互作用以及物理环境,情况又会如何呢? 此处的共识似乎是相反的,即外在主义对个体主义不构成挑战。以佩蒂特为例,他认为意向性状态的外在构成只涉及个体间关系,而不涉及涌现的社会结构。一旦所有个体(社会化构成的)心灵属性被设定,便可自然得出随附性观点,他将这种视角称为"整体个体主义"(holistic individualism)。[41]同样,在对伯奇的回应中,格雷戈里·柯里(Gregory Currie)认为即便琼斯一号和琼斯二号处于相同的心理状态,他们的社群也是不同的,因为其他个体在面对"关节炎"时会表现不同。柯里声称这确保了支撑基础的本体论优先级。[42]

然而据我所知,没有任何外在主义的支持者考虑过唯物主义无法解释意识或心灵是一个量子系统的可能性。因此,他们至少是隐含地将社会生活随附基础的本体论假定为经典和唯物的。对于外在主义和随附性的相容而言,这在几个方面是有问题的。

首先,经典唯物主义要求,支撑基础的部分,即个人心理状态,由内在属性所构成,这样在本体论上,随附结构便不过是"特定事实的局部性质"。即便是总体构成的(globally formulated),这如何与外在主义保持一致也是不清楚的。毕竟,其他个体心理状态的内容本身就是社会构成的,那么在何种情况下,随附性才能达到最低点至可分个体的内在和非相关属性本身呢?在这方面,"整体个体主义"似乎是循环论证的。其次,心理状态的社会构成是非定域和非因果性的。这与经典物理约束如何达到一致? 值得注意的是,柯里首先将两个群体 * 之间的差异还原为个体说了或写了什么,然后再到"身体动作"。[43]这保留了随附性理论的唯物主义基础,但代价是剥夺了心理状态的任何真实角色。最后,正如我在第一章所论述的,如果唯物主义不能解释意识,那么社会科学学者将被迫要么以"仿佛"(as if)的方式对待心理状态,接受一种默认的生机论,要么把它们视作错觉并连同它们所支撑的结构一同抛弃。如果这些批评有说服力,那么经典世界观就与外在主义是不相容的,而佩蒂特的整体个体主义也便缺乏自然主义基础。

---

* 即琼斯一号与琼斯二号分别所处社群。——译者注

面对这一问题，人们可以转而接受内在主义，它显然与个体主义更加相容，并且面对至少上述某些反对意见时站得住脚。然而，这种退避既无吸引力也没有必要。没有吸引力是因为外在主义者对内在主义的批评仍然有效，没有必要是因为还存在其他选择。如果思维和语言是量子系统，那么外在主义便是其逻辑结论。它的基础在语义上是非定域性，通过分享一种共同语言，个人的思想内容与他心纠缠在一起，并因此具有不可还原的语境性。然而，这意味着我们必须放弃将随附性作为社会生活的本体论，因为随附性在量子系统中是不成立的。由此产生的本体论是整体和扁平的，而涌现在其中具有核心作用。

能动者、结构和量子涌现

到目前为止，我试图说明：（1）社会结构在本体论意义上的涌现概念与经典世界观是不相容的，这引向了一种随附性本体论，认为个体及其属性在构成的意义上外生于社会生活；（2）这种个体主义本体论与外在主义心灵哲学的整体论不相容；（3）后者本身与经典世界观不相容。这些矛盾为量子视角的介入奠定了基础。在我看来，当被量子化后，外在主义便可以满足上述本体论层面涌现的所有三个标准，即意向性状态的社会构成不能被还原为个体内在固有属性；涌现导致质的新颖性；涌现可以解释下向因果关系。在这一节，我将首先回顾量子力学中的涌现文献，继而从这个角度重塑能动者-结构问题。

虽然在经典世界观中关于本体论涌现的地位有相当多争论，但对于其存在于量子世界这一点，却没有什么分歧。迈克尔·西尔伯斯坦（Michael Silberstein）和约翰·麦基弗（John McGeever）认为，量子力学"为本体论涌现的存在提供了最为确凿的证据"[44]；此外，以保罗·汉弗莱斯（Paul Humphreys）一篇开创性文章为开端，一项规模虽小但一致性强，旨在探索如何最好地理解本体论涌现的学术研究已成长起来。[45]汉弗莱斯将量子纠缠视为涌现的源头，其后的学术研究基于此而展开，我将在本节进行讨论。这是一种共时涌现观(synchronic view of emergence),而这对于本体论涌现论而言也正是真正的困难所在。在下一节,我将介绍一种更为历时性的量子涌现形式,即波函数坍缩,它与下向因果存在共鸣。

汉弗莱斯的观点由反对心理因果关系的"排斥论点"(exclusion argument)所激发。[46]也就是说,正如非还原论唯物主义者所认为的那样,如果心理状态在本体论层面随附于大脑状态,那么似乎所有心灵中的因果过程都由大脑状态所完成。这使得心理状态毫无因果力的空间,由于没有因果力的现象通常被排除在科学本体论之外,这也就引发了关于心灵的副现象主义的担忧。作为回应,汉弗莱斯首先提出了一个抽象的论点:如果基础属性之间发生"融合"而不再拥有独立特性,那么它们融合的影响"便不能以其组成部分的独立因果影响而得到正确的表现"[47]。他随后提出,量子纠缠符合这一条件。在纠缠态中,只有复合系统处于"纯态"(pure state),而组成部分则失去了作为拥有内在属性的完全可分要素的特性。在这种情况下,"整体的状态决定了部分,而非相反"[48]。至关重要的是,这与"随附性"正好相反。虽然汉弗莱斯没有回到心理因果关系的问题上,但他的论点似乎是对量子相干的恰当描述,量子大脑理论认为退相干是意识的物理基础。

这之后的研究对汉弗莱斯观点的一个重要细节提出了质疑,即在融合过程中,各个部分完全失去了各自的特性。[49]这种"基础损失"(basal loss)被认为是没有动机和夸大事实的,并会导致一个令人讨厌的后果,即可能存在没有神经状态依托的心理状态。无论如何,在社会科学中,汉弗莱斯的批评者所持更为保留的观点似乎是恰当的。虽然在物理哲学家之间,关于纠缠的粒子是否保留了任何个性的争论已经持续了很长时间,但社会生活中的"粒子"是生物个体,[50]而即便在原则上这些个体的身体也是无法融合的。至于我们的心灵,尽管我认为共享语言会产生相互纠缠的心理状态,但在保护我们每个人大脑中量子相干性的物理结构中,融合同样面临着限制。[51]然而,重要的是,尽管汉弗莱斯的批评者对基础损失的看法有所保留,但他们同意汉弗莱斯的以下观点,即纠缠涉及本体论涌现。出于同样的原因,我认为个体不能完全将其身份特性进行融合这一点与社会结构的本体论涌现是相容的。在这两种情况下,我们所讨论的整体在本体论意义上都不能被还原为部分,因为后者的特性与整体是不可分离的。

在继续讨论之前,需要就一个重要问题进行补充。针对汉弗莱斯观点的讨论是不对称的,因为它假定所涌现的是纠缠态,即整体。然而,正如比特博尔(Bitbol)认为的那样,我们也可以将纠缠的组成部分看作涌现的。[52] 根据量子场论,比特博尔指出,亚原子粒子本身并不是实体个体,而是宇宙量子通量(quantum flux)中类似粒子的过程或振动。因此,"在所谓'基本'层面('basic' level)和涌现层面(emergent level)之间并没有本质区别",因此没有"依据"可以建立一个分层的层面本体论(stratified ontology of levels)。[53] 所以,当粒子纠缠在一起时,它们也获得了新的属性,即与整体的关系属性(relational propertiesto the whole)。[54] 因此在纠缠中,部分和整体是"共涌现的"(co-emergent),而并非仅有后者在前者本体论居前的基础上涌现。这种涌现纠缠的对称性在接下来的讨论中至关重要。

因果闭合原则告诉我们,世上的一切,包括个体与社会,都是物理的(相对于物质的)。对于人而言,这种物质性的指称是清晰的,即身体、大脑、心灵的复合体。然而正如我所提过的,社会结构的物质性是令人费解的,因为不像其他宏观客体(原文如此)*,它们是不可观测的。因此,让我先从定性的角度来定义社会结构,继而再将其转化为物理定义。

我不会尝试回顾社会学文献中关于社会结构的众多定义;就我的目的而言,对往往符合这一描述的两类基本现象进行区分就足够了。[55] 第一类可由人口结构为例说明。[56] 虽然人口模式(demographic patterns)由于限制了人类能动性,从而在这种意义上是"结构性"的,但其不一定是"社会性"的,这是因为人口模式是客观属性的分布,即便人们对其完全没有意识到,它们依然存在。由于我认为我们不需要量子理论来理解人口学,我将把以上提及的第一种社会结构搁置一旁。剩下的是第二种社会结构,它包括规范、规则、文化、制度等现象。与客观属性的模式不同,这些现象预先假定了人们行为所依据的话语(discourse)。[57] 这里的社会结构是基于心灵的,或为意向性客体(intentional objects),具体而言,是塞尔(Searle)意义上的集体意图,包含共享的心理状态和语言。[58] 特定社会结构,如婚姻制度、市场经济或国

---

* "原文如此"并非译者所加,作者在本书多处非引用部分的正文处添加了这一说明。——译者注

家,都是这个一般范畴中的具体例子,这些结构都由基于其目的和功能的特定话语(discourses)所构成。

如果心灵和语言的物理基础是量子力学的,那么根据这一定义,社会结构也如此。也就是说,社会结构在物理学意义上实际是共同心理状态的叠加——即社会波函数。我想在此强调这一本体论的四个含义,其中两个与批判实在论(critical realism)相左,而另外两个则与实在论者的观点一致。

第一,与实在论关于社会结构是"真实但不可观察的实体"这一观点相反,作为叠加态的社会结构是纯粹的潜在性(potentialities),因此在经典或现实意义上而言,作为叠加态的社会结构(更不要说实体[entities]了)并不比亚原子粒子的波函数更真实。这也就解释了为什么社会结构是不可观测的,因为人们无法观测到波函数,而只能观测到波函数坍缩成粒子的结果。第二,同样地,与实在论的分层本体论(stratified ontology)相反,社会结构并不位于高于(或低于)个体能动者的实在层面上。在现实(real)世界中,只有人和他们的实践,这意味着一种扁平本体论(flat ontology),更像是吉登斯(Giddens)的结构化(structuratio)理论,而非批判实在论(critical realism)。[59]

第三,尽管存在这种扁平本体论,将社会结构视为共同心理状态的叠加意味着它们在本体论上是涌现的。这并非就实在的自主层面的经典意义上而言,而是就构成社会结构的能动者之间存在的量子纠缠意义上而言。相较于经典的层次话语(classical discourse of levels),这为批判实在论者对涌现的信奉提供了更为合理的物理基础。

第四,叠加态的方法意味着一种整体论的社会本体论,其中参与结构的能动者之间以非定域的方式相互关联。这肯定了巴斯卡尔(Bhaskar)将结构视为一组内部关系的"关系"论点,以及穆斯塔法·埃米拜耳(Mustafa Emirbayer)更倾向将过程理论化(process-theoretic)的关系主义(relationalism)。[60]

我将在后文详细阐述这一观点的一些实质含义,但由于从经典视角来看,该观点*似乎非常不可思议,因此我将首先讨论一种个体主义视角可能对该观点的反驳。这样做将引回量子能动者(bring quantum agents back

---

* 即社会结构在物理意义上是社会波函数这一本体论。——译者注

in),从而完成讨论闭环。埃斯菲尔德(Esfeld)将整体主义视为关系的本体论(ontology of relations),而非事物(things)的本体论,他很好地将相关反驳总结如下:

> 一种关于关系的形而上学(a metaphysics of relations)往往马上被摒弃,因为它似乎是矛盾的:(a)关系需要被关系者(relata),即关系中的事物;(b)这些事物本身必须是某种东西,即在它们所处的关系之外和之上,它们必须具有自身的内在属性。[61]

在这种观点下,随附性是理解部分-整体关系的唯一途径,当部分-整体关系应用于社会生活时,便意味着个体主义(individualism);在社会生活中,"被关系者"即人类能动者。因此,任何真正的整体性社会结构模型都是不可能成功的。

鉴于外在论作为一种整体论的形式在心灵哲学中被广泛接受,我已经指出,我们已有一些理由来反对这个结论,而如果社会结构的元素是量子而非经典的能动者,那么外在论与随附性之间的矛盾就会变得更加明显。在这种情况下,社会关系中的被关系者(relata)其本身就是叠加态,即"行走的波函数",因此它们并没有固有内在属性,而只有因为与其他能动者纠缠而具有的属性。事实上,量子能动者不仅缺乏内在属性,而且如果量子决策理论家是对的,那么量子能动者的属性往往是分离的或"不相容的",而这是随附性本体论所排除的。[62]这就从另一个角度说明了佩蒂特的观点,即反对随附性的人们认为"个体层面的事实并不完全决定社会事实"。因为量子涌现论所暗含的是,除了构成它们的社会事实之外,不存在"个人层面的事实"。它们是共同涌现的,因为个体心灵并不是完全可分的。

总而言之,量子社会本体论表明,正如结构化理论家和批判实在主义者长期以来所主张的那样,能动者与社会结构是"相互构成"(mutually constitutive)的。需要强调的是,这并不等同于社会理论中经常与"相互构成"混为一谈的"互为因果"(reciprocal causation)或"共同决定"(co-determination)。作为量子纠缠,能动者和社会结构之间的关系不是一个随时间变化的因果互动过程,而是一种非定域、共时的状态,两者都从这种状态中涌现。[63]这也并非"共同决定",因为能动者的心灵和社会结构直到在实践中坍缩之前都不处在决定性（即实际）状态，而是潜在状态。不过，考虑到吉登斯在 1979 年提出了"相互构成"的准则，即使有这些规定，人们也可能会问，量子视角的附加价值到底是什么。就此，我想谈以下三点。

首先，量子视角为一个原本站不住脚的论点提供了物理基础。在我看来，基于经典世界观，个体主义本体论得到了不可抗拒观点的支撑，因此对能动者和结构的思考必须从随附性角度展开。而因为随附性是非对称的，即使是相互构成也被排除了，更不用说涌现。将相关辩论量子化则消除了这一预先约束，而把证明能动者可分性（agent separability）假设的责任交给了个体主义的倡导者，并使得涌现论者、外在论者和整体论者能够基于物理基础提出至少从定性角度而言似乎是合理的观点。其次，以更具前瞻性的角度来看，量子形式体系（quantum formalism）具有在新领域的应用前景。量子决策理论已经证明了它在思考个体能动者方面的价值，而量子博弈论也可能对互动能动者的研究做出同样的贡献。然而据我所知，尚未有人使用这种形式体系来对社会结构进行建模，而这种建模可能会产生最为广泛的影响。最后，量子路径还提供了一种方法来处理迄今为止社会涌现论中最为困难的问题，即下向因果，现在我将对其进行讨论。

社会结构中的下向因果

为了使任何领域的涌现属性是真实的、而非仅仅是用于解释的手段，那么为了避免副现象论（epiphenomenalism），它们便必须具有因果力，特别是"下向"（downward）（原文如此）因果力，来影响它们从其中涌现的那些部分。[64]虽然下向因果的语言未在社会科学中广泛使用，[65]但如何思考社会结构（和/或话语）因果力的问题早已存在，并在今天依然困扰着许多不同理论派别的社会科学学者。对于那些致力于宏观理论的人来说尤其如此，他们不仅包括批判实在论者和其他结构主义者，也包括非还原个体主义者（non-reductive individualists）。[66]在这一节，我将首先通过哲学辩论解释为何下向因果是一个"问题",继而提出量子方法的解决之道,最后将这一框架应用于社会结构,作为总结。

从经验来看,下向因果似乎在我们身边无处不在。[67]如果琼斯心里想着快乐的事情,然后开始担心失去工作,这种心理变化会对他的血压、焦虑水平及其他生理功能都产生明显的影响。同样,众所周知,在生物学中,单个细胞内部的情况受到器官与整个身体宏观变化的影响。然而,下向因果的观点已被证明很难与自然主义相协调;尽管哲学家近来对它给予了相当大的关注,但主流观点似乎认为它是一个逻辑不连贯的概念。[68]

这是由于经典世界观的一个关键原则:因果排他性(causal exclusion),即如果某事件有一个完整的、微观层面的原因——在经典世界观中,微观原因具有最终决定性——那么便不可能通过进一步的微观或宏观层面原因对该事件进行"过度决定"(over-determination)。[69]鉴于这一原则,如果下向因果是以共时方式定义的,那么就会产生恶性循环,既然整体的假定因果力(putative causal powers of wholes)是由于它们的部分(parts)才存在的,那么整体的因果力又怎能同时导致部分呢? 这种循环可以通过以历时(diachronically)方式定义下向因果来消除,即将下向因果定义为一种部分和整体之间随时间发生的相互作用。[70]但是,这样做会使得这一概念了无意趣。既然整体是由部分组成的,那么基于因果排他,整体在 T2 时刻的假定效应实际上只是其组成部分在 T1 时刻的效应而已。简言之,下向因果"在底部没有空间"(no room at the bottom),只是一种"错觉"。[71]高罗佩(Robert van Gulick)很好地总结了这一问题:

> 那些希望将物理主义(physicalism)与强有力的因果关系版涌现论(robustly causal version of emergence)结合起来的人们面临一项挑战,即找到一种方法,使高阶属性具有因果意义,同时又不违反较低物理层面运行的因果法则。一方面,如果它们凌驾于微观物理定律之上,便会对物理主义构成威胁。另一方面,如果高层法则(higher-level laws)只是一种便宜手段,用来总结在特殊情况下所出现的复杂微观模式,那么不管这些法则可能具有怎样的实际认知价值,它们似乎都没有给高阶属性留下任何真正的因果性。[72]

对下向因果持批评态度的人们通常假定"因果关系"是指动力因,在这种因果关系中,因先于果并因此不同于果,而且必须有从因向果的能量转移。下向因果的维护者通常会承认,在这样的规定下,下向因果是逻辑不连贯的,特别是其共时形式。[73] 然而,对于因果关系的多元观点(pluralistic views)而言,大门依然是敞开的,例如亚里士多德的四重类型:动力因、质料因、形式因和目的因,对于那些试图理解因果关系的人而言始终是最主要的资源。[74] 该脉络中的一种选择,即"中间"下向因果("medium" downward causation),将较高层次看作对较低层次活动设置约束或边界条件。[75] 虽然使用了亚里士多德的全部四类因果观点,但此处的逻辑主要是功能主义的(目的因的现代版本),在这种观点中,整体通过选择与其生存相一致的活动来控制部分。[76] 此外,还有"弱"下向因果,在这种关系中,整体的结构描述了部分的形式或安排。这种观点有着共时性的优点,但对于下向因果来说,这是困难所在。从能动者-结构问题的角度来看,这种观点也具有吸引力,因为通过强调部分的安排,它使我们不必纠结于整体的实在,而就社会结构而言,整体的实在是有问题的。尽管如此,这一方法更多的是描述性而非解释性的。此外,正如它的名字 * 所暗示的,它距离日常意义上的因果关系是最远的。

我们尚不清楚亚里士多德式的研究因果关系的方法是否能够解释下向因果关系。正统学说的捍卫者忽视了这种方法,甚至一些持同情态度的人也有疑问:这种方法究竟意味着什么,或者它仅仅是一种有用的启发。[77] 然而,我想在这里强调的是,正如比特博尔所指出的,关于下向因果关系的文献,无论对其持支持还是反对立场,几乎无一例外地都假定了一个经典的物理的因果闭合。[78] 如果所讨论的世界确实是经典的,那当然很好,但大多数激发人们兴趣的下行因果关系的明显例子都是关于生命和心灵的,而正如我已阐释的,生命和心灵是量子力学的。如果这一点是正确的,那么这场辩论的前提——即物理主义意味着唯物主义、唯物主义是关于物质的、因果关系是定域的,等等——都是错误的。

在引入下向因果的量子方法时,有必要回顾一下,作为纠缠的涌现

---

* 即"弱"向下因果。——译者注

（emergence as entanglement）这种概念是共时（synchronic）的。部分和整体的同时涌现仅仅因为纠缠。这影响了各部分行为的概率分布，[79] 但由于纠缠在一起的是叠加态，这本身并不会导致任何事情发生。鉴于静态情况对于涌现论来说是困难问题（hard case），因此这一点 * 还是很重要的，但除了从形式因果（formal causality）意义上而言，它很难被称为"因果关系"。然而，在量子力学中还有另一种涌现的现象却没有受到太多关注：波函数的坍缩。坍缩是一个使事情发生的动态过程，但我仍然认为它在某种意义上是共时的。让我先从孤立个体的角度来谈这个问题，然后再谈一谈在社会结构中纠缠的多个能动者。

在第六章中，我认为坍缩是一个时间对称性被打破的过程，在这个过程中会产生两种现象。一种是被体验到的物质粒子，从过去到未来的时间向前移动；另一种是亚原子意志的力量，从将会成为未来的时间向后移动到过去。两者不可还原为产生它们的波函数（因为坍缩是不确定的），并且都表现出相对于其特征的新属性，从而满足本体论涌现（ontological emergence）的三个标准中的两个。

那么第三个标准，即下向因果关系，如何呢？ 使波函数坍缩的"力"是意志（Will）。意志是有目的的，因此在强烈的意义上体现了目的论（teleological）或目的因果关系（final causation）。正是意志激发了亚原子粒子，更确切地说，激发了所有生命形式。因为与粒子不同的是，生命形式有持久的思维，我们可以说意志是心理因果的源头，是思维引导身体行为的能力，这经常被作为下向因果的典型例子。[80]

现在，正如我们所见，真正的下向因果关系在很大程度上取决于它的共时性，因为如果它只是历时性的，那么可以提出相反的论点，即实际上正在发生的是 T1 的部分正在影响 T2 的部分。因为波函数坍缩是一个从潜在中产生实在的过程，所以它看起来似乎应当受到这种批评。但我不这么认为。坍缩的确是一个过程，但它并不在时间中发生，因为它是瞬间实现的。相反，它通过打破波函数的时间对称性来创造时间。这可能听起来很抽象，但我认为这符合我们自己对意志的体验。当我移动我的手臂时，我不是先

---

* 即作为纠缠的涌现是共时的。——译者注

有移动手臂的意志,然后再根据这个意志来行动,而是就这样做了。这并不是要否认我的运动中夹杂着一系列极其复杂的、必要的物质过程,但所有这些过程都是由我的意志对我身体的影响所支配和实例化(instantiate)的。换句话说,意志的下向因果不是历时性的,但也不是静态的,因为它令意识和运动成为现实。此处的困难在于共时/历时二分法本身,它预设了物质在时间中发挥因果力量的经典本体论。相反,量子论指向一种过程本体论(process ontology),在这种本体论中,过程,而不是物质,才是主要的,时间本身则是一种效应。[81]

与个体内部的下向因果相反,在一个社会结构中,下向因果分布在许多不同的个体之间,每个个体自由决定坍缩该结构的社会波函数,使得它在那一刻成为一个物质现实。这意味着,社会结构中的下向因果总是定域地在特定环境中的具体实践中发生,一旦这些实践结束,使其成为可能的结构就将消失并回到其波函数的形式。实际上,社会结构随着使其实例化的实践而不断地出现和消失。[82]

这种观点与社会理论中的"实践转向"(practice turn)有许多共鸣,"实践转向"的倡导者也拒绝实体主义(substantialism),并认为能动者-结构问题可以通过将能动者和社会结构放在一边,而将注意力聚焦于实践上,即放在人们做了什么的过程上进行解决。[83]然而,按照这一路线,实践理论家可能会完全拒绝社会结构的"下向"因果的这一观点;社会结构的"下向"因果的内涵是不同的实在层次,其中较高的层次对较低的层次施加因果力。我同意实践理论家对等级话语(levels discourse)的排斥,因此我同意"下向"的这种比喻是有误导性的。此处发生的事情应当被更准确地描述为:被能动者从潜在的量子世界拉进现实的经典世界的结构。结构被能动者从潜在性的量子世界中拉出,进入实在性的经典世界中。但这并不意味着社会结构没有因果力,原因有以下几点。

第一,社会波函数所构成的能动者行为概率分布是异于社会波函数不存在时的能动者行为概率分布的。在社会结构中纠缠使得某些实践比其他实践概率更高,我认为这涉及形式因(formal causation)。第二,正如我们在上文关于量子语义学和外在论的讨论中所看到的,伴随着能动者实践的意向性状态并不能完全与使这些意向性状态成为可能的集体意图分开,因

为后者界定了能动者行动的环境。[84]第三,根据我对人的施为模型(perfor-
mative model of man)的量子解读,每当能动者从事实践时,他们不仅在实
现一个社会结构,而且也在为自己实现一个确定的身份。由于人类行为是
有目的的,且我已指出,人类行为涉及目的因,这就意味着当人们根据一个
社会结构行动时,他们表达的是它的目的——他们既是组成这个结构的能
动者,也是将它"推倒"的能动者。因此,尽管实践可能是我们可以"看到"社
会结构的地方,但它们本身只是故事的一部分。

总之,社会涌现论者一直在错误的地方,也就是在较低层面的能动者和
较高层面的社会结构之间的垂直关系中,寻找本体论涌现。社会生活中不
存在比个人更高的层次:社会生活的实在是平的。请注意,这并不是说不同
的社会结构在规模上是一样的,因为有些社会结构是相当小范围的(比如说
阿米什社会的结构),而有些是全球性的(国际体系)。关键在于,规模应当
被视为一种"关于范围或广度的水平度量",而不是"层面的概念,即一种垂
直的、嵌套的空间层次排序"。[85]

然而,一个扁平的本体论并不意味着社会涌现论的传统对手——即还
原论或个体主义——是正确的。我的批评的关键是,个体主义基于其经典
的世界观假设个人具有定义明确的确定状态,且为完全可分的实体。外在
主义心理哲学提供了反对这一假设的定性论据,且得到了量子决策理论、量
子语义学和量子涌现的物理论据的支持。这种观点认为,涌现并不是出现
在不同层次的垂直关系中,而是出现在能动者之间的整体水平关系中,能动
者的状态是由语言所中介的非定域纠缠构成的。作为叠加态的社会结构只
是潜在的而不是现实的,但对能动者而言同样如此。能动者的叠加态是共
同涌现的,如果他们成为真实的实在,他们就在定域实践中一起成为真实的
实在,而定域实践本身是从波函数坍缩的动态过程中涌现出来的。[86]因此,
或许矛盾的是,量子方法表明,为了正确理解涌现,我们需要一种水平的而
不是垂直的世界观。[87]

在本章中,我重点讨论了本体论意义上的涌现。鉴于本体论个体主义与
非还原论的相容是在认识论或方法论意义上的,这可能会使本体论个体主义
这一论点与社会科学学者的实际解释实践相去甚远。然而,如果本体论个体
主义倒下了,那么支持认识论非还原论(epistemological non-reductionism)的

随附性方法也会失败,从而将错误地描述能动者和结构的解释作用。当似乎需要援引不可还原结构时,多重可实现性(multiple realizability)并非意味着能动者内在属性与相互作用之外还存在额外的解释力。事实上,能动者本身是从相互作用中涌现出来的,而他们所嵌入的结构的因果力量不是动力因,而是目的因或集体目的性(collective purposiveness)。[88]

注　释

1. McLaughlin(1992)对这方面的研究做了很好的综述。

2. 参见 Kim(2006),Corradini and O'Connor, eds.(2010),以及 O'Connor and Wong(2012)关于该哲学辩论的综述。

3. 参见 Bhaskar(1979;1982),Archer(1995),Wight(2006),以及 Elder-Vass(2010a)关于批判实在论当前的状态。

4. 比如,参见 El-Hani and Emmeche(2000:241)和 Kim(2006:549—550)。

5. 比如,参见 Silberstein(2002:82—89)和 Wimsatt(2006)。

6. 相关讨论参见 Francescotti(2007)。

7. 比如,参见 Kim(2006)。我在下文深入讨论该问题。

8. 比如 Humphreys(2008),另外参见 Elder-Vass(2007)关于这个区别在批判实在论中与涌现论的联系。

9. 比如,参见 Clayton(2006),McIntyre(2007),以及 O'Connor and Wong(2012)。

10. Silberstein(2002:90)。

11. 但是,参见 Hüttemann(2005),他认为在量子物理学中,相反的情况是正确的。

12. Le Boutillier(2013:214)。

13. 参见 Harré(2002)在这方面的一个挑衅性观点,虽然他的出发点不同。

14. 这可能有助于解释巴斯卡尔的涌现论的模糊性,参见 Kaidesoja(2009)。Sawyer(2005:80—85)将巴斯卡尔解读为对社会结构的一种随附性(因而是本体论的个体主义)观点,而 Le Boutillier(2013)则认为他最终将结构具象化。

15. 比如,参见 O'Neill, ed.(1973),Pettit(1993a),Sawyer(2005),以及 Greve(2012)。

16. 在分析传统中,Epstein(2009)是我所知道的对本体论个体主义的唯一明确的批判。即使是经常被批评具象化社会结构的迪尔凯姆也承认,只有个体是真实的;参见 Sawyer(2002:241—242)。

17. 我的方法与 Manuel DeLanda(2002)和 Bruno Latour(2005)的非个体主义的扁平本体论有更密切的关系,尽管作为一类唯物主义者,他们既没有对意识进行主题化,也没有与量子物理学建立明确的联系(参见 Jones[2014]关于怀特海的扁平本体论)。将下面的论点与他们的相比较是有意义的,但是考虑到我在这一章的目标是个体主义,我将不在此承担这个艰巨的任务。

18. 例如,参见 Currie(1984),Pettit(1993a),Sawyer(2005),以及 List and Spiekermann(2013)。

19. 关于随附性的不同形式，参见 Kim(1990)。

20. 引自 Epstein(2009:188)。

21. List and Spiekermann(2013:633)。请注意，利斯特和斯皮克曼认为他们在这里定义的是整体论而不是涌现论，但正如下文将澄清的，他们将其中一个与另一个混为一谈。

22. 不过，参见 Wight(2006:116)，他反对"随附性"方法。我下面的论点是，自然地建立这个理论的唯一方法是通过量子理论。

23. 参见 Listand Spiekermann(2013)对此效果的特别清晰的说明。

24. Teller(1986)是第一个提出这一点的人，据我所知，这一点从未受到直接挑战；参见 Esfeld(2001:245—256)，Belousek(2003)，Karakostas(2009)，以及 Darby(2012)关于随附性的量子挑战的进一步讨论。

25. 关于可分性的定义，参见第四部分引言。

26. 参见 Esfeld(2001:247—248)。

27. 参见 Sawyer(2005)，Greve(2012)，以及 List and Spiekermann(2013)。

28. 参见 Sawyer(2005:67—69)，以及 Wendt(1999:152—156)。

29. 比如，参见 Humphreys(1997b)，Heil(1998)，以及 Greve(2012)。

30. Brian Epstein(2009:188)认为，即使在纯粹的物质层面上，本体论的个体主义也是不正确的，因为"社会属性通常是由物理属性决定的，这些物理属性不太可能被认为是人的个体主义属性"。尽管很有趣，但爱普斯坦的论点与我的目的是正交的，所以我把它放在一边。

31. 参见 Esfeld(2004:626)。

32. Gilbert(1989:58).

33. 根据最近一项对哲学家的调查，20%的人是关于心理内容的内部主义者，51%的人是外部主义者，其余的是各种类型的"他者"；参见 Bourget and Chalmers(2014:495)。有关外部主义的优秀概述，请参见 Lauand Deutsch(2014)。

34. Currie(1984:354)、Burge(1986:16)、Pettit(1993:170)、Esfeld(1998:367)等人都强调，这里的观点是构成的，而不是因果的。

35. 参见 Putnam(1975)和 Burge(1979)。Esfeld(2001)通过维特根斯坦的规则遵循问题，提供了一个关于外部主义的替代路径的优秀概述。

36. 本段转载自 Wendt(1999:174)；关于国际关系的更多例子参见同上书，第 176—178 页。

37. Bhargava(1992:223).

38. 参见 Pettit(1993a:169)和 Searle(1995:59—78)。这只适用于高级的人类思想；在我看来，动物也有思想，只是不是由语言构成的思想。

39. 参见 Putnam(1975)。

40. 比如，参见 Currie(1984)，Bhargava(1992)，Esfeld(2001:157)，以及 Howell(2009:84)。

41. 参见 Pettit(1993a)。

42. 参见 Currie(1984:354—355)。

43. 也可以参见 Esfeld(2001:157)强调实践是意义的来源，同样地，要么只是身体的运动，要么是预设的集体意图。

44. Silberstein and McGeever(1999:187).

45. 参见 Humphreys（1997a），Kronz and Tiehen（2002），Huttemann（2005），Wong（2006），Bitbol（2007）；2012），以及 Prosser（2012）。Bitbol 是这个群体中的怀疑者，尽管他的方法超越了本体论的涌现论，因为它完全拒绝了涌现"基础"的概念。

46. 关于此论点，参见 Kim（1998：150）。

47. Wong（2006：352）。

48. Bitbol（2007：299），Humphreys（1997a：15）。

49. 参见 Kronz and Tiehen（2002），Wong（2006），以及 Bitbol（2007）；但是，另外参见 French and Ladyman（2003）。

50. 比如，参见 Castellani，ed.（1998）和 Winsberg and Fine（2003）。

51. 对照 Swann et al.（2009）。

52. 参见 Bitbol（2007：302—303）。注意，比特博尔的量子理论的一般方法是认识论的（参见第四章），因此他反对在纠缠中出现本体论的观点。然而，我认为这并不妨碍他的论点与我的目的相一致。

53. Ibid：303；另外参见 Campbell and Bickhard（2011）。

54. 另外参见 Francescotti（2007）。

55. 这一区别的灵感来自 Hodgson（2002：167—168）；参见 Porpora（1989）的更广的观点。

56. 参见 Archer（1995：174—175），另外参见 Elder-Vass（2007）的批判性讨论。

57. 请注意，这并不是说当人们按照这样的话语行事时，他们必然理解自己在做什么；他们可能并不理解。

58. 参见 Searle（1995）。

59. 参见 Giddens（1979；1984）；Hodgson（2002：161—166）对批判实在主义和结构理论之间的异同进行了很好的概述。

60. 参见 Bhaskar（1979：Chapter 2，passim）和 Emirbayer（1997）。

61. Esfeld（2004：626）；另外参见 Esfeld（1998）。参见 Frenchand Ladyman（2003）在量子场论的背景下，对没有被联系者的强关系的辩护。

62. 参见第八章。

63. 参见 Archer（1995）和 Wight（2006：117）。

64. 请注意，如果小物体不是大物体的一部分，那么大物体对小物体的影响就没有什么神秘可言，所以我们在这里只讨论 Kim（2000：311）所说的"自反"（reflexive）向下的因果关系。

65. Hodgson（2002）和 Elder-Vass（2010a：58—62）是重要的例外。这个词组由 Donald Campbell（1974）第一次引入。

66. 这方面的晚近努力参见 Hodgson（2002），Sawyer（2005），Wight（2006），Elder-Vass（2010a；2010b），以及 List and Spiekermann（2013）。

67. Bitbol（2012：233）。

68. Hulswit（2006）对该辩论做了出色的概述。

69. 参见 Kim（1999；2000），另外参见 Robinson（2005）和 Davies（2006）对向下因果关系的怀疑性讨论。

70. 这是 Hodgson（2002）和 Elder-Vass（2010a：60—61）的策略。

71. 参见 Davies(2006:46)和 Robinson(2005:133)。Elder-Vass(2010a:60)反对这一结论,称其为"纯粹的本体论偏见",因为部分的组织起着不可还原的因果作用。尽管我对他的抱怨表示同情,但正如我们在有关随附性的讨论中所看到的那样,经典的世界观并不支持涌现论,而且这种"组织"至多可能具有解释性的、而非本体论的地位。

72. 引自 Tabaczek(2013:390)。

73. 比如,参见 Emmeche et al.'s(2000)对"强"下向因果的反对。

74. 关于就新亚里士多德的下向因果方法的赞成和反对意见,参见 Emmeche et al.(2000),Morenoand Umerez(2000),de Souza Vieiraand El-Hani(2008),以及 Tabaczek(2013);对照 Craver 和 Bechtel(2007),他们认为整体的作用根本不应该被视为因果关系,而应该被视为构成关系。

75. 参见 Emmeche et al.(2000:24—25)。

76. 另外参见 Meyering(2000:194—196)。

77. 比如,参见 Hulswit(2006)和 Bitbol(2012)。

78. 参见 Bitbol(2012)。甚至在 Davis(2006)关于向下因果关系的物理学的文章中也是如此,这篇文章只在文末讨论了量子理论。不幸的是,迄今为止关于量子涌现的文献还没有涉及这个问题。

79. Prosser(2012:37)。

80. 或者更准确地说,向下的"自我"-因果关系,因为它是故意的;参见 Bitbol(2012:251—252)。

81. 关于涌现和向下因果关系的辩论中对实体主义假设的过程理论批判,参见 Bitbol(2007;2012),Campbell and Bickhard(2011),以及 Pratten(2013)。

82. 对照 Schatzki(2006)。

83. 例如,可参见 Bourdieu(1990),Schatzki et al.(2001)以及 Schatzki(2002);关于实践思想简要且非常清晰的概述,参见 Adler and Pouliot(2011)。

84. 这可以被看作是类似于亚里士多德体系中的物质因果关系,尽管除了严格的行为方面外没有任何"物质"。

85. 参见 Marston et al.(2005:420)和他们的工作所激发的地理学上的"规模辩论",特别是 El-Khoury(2015),他在一篇综合评论中明确地将这场辩论与关于社会的量子思想联系起来。

86. Theodore Schatzki(2002;2005)的"地点本体论"的概念似乎是一个富有成效的"地点",因为它可以进一步从社会理论的角度解释这一建议,另外参见 Woodward et al.(2012),他们从一个新的唯物主义角度写作,以有趣的方式发展了沙茨基的想法,这与我自己的一些关注点相关。

87. van Dijk and Withagen(2014)认为维特根斯坦后期的作品体现了这种世界观。

88. 我希望在未来的研究中发展社会结构的目的论力量,关于在量子框架之外这样做的初步尝试,请参见 Wendt(2003)。

第十四章　迈向量子生机论社会学

当今自然主义社会科学中占主导地位的人类模型是唯物主义的、本体论确定性（ontologically deterministic）的和机械论（mechanistic）的。至少它不再同时也是行为主义（behaviorist）的了；尽管行为主义依然强大，但几乎所有社会科学学者都同意，人类行为受到不可观察的意向性状态的影响，而不可观察的意向性状态需要我们尽力处理和论述。然而，尽管人们承认人是有心灵的，但我们的心灵是有意识的这一事实却并未在主流学术中发挥什么作用。在主流学术中，我们要么被建模为机器，要么被建模为僵尸，因此实际上是被建模为无生命的（dead）。如果对于人类是如此，那么对于社会也必然更是如此。事实上，在当代社会学中，[1] 唯物主义是不被质疑的；误差项（error terms）被认为是由复杂性或糟糕的数据而不是自由意志造成的；因果机制是解释的黄金标准。归根结底，社会体系只是运动中的物质——是复杂的，甚至是智能的物质，但同样是无生命的。

在本书中，我为一种不同的、尽管仍然是自然主义的社会学奠定了基础。基于量子意识理论，在本书的第二和第三部分，我认为人类是有意识的、自由的和在目的论意义上有目的的（purposive in a teleological sense）——简而言之，绝对是有生命的。我指出，这相当于一种真正的生机论本体论（vitalist ontology）——不是新唯物主义的虚假生机论（ersatz vitalism），而是一种现象学生机论（phenomenological vitalism），其中主体性（subjectivity）是由一种物理的但非物质的且不可观察的生命力（life force）构成的：量子相干性。在随后的几章中，我将这一框架扩展到了社会结构。由于语言的量子特性，社会结构使个体相互纠缠,并使他们能够非定域地相互作用。正如个人的心灵一样,社会结构是叠加态的,因此也表现出量子相干性。因此,此处出现的问题是:我的现象学生机论是否能够延伸到社会体系,也就是说,社会本身是一个具有主体性和意识的有机体吗?我认为,根据我的论点逻辑,答案是肯定的,尽管这个主张极大的争议性使我在将其提出时有所犹豫——这既是因为它有破坏我所有努力的风险,也是因为我无法在此给它应有的理论推演。然而,我也很难回避这个问题,因为如果我的论点暗示了这个问题,那么批评者肯定会提出来。因此,尽管接下来的讨论只能浅尝辄止,但还是让我把生机论社会学的概念放到桌面上来谈一谈。[2]

我将以国家为例来讨论生机论社会学概念。与我在前一章中提到的分散化社会结构不同,国家有一个集中的结构,这种结构赋予了它作为"团体能动体"(corporate agency)的能力。这使得社会体系是有机体的论点变得"容易"了,所以如果这个论点在国家这个例子中不成立,那么它也不会适用于不太集中的体系(尽管目前我还不确定应当如何理解不太集中的体系)。我将这个论点展开为三个部分,第一部分填补了能动者-结构关系的缺失,第二部分探索了作为有机体概念的国家的一些轮廓,第三部分讨论了集体意识的问题。受精力和篇幅所限,而且由于我在之前的论著中已涉及了第一和第二部分,[3]我将把精力集中在第三部分。

全 息 国 家

国家是一个社会体系,一方面由围绕特定语言形式(公民身份、属地、主权等)组织的社会结构构成,另一方面由参与这一话语体系(discourse)的人(公民和外来者)的无数实践构成。从量子的角度来看,作为一种结构,国家是一种波函数,被数百万人非定域地跨越时间和空间共享,但就其本身而言,它只是一种潜在的实在(potential reality),而非确实的实在(actual reality)。而作为一种实践,国家是一种确实但定域的现象,人们在诸如投票、纳税、参军这样的日常事务中使其波函数坍缩时,这种现象会瞬间出现,继而消失。这两个方面都没有充分体现我们"看到"国家的能力,前者未能体现我们"看到"国家的能力是因为波函数并不真正"在那里",而后者是由于实践并不是作为一个整体的国家。我在下文中将指出,模型中所缺少的是国家的全息特征。但首先,让我就组成国家的个人再多讲几句。

在上文中,我对扁平本体论(flat ontology)进行了辩护。根据扁平本体论,只有个人及其实践是真正实在(really real)的。因此,在经典意义上,国家只不过个人及其相互作用,在此之上不存在更高的国家实在。然而,与经典能动者不同,量子能动者被赋予了通过语言纠缠在一起的叠加心灵,这意味着他们在主观性上包含了社会共享的众多波函数,其中一个波函数与国家有关。因此,国家的成员也不能完全从它的波函数中分离出来,而是从不可还原的关系角度,通过共同参与这种话语形式而被构成。

此处我们看到的是如同莱布尼茨单子(Leibnizian monads)的一个个人,他/她将整个社会投影在自身的心灵中,并又将其从实践中反映出来。莱布尼茨的单子是"无窗的"(windowless),因此需要上帝来确保它们与整体的和谐。相比之下,量子单子有窗口,使我们能够直接感知世界,包括他者心灵。虽然在这种替代中,我们失去了上帝预先建立的和谐,但我们获得了通过自然主义的学习和社会化过程走向和谐的能力,这显然使我们能够创造相对持久的社会。[4]然而,作为量子单子(quantum monads),我们并不总是或平等地反映社会整体,这表明需要做出以下三个区分。

第一,由于一个人不能同时作用于他们所体现的许多不同的波函数,那么按照中込照明(Teruaki Nakagomi)的观点,我们可以区分"主动"和"被动"单子,[5]它们描述了与我们的社会纠缠相关的两种模式。当我们处于主动模式时,我们在思考一个给定波函数的潜在状态,并将其坍缩以实现一个期望的实在;在被动模式下,我们在做另外的事情。由于我们所有人都参与无数实践,这意味着对于我们的大多数纠缠而言,我们在任何给定的时刻都将处于被动模式。因此,从被动模式到主动模式的转换是至关重要的,而这种转换通过注意力(attention)来实现的。[6]对特定波函数的注意力通常是由于其他人的测量,这些测量将个人的注意力集中在该组潜在而不是其他潜在上。因此,尽管"国家"总是作为一种潜在性存在于其主体中,但大多数时候我们并没有想到它,因此它对我们来说只是"偶尔相关的"(occasional relevance)。[7]

以 2003 年至 2011 年的伊拉克战争为例。在这个案例中，主动单子是各方的领导者、战斗人员和支持者，且只有当他们的决定影响战争的那些时刻，他们才是主动单子；被动单子是其他所有人，包括吃早餐或睡觉时的前主动单子（previously active monads）。这意味着大多数美国人并没有和伊拉克实际上开战。我们的形象应当是水平的交战蚁群的形象，而不是垂直的决斗的利维坦的形象。在太空中的外星人看来，这场战争只不过是生活在一个蚁群中的某些特定"蚂蚁"为了与另一个蚁群中的蚂蚁交战而长途飞行。随着伤亡人数的增加，新的个体到达战场接替这些伤亡人员的位置，但并非所有的美国人都在真正参战。重要的是，这并不是说美国公民作为一个整体不是参战方，因为当那些制造弹药或地雷的人在工作时，他们是给予军队作战能力的主动单子，甚至即使是被动单子，他们对战争的接受也使战争成为可能。但归根结底，这场战争是由那些真正经历它的人打的，而不是由我们其他人打的。

谈到发动战争的决策，应当对有权代表整个国家的个人，即国家领导人，与无权代表国家的个人进行第二个区分。按照莱布尼茨的说法，我们可以称领导者为"主导"单子，这些单子本身就包含了成员集体行动的理由。[8] 其他单子服从于主导单子，在坍缩国家的波函数时给予主导单子"先行"地位（"first mover" status），也就意味着放弃自己反对所选择道路的权利（至少在那个时刻）。从量子角度，这可以被理解为一个纠缠粒子系统，在这个系统中，由于其内部结构，当环境在系统上进行测量时，选择如何响应的决定不是由现场的粒子定域做出的，而是由领导者集中做出。

这至少有两个有趣的含义。一个是因为国家的波函数有许多潜在结果，领导者的意图和性格对于决定哪些政策被实现是至关重要的。即使在高度受限的情况下，领导人之间的微小差异也能使实际发生的事情大相径庭（试想如果 2003 年是阿尔·戈尔当选总统而不是小布什当选），因此有理由"让领导人回归"。另一个是，当一个主导单子将一个国家的潜在状态转化为实际的选择时，它会对群体中的其他人甚至更远范围产生非定域的影响。就像苏格拉底的死即刻使桑迪普成为寡妇一样，小布什的战争决定对于所有美国人和伊拉克人而言是一个剑桥变化（Cambridge change），[9] 将我们的状态从和平时期的人民改变为战争时期的人民。重要的是,这不是一个因果变化。可以肯定的是,正如桑迪普得知苏格拉底之死需要一连串的经典事件一样,实施小布什的选择也需要数百万个其他选择,每个选择都将国家的波函数坍缩为世界上的经典事件。但是由于小布什是主导单子,他的决定非定域地改变了所有其他选择被做出的概率,一旦这些选择被做出,赋予它们"开战"意义的是小布什所创造的新的社会共享叠加态。这种因果关系可以被看作结构力量量子概念化的基础,根据这种基础,主导单子由于其在社会波函数中的位置,可以通过远距离行动影响其他单子。[10]

第三个区分反映了这样一个事实,即不同个体所拥有的构成特定社会波函数的知识的程度差异是很大的。在中世纪的欧洲,许多农民可能不知道他们是什么政体的"成员",更不知道其政策是什么,即使在今天,也不是每个单子内部都有一个完美的社会整体形象。这表明,不知道自己的国家和/或以国家名义正在做什么的人不是国家的主体,只是客体。我这样说的意思是,一方面,由于领导人被授权代表其所有公民行事,我们都可能成为领导人操纵的客体;然而,另一方面,只有那些意识到正在发生什么的人,即"留心的公众"(attentive public),才能成为国家中或国家的主体,即能够有目的地发挥国家的潜力。请注意,作为国家的客体和作为被动单子是不同的。后者可以通过选择而成为主动单子,但前者甚至在原则上无法这样做,直到他们获得相关的知识。* 每个人都在某个地方是主动单子,但要做到这一点,你必须是"知情的"。

将个体概念化为单子是故事的一半,但故事的全部,即我们在实践和思想中所反映的整体(在这个例子中是国家)是什么呢? 回想一下,实践和思想是对量子现象测量的经典效应,因此它们所反映的不可能是作为社会结构的国家,社会结构只是作为一种潜在状态而存在。因此,当我们观察到一名警察逮捕一名醉酒司机时,尽管国家波函数正在我们眼前坍缩,但我们实际上并没有看到导致坍缩的结构。同样,当我们在思想中想象国家时——我们不是把它"视为"一个叠加态,而是一个意向性客体,也就是说它的退相干在我们的意识中是什么样子的。那么,这个尽管我们看不见,但都知道它

---

* 原文此处似有笔误,译文按逻辑已做修改。——译者注

"在那里"的客体的本体论状态是什么呢？

答案是，国家是一种全息图（hologram）。[11]这种全息图不同于科学家在实验室中人工制造的全息图，也不同于我在本书第十一章中所提出的，使我们能够看到普通物质客体的全息投影（holographic projection）。之所以说国家的全息图与人工全息图及全息投影不同，是因为在后两者的情况下是存在肉眼可见的东西的。然而，如果像一些物理学家所说的那样，整个宇宙是一个全息图，那么就没有理由要求全息图是视觉上可感知的（这也是一种以人类为中心的观点）。真正重要的是，全息原理在社会环境中是否有效。就此，由于以下三个考量，答案应当是肯定的。

首先，在任何全息图中，产生整体的信息被编码在每个像素中，而不是像照片中那样，分布在与图像中的点成1∶1对应关系的像素中。这正是个体的单子论观点（monadological view of individuals）的含义：整体（此处即国家）存在于部分之中，而不是由部分所组成。诚然，我已指出，在社会全息图中，很少会出现每个部分都包含整体的情况，但这与其说是类别上的差异，不如说是社会全息图不完美的标志。因此，就像一个人可以摧毁一张全息板的大部分，却仍可以从剩下的部分中恢复整体图像（尽管模糊）一样，一个国家也可以在自然灾害中失去大部分人口，但仍能基于幸存者重建其核心机构。[12]因此，此处的含义有两重。一方面，全息视角表明，即使在像国际关系这样的"以国家为中心"的领域，个人也比一般所假设的要重要得多。然而，另一方面，全息视角也使个人变得非常多余，因为除了部分领导人之外，国家成员个人的独特品质在实现国家的实践中大多会被淘汰掉。这种"民主"品质使得国家能够随着时间的推移投射出一种稳定的身份认同（同一性），但代价是，大多数个人在大多数时间作为个人并不重要。

其次，编码全息信息的不仅是单子在静态时是什么，而是它们在动态时做什么，即它们的行为。正如埃德加·米切尔（Edgar Mitchell）和罗伯特·斯塔雷茨（Robert Staretz）所言："任何物质实体的量子发射都带有关于发射物质量子态事件历史（例如，对已发生的一切的不断演化的记录）的非定域信息。"[13]在警察的例子中，发射的是"你被逮捕了"这样的字眼，由于他与社会的纠缠，这些字眼的历史不仅是他一个人的，还包括定义逮捕某人意味着什么的共享量子态的历史。换句话说，警察的行为贯穿了整个国家的历史,而不是纯粹的定域性和一次性现象。[14]

最后,任何全息过程的本质都是"波前重构"(wave front reconstruction),[15]没有波前重构,就没有对客体的感知。回想一下,全息图像包含三种波:世界上客体发出的客体波与一个全息投影仪(在此种情况下即大脑)发出的参考波形成干涉图案,隐藏在其中的客体然后被与参考波频率相同的重构波解码。在警察的例子中,客体波是"你被捕了"的景象和声音,而参考波不断从我们自己的视觉和听觉中传来。关键在于我们大脑中的重构波,由于我们在国家和英语中的纠缠,我们大脑中的重构波与来自警察的目标波频率相同。由此产生的重建使我们能够立即了解正在发生的事情。请注意,这并不构成看到"国家"本身;我们看到的只是一次逮捕,所以国家只是隐含的。然而,如果我们退后一步,思考是什么使逮捕成为可能,那么我们将意识到,"国家"是一个意向性客体或概念(Idea)。[16]因此,即使我们不能真正看到国家,但因为它被全息地包裹在我们的头脑和实践中,通过关注它,我们仍然可以感知它。[17]简而言之,国家就像一道彩虹——只有当有人看着它时,它才存在。[18]

作为有机体的国家

有了这个全息模型,我们现在可以转向把国家作为有机体的想法。有机论的基础可以是唯物主义或生机论本体论,因此它与生机论不是一回事;事实上,在今天的生物学中,唯物主义有机论是一种声誉颇高(尽管依然是少数派)的观点,而生机论则不然。[19]因此,虽然我将把两者结合起来讨论,但原则上讲,在这一节接受这个论点而在下一节对其予以否定是可能的。

社会和/或国家是有机体的观点在 19 世纪被广泛接受。[20]然而,社会有机论到了 20 世纪中叶却已声名狼藉,原因有三:基因革命、批评家往往将有机论与生机论混为一谈,以及人们认为有机论和生机论与法西斯主义相关。但最近这一观点重新得到了一些支持,在生物学领域中尤为如此。在生物学领域中,对昆虫群体的研究导致了"超有机体"(superorganism)概念实质性的复兴，即"单个生物的集合，它们共同拥有有机体形式定义中所隐含的功能组织"[21]。从逻辑上讲，合理的第二步即为将超有机体概念应用于人类社会。在这方面，戴维·斯隆·威尔逊（David Sloan Wilson）做出的贡献最为巨大。接下来，其他学者做了一些进一步的工作。[22]由于将在稍后阐述的原因，在目前阶段，要明确说明这种复兴对国家本质意味着什么是不可能的。但它确实提出了两个大问题，可能有助于构建我们对国家本质的思考。[23]

首先，国家是有机体还是超有机体？关于群居昆虫的文献集中在后者，即超有机体上，其基本假设是，有机体的概念已经被很好地理解，并且很显然不是通过群落（colonies）来体现的。然而，事实上，生物学家对"有机体"的定义，比对生命的定义更没有概念。[24]这个问题的部分原因在于，有机体的形式多种多样，令人瞠目结舌，而事实已证明，不可能就其确定一套必要充分条件。但最近，这一困难被进一步加剧了，因为人们认识到，像脊椎动物这样的"典范"（paradigmatic）生物中包含了数以百万计的其他生物，它们与宿主共生存在，这就使得人类看起来很像超有机体。[25]这被马特·哈伯（Matt Haber）称为"范式问题"（problem of the paradigm），它有两种形式，一种是假设一个有机体与一个个体是同一事物，另一种是假设存在一个典范有机体（paradigmatic organism）。[26]哈伯自己的建议是放弃所有有机体概念，而将群体设想为个体；相反，萨米尔·奥卡沙（Samir Okasha）的"无等级"（rank-free）方法将群体视为一种有机体。[27]重点是，虽然我们可能会同意国家不是脊椎动物，[28]但却完全不清楚国家到底是一种什么样的生命形式。

其次，也是和上文相关的一点，我们应该如何界定社会有机体的边界？这个问题就人类而言尤其紧迫，因为答案将取决于我们谈论的是语言、国家、社会、国际体系，和/或世界社会（仅列举几个可能的例子），即存在多少社会有机体。在这方面，生物理论（biological theory）除了显示界定社会有机体边界这个问题与如何界定个人（individual）是相关的以外，也并不能提供什么指导；对于个人的界定和对于社会有机体边界的界定一样，是很模糊的，且学界已就此提出了各种不同的答案。[29]然而，如果量子相干性是生命的组成部分，那么保护它的需求将支持对个体性（individuality）的"免疫学"

方法("immunological" approach)。近年来,人们已清楚地认识到,所有的生物体(和群落)都拥有免疫系统,该系统监控环境中的威胁,并在威胁出现时产生免疫反应。[30]可以很容易地看到这样一个过程在国家中起作用(移民安全化就是一个例子),但免疫过程也可能出现在分散的社会有机体中。不管怎样,由于人类社会的边界在不断演变,这代表一个机会,使社会科学学者可以从生物学文献中学习关于个体性进化的知识。[31]

尽管社会有机论在某些方面是激进的,但其本身并不意味着生机论社会学,且社会有机论的支持者肯定不希望与生机论社会学有任何瓜葛。正如我在第七章中所提到的,这是因为生物学家认为唯物主义本体论是理所当然的,因此,尽管有些人可能认为即使原始生物也是有心灵的,但由于对唯物主义的信奉,他们对心灵的观念并未将意识主题化。因此,据我所知,从未有人问过超有机体是否有意识这个问题,这并不奇怪。但我却必须要问出这个问题,因为根据我的论述,量子相干不仅是生命的物理基础,也是意识的物理基础。所以,这就是了……!

国家和集体意识

多年来,人们一直认为,即使是在残缺的唯物主义意义上,群体也不可能拥有心灵,因为它们没有大脑。然而,尽管群体依然并未获得大脑,但今天,多种学术观点认为,群体确实拥有大脑的功能对等物(functional equivalent)。在哲学上,关于集体意向性的概念已经有了大量的研究,这表明赋予群体意向性状态和能动性不仅是一个有用的假象,而是在实在论意义上是合理的,当然这取决于你读的是谁的作品。[32]此外,还有关于分布式认知、扩展认知和群体认知的更浩繁和更有经验基础的文献。所有这些都表明,认知不仅发生在大脑中,而且也发生在与外界的交易(transactions)中。[33]这些观点并非没有争议,[34]但它们完全属于当代社会认知思维的主流,也得到了生物学家的共鸣,正是生物学家创造了"群体智能"(swarm intelligence)一词来描述昆虫群落中的认知。

这些文献为关于作为有机体的国家的理论化提供了丰富的资源,但我不会在此对它们进行评论,[35]因为尽管它们暗示国家是有心灵的,但文献作者几乎无一例外地拒绝群体意识(consciousness)的可能性。在这一点上,他们有出于自身立场的常识,因为即使是在有偏心的我听来,"作为一个国家是什么感觉?"是一个比"作为一只蝙蝠是什么感觉?"更奇怪的问题。实验表明,人们实际上更愿意将认知属性而不是有意识和/或情绪化的属性赋予群体。[36]主要原因似乎是,我们一般的意识(原文如此)体验是不可分割的和私密的。因此,虽然不难想象一个群体的成员在为一个共同的目标而努力的过程中分担认知劳动(你写那一节论文,我写这一节……),但仅仅对共同意识进行想象都会很困难。你可能会想到心灵感应的力量或者像《星际迷航》中的博格(Borg)那样的单一的超个体,但是请放心,我不会朝那个方向进行讨论。[37]简而言之,群体"意识"似乎可以还原为个体的意识,在这种情况下,国家是名副其实的"僵尸"[38]。

除了这个画面令人毛骨悚然以外(咦呃!),我认为这是对我的生机论社会学概念的一个重大挑战,因为和贝内特(Bennett)和拉图尔(Latour)这样已经在社会学层面上进行研究的新生机论者不同,我已经把意识作为生命的一个构成特征。事实上,在我看来,如果没有集体意识的物理基础,即使把国家作为一个有机体来对待,除了隐喻的意义之外,在其他方面都是有问题的。尽管它具有反直觉的特点,但是,在量子的帮助下,我相信这样一个概念是可以形成的,我将分三个步骤来实现。

第一步是将意识从头骨的束缚中解放出来,并把它带出来到世界之中。虽然这本身可能看起来有违直觉,但它是能动论(enactivism)的核心原则;能动论相对较新,但现在已在心灵哲学中拥有相当的地位。[39]要建立能动论干预,可以从安迪·克拉克(Andy Clark)和戴维·查默斯提出的"扩展心灵"(extended mind)假说开始。[40]他们认为,如果一个心灵与帮助思考的设备——如计算器、笔记本或其他人——"可靠地耦合"(reliably coupled),那么,这个心灵的物质"载体"就包括其环境的一部分,因为没有任何原则性的理由将大脑内部的认知操作与外部装有假体的"处理回路"中的认知操作区分开来。[41]这一说法是有争议的,[42]但它支持我更大的论点,因此让我假定它是正确的;因为我更直接的问题是,"扩展心灵"假说的大多数拥护者,包括克拉克在内,都反对扩展意识的想法。克拉克批判的核心是,与环境耦合的信息处理比单纯在大脑中的信息处理要慢得多,而且只有后者有足够的"带宽"来产生经验。[43]其结果是关于认知的外在主义、关于意识的内在主义。

这是一种奇怪的批判,因为像克拉克这样的唯物主义者实际上并不知道是什么产生了经验,更不用说它需要多少"带宽"了。然而,此处真正的问题是一个关于意识是什么的假设。[44]如果唯物主义者是正确的,即意识是随附在被困在头骨内的大脑状态之上的,那么我们确实应当拒绝扩展意识的想法,但能动论者却恰恰质疑唯物主义者的这个观点。在能动论者看来,意识是心灵及其环境之间的一种交易,不仅被理解为一种世界影响意识的因果关系,而且被理解为一种构成关系,在这种关系中,经验在本质上是涉及世界的。大脑加上世界不仅是认知的载体,也是意识的载体。

我认为,能动论符合我们的实际经验:当我们睁开眼睛时,世界就在那里,而不是我们似乎必须等待输入的东西。从经典的观点来看,光需要时间才能从客体到达我们的眼睛,这意味着心灵和世界是完全分离的,因此后者的作用必然是因果的。然而,正如我在第十二章中所论述的,光的量子观点支持了能动论者的观点。如果光能够促使对世界的直接、非定域感知,那么"时间延迟"的反对意见是没有意义的,意识确实可能在本质上是涉及世界的。

对扩展意识的量子诠释使我们部分地走向集体意识,但仅仅是部分地,因为即使是扩展的意识也仍然是以个体大脑为中心的,从而是唯我论(solipsistic)的。因此,一个合理的下一步是调用"我们感"(We-feeling)的概念,这样似乎可以推向类似"集体意识"的东西,而且"我们感"不仅被集体意向性的哲学家广泛使用,而且也被社会心理学家进行了实证研究。遗憾的是,哲学家几乎从不提及集体意识(除了强调这不是他们所谈论的);[45]而且,虽然社会心理学家已经表明,"我们感"是常规的和无处不在的,但他们几乎都认为这是一种个人层面的情感。[46]乔纳森·默瑟(Jonathan Mercer)的观点是一个具有挑衅意味的例外。他认为,众所周知,情绪是追随身份认同的,而身份认同可以是涌现的群体层面的现象,那么,"感觉像一个国家"同样也是涌现的。尽管默瑟对集体意识的可能性持开放态度,[47]但他或许明智地没有提出来，[48]并且由于他和其他人一样对具象化（reification）持谨慎态度，他最终也未在论述中阐明群体层面的感觉的本体论地位是什么。事实上，我也是如此（即对具象化持谨慎态度）：我曾为一种扁平的本体论辩护，在这种本体论中，即使是集体认知也不是一个高于个人的实在"层面"。[49]

不过，我们还是可以在汉斯·伯恩哈德·施密德（Hans Bernhard-Schmid）对"我们的意识"（sense of us）的现象学分析的基础上继续前进，他认为"我们的意识"是由集体意图预设的。[50]施密德认为，对这种意识的主流理解，即社会认同理论和多元主体理论（social identity theory and plural subject theory），在逻辑上是有问题的。根据社会认同理论，"我们的意识"指的是一个客体，即群体，行为人的信念围绕着这个客体凝聚；"社会统一体是'参与者对这种统一体的意识'"（第 10 页）。在施密德看来，这是循环（circular）的，因为要构成社会统一体，仅仅成员碰巧有相同的信仰是不够的，他们必须共同形成一个统一体，这意味着一种集体意向，而"我们的意识"应该澄清这种意向。根据多元主体理论，"我们的意识"又指的是一个（多元）主体，在这个主体中，相关的信仰不是你的或我的，而是"我们的"。在施密德看来，这导致了无限倒退（infinite regress），因为形成一个多元主体是一件同样只能共同完成的事情，这意味着一个预先存在的多元主体，等等。施密德自己的建议是，不将"我们的意识"定义为一个客体或一个主体，而是定义为一种相互联系的模式，一种"多元自我意识"，在这种意识中，成员们从一个共同的视角体验世界（第 11 页）。[51]就我的目的而言，施密德的观点的一个关键特征是，他的"多元自我意识"明确地讲到"对我们而言是什么感觉"的（第 14 页，楷体强调后加），这与其他关于集体意向性的解释是不同的，这些解释都否认集体意向性与一个群体处于同一个精神状态有任何"相似之处"。他实际上并没有站出来说"集体意识"，但是援引内格尔的名言已使他的观点呼之欲出。

施密德从定性角度阐述他的论点，没有考虑它在物理上意味着什么，但是如果我们问这个问题，那么似乎很明显，这是一个隐含的量子模型。例如，他强调个体自我（individual self）在自我意识（self-awareness）之前并不存在，这与第八章的论点是一致的，即心灵是一种叠加态，只有在其波函数坦缩,也就是在经验中才能实现。进而,基于他对自我的经验概念,施密德认为,多元自我意识就是多元自我(第18页)。在他自己的论证中,这样做的目的是使他避免将"我们"理解为一个客体或一个主体所带来的逻辑问题,但这也是量子视角会提出的。"我们感"并不还原到可分个体的意识,但也没有预设一个存在于可分个体之上的集体客体或主体。所预设的仅仅是一种社会波函数,这种波函数可以从一个具体情境中的共存产生(在荒岛上相遇的陌生人在开始对话之前就会仅仅因为视觉感知而纠缠在一起),或者,更多的时候,从先前的社会化中产生(在学校里被教导我们都是 X 国的公民)。然而,作为一种潜在性的社会波函数本身并不构成"我们感";只有当个体在坦缩中实现它时,个体才会体验到"我们"。如同任何经验一样,在这样做的过程中,他们将自身构成了可分的个体,但是由于纠缠的关系,这种经验也与他人非定域地(具体地或想象地)联系在一起,因此,它不仅是"我们感"对我而言是什么样的,而是对"我们"而言是什么样的。因此,集体意向的客体和主体并不先于集体意识,而是从集体意识中涌现出来的,是量子意义上的。

我认为,这个论点让我们更接近集体意识的物理基础,但现在可能有人反对说,集体意识的整个概念在术语上是矛盾的,因为意识通常是不可分和单一的,是一种"我感"(I-feeling)而不是"我们感"。施密德本人认为,群体不像个人那样有权威的观点,因此没有"我,国家",只有"我们,人民"(第23页)。因此,让我迈出第三步来试图扭转局面,提出即使个人的意识也是集体的。

生命的主要单位是什么? 直觉上讲,人们可能会认为是有机体,它作为一个整体存在和死亡,但在生物学中,主导观点实际上一直是相反的,即细胞才是主要单位。[52]"细胞理论"不是自上而下或有机主义地把多细胞生物看成是一个整体,各部分服从于这个整体,而是自下而上地看成是自主生物的共生现象。支持这种观点的证据是多方面的,包括:单细胞生物是最小的明确的生命形式;尽管细胞是高度专门化的,但每个细胞都有其有机体的DNA拷贝;细胞可以从有机体中提取并保持存活;细胞在有机体中具有行为自主性,等等。[53]这并不是否认多细胞生物在某些方面的特殊性,但从细胞理论的角度来看,它们是超有机体,是巨大的细胞群落,但本身没有真正的本体论地位。[54]

在考虑细胞理论对集体意识可能性的相关性时,有两种潜在的反对意见凸显出来。第一个反对意见是,细胞理论是原子论和还原论的,因此可能会显得与量子生物学的整体论相冲突。事实上,在上文提出国家是一个有机体时,我自己也没有援引细胞理论,而是引用了有机论来帮助说明这一点。然而,如果从量子角度来理解涌现,并且正如我所提出的,量子相干性是生命可能性的一个条件,那么这两种理论就可以调和,而不至于把其中一个还原为另一个。细胞将构成其自身元素(微管及其他的元素)的涌现相干态,然后凭借与其他细胞的量子纠缠,宏观相干态将在整个有机体的层面涌现。正如人们从量子角度对任何部分/整体关系所期望的那样,就细胞、有机体和什么是有生命的而言,答案是两者兼有或和的关系,而非两者之一(either)或或(or)的关系。

第二个反对意见是,如果细胞是生命的基本单位,且如果生命是与主观性共同延伸的,那么这意味着我们身体中的每个细胞都是有独立意识的。大多数现代细胞理论家都不会接受这一点。[55]对他们来说,细胞只是机器——不过对他们来说,连有机体也只是机器,这似乎同样是反直觉的。然而,在生物学之外,细胞意识的观念已经被一些著名哲学家认真对待,其中最著名的是怀特海,他将个人概念化为基本意识单位组成的"社会";薛定谔也将个人视为"细胞共和国",其意识与宇宙作为一个整体是不可分的。[56]那么,为什么我们的经验是单元性(unitary)的,而不是吵吵闹闹一哄而上的细胞呢? 定性的答案是,有机体是有分层结构的,[57]因此只有一个占主导地位的单子才能体验到整体。我承认,这指向了一个可能有问题的"矮人"(homunculus)关于主体性的观点,但如果是这样的话,那么物理答案至少表明了一个新的理解,即那将意味着什么。传统上,矮人在经典视角中被理解为大脑中物理上可分的意识中心。相反,生命的量子相干性意味着,即使我们的经验其实是一个主导单子的经验,这个单子也是一个与有机体中所有其他细胞非定域纠缠的叠加体,因此不能与它们分离。所以当它退相干为经验时,它所实例化的是集体的意识,而不是单个细胞的意识。

作为一名社会科学学者,我不禁为这一论点提出了一种"泛社会"(pan-social)本体论而感到高兴,在这种本体论中,社会学不是从个体开始然后从个体开始构建,而是一路向下(至少在生活中是如此)。[58]实际上,社会学的隐喻在 19 世纪细胞理论的发展中起了关键作用,[59]今天有迹象表明,如果细胞之间通过一种与人类语言同构的语言进行交流,那么这里涉及的就不仅仅是隐喻了。[60]

然而,具有更直接重要性的是,这种对我们通常思维方式的颠倒,对关于集体意识可能性的怀疑产生了什么影响。如果个人看似单一的意识本身就是集体的,那么,社会学层面上的集体意识,尤其是在国家和其他中央集权的组织中的集体意识,就不再是一种矛盾的说法了(oxymoron)。与个人一样,在国家中也存在着一个主导单子,即领导者,代表整体发表意见并进行经验;与施密德的观点相反,这个主导单子可以合理地说,"我即国家",并且由于他的结构性地位,他对国家的感觉有权威观点。可以肯定的是,在国家全息图中成为主体的任何其他人也可以"感觉像一个国家",比如,当孩子们宣誓效忠国旗或士兵宣誓保卫他们的国家时;尽管由于他们不是主导单子,他们的经历更多的是国家"对我们来说是什么样的",而不是领导人的"……对我来说是什么样的"。但是,这种集体意识的民主特性可能意味着与个人意识的不同,因为即使个人意识是集体的,也没有证据表明我脾脏中的细胞能够体验到作为我是什么感觉,而且(幸运的是!)反过来,我对它们的经验也毫无经验。然而,也许这两种情况并没有那么不同。毕竟,我们无法知道我们的细胞经历了什么,而且我们也应该考虑到这样一个事实,即个人比细胞要自主和复杂得多,因此能够拥有更广泛的经历。正如我和我的脾脏一样,领导人不知道他们的公民什么时候感觉像一个国家。因此,虽然我在此处所提供的远非对这个概念的彻底考察,但我希望我给集体意识提供物理基础的基本策略是合理的,可以进行进一步探询。

生机论社会学的政治学

我们已经讨论了社会有机论,集体意识,领导者所体现的细胞国家;那么,下一步是什么,领导原则(Führerprinzip)吗?我承认这听起来可能相当险恶,那么,量子社会学——至少我所阐述的量子社会学,会不可逆转地走向法西斯主义吗?不错,纳粹的确援引了德里施(Driesch)的生机论来证明征服"不太有生命力"(less vital)的民族是正当的——尽管他们不得不因德里施教授反对自己的观点被如此使用而将他解雇。[61]另外,另一位与生机论有关的思想家、生物符号学(biosemiotics)之父尤克斯库尔(Jakob von Uexküll)并不反对以上观点,他写了一本关于国家作为有机体的书,将外国人视为"寄生虫"。该书描述了"一个人所能想到的最严酷的他者化(othering)模式"[62]。当然,最著名的要数生机论者和前纳粹党成员施密特(Carl Schmitt)。然而,施密特的生机论"并非来自生物学,而是来自神学、哲学或政治意识形态领域"[63],因此与此处所提供的自然主义生机论非常不同。虽然其他 19 世纪的反动派有时利用生机论思想,反殖民主义和进步运动也曾这样做,[64]但在今天,生机论与其说是与法西斯主义联系在一起,不如说是与试图"重新蛊惑"(re-enchant)[65]世界的后现代文化的"新世论"(New Ageism)联系在一起。总之,我认为贝内特的观点是正确的,即生机论和暴力之间的任何联系都是偶然的。[66]

的确,如果量子生机论社会学有什么内在的政治性,那么我认为它是唯意志主义(voluntarist)的。与决定论者相反,唯意志论者强调个人抵抗和克服结构限制的创造力和自由。可以肯定的是,与生机论相比,唯意志论甚至是纳粹意识形态更重要的核心,[67]如莱布尼茨和叔本华这样的哲学家,纳粹曾向他们寻求唯意志论灵感,他们也启发了我自己的论点。然而,与生机论者一样,唯意志论者也曾为正义人士所用,比如许多在法国抵抗运动中战斗的存在主义者就这样做过。

对比一下唯物主义的政治倾向,唯物主义所描绘的是一个决定论的实在,在这种实在中,人和社会只是机器,意识和自由没有立足之地。而生机论则强调生命,正如叔本华和晚近的汉斯·乔纳斯(Hans Jonas)所主张的,唯物主义是一种强调死亡的哲学。对唯物主义者来说,无生命物质是标准(norm),是必须用它来解释生命的基线;活着的人,实际上不过是无生命物质的集合。[68]这不仅在哲学上模糊了生命和非生命之间的区别,还提出了这样一个问题:当这种观点像今天这样渗透到社会中,使社会成为"在死亡的本体论支配之下"时,会发生什么。[69]因为,尽管现代人很难想象这一点,但古人认为生命,而不是死亡,才是正常状态,因此,此处有一个隐含的社会选择,这个选择可能不仅会影响人们对自然的态度,还会影响人们对彼此的态度。而在一个生机论本体论中,虽然并不能保证个人会把他们的能动性投入到进步事业中去,但至少他们有选择,可以去体验和创造他们想要的社会。

注　释

1. 我指的是广义的而不是狭义的学科意义上的社会学,因为它包含了所有宏观层面的社会科学。

2. 我希望在未来的工作中进一步发展这些想法。

3. 分别参见 Wendt(2004)和 Wendt(2010)。

4. 关于量子单子论,特别参见 Nakagomi(2003a;2003b);参见 Tarde(1895/2012)和 Lash(2005)对格奥尔格·西美尔(Georg Simmel)的生机论的评论,其现象学的主体间性精神似乎与我自己的比较接近。

5. Nakagomi(2003a:19)将后者称为"空"单子。

6. 参见 Schwartz et al.(2005:1322—1323)。

7. 参见 Coulter(2001:36—38)。

8. Look(2002),Nachtomy(2007)。

9. 关于剑桥变化参见第十章。

10. Barnett and Duvall(2005)。

11. 参见 Bradley(2000)对社会集体的全息分析,Milovanovic(2014)对社会科学全息思维进行了全面综述。

12. 在理想情况下,"所有主动单子当前状态的全部信息都可以从单个主动单子的状态信息中获得";Nakagomi(2003:21)。

13. Mitchell and Staretz(2011:942)。

14. Schmidt(2007:145—146)。

15. Robbins(2006:367)。

16. 关于国家的概念,参见 Buzan(1991:65—66)和 Wendt(1999:218—219)。

17. Ittelson(2007)。

18. 关于彩虹和感知,参见 Manzotti(2006:10—14)。

19. 比如,参见 Gilbert and Sarkar(2000)。

20. 比如,参见 Levine(1995)和 Cheah(2003)的概述。

21. Wilson and Sober(1989:341);参见 Holldobler and Wilson(2009)对超个体文献的出色介绍。

22. 参见 Wilson(2002),Wendt(2004),Heylighen(2007),Keseber(2012),以及 Hoffecker(2013)。

23. 参见 Mainville(2015),该文试图在国际关系背景下解决这些问题。

24. Pepper and Herron(2008)很好地概述了各种定义,在当前的辩论中,请参见《历史与生命科学哲学》(*History and Philosophy of the Life Science*)的有机体特刊(2010),以及 Bouchard and Huneman,eds.(2013)。

25. 比如,参见 Gilbert et al.(2012)。

26. Haber(2013:198)。

27. 参见 Okasha(2011)。

28. 尽管有霍布斯《利维坦》的封面……

29. 参见 Pradeu(2010)的出色概述。

30. 例如 Tauber(1994)和 Pradeu(2010)。这一方法也与自动生成理论产生了共鸣,该理论已经进入了社会科学。

31. 参见 Buss(1987)和 Bouchard and Huneman,eds.(2013);参见 Wendt(2003)。

32. 这场辩论的主要出发点参见 Gilbert(1989),Bratman(1993),Searle(1995),以及最近的 Pettit and List(2011)。

33. 这些文献正在迅速扩大;有关开创性的陈述,请分别参见 Hutchins(1995),Clark and Chalmers(1998),Wilson(2001),Theiner et al.(2010),以及 Walter(2014b),以了解最近的综合观点。

34. 比如,参见 Adams and Aizawa(2008)和 Rupert(2009)。

35. 参见 Wendt(2004)的初步努力。

36. 但 Huebner et al.(2010)的研究表明,这也会因文化而异。

37. 参见 Mathiesen(2005:237)和 Szanto(2014:109)。

38. 参见 Szanto(2014)和 Huebner(2011)的类似论证。

39. 关于能动论,参见 Hurley(1998),Noë(2004),以及 Thompson(2007)。

40. 参见 Clark and Chalmers(1998)。

41. 请注意,这种"载体外部论"不同于第十三章中讨论的"内容"外部论。

42. 《认知系统研究》(*Cognitive Systems Research*)2010 年特刊是关于这次辩论的。

43. 参见 Clark(2009:984—985)。

44. 下面的讨论特别参考了 Ward(2012)和 Laughlin(2013);参见 Manzotti(2006)。

45. Mathiesen(2005)和 Midgley(2006)据我所知是唯二例外。

46. 参见 Stephan el al.(2014)对"超越身体"的情感方法的回顾和有帮助的类型学。

47. 参见 Mercer(2014),它也提供了关于群体情绪的相关社会心理研究的优秀综述和分析。

48. 私人交流。

49. Wendt(1999:Chapter 4)。

50. Schmid(2014);本段和后面两段中的所有页面引用都源自本文。

51. Mathiesen(2005:247—248),他对集体意识采取了一种模拟主义的观点,我认为这种观点比斯密德的更个人主义。

52. 正如 Baluska et al.(2004:9)所指出的:"细胞学说作为有机体和组织结构和功能的一般范式牢固地嵌入所有的生物学学科。"

53. 参见例如 Sitte(1992:S1—2),Reynolds(2010:198—199),以及 Reynolds(2007)对细胞理论的历史争论有很好的概述。

54. Nicholson(2010:205). 有趣的是,对细胞理论最严重的挑战不是脊椎动物,而是植物;参见 Baluskaet al.(2004)。

55. 虽然有例外;如 Margulis(2001),Edwards(2005),以及 Sevush(2006);一个不那么激进但并非不相关的论点,参见 Zeki(2003)关于"意识的不统一"。

56. 在这方面,关于怀特海参见 Hartshorne(1972)和 Griffin(1998:185—198),关于薛定谔参见 Poser(1992:160)。

57. 或者至少是动物;在 19 世纪的细胞理论中,植物通常被认为具有更"平等"的结构,因此不会有单一的意识。

58. 参见 d'hombres and Mehdaoui(2012)关于阿尔弗雷德·埃斯皮纳斯(Alfred Espinas)的生物学"社会化"。

59. Reynolds(2008).

60. 参见 Ji(1997)对这一特定论点的论述,以及更一般的 Clark(2010),Baslow(2011)和 Marijuanet al.(2013)对细胞间通信的论述。

61. Bennett(2010:69).

62. Drechsler(2009:90). 关于冯·尤克斯库尔与法西斯主义的关系的进一步讨论,参见 Harrington(1996)和 Stella and Kleisner(2010),关于丘浅次郎(Oka Asajiro)在战前日本的类似思想,参见 Sullivan(2011)。

63. 参见 Braun(2012:4),斜体原文如此。

64. 参见 Schwartz(1992),Reill(2005),以及 Jones(2010)。

65. 一个就此的严肃宣言可能是 Berman(1981)。

66. Bennett(2010:90).

67. 参见 Strehle(2011)和 Braun(2012)。

68. 关于就此问题对于 Jonas(1966)的出色讨论,参见 Wolters(2001)。

69. 参见 Wolters(2001:91),引用 Jonas。

结　　论

　　在本书中,我讨论了社会生活的物理基础。在社会科学中,事实上的本体论是二元论。虽然大多数社会科学学者可能会认为自己是唯物主义者,且实际上每个人都至少隐含地接受了物理的因果闭合(CCP)原则,但实证主义者和诠释论者在他们的社会理论化(social theorizing)过程中经常引用意向性现象。这是有问题的,因为意向性现象以意识为前提,而在把意识与唯物主义世界观结合起来这方面没有取得任何进展。因此,哲学家似乎越来越倾向认为意识必然是一种错觉(illusion),但如果意识是一种错觉,那么社会科学学者们将陷入困境。在这种情况下,我们要么成为行为主义者,完全避开提及意向性现象,要么在我们的解释中保留它们,从而成为二元论者和心照不宣的生机论者。

　　这种二元论源于一种假设,即解决心身问题的相关因果闭合约束是经典力学的约束,而经典力学所描述的是由物质和能量组成的纯粹物质世界。但我们自 20 世纪 30 年代以来已经知道,宇宙整体的因果闭合原理是量子力学的,而不是经典的;在经典原理中,解释所受到的物理约束是完全不同的。特别是,量子理论承认中性的一元论/泛心论诠释,其中"物理的"并不等于"物质的",相反,这种诠释将经典物理学描述的物质世界和意识的心灵世界视为潜在实在(underlying reality)的联合效应,而这种潜在实在并非上述两种世界的任何一个。接下来的问题是,一个意识"一直向下"的本体论是否能提升到人类、特别是社会学的层面。越来越多的实验证据表明,人类行为事实上是遵循量子原理的,尽管我们有先验的理由怀疑这一点。如

324

果相关证据继续增加,那么这些证据将证实量子意识理论的一个关键预测,根据这一预测,我们的主观性是一个宏观量子力学现象,即我们是行走的波函数。这将构成解决心身问题的基础,从而将物理本体论和社会本体论统一在一个自然主义世界观之中,虽然该世界观不再是唯物主义的。

除了阐述这一归功于其他学者的形而上学论点外,我自己的贡献在于,阐明了这个观点为社会本体论中一些长期存在的争议提供了更多论据。我的"案例研究"是围绕着人类能动者的本质及其与社会结构的关系展开的,但这些并不能完全说明量子意识理论对社会科学的适用性。因此,也许需要在此强调一下,除了能动者-结构问题之外的其他社会本体论问题,我在本书中没有做的事情是什么。在解释方面,我没有发展出像自由主义或马克思主义那样的一般社会理论;我没有提出关于相对自主的社会体系(比如国际体系)的具体理论;我也没有用经验证据来检验任何理论。在规范(normative)方面,我没有提到量子方法会如何影响我们对法律、人权或任何其他构成道德和政治哲学的问题的思考。由于这些文献的基础都是经典假设——或者是为获得认可而苦苦挣扎的隐含量子假设——我的期望是,如果将量子理论的激进概念武库运用到这些假设上,那么一场变革将会发生。简而言之,要实现量子社会科学的潜力,任重而道远。

关于认识论的夜思[1]

然而,我确实想就本书中未提到的另一个话题说几句,那就是社会认识论(social epistemology)。正如我们在本书第一部分中所看到的,在量子物理学中,认识论和本体论的问题很难分开,这与拥有清晰主客之分的经典世界观是不同的。认识论和本体论的问题在量子物理学中难以分开的原因是由于测量问题(Measurement Problem),在这个问题中,对亚原子现象的观察以某种方式参与了实际发生的事情,因此我们不能有把握地假设后者(实际发生的事情)是独立于前者(对亚原子现象的观察)的。从中应得出什么结论是量子理论争论中的一个关键问题,一些哲学家认为这方面的结论需要对量子理论的工具性诠释（instrumental interpretation），而另一些则认为需要实在论诠释。我已经通过关注本体论而不是认识论，在这个备受争议的问题上明确了我的立场。然而，由于量子物理学哲学家本身内部也有分歧，因此我无法为这个问题提供任何理由（或反过来）来满足那些让认为它是一个错误的人。如果被逼问，我会说，实在论的方法更有可能产生假说，比如量子意识理论，这可能会在未来推动我们的知识进步。但归根结底，我认为这更多的是个人性格问题，而非其他问题。

然而，话虽如此，让我还是简要介绍一下我所主张的特定量子本体论为什么可能对社会认识论中的解释/理解辩论有所启示。[2]该辩论的焦点是社会研究中"自然主义的可能性"，换言之，它讨论的是以自然科学为模式的社会科学是否可能和/或可取。[3]更具体地说，由于自然科学追求客观的、第三人称知识（third-person knowledge），该辩论围绕以下问题展开：在一门社会科学中，是否有第二人称（甚至第一人称）分析的位置？这种分析是诠释性工作的特征，它把社会研究的对象看作有自身意义和观点的主体——作为"你"，而不是"它"。如果我们的自然科学模型是经典的，那么这就是有问题的。如果我们试图解释岩石或冰川，那么第二人称和第一人称视角是不能发挥作用的，因为岩石和冰川不是主体，无论是否能够被我们观察到，它们都是存在的。在这种情况下，试图保持主客分离有其意义。

在量子物理学中，不能说客体在被观察者测量之前就已经存在了。这是否意味着我们需要一种参与式的认识论（participatory epistemology）来理解亚原子粒子呢？答案是肯定的，也是否定的。一方面，我已指出，波函数的坍缩是一个时间对称性被打破的过程，在这个过程中不仅产生了物质粒子，也产生了对这个过程的亚原子经验。因此，的确，在我们与粒子的互动中，第二人称和第一人称的维度总是存在的。另一方面，一个粒子的经历是转瞬即逝的，成为一个粒子"是什么感觉"可能超出了人类的理解能力。事实上，我们甚至在与其他生物打交道时也面临着这样一个认知极限，比如内格尔的蝙蝠（Nagel's bat），它的经历不是转瞬即逝，而是持久存在于记忆中的。在生物组织的最高层次，比如猿、黑猩猩和狗，我们可能会获得一些真正的第二人称理解，但总的来说，当我们诠释含义（meanings）时，我们和我们的人类同胞被困在一个气泡中。然而，请注意，这些都是我们*知识*的局限，因此并不意味着其他有机体没有有意义的经验，更不意味着它们只是机器或物体。

然而，正如我在第十二章中所指出的，我们有很好的条件来了解其他人的心灵，这指向了我认为本书最重要的认识论含义：主体性——在这里我指的是有意识的主体性——能够而且应该被"带回"到社会科学中来。这对实证主义者和诠释主义者提出了同样的挑战，他们都倾向逃避主体性，要么将其当作与科学无关的东西，要么是笛卡尔式的焦虑——谢天谢地，在后现代世界里，我们可以把这种焦虑抛在脑后了。在我看来，如果一门社会科学中没有主体性的一席之地，那么它自身的主题或其受众也就没有一席之地；在这种情况下，它本身有什么意义呢？此外，如果诠释主义者和实证主义者能够克服对主体性的心理障碍，那么两者都能对恢复主体性这项任务做出贡献。诠释主义者，尤其是现象学传统中的诠释主义者，对如何研究主体性当然有很多话要说，[4]但也许更令人惊讶的是，一些研究过个人层面数据的实证主义者也是如此。[5]这一共同点并不意味着第一、第二和第三人称的研究是相同的；恰恰相反，在我看来，它们在量子意义上是互补的——各自不完整，相互排斥，但对于一个完整的描述来说都是必要的。[6]因此，与我以前通过一个"经由媒介"调和诠释主义和实证主义的努力相反，这种努力假设了一个经典的非此即彼的选择，[7]从量子的角度来看，它们的关系应当被视为两者兼而有之，这样就总会有"两个（或三个？）要讲的故事"[8]。那么，唯一的问题是，对于一个给定的问题，应该采取哪种认识论上不完整的立场呢？

说到这里，量子理论所蕴含的那种参与式本体论，赋予了"我们在研究中应该问什么问题"这个问题，即冯·诺伊曼（von Neumann）的"过程1"，一个新的、比以往更丰富的意义。我们在社会科学研究生时代都曾被教导，让我们的价值观和利益来指导我们选择什么问题是合理的。但是在传统的、韦伯式的理解中，当我们开始实际研究时，这个充满价值的过程就结束了；然后，客观性的目标就要求我们将自身的价值观和兴趣排除在外。这种二元论在量子物理学中无法持续，甚至其他自然科学领域最近也开始质疑它。在这些自然科学中，哲学家越来越多地认为非认知价值（non-epistemic values）

不仅在选择研究问题，而且在评估其答案方面都有作用。[9]这种主客体的"内生性"在社会科学中更为重要，在社会科学中，研究者可能正是他们所观察的体系的成员。这并不意味着个体社会科学学者可以期望对社会产生可测量的影响，尽管我们作为一个集体也许可以对社会产生影响，类似于对自身意识的有意识的自我观测可能逐渐对意识产生改变。

然而，在提出一个给定问题时，量子语境中主客体二元论的分解确实凸显了：(1)社会科学学者正在坍缩一个社会共享的波函数，对我们作为研究者来说是定域的，从而唤起一个实在，而不是仅仅被动地观察一个作为旁观者的我们所获得的实在；(2)我们的研究因此在微观层面上有责任帮助创造、维持和/或改变这一实在。这并不是说，如果社会科学学者拒绝研究他们不赞成的东西——就像国际关系中的一些人想让我们就国家做的研究那样——它就会消失，因为大多数社会实在是由"观测"它们的成千上万的普通人而不是由社会科学学者所维持的。但它确实强调了我们在这一过程中的共谋性，无论是在经验上还是在政治上而言。

这些量子效应表明，社会科学实在论者的希望，即通过不断改进我们的理论和测量技术，我们将越来越接近社会生活的真相，是错误的。[10]如果说，有时我们确实好像是越来越接近社会生活的真相了，比如"民主和平"（被广泛认为是国际关系中与科学规律最接近的理论），那么，这应该被视为非专业人士和社会科学学者反复测量在稳定某个实在方面的效果，而不是更为接近一个独立存在的实在的效果。然而，这并不意味着社会科学不产生知识，也不意味着真理仅仅是权力的效果。即使在量子物理学中，我们影响所观察到事物的能力似乎达到了极限，但实际上我们也无法随心所欲地决定结果。然而，我们并不能因此就说物理学家对亚原子粒子的认识纯粹是主观性的，只能说它是概率性的。出于同样的原因，即使社会科学学者不能完全消除他们自己的误差项——不仅仅是因为复杂性，而且因为他们自己的误差项恰恰就是能动性所在——我们仍然可以对周围的世界有一定了解。因此，我不认为量子社会科学意味着反实在主义，而是伯纳德·德斯帕纳特（Bernard d'espagnat）所称的"开放"实在主义。有些东西是独立于我们这些学术观察者存在的，即使我们不能令其受制于必要性的钢牙。[11]

关于认识论的最后两点。首先，量子观点认为实证主义者和诠释主义者都需要重新思考的一个问题是因果关系。正如我们已经看到的，诸如波函数的坍缩和远距离行为这样的量子过程不是因果的，至少不能从一般、有效的因果意义上解释。对于实证主义者来说，这对当前试图参照因果机制来解释社会现象的时尚提出了挑战，而因果机制的语言本身就散发着经典世界观的气息。对诠释主义者来说，挑战可能看起来更小一些，因为他们本来就对因果关系不感兴趣——但仍然存在一个问题，即如何处理量子自然主义。我自己的观点是，它支持将原因解释为目的因或目的论的原因（final or teleological causes），尽管在社会结构中发现的非定域因果关系并不是动力因果关系，但正如它的名字所暗示的那样，它仍然是某种"因果关系"，也许类似于"剑桥变化"中的因果关系。虽然这些都是重要的挑战，但它们也是一种机遇，因为量子理论家本身并不知道如何思考因果关系。[12]既然亚原子现象和社会现象一样，那么也许我们可以帮助他们搞清楚。

其次，量子意识理论的一个重要优点是它可以解释社会科学本身的可能性，这是我们有意识做的事情。掌握文献、发现问题、概念化、操作化、收集和分析数据，并最终沉浸在我们的结论中——这些都是我们可以体验的实践，也是自由选择的经验。经典唯物主义的自然主义，至少在官方上是实证主义的基础，是完全无法解释这些经验的，很难想象机器或僵尸会做我们所做的事情。对诠释主义者来说，他们至少认为社会科学学者的意识是给定的，但他们也不能对其进行解释。因此，为了让我们的活动有意义，我们需要一个能够在自然主义世界观中容纳我们主体性的本体论。我的策略不是关注我们这边的问题，而是改变世界观方面，希望这样可以克服我们工作中隐性的二元论。[13]

过于优雅而必定真实？

正如我在第一章中指出的，即使读者并不相信本书中提出的本体论是完全正确的，但这并不妨碍他们认为这一本体论对于社会科学研究而言构成有用的启发。事实上，我的一些关键辩证资源——包括量子决策理论、博弈论和语义学——的倡导者自己通常在本体论问题上采取不可知论立场。这在智识上是合理的，因为我们并不是必须在实在的本质上达成一致，才能看出量子方法是否能预测实验结果。从战略上讲，这也是合理的，因为如果他们的工作没有充满争议的本体论包袱，那么就更可能被其他人所接受。我试图证明量子方法为社会理论中的辩论带来了新的曙光，我在这方面的努力可以用同样的实用主义精神来解读。当然，只要这些努力能够成功，它们就不会让社会科学停滞不前。特别是，他们提出了这样一个问题："如果关于 X 的量子理论如此有效，那你为什么还在研究经典理论呢？"换句话说，即使作为一种启发，一种成功的量子社会科学也隐含着对主流中的人们的呼吁，请他们证明他们一直认为理所当然的东西。这种呼吁可能首先出现在研究生方法培训中，如果我自己的经验可以作为参考的话，这是一个敏感的话题。但除了预示这一领域的潜在冲突之外，对量子社会科学的非实在论解读或"仿佛"解读（"as if" reading）还有一个优点，那就是不会迫使那些有兴趣以经验方式探索这些想法的人们首先改变他们的整个世界观。

然而从长远来看，这种不可知论的方法是有局限性的，尤其是在我在本书中所关注的理论领域而言。这不仅仅是因为归根结底，人类要么是、要么不是行走的波函数。这是由于科学的政治性，因为经典正统学说中的许多人对本体论都不是持不可知态度的。在自然科学中，我们从以下方面都能看到这一点：生机论被认为是不科学的；量子意识理论和泛心论直到最近所受到的敌视；越来越尖锐的声称意识和自由意志是错觉的主张；以及进化论针对所有批评的反驳——最后一点是本书没有涉及的一个领域。这些态度的强烈程度表明，这不仅仅是普通的科学分歧，而是由于要捍卫一种形而上学的关切，这种形而上学被认为受到了围攻。在社会科学中，我们看到同样的情况。在许多院系，对诠释主义者、后结构主义者和其他严肃对待意义和主体性的学者的态度不是"百花齐放"，而是"这并非科学，也不应该得到支持"。不要聘请从事这种研究的人，如果你已经犯了这个错误，那么不要给他们终身教职，不要资助他们的研究，也不要让他们在顶级杂志上发表论文。重要的是，这里所规定的"科学"概念是一个经典概念，在这个概念里，意义、主体性，显然也包括自由意志，都是没有位置的。因此，尽管我鼓励那些对我的论点感兴趣的人在看看它实地能做什么的同时保持对其真理性的不可知态度,但最终某个处于权力地位的人可能会说,"但这不是正确的"——或者更确切地说,"这不可能是正确的,因此这不是正确的"——并把结果斥之为并不比生机论更科学。

因此,如果读者允许我使用另一个军事隐喻的话,量子社会科学的"仿佛"(as if)方法类似于游击战,攻击正统路线中无法解释的异常现象,利用量子决策理论等局部成功来赢得公众支持,并训练干部掌握新的方法论技巧。但如果毛泽东是对的,那么在某个节点上,游击战必须让位于常规战争——让位于更为实在论的量子社会科学观点,这将是对经典主流的正面攻击。毫无疑问,这种攻击要想成功还为时过早,尤其是因为,如果托马斯·库恩(Thomas Kuhn)是对的,那么无论如何,范式不会通过决定性的战斗而改变,而是通过那些固守旧范式的人逐渐被接受新范式的人所取代而改变。[14]因此,在论证人类真的是行走的波函数时,我的目标只是试图预见这样的对抗会是什么样子。鉴于我在这一节中所讨论的,我不能敦促其他人做出同样的飞跃,但是我自己已经走出了这一步,我想以我个人对量子社会科学的实在论观点的辩护来给本书画上句号。

我的论点是,量子社会科学的实在论观点是对最佳解释的推论(inference to the best explanation,IBE)。IBE 是一个推理原则,在当推理和归纳无论出于何种原因都不适用时,IBE 可用于在理论之间做出选择。[15]它在科学史上有着深厚的渊源,并广泛应用于法律和日常生活中。其基本思想是,即使我们不能证明一个理论是正确的,但仍然有可能理性地得出这样的结论:相对于它的竞争对手来说,它是最好的理论,因此应该被认为最有可能是正确的。"相对"是至关重要的;不同于通常被混为一谈的"溯因"(abduction)或"逆因"(retroduction)推理原则,IBE 本质上是对立的(contrastive),即,使一个给定现象的两种或多种解释相互对立。[16]因此,此处的问题是,在给定因果闭合原则的情况下,是量子本体论还是经典本体论能够为意识和社会生活提供最佳解释?

但我们应当如何定义"最佳"呢?天真的人可能会认为它的意思是"基于证据而言最有可能是正确的",但这将是循环和琐碎的 IBE。我们所面临的挑战在于,如何在不依赖证据的情况下定义"最佳",同时证明,作为推理的结果,一个理论可以被判断为最有可能是正确的。[17]为此,IBE 理论家使用"解释性优点"（explanatory virtues）来评估相互竞争的理论。不可避免的是，人们对于这些优点究竟是什么并没有达成一致，但为了澄清文献，阿道夫斯·麦克尼斯（Adolfas Mackonis）提出了五个被广泛使用的优点：一致性、深度、广度、简洁性和实证充分性。[18] 然而，他最终将最后一个优点纳入了第一个优点当中，而深度主要是那些有机械世界观的人感兴趣的，因而在这里不是很有用。因此，让我简单地基于其余三个标准来比较一下我们的两个候选项。

一致性是指理论与相关背景知识的契合度，主要指那些已经建立起来的理论，但在麦克尼斯看来，也可能包括相关理论的经验数据或检验。尽管一致性通常被视为最重要的优点，但它很难应用于那些会迫使背景知识本身发生变化的理论，比如库恩的范式变化（Kuhnian paradigm change），这取决于什么才是"相关"背景。如果相关背景被认为是量子物理学本身，即我们关于实在的基础科学，那么量子社会本体论比它的经典对手要"优秀"得多。然而，另外两种界定背景的方法却指向了另一个方向。第一，我的方法的基础——量子意识理论——不仅是量子物理的，也是泛心论的，这显然与成熟的理论不一致。第二，经典社会本体论的辩护者可以指出，在分子层面之上便没有量子现象，因此相关背景是经典物理学和神经科学，而不是量子的。另外，如果允许实证检验作为背景的一部分，那么量子决策理论的惊人成功就有利于量子本体论。因此，总的来说，一致性的裁决要么仍然出局，要么悬而未决。然而，当谈到另外两种优点时，我认为本书所提出的本体论是明显的赢家。

解释广度是指一个理论将不同种类的事实统一起来的程度，越大越好。通常情况下，这些事实都会被假定为物质事实，在这种情况下，量子形式系统（quantum formalism）在它的主场物理学领域"远远超过任何竞争对手（的广度）"[19]，在迄今为止它所应用的社会科学领域中，也显然超越了经典思维。尤其是，据我所知，还没有人从经典的立场出发，提出人类的选择行为和语义行为有任何联系（这两者的文献是完全相互独立的），但我们已经看到，量子理论是可以用来解释这两者的。这本身并不是量子意识理论的论据，尽管如果这些行为是意向性的，因此预先假定了意识，那么就可以建立更直接的联系。但是，即使严格地从行为上讲，鉴于目前这些领域之间的鸿沟，一个直接从物理学中获得的单一形式系统就可以将它们统一起来，并可以将经典的选择和语义行为纳入其中，这是很惊人的。

然而，这只是冰山一角，因为这两种本体论真正无法比较的地方在于量子意识理论能够统一完全不同的事实，即物质的和现象的事实。经典本体论几个世纪以来一直阻碍着经典世界观的发展，因此它的倡导者现在已经沦落到提出，我们拥有意识的表象仅仅是一种表象。相比之下，量子意识理论可以"拯救"意识的表象，并以此来使许多表面上的现象性事实变得合理：我们行为表面上有意义的特点，我们表面上的自由意志，我们动机的表面上的目的论力量，我们表面上填补甚至改变历史的能力，以及社会结构不可见的但显然存在的涌现性。我无法证明所有这些表象都是真实的，但声称它们都是错觉，似乎不只是一种退而求其次的策略，而是一种万不得已的策略。因此，如果我们能把所有这些现象统一在一个将它们视作（量子意义上）实在的理论之下的话，我们为什么要做出其他推断呢？

简洁作为一种优点，与广度类似，只不过广度是用同样的理论资源解释更多的事实，而简洁是用更少的资源解释同样的事实。[20] 具有讽刺意味的是，简洁有好几个潜在的维度，因此很难界定。[21] 然而，社会科学学者所接受的训练使他们努力让理论尽可能简洁，因此就我的目的而言，一个直观的，"当你看到它的时候你便能认出它"的标准在这里应该就足够了。

简洁问题（the simplicity question）尤其出现在量子意识理论中，回想一下，量子意识理论有两个部分：量子大脑理论和泛心论。要让大脑成为一台量子计算机，必须证明许多事情是正确的，这意味着在简洁性方面得分较低。一个真正的经典大脑理论显然不会更简单，因为人脑是宇宙中已知的最复杂的系统。此外，我认为决定性的一点是，量子大脑中几十亿次相互作用的假设效应是一个单一组织原则，即量子相干性，这在经典的大脑理论中是完全缺乏的。大脑中的其他一切都服从于量子相干性。因此，尽管细节极为复杂，结果却极其简单。

这又涉及理论的另一半：意识。这里几乎没有对比可言，因为不存在经典的意识理论，而在量子方面，我们至少有一个候选。即使是复杂的量子解释，也比完全没有解释要简单。然而，量子论点其实非常简单：意识是物质在基本层面（泛心论）的一个方面，它在大脑中被量子相干性向上放大。将此与唯物主义者在他们自己寻求解释意识的过程中所提供的形象相比较：一台无比复杂的机器，一直在运转，神经元到处活跃，以某种方式吐出意识。量子意识理论是推测性的，但与另一种理论相比，它的简洁性是难以匹敌的。

关于 IBE 的文献强调理论的解释价值（优点），这是因为，假设科学是理性的，在判断两个理论中哪个更有可能是正确的时候，最重要的应该是解释力。我认为，在这一点上，量子社会本体论最终将成为明显的赢家。尽管如此，鉴于量子意识理论和量子社会科学都还处于起步阶段，今天很难令人信服地得出这个推论，这是读者对这些想法采取"仿佛"而非实在论态度的充分理由。我想，如果我是完全理性的，那么我也应该这样做，但在我看来，量子社会本体论还有另一个优点，可以从中得出一个 IBE：一个美学的优点。

哲学家早就认识到，除了解释力之外，美学考量在理论选择中也扮演着重要角色，的确，简洁和广度经常被引为这两种优点（即美学和解释力）的例子。然而，出于维护科学理性的考虑，大多数哲学家认为理论的美学价值可以还原为解释价值。但对于科学家来说，尤其是物理学家来说，这一点可能就不那么正确了。哲学家詹姆斯·麦卡利斯特（James McAllister）引用了物理学家的一些精选名言，并提出了一个强有力的分析案例："真与美"是互补的，但并不总是相关的。[22] 虽然我倾向他的观点，但我不会在这里为其辩护。相反，我想以一个大胆的主张来作为结论：不管量子假说（quantum hypothesis）目前作为解释优点的力量如何，量子假说的一致性、广度和简洁性令其太优雅，而不可能是不正确的。

以两个简单命题的代价，量子意识理论不仅为心身问题提供了解决方案，或许还为生命和时间的本质提供了解决方案，而生命和时间的本质问题大多超出了本书所关注的范围；它不仅解决了能动者-结构和解释-理解的问题，或解释了量子决策理论在预测反常行为方面的成功。该理论所提供的是以上所有这些以及更多，并由此提供了物理本体论和社会本体论的统一，而这种统一使人类经验在宇宙中拥有了一个家园。换句话说，量子意识理论的优雅不仅带来了非凡的解释力，还带来了非凡的意义；至少我作为身处其中的一名观察者发现，这种意义在经典世界观中是完全空缺的。

　　读者也许不同意我的审美，从而不愿意相信我们真的是行走的波函数。那当然没有问题。但通过论证，"我们是行走的波函数"确实有可能是正确的，我希望我已经给了你足够理由，让你暂时放弃"我们真的只是经典机器"的信念，从而中止对量子意识的怀疑，并在你的研究和工作中尝试将它作为假设。如果你这样做了，也许你也会在宇宙中找到自己的家园。

注　释

　　1. 这些还远远没有在我自己的脑海中完全成形，因此更多的只是放出的试验气球，我希望其他人能够对其进行澄清和/或批评。

　　2. 不认同本体论的量子理论家得出了截然不同的认识论结论；如 Plotnitsky（1994）和 Barad（2007）。

　　3. 参见 Bhaskar（1979）。在这里，形容词"物理的"要比"自然的"更好，因为正如我在第一章中所说的，"物理的"对经典和量子的解释都是开放的，它们对"自然的"科学意味着什么有着非常不同的含义。

　　4. 一个好的起点参见 Zahavi（2005）。

　　5. 例如，Petranker（2003）、Kahnemanand Krueger（2006），Overgaardet al.（2008），以及 Lahlou（2011）；对此持怀疑态度的参见 Irvine（2012）。

　　6. 我不确定在不受研究者的第二人称框架调节的情况下，第一人称体验该如何处理，但请参见 Rudolph and Rudolph（2003）提出的一些想法。

　　7. 参见 Wendt（1999：Chapter 2）。

　　8. 参见 Hollis andSmith（1990）。注意，不是每个赞同量子意识的人都同意互补性是它的认识论含义；例如 Jonas（1984：225—227）。

　　9. 参见 Elliott and McKaughan（2014）和 McAllister（2014）。

　　10. 参见 Wendt（1999：Chapter 2）。

　　11. 参见 d'Espagnat（2006：28，117—118，and passim）。

　　12. 参见 Price and Corry，eds.（2007）提供的出色介绍。

　　13. 虽然我没有详细学习他的作品，但这显然也是迈克尔·波拉尼（Michael Polanyi）调和"两种文化"的方法；参见 Zhenhua（2001—2002）的概述。

　　14. 参见 Kuhn（1962/1996）。

　　15. 关于 IBE 的文献很多；参见 Lipton（2004）的综述，Clayton（1997）提供了一种简洁的处理方法，特别适合于形而上学的理论选择。

　　16. Mackonis（2013：976—978）认为溯因只是 IBE 的第一步。

　　17. 参见 Glass（2012：413）。

　　18. 看到 Mackonis（2013）；例如，对照 McAllister（1989）提出的五个标准：内部一致性、与现存的已证实的理论的一致性、预测的准确性、预测的范围和结果性。

　　19. 参见 Mackonis（2013：983），引用保罗·撒加德（Paul Thagard）。

20. 参见 Mackonis(2013:987)。

21. 参见 McAllister(1991)。

22. 参见 McAllister(1996);注意,尽管他批判还原论,但他最终也想捍卫美学判断的合理性。另一种更自然主义的观点,参见 Montano(2013)。

参 考 文 献

Abbott, Derek, Paul Davies, and Arun Pati, eds. (2008) *Quantum Aspects of Life*, London: Imperial College Press.

Abram, David (1996) *The Spell of the Sensuous*, New York: Vintage Books.

Adams, Fred and Kenneth Aizawa (2008) *The Bounds of Cognition*, Oxford: Blackwell.

Adler, Emanuel and Vincent Pouliot (2011) "International Practices," *International Theory*, 3(1), 1–36.

Aerts, Diederik (1998) "The Entity and Modern Physics: The Creation-Discovery View of Reality," in E. Castellani, ed., *Interpreting Bodies*, Princeton University Press, pp. 223–257.

(2009) "Quantum Particles as Conceptual Entities: A Possible Explanatory Framework for Quantum Theory," *Foundations of Science*, 14(4), 361–411.

(2010) "Interpreting Quantum Particles as Conceptual Entities," *International Journal of Theoretical Physics*, 49(12), 2950–2970.

Aerts, Diederik and Sven Aerts (1995/6) "Applications of Quantum Statistics in Psychological Studies of Decision Processes," *Foundations of Science*, 1(1), 85–97.

Aerts, Diederik, Jan Broekaert, and Liane Gabora (2011) "A Case for Applying an Abstracted Quantum Formalism to Cognition," *New Ideas in Psychology*, 29(2), 136–146.

Aerts, Diederik, Marek Czachor, and Bart D'Hooghe (2006) "Towards a Quantum Evolutionary Scheme: Violating Bell's Inequalities in Language," in N. Gontier, et al., eds., *Evolutionary Epistemology, Language and Culture*, Dordrecht: Springer, pp. 453–478.

Aerts, Diederik, Bart D'Hooghe, and Emmanuel Haven (2010) "Quantum Experimental Data in Psychology and Economics," *International Journal of Theoretical Physics*, 49(12), 2971–2990.

Affifi, Ramsey (2013) "Learning Plants: Semiosis between the Parts and the Whole," *Biosemiotics*, 6(3), 547–559.

Aharonov, Yakir, Peter Bergmann, and Joel Lebowitz (1964) "Time Symmetry in the Quantum Process of Measurement," *Physical Review*, 134, 1410–1416.

Aharonov, Yakir and Lev Vaidman (1990) "Properties of a Quantum System during the Time Interval between Two Measurements," *Physical Review A*, 41(1), 11–20.

Aharonov, Yakir and M. Suhail Zubairy (2005) "Time and the Quantum: Erasing the Past and Impacting the Future," *Science*, 307, 875–879.

Albert, David (1992) *Quantum Mechanics and Experience*, Cambridge, MA: Harvard University Press.

(2000) *Time and Chance*, Cambridge, MA: Harvard University Press.

Albert, David and Barry Loewer (1988) "Interpreting the Many Worlds Interpretation," *Synthese*, 77(2), 195–213.

Alfano, Mark (2012) "Wilde Heuristics and Rum Tum Tuggers: Preference Indeterminacy and Instability," *Synthese*, 189(1), 5–15.

Alfinito, Eleonora and Giuseppe Vitiello (2000) "The Dissipative Quantum Model of Brain," *Information Sciences*, 128(3–4), 217–229.

Al-Khalili, Jim and Johnjoe McFadden (2015) *Life on the Edge: The Coming of Age of Quantum Biology*, London: Bantam Press.

Allen, Amy (1998) "Power Trouble: Performativity as Critical Theory," *Constellations*, 5(4), 456–471.

Allen, Colin and Michael Trestman (2014) "Animal Consciousness," *Stanford Encyclopedia of Philosophy* (Summer 2014 edition), Edward N. Zalta (ed.), http://plato. stanford.edu/archives/sum2014/entries/consciousness-animal/.

Allen, Garland (2005) "Mechanism, Vitalism and Organicism in Late Nineteenth and Twentieth-Century Biology," *Studies in History and Philosophy of Biological and Biomedical Sciences*, 36(2), 261–283.

Alter, Torin and Yujin Nagasawa (2012) "What Is Russellian Monism?" *Journal of Consciousness Studies*, 19(9–10), 67–95.

Andersen, P. B., C. Emmeche, N. Finneman, and P. Christiansen, eds. (2000) *Downward Causation: Minds, Bodies, and Matter*, Aarhus University Press.

Ankersmit, Frank (2005) *Sublime Historical Experience*, Stanford University Press.

Apel, Karl-Otto (1984) *Understanding and Explanation*, Cambridge, MA: MIT Press.

Archer, Margaret (1995) *Realist Social Theory: The Morphogenetic Approach*, Cambridge University Press.

(2007) "The Ontological Status of Subjectivity," in C. Lawson, J. Latsis, and N. Martins, eds., *Contributions to Social Ontology*, London: Routledge, pp. 17–31.

Arenhart, Jonas (2013) "Wither Away Individuals," *Synthese*, 190(16), 3475–3494.

Arfi, Badredine (2005) "Resolving the Trust Predicament in IR: A Quantum Game-Theoretic Approach," *Theory and Decision*, 59(2), 127–174.

(2007) "Quantum Social Game Theory," *Physica A*, 374(2), 794–820.

Arshavsky, Yuri (2006) "'The Seven Sins' of the Hebbian Synapse: Can the Hypothesis of Synaptic Plasticity Explain Long-Term Memory Consolidation?" *Progress in Neurobiology*, 80(3), 99–113.

Asano, Masanari, Irina Basieva, Andrei Khrennikov, Masanori Ohya, and Yoshiharu Tanaka (2012) "Quantum-Like Dynamics of Decision-Making," *Physica A*, 391(5), 2083–2099.

Asano, Masanari, Masanori Ohya, and Andrei Khrennikov (2011) "Quantum-Like Model for Decision Making Process in Two Players Game," *Foundations of Physics*, 41(3), 538–548.

Astington, Janet Wilde and Eva Filippova (2005) "Language as the Route into Other Minds," in B. Malle and S. Hodges, eds., *Other Minds: How Humans Bridge the Divide between Self and Others*, New York, NY: Guilford Press, pp. 209–222.

Atmanspacher, Harald (2003) "Mind and Matter as Asymptotically Disjoint, Inequivalent Representations with Broken Time-Reversal Symmetry," *Biosystems*, 68(1), 19–30.

(2011) "Quantum Approaches to Consciousness," *Stanford Encyclopedia of Philosophy* (Summer 2011 edition), Edward N. Zalta (ed.), http://plato.stanford.edu/archives/sum201 l/entries/qt-consciousness/.

Atmanspacher, Harald and Thomas Filk (2014) "Non-Commutative Operations in Consciousness Studies," *Journal of Consciousness Studies*, 21(3–4), 24–39.

Atmanspacher, Harald, Thomas Filk and Hartmann Römer (2004) "Quantum Zeno Features of Bistable Perception," *Biological Cybernetics*, 90(1), 33–40.

Atmanspacher, Harald and Hans Primas (2006) "Pauli's Ideas on Mind and Matter in the Context of Contemporary Science," *Journal of Consciousness Studies*, 13(3), 5–50.

Atmanspacher, Harald and Hartmann Römer (2012) "Order Effects in Sequential Measurements of Non-Commuting Psychological Observables," *Journal of Mathematical Psychology*, 56, 274–280.

Atmanspacher, Harald, Hartmann Römer, and Harald Walach (2002) "Weak Quantum Theory: Complementarity and Entanglement in Physics and Beyond," *Foundations of Physics*, 32(3), 379–406.

Baars, Bernaard (2004) "Subjective Experience Is Probably not Limited to Humans," *Consciousness and Cognition*, 14(1), 7–21.

Baars, Bernard and David Edelman (2012) "Consciousness, Biology and Quantum Hypotheses," *Physics of Life Reviews*, 9(3), 285–294.

Baer, John, James Kaufman, and Roy Baumeister, eds. (2008) *Are We Free? Psychology and Free Will*, Oxford University Press.

Baer, Wolfgang (2010) "The Physics of Consciousness," *Journal of Consciousness Studies*, 17(3–4), 165–191.

Bahrami, M. and A. Shafiee (2010) "Postponing the Past: An Operational Analysis of Delayed-Choice Experiments," *Foundations of Physics*, 40(1), 55–92.

Balaguer, Mark (2004) "A Coherent, Naturalistic, and Plausible Formulation of Libertarian Free Will," *Nous*, 38(3), 379–406.

(2009) "Why There Are No Good Arguments for Any Interesting Version of Determinism," *Synthese*, 168(1), 1–21.

(2010) *Free Will as an Open Scientific Problem*, Cambridge, MA: MIT Press.

Balazs, Andras (2004) "Internal Measurement: Some Aspects of Quantum Theory in Biology," *Physics Essays*, 17(1), 80–94.

Ball, Philip (2011) "The Dawn of Quantum Biology," *Nature*, 474, 272–274.

Baluska, Frantisek, Dieter Volkmann, and Peter Barlow (2004) "Eukaryotic Cells and Their Cell Bodies: Cell Theory Revised," *Annals of Botany*, 94(1), 9–32.

Banks, Erik (2010) "Neutral Monism Reconsidered," *Philosophical Psychology*, 23(2), 173–187.

Barad, Karen (2003) "Posthumanist Performativity: How Matter Comes to Matter," *Signs*, 28(3), 801–831.

(2007) *Meeting the Universe Halfway: Quantum Physics and the Entanglement of Matter and Meaning*, Durham, NC: Duke University Press.

Barham, James (2008) "The Reality of Purpose and the Reform of Naturalism," *Philosophia Naturalis*, 44(1), 31–52.

(2012) "Normativity, Agency, and Life," *Studies in History and Philosophy of Biological and Biomedical Sciences*, 43(1), 92–103.

Barlow, Peter (2008) "Reflections on 'Plant Neurobiology,'" *Biosystems*, 92(2), 132–147.

Barnett, Michael and Raymond Duvall (2005) "Power in International Politics," *International Organization*, 59(1), 39–75.

Barrett, Jeffrey (1999) *The Quantum Mechanics of Minds and Worlds*, Oxford University Press.

(2006) "A Quantum-Mechanical Argument for Mind–Body Dualism," *Erkenntnis*, 65(1), 97–115.

Bartlett, Gary (2012) "Computational Theories of Conscious Experience: Between a Rock and a Hard Place," *Erkenntnis*, 76(2), 195–209.

Basile, Pierfrancesco (2006) "Rethinking Leibniz: Whitehead, Ward and the Idealistic Legacy," *Process Studies*, 35(2), 207–229.

(2010) "It Must Be True – But How Can it Be? Some Remarks on Panpsychism and Mental Composition," *Royal Institute of Philosophy Supplement*, 67, 93–112.

Baslow, Morris (2011) "Biosemiosis and the Cellular Basis of Mind," *Biosemiotics*, 4(1), 39–53.

Bass, L. (1975) "A Quantum Mechanical Mind–Body Interaction," *Foundations of Physics*, 5(1), 159–172.

Baumeister, Roy, E. J. Masicampo, and Kathleen Vohs (2011) "Do Conscious Thoughts Cause Behavior?" *Annual Review of Psychology*, 62, 331–361.

Beck, Friedrich and John Eccles (1992) "Quantum Aspects of Brain Activity and the Role of Consciousness," *Proceedings of the National Academy of Sciences*, 89(23), 11357–11361.

(1998) "Quantum Processes in the Brain: A Scientific Basis of Consciousness," *Cognitive Studies*, 5(2), 95–109.

Becker, Christian and Reiner Manstetten (2004) "Nature as a You: Novalis' Philosophical Thought and the Modern Ecological Crisis," *Environmental Values*, 13(1), 101–118.

Becker, Theodore, ed. (1991) *Quantum Politics: Applying Quantum Theory to Political Phenomena*, New York: Praeger.

Bedau, Mark (1997) "Weak Emergence," *Nous*, 31, 375–399.

(1998) "Four Puzzles About Life," *Artificial Life*, 4(2), 125–140.

Beim Graben, Peter and Harald Atmanspacher (2006) "Complementarity in Classical Dynamical Systems," *Foundations of Physics*, 36(2), 291–306.

Bekenstein, Jacob (2003) "Information in the Holographic Universe," *Scientific American*, August, 59–65.

Belousek, Darrin (2003) "Non-Separability, Non-Supervenience, and Quantum Ontology," *Philosophy of Science*, 70(4), 791–811.

Benioff, Paul (2002) "Language Is Physical," *Quantum Information Processing*, 1(6), 495–509.

Ben-Jacob, E., D. Coffey, and Alfred Tauber (2005) "Seeking the Foundations of Cognition in Bacteria," *Physica A*, 359(1), 495–524.

Bennett, Jane (2010) *Vibrant Matter: A Political Ecology of Things*, Durham, NC: Duke University Press.

Bennett, Max and Peter Hacker (2003) *Philosophical Foundations of Neuroscience*, Oxford: Blackwell.

Bentley, Arthur (1941) "The Human Skin: Philosophy's Last Line of Defence," *Philosophy of Science*, 8(1), 1–19.

Benton, E. (1974) "Vitalism in Nineteenth-Century Science Thought," *Studies in History and Philosophy of Science*, 5(1), 17–48.

Berkovitz, Joseph (1998) "Aspects of Quantum Non-Locality I," *Studies in History and Philosophy of Modern Physics*, 29(2), 183–222.

(2008) "On Predictions in Retro-Causal Interpretations of Quantum Mechanics," *Studies in History and Philosophy of Modern Physics*, 39(4), 709–735.

(2014) "Action at a Distance in Quantum Mechanics," *Stanford Encyclopedia of Philosophy* (Spring 2014 edition), Edward N. Zalta (ed.), http://plato.stanford.edu/archives/spr2014/entries/qm-action-distance/.

Berman, Morris (1981) *The Reenchantment of the World*, Ithaca, NY: Cornell University Press.

Bernecker, Sven (2004) "Memory and Externalism," *Philosophy and Phenomenological Research*, 69(3), 605–632.

Bertau, Marie-Cecile (2014a) "Exploring Language as the 'In-Between,'" *Theory and Psychology*, 24(4), 524–541.

(2014b) "On Displacement," *Theory and Psychology*, 24(4), 442–458.

Bertelsen, Preben (2011) "Intentional Activity and Free Will as Core Concepts in Criminal Law and Psychology," *Theory and Psychology*, 22(1), 46–66.

Beyler, R. (1996) "Targeting the Organism: The Scientific and Cultural Context of Pascual Jordan's Quantum Biology, 1932–1947," *Isis*, 87(2), 248–273.

Bhargava, Rajeev (1992) *Individualism in Social Science*, Oxford: Clarendon Press.

Bhaskar, Roy (1979) *The Possibility of Naturalism*, New York: Routledge.

(1982) "Emergence, Explanation, and Emancipation," in P. Secord, ed., *Explaining Human Behavior*, Beverly Hills, CA: Sage Publications, pp. 275–310.

(1986) *Scientific Realism and Human Emancipation*, London: Verso.

Bierman, Dick (2006) "Empirical Research on the Radical Subjective Solution of the Measurement Problem: Does Time Get Its Direction through Conscious Observation?" in D. Sheehan, ed., *Frontiers of Time, Retrocausation – Experiment and Theory*, Melville, NY: American Institute of Physics, pp. 238–259.

Bigaj, Tomasz (2012) "Ungrounded Dispositions in Quantum Mechanics," *Foundations of Science*, 17(3), 205–221.

Birch, Jonathan (2012) "Robust Processes and Teleological Language," *European Journal for Philosophy of Science*, 2(3), 299–312.

Birksted-Breen, Dana (2003) "Time and the Après-Coup," *The International Journal of Psychoanalysis*, 84(6), 1501–1515.

Bishop, Robert (2013) "Essay Review: Teleology at Work in the World?" *Mind and Matter*, 11(2), 243–255.

Bitbol, Michel (2002) "Science as if Situation Mattered," *Phenomenology and the Cognitive Sciences*, 1(2), 181–224.

(2007) "Ontology, Matter and Emergence," *Phenomenology and the Cognitive Sciences*, 6(3), 293–307.

(2008) "Is Consciousness Primary?" *NeuroQuantology*, 6(1), 53–71.

(2011) "The Quantum Structure of Knowledge," *Axiomathes*, 21(2), 357–371.

(2012) "Downward Causation without Foundations," *Synthese*, 185(2), 233–255.

Bitbol, Michel, Pierre Kerszberg, and Jean Petitot, eds. (2009) *Constituting Objectivity: Transcendental Perspectives on Modern Physics*, Berlin: Springer.

Bitbol, Michel and Pier Luigi Luisi (2004) "Autopoiesis with or without Cognition: Defining Life at Its Edge," *Journal of the Royal Society Interface*, 1, 99–107.

Bobro, Marc and Kenneth Clatterbaugh (1996) "Unpacking the Monad: Leibniz' Theory of Causality," *The Monist*, 79(3), 408–425.

Bohl, Vivian and Nivedita Gangopadhyay (2014) "Theory of Mind and the Unobservability of Other Minds," *Philosophical Explorations*, 17(2), 203–222.

Bohm, David (1951) *Quantum Theory*, Englewood Cliffs, NJ: Prentice-Hall.

(1980) *Wholeness and the Implicate Order*, London: Routledge.

(1990) "A New Theory of the Relation of Mind and Matter," *Philosophical Psychology*, 3(2), 271–286.

Bohm, David and B. J. Hiley (1993) *The Undivided Universe*, London: Routledge.

Bohr, Niels (1933) "Light and Life," *Nature*, 131, 421–423 and 457–459.

(1937) "Causality and Complementarity," *Philosophy of Science*, 4(3), 289–298.

(1948) "On the Notions of Causality and Complementarity," *Dialectica*, 2, 312–319.

Boi, L. (2004) "Theories of Space-Time in Modern Physics," *Synthese*, 139(3), 429–489.

Bokulich, Alisa (2012) "Distinguishing Explanatory from Nonexplanatory Fictions," *Philosophy of Science*, 79(5), 725–737.

Bolender, John (2001) "An Argument for Idealism," *Journal of Consciousness Studies*, 8(4), 37–61.

Bordley, Robert and Joseph Kadane (1999) "Experiment-Dependent Priors in Psychology and Physics," *Theory and Decision*, 47(3), 213–227.

Bordonaro, Michael and Vasily Ogryzko (2013) "Quantum Biology at the Cellular Level – Elements of the Research Program," *Biosystems*, 112(1), 11–30.

Bortoft, Henri (1985) "Counterfeit and Authentic Wholes," in D. Seamon and R. Mugerauer, eds., *Dwelling, Place and Environment*, Dordrecht: Martinus Nijhoff Publishers, pp. 281–302.

Bouchard, Frédéric and Philippe Huneman, eds. (2013) *From Groups to Individuals: Evolution and Emerging Individuality*, Cambridge, MA: MIT Press.

Bourdieu, Pierre (1990) *The Logic of Practice*, Stanford University Press.

Bourget, David and David Chalmers (2014) "What Do Philosophers Believe?" *Philosophical Studies*, 170(3), 465–500.

Bousso, Raphael (2002) "The Holographic Principle," *Reviews in Modern Physics*, 74(3), 825–874.

Bradley, Raymond (2000) "Agency and the Theory of Quantum Vacuum Interaction," *World Futures*, 55(3), 227–275.

Brainerd, Charles, Zheng Wang, and Valerie Reyna (2013) "Superposition of Episodic Memories: Overdistribution and Quantum Models," *Topics in Cognitive Sciences*, 5(4), 773–799.

Brandenburger, Adam (2010) "The Relationship between Quantum and Classical Correlation in Games," *Games and Economic Behavior*, 69(1), 175–183.

Brandt, Lewis (1973) "The Physics of the Physicist and the Physics of the Psychologist," *International Journal of Psychology*, 8(1), 61–72.

Bratman, Michael (1993) "Shared Intentions," *Ethics*, 104(1), 97–113.

Braun, Kathrin (2012) "From the Body of Christ to Racial Homogeneity: Carl Schmitt's Mobilization of 'Life' against 'the Spirit of Technicity,'" *The European Legacy*, 17(1), 1–17.

Brewer, Bill (2007) "Perception and Its Objects," *Philosophical Studies*, 132(1), 87–97.

Brinkmann, Svend (2006) "Mental Life in the Space of Reasons," *Journal for the Theory of Social Behaviour*, 36(1), 1–16.

Brown, Robin and James Ladyman (2009) "Physicalism, Supervenience and the Fundamental Level," *The Philosophical Quarterly*, 59, 20–38.

Bruza, Peter and Richard Cole (2006) "Quantum Logic of Semantic Space," arXiv:quant-ph/0612178v1.

Bruza, Peter, Kirsty Kitto, Douglas Nelson, and Cathy McEvoy (2009) "Is There Something Quantum-Like about the Human Mental Lexicon?" *Journal of Mathematical Psychology*, 53(5), 362–377.

Bub, Jeffrey (2000) "Indeterminacy and Entanglement: The Challenge of Quantum Mechanics," *British Journal for the Philosophy of Science*, 51(4), 597–615.

Burge, Tyler (1979) "Individualism and the Mental," in P. French, et al., eds., *Midwest Studies in Philosophy*, vol. 4, Minneapolis, MN: University of Minnesota Press, pp. 73–121.

(1986) "Individualism and Psychology," *The Philosophical Review*, 95(1), 3–45.

(2005) "Disjunctivism and Perceptual Psychology," *Philosophical Topics*, 33(1), 1–78.

Burns, Jean (1999) "Volition and Physical Laws," *Journal of Consciousness Studies*, 6(10), 27–47.

Burwick, Frederick and Paul Douglass, eds. (1992) *The Crisis in Modernism: Bergson and the Vitalist Controversy*, Cambridge University Press.

Busemeyer, Jerome and Peter Bruza (2012) *Quantum Models of Cognition and Decision*, Cambridge: Cambridge University Press.

Busemeyer, Jerome, Riccardo Franco, Emmanuel Pothos, and Jennifer Trueblood (2011) "A Quantum Theoretical Explanation for Probability Judgment Errors," *Psychological Review*, 118(2), 193–218.

Busemeyer, Jerome, Zheng Wang, and James Townsend (2006) "Quantum Dynamics of Human Decision-Making," *Journal of Mathematical Psychology*, 50(3), 220–241.

Buss, L. (1987) *The Evolution of Individuality*, Princeton, NJ: Princeton University Press.

Butler, Judith (1990) *Gender Trouble: Feminism and the Subversion of Identity*, New York: Routledge.

(1993) *Bodies that Matter: On the Discursive Limits of 'Sex,'* New York: Routledge.

Butterfield, Jeremy (1995) "Quantum Theory and the Mind," *The Aristotelian Society*, Supplementary Volume LXIX, 112–158.

Buzan, Barry (1991) *People, States, and Fear*, Boulder, CO: Lynne Rienner, 2nd edition.

Callender, Craig and Robert Weingard (1997) "Trouble in Paradise? Problems for Bohm's Theory," *The Monist*, 80(1), 24–43.

Camerer, Colin (2003) *Behavioral Game Theory*, Princeton University Press.

Campbell, Donald T. (1974) "'Downward Causation' in Hierarchically Organised Biological Systems," in F. Ayala and T. Dobzhansky, eds., *Studies in the Philosophy of Biology*, Berkeley, CA: University of California Press, pp. 179–186.

Campbell, Richard (2010) "The Emergence of Action," *New Ideas in Psychology*, 28(3), 283–295.

Campbell, Richard and Mark Bickhard (2011) "Physicalism, Emergence and Downward Causation," *Axiomathes*, 21(1), 33–56.

Čapek, Milič (1992) "Microphysical Indeterminacy and Freedom: Bergson and Peirce," in F. Burwick and P. Douglass, eds., *The Crisis in Modernism: Bergson and the Vitalist Controversy*, Cambridge University Press, pp. 171–189.

Carlin, Laurence (2006) "Leibniz on Final Causes," *Journal of the History of Philosophy*, 44(2), 217–233.

Carminati, G. Galli and F. Martin (2008) "Quantum Mechanics and the Psyche," *Physics of Particles and Nuclei*, 39(4), 560–577.

Carruthers, Peter (2007) "Invertebrate Minds," *The Journal of Ethics*, 11(3), 275–297.

Cartwright, Nancy (1999) *The Dappled World: A Study of the Boundaries of Science*, Cambridge University Press.

Castagnoli, Giuseppe (2009) "The Quantum Speed Up as Advanced Cognition of the Solution," *International Journal of Theoretical Physics*, 48(3), 857–873.

(2010) "Quantum One Go Computation and the Physical Computation Level of Biological Information Processing," *International Journal of Theoretical Physics*, 49(2), 304–315.

Castellani, Elena, ed. (1998) *Interpreting Bodies: Classical and Quantum Objects in Modern Physics*, Princeton University Press.

(2002) "Reductionism, Emergence, and Effective Field Theories," *Studies in History and Philosophy of Modern Physics*, 33(2), 251–267.

Chalmers, David (1995) "Facing Up to the Problem of Consciousness," *Journal of Consciousness Studies*, 2(3), 200–219.

(1996) *The Conscious Mind*, Oxford University Press.

(1997) "Moving Forward on the Problem of Consciousness," *Journal of Consciousness Studies*, 4(1), 3–46.

(2010) *The Character of Consciousness*, Oxford University Press.

Cheah, Pheng (2003) *Spectral Nationality*, New York, NY: Columbia University Press.

Chen, Kay-Yut and Tad Hogg (2006) "How Well Do People Play a Quantum Prisoner's Dilemma?" *Quantum Information Processing*, 5(1), 43–67.

Chiereghin, Franco (2011) "Paradoxes of the Notion of Antedating," *Journal of Consciousness Studies*, 18(3–4), 24–43.

Chomsky, Noam (1995) "Language and Nature," *Mind*, 104, 1–61.

Churchland, Patricia Smith (1981) "On the Alleged Backwards Referral of Experiences and its Relevance to the Mind–Body Problem," *Philosophy of Science*, 48(2), 165–181.

Churchland, Paul (1988) *Matter and Consciousness*, Cambridge, MA: MIT Press.

Clark, Andy (2009) "Spreading the Joy? Why the Machinery of Consciousness is (Probably) Still in the Head," *Mind*, 118, 963–993.

Clark, Andy and David Chalmers (1998) "The Extended Mind," *Analysis*, 58(1), 7–19.

Clark, Kevin (2010) "Bose-Einstein Condensates Form in Heuristics Learned by Ciliates Deciding to Signal 'Social' Commitments," *Biosystems*, 99(3), 167–178.

Clarke, Chris (2007) "The Role of Quantum Physics in the Theory of Subjective Consciousness," *Mind and Matter*, 5(1), 45–81.

Clarke, Peter (2014) "Neuroscience, Quantum Indeterminism and the Cartesian Soul," *Brain and Cognition*, 84(1), 109–117.

Clarke, Randolph and Capes, Justin (2014) "Incompatibilist (Nondeterministic) Theories of Free Will," *Stanford Encyclopedia of Philosophy* (Spring 2014 edition), Edward N. Zalta (ed.), http://plato.stanford.edu/archives/spr2014/entries/incompatibilism-theories/.

Clayton, Philip (1997) "Inference to the Best Explanation," *Zygon*, 32(3), 377–391.

(2006) "Conceptual Foundations of Emergence Theory," i n P. Clayton and P. Davies, eds., *The Re-Emergence of Emergence*, Oxford University Press, pp. 1–31.

Cleland, Carol (2012) "Life without Definitions," *Synthese*, 185(1), 125–144.

(2013) "Is a General Theory of Life Possible?" *Biological Theory*, 7(4), 368–379.

Cleland, Carol and Christopher Chyba (2002) "Defining 'Life'," *Origins of Life and Evolution of the Biosphere*, 32(4), 387–393.

Cochran, Andrew (1971) "Relationships between Quantum Physics and Biology," *Foundations of Physics*, 1(3), 235–250.

Cohen, I. Bernard (1994) "The Scientific Revolution and the Social Sciences," in I. B. Cohen, ed., *The Natural Sciences and the Social Sciences*, Boston, MA: Kluwer, pp. 153–203.

Cole, Andrew (2013) "The Call of Things: A Critique of Object-Oriented Ontologies," *the minnesota review*, 80, 106–118.

Coleman, Sam (2012) "Mental Chemistry: Combination for Panpsychists," *dialectica*, 66(1), 137–166.

(2014) "The Real Combination Problem: Panpsychism, Micro-Subjects, and Emergence," *Erkenntnis*, 79(1), 19–44.

Compton, Arthur (1935) *The Freedom of Man*, New Haven, CT: Yale University Press.

Conrad, Michael (1996) "Cross-Scale Information Processing in Evolution, Development and Intelligence," *Biosystems*, 38(2–3), 97–109.

Contessa, Gabriele (2010) "Scientific Models and Fictional Objects," *Synthese*, 172(2), 215–229.

Conway, John and Simon Kochen (2006) "The Free Will Theorem," *Foundations of Physics*, 36(10), 1441–1473.

Coole, Diane and Samantha Frost (2010a) "Introducing the New Materialisms," in Coole and Frost, eds., *New Materialisms*, Durham, NC: Duke University Press, pp. 1–43.

eds. (2010b) *New Materialisms: Ontology, Agency, and Politics*, Durham, NC: Duke University Press.

Cooper, W. Grant (2009) "Evidence for Transcriptase Quantum Processing Implies Entanglement and Decoherence of Superposition Proton States," *Biosystems*, 97(2), 73–89.

Cornejo, Carlos (2004) "Who Says What the Words Say? The Problem of Linguistic Meaning in Psychology," *Theory and Psychology*, 14(1), 5–28.

(2008) "Intersubjectivity as Co-Phenomenology: From the Holism of Meaning to the Being-in-the-world-with-others," *Integrative Psychological and Behavioral Science*, 42(2), 171–178.

Corradini, Antonella and Timothy O'Connor, eds. (2010) *Emergence in Science and Philosophy*, London: Routledge.

Costa de Beauregard, Olivier (2000) "Efficient and Final Cause as CPT Reciprocals," in E. Agazzi and M. Pauri, eds., *The Reality of the Unobservable*, Dordrecht: Kluwer Academic Publishers, pp. 283–291.

Coulter, Jeff (2001) "Human Practices and the Observability o f the 'Macro-Social,'" in T. Schatzki, et al., eds., *The Practice Turn in Contemporary Social Theory*, London: Routledge, pp. 29–41.

Craddock, Travis and Jack Tuszynski (2010) "A Critical Assessment of the Information Processing Capabilities of Neuronal Microtubules Using Coherent Excitations," *Journal of Biological Physics*, 36(1), 53–70.

Cramer, John (1986) "The Transactional Interpretation of Quantum Mechanics," *Reviews of Modern Physics*, 58(3), 647–687.

(1988) "An Overview of the Transactional Interpretation of Quantum Mechanics," *International Journal of Theoretical Physics*, 27(2), 227–250.

Crane, Tim (2014) "The Problem of Perception," *Stanford Encyclopedia of Philosophy* (Winter 2014 edition), Edward N. Zalta (ed.), http://plato.stanford.edu/archives/win2014/entries/perception-problem/.

Crane, Tim and D. H. Mellor (1990) "There is No Question of Physicalism," *Mind*, 99, 185–206.

Craver, Carl and William Bechtel (2007) "Top-Down Causation without Top-Down Causes," *Biology and Philosophy*, 22(4), 547–563.

Crook, Seth and Carl Gillett (2001) "Why Physics Alone Cannot Define the 'Physical,'" *Canadian Journal of Philosophy*, 31(3), 333–360.

Cudd, Ann (1993) "Game Theory and the History of Ideas about Rationality," *Economics and Philosophy*, 9(1), 101–133.

Cummins, Robert, Martin Roth, and Ian Harmon (2014) "Why It Doesn't Matter to Metaphysics What Mary Learns," *Philosophical Studies*, 167(3), 541–555.

Cunningham, Andrew (2007) "Hume's Vitalism and Its Implications," *British Journal for the History of Philosophy*, 15(1), 59–73.

Currie, Gregory (1984) "Individualism and Global Supervenience," *British Journal for the Philosophy of Science*, 35(4), 345–358.

Cushing, James (1994) *Quantum Mechanics: Historical Contingency and the Copenhagen Hegemony*, University of Chicago Press.

Cvrčková, Fatima, Helena Lipavská, and Viktor Žárský (2009) "Plant Intelligence: Why, Why Not or Where?" *Plant Signaling and Behavior*, 4(5), 394–399.

Dalla Chiara, Maria Luisa, Roberto Giuntini, and Roberto Leporini (2006) "Holistic Quantum Computational Semantics and Gestalt-Thinking," in A. Bassi, et al., eds., *Quantum Mechanics*, Melville, NY:American Institute of Physics, pp. 86–100.

(2011) "Holism, Ambiguity and Approximation in the Logics of Quantum Computation: A Survey," *International Journal of General Systems*, 40(1), 85–98.

Danto, Arthur (1965) *Analytical Philosophy of History*, Cambridge University Press.

Darby, George (2012) "Relational Holism and Humean Supervenience," *British Journal for the Philosophy of Science*, 63(4), 773–788.

Davidson, Donald (1963) "Actions, Reasons, and Causes," *The Journal of Philosophy*, 60(7), 685–700.

Davies, Paul C. W. (2004) "Does Quantum Mechanics Play a Non-Trivial Role in Life?" *Biosystems*, 78(1–3), 69–79.

(2006) "The Physics of Downward Causation," in P. Clayton and P. Davies, eds., *The Re-Emergence of Emergence*, Oxford University Press, pp. 35–52.

Davies, Kim (2014) "Emergence from What? A Transcendental Understanding of the Place of Consciousness," *Journal of Consciousness Studies*, 21(5–6), 10–32.

De Barros, J. Acacio (2012) "Quantum-Like Model of Behavioral Response Computation Using Neural Oscillators," *Biosystems*, 110(3), 171–182.

De Barros, J. Acacio, and Patrick Suppes (2009) "Quantum Mechanics, Interference, and the Brain," *Journal of Mathematical Psychology*, 53(5), 306–313.

De Chardin, Teilhard (1959) *The Phenomenon of Man*, New York, NY: Harper & Row.

De Jaegher, Hanne (2009) "Social Understanding Through Direct Perception? Yes, by Interacting," *Consciousness and Cognition*, 18, 535–542.

DeLanda, Manuel (2002) *Intensive Science and Virtual Philosophy*, London: Continuum.

Dellis, A. T. and I. K. Kominis (2012) "The Quantum Zeno Effect Immunizes the Avian Compass against the Deleterious Effects of Exchange and Dipolar Interactions," *Biosystems*, 107(3), 153–157.

Dennett, Daniel (1971) "Intentional Systems," *The Journal of Philosophy*, 68(4), 87–106.

(1987) *The Intentional Stance*, Cambridge: MIT Press.

(1991) *Consciousness Explained*, Boston, MA: Little, Brown.

(1996) "Facing Backwards on the Problem of Consciousness," *Journal of Consciousness Studies*, 3(1), 4–6.

Denton, Michael, Govindasamy Kumaramanickavel, and Michael Legge (2013) "Cells as Irreducible Wholes: The Failure of Mechanism and the Possibility of an Organicist Revival," *Biology and Philosophy*, 28(1), 31–52.

De Regt, Henk and Dennis Dieks (2005) "A Contextual Approach to Scientific Understanding," *Synthese*, 144(1), 137–170.

DeRose, Keith (2009) *The Case for Contextualism*, Oxford University Press.

D'Espagnat, Bernard (1995) *Veiled Reality: An Analysis of Present-Day Quantum Mechanical Concepts*, Reading, MA: Addison-Wesley.

(2011) "Quantum Physics and Reality," *Foundations of Physics*, 41(11), 1703–1716.

De Quincey, Christian (2002) *Radical Nature: Rediscovering the Soul of Matter*, Montpelier, VT: Invisible Cities Press.

De Souza Vieira, Fabiano and Charbel Niño El-Hani (2008) "Emergence and Downward Determination in the Natural Sciences," *Cybernetics and Human Knowing*, 15(3–4), 101–134.

De Uriarte, Brian (1990) "On the Free Will of Rational Agents in Neoclassical Economics," *Journal of Post Keynesian Economics*, 12(4), 605–617.

Deutsch, David (1999) "Quantum Theory of Probability and Decisions," *Proceedings of the Royal Society*, A455, 3129–3197.

Dewey, John and Arthur Bentley (1949) *Knowing and the Known*, Boston, MA: Beacon Press.

De Witt, Bryce and N. Graham, eds. (1973) *The Many-Worlds Interpretation of Quantum Mechanics*, Princeton University Press.

Dharamsi, Karim (2011) "Re-Enacting in the Second Person," *Journal of the Philosophy of History*, 5(2), 163–178.

D'Hombres, Emmanuel and Soraya Mehdaoui (2012) "'On What Condition is the Equation Organism – Society Valid? Cell Theory and Organicist Sociology in the Works of Alfred Espinas (1870s–80s)," *History of the Human Sciences*, 25(1), 32–51.

Dijksterhuis, Ap and Henk Aarts (2010) "Goals, Attention, and (Un)Consciousness," *Annual Review of Psychology*, 61, 467–490.

Di Paolo, Ezequiel (2005) "Autopoiesis, Adaptivity, Teleology, Agency," *Phenomenology and the Cognitive Sciences*, 4(4), 429–452.

Dobbs, H. A. C. (1951) "The Relation between the Time of Psychology and the Time of Physics (Parts I and II)," *British Journal for the Philosophy of Science*, 2(6 and 7), 122–141 and 177–192.

Domondon, Andrew (2006) "Bringing Physics to Bear on the Phenomenon of Life: The Divergent Positions of Bohr, Delbrück, and Schrödinger," *Studies in History and Philosophy of Biological and Biomedical Sciences*, 37(3), 433–458.

Dorato, Mauro and Michael Esfeld (2010) "GRW as an Ontology of Dispositions," *Studies in History and Philosophy of Modern Physics*, 41(1), 41–49.

Dorato, Mauro and Matteo Morganti (2013) "Grades of Individuality: A Pluralistic View of Identity in Quantum Mechanics and in the Sciences," *Philosophical Studies*, 163(3), 591–610.

D'Oro, Giuseppina and Constantine Sandis (2013) "From Anti-Causalism to Causalism and Back: A History of the Reasons/Causes Debate," in D'Oro and Sandis, eds., *Reasons and Causes*, New York, NY: Palgrave MacMillan, pp. 7–48.

Dorsey, Jonathan (2011) "On the Supposed Limits of Physicalist Theories of Mind," *Philosophical Studies*, 155(2), 207–225.

Dowe, Phil (1997) "A Defense of Backwards in Time Causation Models in Quantum Mechanics," *Synthese*, 112(2), 233–246.

Dray, W. H. (1960) "Historical Causation and Human Free Will," *University of Toronto Quarterly*, 29(3), 357–369.

Drechsler, Wolfgang (2009) "Political Semiotics," *Semiotica*, 173(1–4), 73–97.

Dugić, Miroljub, Milan Ćirković, and Dejan Raković (2002) "On a Possible Physical Metatheory of Consciousness," *Open Systems and Information Dynamics*, 9(2), 153–166.

Dupré, John (1993) *The Disorder of Things*, Cambridge, MA: Harvard University Press.

Eddington, Arthur Stanley (1928) *The Nature of the Physical World*, New York: Macmillan.

Edwards, Jonathan (2005) "Is Consciousness Only a Property of Individual Cells?" *Journal of Consciousness Studies*, 12(4–5), 60–76.

Egg, Matthias (2013) "Delayed-Choice Experiments and the Metaphysics of Entanglement," *Foundations of Physics*, 43(9), 1124–1135.

Ehlers, Jürgen (1997) "Concepts of Time in Classical Physics," in H. Atmanspacher and E. Ruhnau, eds., *Time, Temporality, Now*, Berlin: Springer Verlag, pp. 191–200.

Einstein, Albert, Boris Podolsky, and N. Rosen (1935) "Can Quantum-Mechanical Descriptions of Physical Reality be Considered Complete?," *Physical Review*, 47(10), 777–780.

Eisert, Jens, Martin Wilkens, and Maciej Lewenstein (1999) "Quantum Games and Quantum Strategies," *Physical Review Letters*, 83(15), 3077–3080.

Elder-Vass, Dave (2007) "For Emergence: Refining Archer's Account of Social Structure," *Journal for the Theory of Social Behaviour*, 37(1), 25–44.

(2010a) *The Causal Power of Social Structure*, Cambridge University Press.

(2010b) "The Causal Power of Discourse," *Journal for the Theory of Social Behaviour*, 41(2), 143–160.

El-Hani, Charbel Niño and Claus Emmeche (2000) "On Some Theoretical Grounds for an Organism-Centered Biology: Property Emergence, Supervenience, and Downward Causation," *Theory in Biosciences*, 119(3–4), 234–275.

El-Khoury, Ann (2015) "Alternative Ways of Knowing," Chapter 4 in her *Globalization Development, and Social Justice*, Oxford: Routledge, forthcoming.

Elliott, Kevin and Daniel McKaughan (2014) "Nonepistemic Values and the Multiple Goals of Science," *Philosophy of Science*, 81(1), 1–21.

Elsasser, Walter (1951) "Quantum Mechanics, Amplifying Processes, and Living Matter," *Philosophy of Science*, 18(4), 300–326.

  (1987) *Reflections on a Theory of Organisms: Holism in Biology*, Baltimore, MD: The Johns Hopkins University Press.

Elster, Jon (1983) *Explaining Technical Change*, Cambridge University Press.

Emirbayer, Mustafa (1997) "Manifesto for a Relational Sociology," *American Journal of Sociology*, 103(2), 281–317.

Emmeche, Claus, Simo Koppe and Frederik Stjernfelt (2000) "Levels, Emergence, and Three Versions of Downward Causation," in P. Andersen, et al., eds., *Downward Causation: Minds, Bodies and Matter*, Aarhus University Press, pp. 13–34.

Ephraim, Laura (2013) "Beyond the Two-Sciences Settlement: Giambattista Vico's Critique of the Nature-Politics Opposition," *Political Theory*, 41(5), 710–737.

Epstein, Brian (2009) "Ontological Individualism Reconsidered," *Synthese*, 166(1), 187–213.

Esfeld, Michael (1998) "Holism and Analytic Philosophy," *Mind*, 107, 365–380.

  (1999) "Wigner's View of Physical Reality," *Studies in History and Philosophy of Modern Physics*, 30(1), 145–154.

  (2000) "Is Quantum Indeterminism Relevant to Free Will?" *Philosophia Naturalis*, 37, 177–187.

  (2001) *Holism in Philosophy of Mind and Philosophy of Physics*, Dordrecht: Kluwer.

  (2004) "Quantum Entanglement and a Metaphysics of Relations," *Studies in History and Philosophy of Modern Physics*, 35(4), 625–641.

  (2007) "Mental Causation and the Metaphysics of Causation," *Erkenntnis*, 67, 207–220.

Fahrbach, Ludwig (2005) "Understanding Brute Facts," *Synthese*, 145(3), 449–466.

Farr, Robert (1997) "The Significance of the Skin as a Natural Boundary in the Sub-Division of Psychology," *Journal for the Theory of Social Behaviour*, 27(2/3), 305–323.

Feinberg, Gerald, Shaughan Lavine, and David Albert (1992) "Knowledge of the Past and Future," *The Journal of Philosophy*, 89(12), 607–642.

Feinberg, Todd (2012) "Neuroontology, Neurobiological Naturalism, and Consciousness," *Physics of Life Reviews*, 9(1), 13–34.

Fellingham, John and Doug Schroeder (2006) "Quantum Information and Accounting," *Journal of Engineering and Technology Management*, 23, 33–53.

Fels, Daniel (2012) "Analogy between Quantum and Cell Relations," *Axiomathes*, 22(4), 509–520.

Ferrero, M., V. Gomez Pin, D. Salgado, and J. L. Sanchez-Gomez (2013) "A Further Review of the Incompatibility between Classical Principles and Quantum Postulates," *Foundations of Science*, 18(1), 125–138.

Ferretti, Francesco and Erica Cosentino (2013) "Time, Language and Flexibility of the Mind," *Philosophical Psychology*, 26(1), 24–46.

Filk, Thomas (2013) "Temporal Non-locality," *Foundations of Physics*, 43(4), 533–47.

Filk, Thomas and Albrecht von Müller (2009) "Quantum Physics and Consciousness: The Quest for a Common Conceptual Foundation," *Mind and Matter*, 7(1), 59–79.

Fine, Arthur (1993) "Fictionalism," *Midwest Studies in Philosophy*, 18, 1–18.

Fischer, Joachim (2009) "Exploring the Core Identity of Philosophical Anthropology through the Works of Max Scheler, Helmuth Plessner, and Arnold Gehlen," *Iris*, 1(1), 153–170.

Fitch, W. Tecumseh (2008) "Nano-intentionality: A Defense of Intrinsic Intentionality," *Biology and Philosophy*, 23(2), 157–177.

Flanagan, Brian (2001) "Are Perceptual Fields Quantum Fields?" *Informação e Cognição*, 3(1), 14–41.

(2007) "Multi-Scaling, Quantum Theory, and the Foundations of Perception," *NeuroQuantology*, 4(1), 404–427.

Fodor, J. A. (1974) "Special Sciences (Or: The Disunity of Science as a Working Hypothesis)," *Synthese*, 28(2), 97–115.

Fodor, Jerry (2000) *The Mind Doesn't Work That Way*, Cambridge, MA: MIT Press.

Fohn, Adeline and Susann Heenen-Wolff (2011) "The Destiny of an Unacknowledged Trauma." *The International Journal of Psychoanalysis*, 92(1), 5–20.

Ford, Alan and F. David Peat (1988) "The Role of Language in Science," *Foundations of Physics*, 18(12), 1233–1242.

Forsdyke, Donald (2009) "Samuel Butler and Human Long Term Memory: Is the Cupboard Bare?" *Journal of Theoretical Biology*, 258(1), 156–164.

Fowler, Carol (1986) "An Event Approach to the Study of Speech Perception from a Direct-Realist Perspective," *Journal of Phonetics*, 14(1), 3–28.

(1996) "Listeners Do Hear Sounds, not Tongues," *Journal of the Acoustical Society of America*, 99(3), 1730–1741.

Fox Keller, Evelyn (2011) "Towards a Science of Informed Matter," *Studies in History and Philosophy of Biological and Biomedical Sciences*, 42(2), 174–179.

Foxwall, Gordon (2007) "Intentional Behaviorism," *Behavior and Philosophy*, 35, 1–55.

(2008) "Intentional Behaviorism Revisited," *Behavior and Philosophy*, 36, 113–155.

Francescotti, Robert (2007) "Emergence," *Erkenntnis*, 67, 47–63.

Franck, Georg (2004) "Mental Presence and the Temporal Present," in G. Globus, K. Pribram, and G. Vitiello, eds., *Brain and Being*. Amsterdam: John Benjamins, pp. 47–68.

(2008) "Presence and Reality: An Option to Specify Panpsychism?" *Mind and Matter*, 6(1), 123–140.

Franco, Riccardo (2009) "The Conjunction Fallacy and Interference Effects," *Journal of Mathematical Psychology*, 53(5), 415–422.

François, Arnaud (2007) "Life and Will in Nietzsche and Bergson," *SubStance*, 36(3), 100–114.

Frank, Manfred (2002) "Self-Consciousness and Self-Knowledge: On Some Difficulties with the Reduction of Subjectivity," *Constellations*, 9(3), 390–408.

Frankfurt, Harry (1971) "Freedom of the Will and the Concept of a Person," *The Journal of Philosophy*, 68(1), 5–20.

Freeman, Walter and Giuseppe Vitiello (2006) "Nonlinear Brain Dynamics as Macroscopic Manifestation of Underlying Many-Body Field Dynamics," *Physics of Life Reviews*, 3, 93–118.

French, Steven (1998) "On the Withering Away of Physical Objects," in E. Castellani, ed., *Interpreting Bodies*, Princeton University Press, pp. 93–113.

(2002) "A Phenomenological Solution to the Measurement Problem? Husserl and the Foundations of Quantum Mechanics," *Studies in History and Philosophy of Modern Physics*, 33(3), 467–491.

French, Steven and James Ladyman (2003) "Remodelling Structural Realism: Quantum Physics and the Metaphysics of Structure," *Synthese*, 136(1), 31–56.

Freudenburg, William, Scott Frickel and Robert Gramling (1995) "Beyond the Nature/Society Divide: Learning to Think About a Mountain," *Sociological Forum*, 10(3), 361–392.

Freundlieb, Dieter (2000) "Why Subjectivity Matters: Critical Theory and the Philosophy of the Subject," *Critical Horizons*, 1(2), 229–245.

(2002) "The Return to Subjectivity as a Challenge to Critical Theory," *Idealistic Studies*, 32(2), 171–189.

Friederich, Simon (2011) "How to Spell Out the Epistemic Conception of Quantum States," *Studies in History and Philosophy of Modern Physics*, 42(3), 149–157.

(2013) "In Defence of Non-Ontic Accounts of Quantum States," *Studies in History and Philosophy of Modern Physics*, 44(2), 77–92.

Friedman, Milton (1953) "The Methodology of Positive Economics," in Friedman, *Essays in Positive Economics*, University of Chicago Press, pp. 3–34.

Friedman, Norman (1997) *The Hidden Domain: Home of the Quantum Wave Function, Nature's Creative Source*, Eugene, OR: Woodbridge Group.

Frisch, Mathias (2010) "Causes, Counterfactuals, and Non-Locality," *Australasian Journal of Philosophy*, 88(4), 655–672.

Fröhlich, Herbert (1968) "Long-Range Coherence and Energy Storage in Biological Systems," *International Journal of Quantum Chemistry*, 2(5), 641–649.

Fry, Iris (2012) "Is Science Metaphysically Neutral?" *Studies in History and Philosophy of Biological and Biomedical Sciences*, 43(3), 665–673.

Fuchs, Christopher and Asher Peres (2000) "Quantum Theory Needs No 'Interpretation,'" *Physics Today*, March, 70–71.

Fuchs, Christopher and Rüdiger Schack (2014) "Quantum Measurement and the Paulian Idea," in H. Atmanspacher and C. Fuchs, eds., *The Pauli-Jung Conjecture*, Exeter: Imprint Academic, pp. 93–107.

Fuchs, Thomas and Hanne De Jaegher (2009) "Enactive Intersubjectivity: Participatory Sense-Making and Mutual Incorporation," *Phenomenology and the Cognitive Sciences*, 8(4), 465–486.

Fusaroli, Riccardo, Nivedita Gangopadhyay, and Kristian Tylén (2014) "The Dialogically Extended Mind: Language as Skilful Intersubjective Engagement," *Cognitive Systems Research*, 29–30, 31–39.

Gabora, Liane (2002) "Amplifying Phenomenal Information," *Journal of Consciousness Studies*, 9(8), 3–29.

Gabora, Liane and Diederik Aerts (2002) "Contextualizing Concepts Using a Mathematical Generalization of the Quantum Formalism," *Journal of Experimental and Theoretical Artificial Intelligence*, 14, 327–358.

Gabora, Liane, Eleanor Rosch, and Diederik Aerts (2008) "Toward an Ecological Theory of Concepts," *Ecological Psychology*, 20(1), 84–116.

Gabora, Liane, Eric Scott, and Stuart Kauffman (2013) "A Quantum Model of Exaptation: Incorporating Potentiality into Evolutionary Theory," *Progress in Biophysics and Molecular Biology*, 113(1), 108–116.

Gallagher, Shaun (2008a) "Inference or Interaction: Social Cognition without Precursors," *Philosophical Explorations*, 11(3), 163–174.

(2008b) "Direct Perception in the Intersubjective Context," *Consciousness and Cognition*, 17(2), 535–543.

Gallagher, Shaun and Somogy Varga (2014) "Social Constraints on the Direct Perception of Emotions and Intentions," *Topoi*, 33(1), 185–199.

Gallese, Vittorio (2008) "Mirror Neurons and the Social Nature of Language," *Social Neuroscience*, 3(3–4), 317–333.

Gallese, Vittorio and Alvin Goldman (1998) "Mirror Neurons and the Simulation Theory of Mindreading," *Trends in Cognitive Sciences*, 2, 493–501.

Gamez, David (2008) "Progress in Machine Consciousness," *Consciousness and Cognition*, 17(3), 887–910.

Gantt, Edwin and Richard Williams (2014) "Psychology and the Legacy of Newtonianism," *Journal of Theoretical and Philosophical Psychology*, 34(2), 83–100.

Gao, Shan (2008) "A Quantum Theory of Consciousness," *Minds and Machines*, 18(1), 39–52.

(2011) "Meaning of the Wave Function," *International Journal of Quantum Chemistry*, 111(15), 4124–4138.

(2013) "A Quantum Physical Argument for Panpsychism," *Journal of Consciousness Studies*, 20(1–2), 59–70.

Garrett, Brian (2006) "What the History of Vitalism Teaches Us about Consciousness and the 'Hard Problem,'" *Philosophy and Phenomenological Research*, 72(3), 576–588.

(2013) "Vitalism versus Emergent Materialism," in S. Normandin and C. T. Wolfe, eds., *Vitalism and the Scientific Image in Post-Enlightenment Life Science, 1800–2010*, Berlin: Springer Verlag, pp. 127–154.

Gell, Alfred (1992) *The Anthropology of Time*, Oxford: Berg.

Georgiev, Danko (2013) "Quantum No-Go Theorems and Consciousness," *Axiomathes*, 23(4), 683–695.

Germine, Mark (2008) "The Holographic Principle of Mind and the Evolution of Consciousness," *World Futures*, 64, 151–178.

Gerrans, Philip and David Sander (2014) "Feeling the Future: Prospects for a Theory of Implicit Prospection," *Biology and Philosophy*, 29(5), 699–710.

Ghirardi, G. C., Alberto Rimini, and Tullio Weber (1986) "Unified Dynamics for Microscopic and Macroscopic Systems," *Physical Review D*, 34, 470–491.

Ghirardi, Giancarlo (2002) "Making Quantum Theory Compatible with Realism," *Foundations of Science*, 7(1–2), 11–47.

Gibson, James (1979) *The Ecological Approach to Visual Perception*, Boston, MA: Houghton Mifflin.

Giddens, Anthony (1979) *Central Problems in Social Theory*, Berkeley, CA: University of California Press.

(1984) *The Constitution of Society*, Berkeley, CA: University of California Press.

Giere, Ronald (2009) "Why Scientific Models Should Not Be Regarded as Works of Fiction," in M. Suarez, ed., *Fictions in Science*, London: Routledge, pp. 248–258.

Gigerenzer, Gerd and Wolfgang Gaissmaier (2011) "Heuristic Decision Making," *Annual Review of Psychology*, 62, 451–482.

Gilbert, Margaret (1989) *On Social Facts*, Princeton University Press.

Gilbert, Scott, Jan Sapp, and Alfred Tauber (2012) "A Symbiotic View of Life: We Have Never Been Individuals," *The Quarterly Review of Biology*, 87(4), 325–340.

Gilbert, Scott and Sahotra Sarkar (2000) "Embracing Complexity: Organicism for the 21st Century," *Developmental Dynamics*, 219(1), 1–9.

Gillett, Grant (1989) "Perception and Neuroscience," *British Journal for the Philosophy of Science*, 40(1), 83–103.

Glass, David (2012) "Inference to the Best Explanation: Does It Track Truth?" *Synthese*, 185(3), 411–427.

Glimcher, Paul (2005) "Indeterminacy in Brain and Behavior," *Annual Review of Psychology*, 56, 25–56.

Globus, Gordon (1976) "Mind, Structure, and Contradiction," in G. Globus, G. Maxwell, and I. Savodnik, eds., *Consciousness and the Brain*, New York: Plenum Press, pp. 271–293.

(1998) "Self, Cognition, Qualia and World in Quantum Brain Dynamics," *Journal of Consciousness Studies*, 5(1), 34–52.

Glymour, Bruce, Marcelo Sabates, and Andrew Wayne (2001) "Quantum Java: The Upwards Percolation of Quantum Indeterminacy," *Philosophical Studies*, 103(3), 271–283.

Godfrey-Smith, Peter (2009) "Models and Fictions in Science," *Philosophical Studies*, 143(1), 101–116.

Göcke, Benedikt (2009) "What is Physicalism?" *Ratio*, 22(3), 291–307.

ed. (2012) *After Physicalism*, South Bend, IN: University of Notre Dame Press.

Goff, Allan (2006) "Quantum Tic-Tac-Toe: A Teaching Metaphor for Superposition in Quantum Mechanics," *American Journal of Physics*, 74(11), 962–973.

Goff, Philip (2006) "Experiences Don't Sum," *Journal of Consciousness Studies*, 13(10–11), 53–61.

(2009) "Why Panpsychism Doesn't Help Us Explain Consciousness," *dialectica*, 63(3), 289–311.

Gök, Selvi and Erdinç Sayan (2012) "A Philosophical Assessment of Computational Models of Consciousness," *Cognitive Systems Research*, 17–18, 49–62.

Goldstein, Sheldon (1996) "Review Essay: Bohmian Mechanics and the Quantum Revolution," *Synthese*, 107(1), 145–165.

Gomes, Anil (2011) "Is There a Problem of Other Minds?" *Proceedings of the Aristotelian Society*, 111(3), 353–373.

Gotthelf, Allan (1987) "Aristotle's Conception of Final Causality," in A. Gotthelf and J. Lennox, eds., *Philosophical Issues in Aristotle's Biology*, Cambridge University Press, pp. 204–242.

Grandy, David (2001) "The Otherness of Light: Einstein and Levinas," *Postmodern Culture*, 12(1), 1–20.

(2002) "Light as a Solution to Puzzles about Light," *Journal for General Philosophy of Science*, 33(2), 369–379.

(2009) *The Speed of Light*, Bloomington, IN: Indiana University Press.

(2010) *Everyday Quantum Reality*, Bloomington, IN: Indiana University Press.

(2012) "Gibson's Ambient Light and Light Speed Constancy," *Philosophical Psychology*, 25(4), 539–554.

Greco, Monica (2005) "On the Vitality of Vitalism," *Theory, Culture and Society*, 22(1), 15–27.

Gregory, Brad (2008) "No Room for God? History, Science, Metaphysics, and the Study of Religion," *History and Theory*, 47(4), 495–519.

Grethlein, Jonas (2010) "Experientiality and 'Narrative Reference,'" *History and Theory*, 49(3), 315–335.

Greve, Jens (2012) "Emergence i n Sociology: A Critique of Nonreductive Individualism," *Philosophy of the Social Sciences*, 42(2), 188–223.

Griffin, David Ray (1998) *Unsnarling the World-Knot: Consciousness, Freedom, and the Mind–Body Problem*, Berkeley, CA: University of California Press.

Griffiths, Paul (2009) "In What Sense Does 'Nothing Make Sense Except in the Light of Evolution'?" *Acta Biotheoretica*, 57, 11–32.

Grimm, Stephen (2006) "Is Understanding a Species of Knowledge?" *British Journal for the Philosophy of Science*, 57(3), 515–535.

Grove, Peter (2002) "Can the Past Be Changed?" *Foundations of Physics*, 32(4), 567–587.

Grush, Rick and Patricia Smith Churchland (1995) "Gaps in Penrose's Toilings," *Journal of Consciousness Studies*, 2(1), 10–29.

Guala, Francesco (2000) "Artefacts in Experimental Economics: Preference Reversals and the Becker-DeGroot-Marschak Mechanism," *Economics and Philosophy*, 16(1), 47–75.

Guo, Hong, Juheng Zhang, and Gary Koehler (2008) "A Survey of Quantum Games," *Decision Support Systems*, 46(1), 318–332.

Gustafson, Don (2007) "Neurosciences of Action and Noncausal Theories," *Philosophical Psychology*, 20(3), 367–374.

Gustafsson, Martin (2010) "Seeing the Facts and Saying What You Like: Retroactive Redescription and Indeterminacy in the Past," *Journal of the Philosophy of History*, 4(3–4), 296–327.

Güzeldere, Güven (1997) "The Many Faces of Consciousness: A Field Guide," in N. Block, et al., eds., *The Nature of Consciousness*, Cambridge, MA: MIT Press, pp. 1–67.

Haber, Matt (2013) "Colonies Are Individuals: Revisiting the Superorganism Revival," in F. Bouchard and P. Huneman, eds., *From Groups to Individuals*, Cambridge, MA: MIT Press, pp. 195–217.

Habermas, Jürgen (2002) "A Conversation about God and World," in E. Mendietta, ed., *Religion and Rationality*, Cambridge: Polity Press, pp. 147–167.

(2007) "The Language Game of Responsible Agency and the Problem of Free Will," *Philosophical Explorations*, 10(1), 13–50.

Hacking, Ian (1995) *Rewriting the Soul: Multiple Personality and the Sciences of Memory*, Princeton University Press.

Hagan, S., S. Hameroff, and J. Tuszynski (2002) "Quantum Computation in Brain Microtubules: Decoherence and Biological Feasibility," *Physical Review E*, 65, 061901–1 to 061901–11.

Hall, Roland (1995) "The Nature of the Will and Its Place i n Schopenhauer's Philosophy," *Schopenhauer-Jahrbuch*, 76, 73–90.

Hameroff, Stuart (1994) "Quantum Coherence in Microtubules: A Neural Basis for Emergent Consciousness?" *Journal of Consciousness Studies*, 1(1), 91–118.

(1997) "Quantum Vitalism," *Advances: The Journal of Mind–Body Health*, 13(4), 143–22.

(1998) "Quantum Computation in Brain Microtubules? The Penrose-Hameroff 'Orch OR' Model of Consciousness," *Philosophical Transactions of the Royal Society of London A*, 356, 1869–1896.

(2001a) "Biological Feasibility of Quantum Approaches to Consciousness," in P. Van Loocke, ed., *The Physical Nature of Consciousness*, Amsterdam: John Benjamins, pp. 1–61.

(2001b) "Consciousness, the Brain, and Spacetime Geometry," *Annals of the New York Academy of Sciences*, 929, 74–104.

(2007) "The Brain is Both Neurocomputer and Quantum Computer," *Cognitive Science*, 31(6), 1035–1045.

(2012a) "How Quantum Brain Biology Can Rescue Conscious Free Will," *Frontiers in Integrative Neuroscience*, 6, article 93.

(2012b) "Quantum Brain Biology Complements Neuronal Assembly Approaches to Consciousness: Comment," *Physics of Life Reviews*, 9(3), 303–305.

(2013) "Quantum Mathematical Cognition Requires Quantum Brain Biology," *Behavioral and Brain Sciences*, 36(3), 287–290.

Hameroff, Stuart, Alex Nip, Mitchell Porter, and Jack Tuszynski (2002) "Conduction Pathways in Microtubules, Biological Quantum Computation, and Consciousness," *Biosystems*, 64(1–3), 149–168.

Hameroff, Stuart and Roger Penrose (1996) "Conscious Events as Orchestrated Space-Time Selections," *Journal of Consciousness Studies*, 3(1), 36–53.

(2014a) "Consciousness in the Universe: A Review of the 'Orch OR' Theory," *Physics of Life Reviews*, 11(1), 39–78.

(2014b) "Reply to Criticism of the 'Orch OR Qubit'," *Physics of Life Reviews*, 11, 104–112.

Hamlyn, D. W. (1983) "Schopenhauer on the Will in Nature," *Midwest Studies in Philosophy*, 8, 457–467.

Hanauske, Matthias, Jennifer Kunz, Steffen Bernius, and Wolfgang König (2010) "Doves and Hawks in Economics Revisited: An Evolutionary Quantum Game Theory Based Analysis of Financial Crises," *Physica A*, 389, 5084–5102.

Hannan, Barbara (2009) *The Riddle of the World: A Reconsideration of Schopenhauer's Philosophy*, Oxford University Press.

Hansen, Nathaniel (2011) "Color Adjectives and Radical Contextualism," *Linguistics and Philosophy*, 34(3), 201–221.

Harder, Peter (2003) "The Status of Linguistic Facts," *Mind and Language*, 18(1), 52–76.

Hardy, Lucien (1998) "Spooky Action at a Distance in Quantum Mechanics," *Contemporary Physics*, 39(6), 419–429.

Harré, Rom (2002) "Social Reality and the Myth of Social Structure," *European Journal of Social Theory*, 5(1), 111–123.

Harrington, Anne (1996) *Reenchanted Science: Holism in German Culture from Wilhelm II to Hitler*, Princeton University Press.

Hartshorne, Charles (1972) "The Compound Individual," in Hartshorne, *Whitehead's Philosophy*, Lincoln, NE: University of Nebraska Press, pp. 41–61.

Harvey, Graham (2006) *Animism: Respecting the Living World*, New York: Columbia University Press.

Haven, Emmanuel and Andrei Khrennikov (2013) *Quantum Social Science*, Cambridge University Press.

Healey, Richard (1991) "Holism and Nonseparability," *The Journal of Philosophy*, 88(8), 393–421.

(1994) "Nonseparable Processes and Causal Explanation," *Studies in History and Philosophy of Science*, 25(3), 337–374.

(2011) "Reduction and Emergence in Bose-Einstein Condensates," *Foundations of Physics*, 41(6), 1007–1030.

(2012) "Quantum Theory: A Pragmatist Approach," *British Journal for the Philosophy of Science*, 63(4), 729–771.

(2013) "Physical Composition," *Studies in History and Philosophy of Modern Physics*, 44(1), 48–62.

Heelan, Patrick (1995) "Quantum Mechanics and the Social Sciences: After Hermeneutics," *Science and Education*, 4(2), 127–136.

(2004) "The Phenomenological Role of Consciousness in Measurement," *Mind and Matter*, 2(1), 61–84.

(2009) "The Role of Consciousness as Meaning Maker in Science, Culture, and Religion," *Zygon*, 44(2), 467–486.

Heil, John (1998) "Supervenience Deconstructed," *European Journal of Philosophy*, 6(2), 146–155.

Held, Carsten (1994) "The Meaning of Complementarity," *Studies in History and Philosophy of Science*, 25(6), 871–893.

Hellingwerf, Klaas (2005) "Bacterial Observations: A Rudimentary Form of Intelligence?" *Trends in Microbiology*, 13(4), 152–158.

Helrich, Carl (2007) "Is There a Basis for Teleology in Physics?" *Zygon*, 42(1), 97–110.

Henderson, James (2010) "Classes of Copenhagen Interpretations," *Studies in History and Philosophy of Modern Physics*, 41(1), 1–8.

Henderson, Leah (2014) "Can the Second Law be Compatible with Time Reversal Invariant Dynamics?" *Studies in History and Philosophy of Modern Physics*, 47, 90–98.

Hennig, Boris (2009) "The Four Causes," *The Journal of Philosophy*, 106(3), 137–160.

Henrich, Dieter (2003) "Subjectivity as a Philosophical Principle," *Critical Horizons*, 4(1), 7–27.

Herbert, Nick (1985) *Quantum Reality*, New York, NY: Anchor Books.

Herschbach, Mitchell (2008) "Folk Psychological and Phenomenological Accounts of Social Perception," *Philosophical Explorations*, 11(3), 223–235.

Heylighen, Francis (2007) "The Global Superorganism," *Social Evolution and History*, 6(1), 57–117.

Hildner, Richard, Daan Brinks, Jana Nieder, Richard Cogdell, and Niek van Hulst (2013) "Quantum Coherent Energy Transfer over Varying Pathways in Single Light-Harvesting Complexes," *Science*, 340, 1448–1451.

Hiley, B. J. (1997) "Quantum Mechanics and the Relationship between Mind and Matter," in P. Pylkkänen, et al., eds., *Brain, Mind and Physics*, Amsterdam: IOS Press, pp. 37–53.

Hiley, Basil and Paavo Pylkkänen (1997) "Active Information and Cognitive Science – A Reply to Kieseppa," in P. Pylkkänen, et al., eds., *Brain, Mind and Physics*, Amsterdam: IOS Press, pp. 64–85.

Hiley, B. J. and Paavo Pylkkänen (2001) "Naturalizing the Mind in a Quantum Framework," in P. Pylkkänen and T. Vaden, eds., *Dimensions of Conscious Experience*, Amsterdam: John Benjamins, pp. 119–144.

Hindriks, Frank (2008) "False Models as Explanatory Engines," *Philosophy of the Social Sciences*, 38(3), 334–360.

(2013) "The Location Problem in Social Ontology," *Synthese*, 190(3), 413–437.

Hinterberger, Thilo and Nikolaus von Stillfried (2013) "The Concept of Complementarity and Its Role in Quantum Entanglement and Generalized Entanglement," *Axiomathes*, 23(3), 443–459.

Ho, Mae-Wan (1996) "The Biology of Free Will," *Journal of Consciousness Studies*, 3(3), 231–244.

(1997) "Quantum Coherence and Conscious Experience," *Kybernetes*, 26(3), 265–276.

(1998) *The Rainbow and the Worm: The Physics of Organisms*, Singapore: World Scientific.

(2012) *Living Rainbow H_2O*, Singapore: World Scientific.

Hodgson, David (2011) "Quantum Physics, Consciousness, and Free Will," in R. Kane, ed., *The Oxford Handbook of Free Will*, Oxford University Press, pp. 57–83.

(2012) *Rationality + Consciousness = Free Will*, Oxford University Press.

Hodgson, Geoffrey (2002) "Reconstitutive Downward Causation," in E. Fullbrook, ed., *Intersubjectivity in Economics: Agents and Structures*, London: Routledge, pp. 159–180.

Hoefer, Carl (2003) "For Fundamentalism," *Philosophy of Science*, 70(5), 1401–1412.

Hölldobler, B. and Edward O. Wilson (2009) *The Superorganism*, New York, NY: Norton.

Hoffecker, John (2013) "The Information Animal and the Super-Brain," *Journal of Archaeological Method and Theory*, 20(1), 18–41.

Hoffman, J. and G. Rosenkrantz (1984) "Hard and Soft Facts," *The Philosophical Review*, 93(3), 419–434.

Hoffmeyer, Jesper (1996) *Signs of Meaning in the Universe*, Bloomington, IN: Indiana University Press.

(2010) "A Biosemiotic Approach to the Question of Meaning," *Zygon*, 45(2), 367–390.

Hogarth, R. and H. Einhorn (1992) "Order Effects in Belief Updating," *Cognitive Psychology*, 24(1), 1–55.

Hollis, Martin and Steve Smith (1990) *Explaining and Understanding International Relations*, Oxford: Clarendon Press.

Hollis, Martin and Robert Sugden (1993) "Rationality in Action," *Mind*, 102, 1–35.

Holman, Emmett (2008) "Panpsychism, Physicalism, Neutral Monism and the Russellian Theory of Mind," *Journal of Consciousness Studies*, 15(5), 48–67.

Holton, Richard (2006) "The Act of Choice," *Philosophers' Imprint*, 6(3), 1–15.

Home, Dipankar (1997) *Conceptual Foundations of Quantum Physics*, New York: Plenum Press.

Honderich, Ted (1988) *A Theory of Determinism*, Oxford: Clarendon Press.

Honner, John (1987) *The Description of Nature: Niels Bohr and the Philosophy of Quantum Physics*, Oxford: Clarendon Press.

Honneth, Axel and Hans Joas (1988) *Social Action and Human Nature*, Cambridge University Press.

Hopfield, John (1994) "Physics, Computation, and Why Biology Looks so Different," *Journal of Theoretical Biology*, 171, 53–60.

Horgan, Terence (1993) "From Supervenience to Superdupervenience," *Mind*, 102, 555–586.

Horgan, Terence and Uriah Kriegel (2008) "Phenomenal Intentionality Meets the Extended Mind," *The Monist*, 91(2), 347–373.

Howell, Robert (2009) "Emergentism and Supervenience Physicalism," *Australasian Journal of Philosophy*, 87(1), 83–98.

Hudson, Robert (2000) "Perceiving Empirical Objects Directly," *Erkenntnis*, 52(3), 357–371.

Huebner, Bryce (2011) "Genuinely Collective Emotions," *European Journal for Philosophy of Science*, 1(1), 89–118.

Huebner, Bryce, Michael Bruno, and Hagop Sarkissian (2010) "What Does the Nation of China Think about Phenomenal States?" *Review of Philosophy and Psychology*, 1(2), 225–243.

Hull, George (2013) "Reification and Social Criticism," *Philosophical Papers*, 42(1), 49–77.

Hulswit, Menno (2006) "How Causal Is Downward Causation?" *Journal for General Philosophy of Science*, 36(2), 261–287.

Humphreys, Paul (1985) "Why Propensities Cannot Be Probabilities," *The Philosophical Review*, 94(4), 557–570.

(1997a) "How Properties Emerge," *Philosophy of Science*, 64(March), 1–17.

(1997b) "Emergence, Not Supervenience," *Philosophy of Science*, 64 (Proceedings), S337–S345.

(2008) "Synchronic and Diachronic Emergence," *Minds and Machines*, 18(4), 431–442.

Huneman, Philippe (2006) "From the Critique of Judgment to the Hermeneutics of Nature," *Continental Philosophy Review*, 39(1), 1–34.

Hunt, Tam (2011) "Kicking the Psychophysical Laws into Gear: A New Approach to the Combination Problem," *Journal of Consciousness Studies*, 18(11–12), 96–134.

Hurley, Susan (1998) *Consciousness in Action*, Cambridge, MA: Harvard University Press.

Hut, Piet and Roger Shepard (1996) "Turning 'The Hard Problem' Upside Down and Sideways," *Journal of Consciousness Studies*, 3(4), 313–329.

Hutchins, Edwin (1995) *Cognition in the Wild*, Cambridge, MA: MIT Press.

Hüttemann, Andreas (2005) "Explanation, Emergence, and Quantum Entanglement," *Philosophy of Science*, 72(1), 114–127.

Hutto, Daniel (2004) "The Limits of Spectatorial Folk Psychology," *Mind and Language*, 19(5), 548–573.

(2008) *Folk Psychological Narratives: The Sociocultural Basis of Understanding Reasons*, Cambridge, MA: MIT Press.

Iacoboni, Marco (2008) *Mirroring People: The New Science of How We Connect with Others*, New York, NY: Farrar, Straus and Giroux.

(2009) "Imitation, Empathy, and Mirror Neurons," *Annual Review of Psychology*, 60, 653–670.

Igamberdiev, A. U. (2012) *Physics and Logic of Life*, New York: Nova Science Publishers.

Irvine, Elizabeth (2012) *Consciousness as a Scientific Concept*, Dordrecht: Springer.

Itkonen, Esa (2008) "Concerning the Role of Consciousness in Linguistics," *Journal of Consciousness Studies*, 15(6), 15–33.

Ittelson, William (2007) "The Perception of Nonmaterial Objects and Events," *Leonardo*, 40(3), 279–283.

Jackendoff, Ray (2002) *Foundations of Language*, Oxford University Press.

Jackman, Henry (1999) "We Live Forwards but Understand Backwards," *Pacific Philosophical Quarterly*, 80, 157–177.

(2005) "Temporal Externalism, Deference, and Our Ordinary Linguistic Practice," *Pacific Philosophical Quarterly*, 86(3), 365–380.

Jackson, Frank (1982) "Epiphenomenal Qualia," *The Philosophical Quarterly*, 32, 127–136.

(1986) "What Mary Didn't Know," *The Journal of Philosophy*, 83(5), 291–295.

Jackson, Patrick (2008) "Foregrounding Ontology: Dualism, Monism, and IR Theory," *Review of International Studies*, 34(1), 129–153.

Jacob, Pierre (2008) "What Do Mirror Neurons Contribute to Human Social Cognition?" *Mind and Language*, 23(2), 190–223.

(2011) "The Direct-Perception Model of Empathy: A Critique," *Review of Philosophy and Psychology*, 2(3), 519–540.

(2014) "Intentionality," *Stanford Encyclopedia of Philosophy* (Winter 2014 edition), Edward N. Zalta (ed.), http://plato.stanford.edu/archives/win2014/entries/intentionality/.

Jacquette, Dale (2005) *The Philosophy of Schopenhauer*, Montreal: McGill-Queens University Press.

Jahn, Robert and Brenda Dunne (2005) "The PEAR Proposition" *Journal of Scientific Exploration*, 19(2), 195–245.

James, William (1890) *The Principles of Psychology*, New York, NY: Henry Holt and Co.

Janaway, Christopher (2004) "Nietzsche and Schopenhauer: Is the Will Merely a Word?" in T. Pink and M. Stone, eds., *The Will and Human Action*, London: Routledge. pp. 173–196.

Jansen, Franz Klaus (2008) "Partial Isomorphism of Superposition in Potentiality Systems of Consciousness and Quantum Mechanics," *NeuroQuantology*, 6(3), 278–288.

Janzen, Greg (2012) "Physicalists Have Nothing to Fear from Ghosts," *International Journal of Philosophical Studies*, 20(1), 91–104.

Jaskolla, Ludwig and Alexander Buck (2012) "Does Panexperiential Holism Solve the Combination Problem?" *Journal of Consciousness Studies*, 19(9–10), 190–199.

Jaynes, Julian (1976) *The Origin of Consciousness in the Breakdown of the Bicameral Mind*, Boston: Houghton Mifflin.

Jenkins, C. S. and Daniel Nolan (2008) "Backwards Explanation," *Philosophical Studies*, 140(1), 103–115.

Ji, Sungchul (1997) "Isomorphism between Cell and Human Languages," *Biosystems*, 44(1), 17–39.

Jibu, Mari and Kunio Yasue (1995) *Quantum Brain Dynamics and Consciousness*, Amsterdam: John Benjamins.

(2004) "Quantum Brain Dynamics and Quantum Field Theory," in G. Globus, et al., eds., *Brain and Being*, Amsterdam: John Benjamins, pp. 267–290.

John, E. R. (2001) "A Field Theory of Consciousness," *Consciousness and Cognition*, 10(2), 184–213.

Jonas, Hans (1966) *The Phenomenon of Life*, Evanston, IL: Northwestern University Press.

(1984) "Appendix: Impotence or Power of Subjectivity," in Jonas, *The Imperative of Responsibility*, University of Chicago Press, pp. 205–231.

Jones, Brandon (2014) "Alfred North Whitehead's Flat Ontology," *Journal of Consciousness Studies*, 21(5–6), 174–195.

Jones, Donna (2010) *The Racial Discourses of Life Philosophy*, New York, NY: Columbia University Press.

Jones, Robert (2013) "Science, Sentience, and Animal Welfare," *Biology and Philosophy*, 28(1), 1–30.

Jones, Tessa (2013) "The Constitution of Events," *The Monist*, 96(1), 73–86.

Jonker, Catholun, et al. (2002) "Putting Intentions into Cell Biochemistry," *Journal of Theoretical Biology*, 214(1), 105–134.

Jordan, J. Scott (1998) "Recasting Dewey's Critique of the Reflex Arc Concept via a Theory of Anticipatory Consciousness," *New Ideas in Psychology*, 16(3), 165–187.

Jorgensen, Andrew (2009) "Holism, Communication, and the Emergence of Public Meaning," *Philosophia*, 37(1), 133–147.

Josephson, Brian and Fotini Pallikari-Viras (1991) "Biological Utilization of Quantum Nonlocality," *Foundations of Physics*, 21(2), 197–207.

Judisch, Neal (2008) "Why 'Non-Mental' Won't Work: On Hempel's Dilemma and the Characterization of the 'Physical'," *Philosophical Studies*, 140(3), 299–318.

Kadar, Endre and Judith Effken (1994) "Heideggerian Meditations on an Alternative Ontology for Ecological Psychology," *Ecological Psychology*, 6(4), 297–341.

Kadar, Endre and Robert Shaw (2000) "Toward an Ecological Field Theory of Perceptual Control of Locomotion," *Ecological Psychology*, 12(2), 141–180.

Kahneman, Daniel and Alan Krueger (2006) "Developments in the Measurement of Subjective Well-Being," *Journal of Economic Perspectives*, 20(1), 3–24.

Kaidesoja, Tuukka (2009) "Bhaskar and Bunge on Social Emergence," *Journal for the Theory of Social Behaviour*, 39(3), 300–322.

Kane, Robert (1996) *The Significance of Free Will*, Oxford University Press.

ed. (2011) *The Oxford Handbook of Free Will*, Oxford University Press.

Karakostas, Vassilios (2009) "From Atomism to Holism: The Primacy of Non-Supervenient Relations," *NeuroQuantology*, 7(4), 635–656.

Karsten, Siegfried (1990) "Quantum Theory and Social Economics," *The American Journal of Economics and Sociology*, 49(4), 385–399.

Kastner, Ruth (1999) "Time-Symmetrized Quantum Theory, Counterfactuals and 'Advanced Action,'" *Studies in History and Philosophy of Modern Physics*, 30(2), 237–259.

(2008) "The Transactional Interpretation, Counterfactuals, and Weak Values in Quantum Theory," *Studies in History and Philosophy of Modern Physics*, 39(4), 806–818.

Kawade, Yoshimi (2009) "On the Nature of the Subjectivity of Living Things," *Biosemiotics*, 2(2), 205–220.

(2013) "The Origin of Mind: The Mind-Matter Continuity Thesis," *Biosemiotics*, 6(3), 367–378.

Kesebir, Selin (2012) "The Superorganism Account of Human Sociality," *Personality and Social Psychology Review*, 16(3), 233–261.

Kessler, Oliver (2007) "From Agents and Structures to Minds and Bodies: Of Supervenience, Quantum, and the Linguistic Turn," *Journal of International Relations and Development*, 10(3), 243–271.

Ketterle, Wolfgang (1999) "Experimental Studies of Bose-Einstein Condensation," *Physics Today*, December, 30–35.

Khalifa, Kareem (2013) "The Role of Explanation in Understanding," *British Journal for the Philosophy of Science*, 64(1), 161–187.

Khalil, Elias (2003) "The Context Problematic, Behavioral Economics and the Transactional View," *Journal of Economic Methodology*, 10(2), 107–130.

Khandker, Wahida (2013) "The Idea of Will and Organic Evolution in Bergson's Philosophy of Life," *Continental Philosophy Review*, 46(1), 57–74.

Khoshbin-e-Khoshnazar, Mohammadreza and Rita Pizzi (2014) "Quantum Superposition in the Retina: Evidence and Proposals," *NeuroQuantology*, 12(1), 97–101.

Khrennikov, Andrei (2010) *Ubiquitous Quantum Structure: From Psychology to Finance*, Berlin: Springer.

(2011) "Quantum-Like Model of Processing of Information in the Brain Based on Classical Electromagnetic Field," *Biosystems*, 105(3), 251–259.

Khrennikov, Andrei and Emmanuel Haven (2009) "Quantum Mechanics and Violations of the Sure-Thing Principle," *Journal of Mathematical Psychology*, 53(5), 378–388.

Khrennikova, Polina, Emmanuel Haven, and Andrei Khrennikov (2014) "An Application of the Theory of Open Quantum Systems to Model the Dynamics of Party Governance in the US Political System," *International Journal of Theoretical Physics*, 53(4), 1346–1360.

Kieseppa, I. A. (1997) "Is David Bohm's Notion of Active Information Useful in Cognitive Science?" in P. Pylkkänen, et al., eds., *Brain, Mind and Physics*, Amsterdam: IOS Press, pp. 54–63.

Kim, Jaegwon (1974) "Noncausal Connections," *Nous*, 8(1), 41–52.

(1990) "Supervenience as a Philosophical Concept," *Metaphilosophy*, 21(1–2), 1–27.

(1998) *Mind in a Physical World*, Cambridge, MA: MIT Press.

(1999) "Making Sense of Emergence," *Philosophical Studies*, 95(1–2), 3–36.

(2000) "Making Sense of Downward Causation," in P. Andersen, et al., eds., *Downward Causation*, Aarhus University Press, pp. 305–321.

(2006) "Emergence: Core Ideas and Issues," *Synthese*, 151(3), 547–559.

King, Chris (1997) "Quantum Mechanics, Chaos and the Conscious Brain," *The Journal of Mind and Behavior*, 18(2/3), 155–170.

King, Gary, Robert Keohane, and Sidney Verba (1994) *Designing Social Inquiry*, Princeton University Press.

Kirk, Robert (1997) "Consciousness, Information, and External Relations," *Communication and Cognition*, 30(3/4), 249–272.

Kirschner, Marc, John Gerhart, and Tim Mitchison (2000) "Molecular 'Vitalism'," *Cell*, 100(1), 79–88.

Kitto, Kirsty and R. Daniel Kortschak (2013) "Contextual Models and the Non-Newtonian Paradigm," *Progress in Biophysics and Molecular Biology*, 113(1), 97–107.

Kitto, Kirsty, Brentyn Ramm, Laurianne Sitbon, and Peter Bruza (2011) "Quantum Theory Beyond the Physical: Information in Context," *Axiomathes*, 21(2), 331–345.

Klemm, David and William Klink (2008) "Consciousness and Quantum Mechanics: Opting from Alternatives," *Zygon*, 43(2), 307–327.

Kojevnikov, Alexei (1999) "Freedom, Collectivism, and Quasiparticles: Social Metaphors in Quantum Physics," *Historical Studies in the Physical and Biological Sciences*, 29(2), 295–331.

Kolak, Daniel (2004) *I Am You: The Metaphysical Foundations for Global Ethics*, Berlin: Springer.

Koons, Robert and George Bealer, eds. (2010) *The Waning of Materialism*, Oxford University Press.

Kriegel, Uriah (2003) "Is Intentionality Dependent upon Consciousness?" *Philosophical Studies*, 116(3), 271–307.

(2004) "Consciousness and Self-Consciousness," *The Monist*, 87(2), 185–209.

Kronz, Frederick and Justin Tiehen (2002) "Emergence and Quantum Mechanics," *Philosophy of Science*, 69(2), 324–347.

Krueger, Joel (2012) "Seeing Mind in Action," *Phenomenology and the Cognitive Sciences*, 11, 149–173.

Kuhn, Thomas (1962/1996) *The Structure of Scientific Revolutions*, University of Chicago Press, 3rd edition.

Kull, Kalevi (2000) "An Introduction to Phytosemiotics: Semiotic Botany and Vegetative Sign Systems," *Sign Systems Studies*, 28, 326–350.

Kuttner, Ran (2011) "The Wave/Particle Tension in Negotiation," *Harvard Negotiation Law Review*, 16(1), 331–366.

Ladyman, James (2008) "Structural Realism and the Relationship between the Special Sciences and Physics," *Philosophy of Science*, 75(5), 744–755.

Lahlou, Saadi (2011) "How Can We Capture the Subject's Perspective?" *Social Science Information*, 50(3–4), 607–655.

Lakatos, Imre (1970) "Falsification and the Methodology of Scientific Research Programmes," in I. Lakatos and A. Musgrave, eds., *Criticism and the Growth of Knowledge*, Cambridge University Press, pp. 91–196.

Laloe, F. (2001) "Do We Really Understand Quantum Mechanics?" *American Journal of Physics*, 69(6), 655–701.

Lambert-Mogiliansky, Ariane and Jerome Busemeyer (2012) "Quantum Type Indeterminacy in Dynamic Decision-Making," *Games*, 3(2), 97–118.

Lambert-Mogiliansky, Ariane, Shmuel Zamir, and Herve Zwirn (2009) "Type Indeterminacy: A Model of the KT (Kahneman-Tversky)-Man," *Journal of Mathematical Psychology*, 53(5), 349–361.

La Mura, Pierfrancesco (2009) "Projective Expected Utility," *Journal of Mathematical Psychology*, 53(5), 408–414.

Larrain, Antonia and Andres Haye (2014) "A Dialogical Conception of Concepts," *Theory and Psychology*, 24(4), 459–478.

Lasersohn, Peter (2012) "Contextualism and Compositionality," *Linguistics and Philosophy*, 35(2), 171–189.

Lash, Scott (2005) "Lebenssoziologie: Georg Simmel in the Information Age," *Theory, Culture and Society*, 22(3), 1–23.

Laszlo, Ervin (1995) *The Interconnected Universe*, Singapore: World Scientific.

Latour, Bruno (2005) *Reassembling the Social: An Introduction to Actor-Network Theory*, Oxford University Press.

Lau, Joe and Max Deutsch (2014) "Externalism about Mental Content," *Stanford Encyclopedia of Philosophy* (Summer 2014 edition), Edward N. Zalta (ed.), http://plato.stanford.edu/archives/sum2014/entries/content-externalism/.

Laughlin, Victor (2013) "Sketch This: Extended Mind and Consciousness Extension," *Phenomenology and the Cognitive Sciences*, 12(1), 41–50.

Lavelle, Jane Suilin (2012) "Theory-Theory and the Direct Perception of Mental States," *Review of Philosophy and Psychology*, 3(2), 213–230.

Lawson, Tony (2012) "Ontology and the Study of Social Reality," *Cambridge Journal of Economics*, 36(2), 345–385.

Le Boutillier, Shaun (2013) "Emergence and Reduction," *Journal for the Theory of Social Behaviour*, 43(2), 205–225.

Lehner, Christoph (1997) "What It Feels Like to be in a Superposition, and Why," *Synthese*, 110(2), 191–216.

Lemons, John, Kristin Shrader-Frechette, and Carl Cranor (1997) "The Precautionary Principle: Scientific Uncertainty and Type I and Type II Errors," *Foundations of Science*, 2(2), 207–236.

Lenoir, Timothy (1982) *The Strategy of Life: Teleology and Mechanics in Nineteenth Century German Biology*, Boston, MA: Kluwer.

Leudar, Ivan and Alan Costall (2004) "On the Persistence of the 'Problem of Other Minds' in Psychology," *Theory and Psychology*, 14(5), 601–621.

Levine, Donald (1995) "The Organism Metaphor in Sociology," *Social Research*, 62(2), 239–265.

Levine, Joseph (1983) "Materialism and Qualia: The Explanatory Gap," *Pacific Philosophical Quarterly*, 64, 354–361.

(2001) *Purple Haze: The Puzzle of Consciousness*, Oxford University Press.

Levy, Neil (2005) "Libet's Impossible Demand," *Journal of Consciousness Studies*, 12(12), 67–76.

Lewis, Peter (2005) "Interpreting Spontaneous Collapse Theories," *Studies in History and Philosophy of Modern Physics*, 36(1), 165–180.

Lewtas, Patrick (2013a) "What It Is Like to Be a Quark," *Journal of Consciousness Studies*, 20(9–10), 39–64.

(2013b) "Emergence and Consciousness," *Philosophy*, 88(4), 527–553.

(2014) "The Irrationality of Physicalism," *Axiomathes*, 24(3), 313–341.

Libet, Benjamin (1985) "Unconscious Cerebral Initiative and the Role of Conscious Will in Voluntary Action," *The Behavioral and Brain Sciences*, 8(4), 529–566.

(2004) *Mind Time*, Cambridge, MA: Harvard University Press.

Linell, Per (2013) "Distributed Language Theory, With or Without Dialogue," *Language Sciences*, 40, 168–173.

Lipari, Lisbeth (2014) "On Interlistening and the Idea of Dialogue," *Theory and Psychology*, 24(4), 504–523.

Lipton, Peter (2004) *Inference to the Best Explanation*, London: Routledge, 2nd edition.

——— (2009) "Understanding without Explanation," in H. de Regt, S. Leonelli and K. Eigner, eds., *Scientific Understanding*, University of Pittsburgh Press, pp. 43–63.

List, Christian and Kai Spiekermann (2013) "Methodological Individualism and Holism in Political Science," *American Political Science Review*, 107(4), 629–643.

Litt, Abninder, et al. (2006) "Is the Brain a Quantum Computer?" *Cognitive Science*, 30(3), 593–603.

Lloyd, Seth (2011) "Quantum Coherence in Biological Systems," *Journal of Physics: Conference Series* 302, article 012037.

Lockwood, Michael (1989) *Mind, Brain, and the Quantum*, Oxford: Blackwell.

——— (1996) "'Many Minds' Interpretations of Quantum Mechanics," *British Journal for the Philosophy of Science*, 47(2), 159–188.

Lodge, Paul and Marc Bobro (1998) "Stepping Back inside Leibniz's Mill," *The Monist*, 81(4), 553–572.

Loewer, Barry (1996) "Freedom from Physics: Quantum Mechanics and Free Will," *Philosophical Topics*, 24(2), 91–112.

London, Fritz and Edmond Bauer (1939/1983) "The Theory of Observation in Quantum Mechanics," in J. Wheeler and W. Zurek, eds., *Quantum Theory and Measurement*, Princeton University Press, pp. 217–259.

Look, Brandon (2002) "On Monadic Domination in Leibniz' Metaphysics," *British Journal for the History of Philosophy*, 10(3), 379–399.

Luisi, Pier Luigi (1998) "About Various Definitions of Life," *Origins of Life and Evolution of the Biosphere*, 28(4–6), 613–622.

Maas, Harro (1999) "Mechanical Rationality: Jevons and the Making of Economic Man," *Studies in History and Philosophy of Science*, 30(4), 587–619.

Machery, Edouard (2012) "Why I Stopped Worrying about the Definition of Life... and Why You Should as Well," *Synthese*, 185(1), 145–164.

MacKenzie, Donald (2006) "Is Economics Performative? Option Theory and the Construction of Derivatives Markets," *Journal of the History of Economic Thought*, 28(1), 29–55.

Mackonis, Adolfas (2013) "Inference to the Best Explanation, Coherence and Other Explanatory Virtues," *Synthese*, 190(6), 975–995.

Mainville, Sebastién (2015) "The International System and Its Environment: Evolutionary and Developmental Perspectives on Change in World Politics," Ph.D. dissertation, Ohio State University.

Majorek, Marek (2012) "Does the Brain Cause Conscious Experience?" *Journal of Consciousness Studies*, 19(3–4), 121–144.

Malin, Shimon (2001) *Nature Loves to Hide: Quantum Physics and the Nature of Reality, a Western Perspective*, Oxford University Press.

Malpas, Jeff (2002) "The Weave of Meaning: Holism and Contextuality," *Language and Communication*, 22(4), 403–419.

Manousakis, Efstratios (2006) "Founding Quantum Theory on the Basis of Consciousness," *Foundations of Physics*, 36(6), 795–838.

Mantzavinos, C. (2012) "Explanations of Meaningful Actions," *Philosophy of the Social Sciences*, 42(2), 224–238.

Manzotti, Riccardo (2006) "A Process Oriented View of Conscious Perception," *Journal of Consciousness Studies*, 13(6), 7–41.

Marcer, Peter (1995) " A Proposal for a Mathematical Specification for Evolution and the Psi Field," *World Futures*, 44(2), 149–159.

Marcer, Peter and Walter Schempp (1997) "Model of the Neuron Working by Quantum Holography," *Informatica*, 21, 519–534.

(1998) "The Brain as a Conscious System," *International Journal of General Systems*, 27(1–3), 231–248.

Marchettini, Nadia, et al. (2010) "Water: A Medium Where Dissipative Structures Are Produced by a Coherent Dynamics," *Journal of Theoretical Biology*, 265(4), 511–516.

Marcin, Raymond (2006) *In Search of Schopenhauer's Cat*, Washington, DC: Catholic University Press of America.

Margenau, Henry (1967) "Quantum Mechanics, Free Will, and Determinism," *The Journal of Philosophy*, 64(21), 714–725.

Margulis, Lynn (2001) "The Conscious Cell," *Annals of the New York Academy of Sciences*, 929, 55–70.

Margulis, Lynn and Dorion Sagan (1995) *What Is Life?*, New York, NY: Simon & Schuster.

Marijuan, Pedro, Raquel del Moral, and Jorge Navarro (2013) "On Eukaryotic Intelligence: Signaling System's Guidance in the Evolution of Multicellular Organization," *Biosystems*, 114(1), 8–24.

Marin, Juan Miguel (2009) "'Mysticism in Quantum Mechanics: The Forgotten Controversy," *European Journal of Physics*, 30(4), 807–822.

Markoš, Anton and Fatima Cvrčková (2013) "The Meanings(s) of Information, Code . . . and Meaning," *Biosemiotics*, 6(1), 61–75.

Markosian, Ned (1995) "The Open Past," *Philosophical Studies*, 79(1), 95–105.

(2004) "A Defense of Presentism," in D. Zimmerman, ed., *Oxford Studies in Metaphysics: Volume I*, Oxford University Press, pp. 47–82.

Marr, David (1982) *Vision: A Computational Investigation into the Human Representation and Processing of Visual Information*, New York, NY: W. H. Freeman and Company.

Marshall, I. N. (1989) "Consciousness and Bose-Einstein Condensates," *New Ideas in Psychology*, 7(1), 73–83.

Marston, Sallie, John Paul Jones III, and Keith Woodward (2005) "Human Geography without Scale," *Transactions of the Institute of British Geographers*, 30(4), 416–423.

Martin, F., F. Carminati, and G. Galli Carminati (2010) "Quantum Information, Oscillations and the Psyche," *Physics of Particles and Nuclei*, 41(3), 425–451.

Martinez-Martinez, Ismael (2014) "A Connection between Quantum Decision Theory and Quantum Games," *Journal of Mathematical Psychology*, 58, 33–44.

Mather, Jennifer (2008) "Cephalopod Consciousness: Behavioural Evidence," *Consciousness and Cognition*, 17(1), 37–48.

Mathews, Freya (2003) *For Love of Matter: A Contemporary Panpsychism*, Albany, NY: SUNY Press.

Mathiesen, Kay (2005) "Collective Consciousness," in D. Smith and A. Thomasson, eds., *Phenomenology and Philosophy of Mind*, Oxford: Clarendon Press, pp. 235–250.

Matson, Floyd (1964) *The Broken Image: Man, Science and Society*, New York: G. Braziller.

Matsuno, Koichiro (1993) "Being Free from Ceteris Paribus: A Vehicle for Founding Physics on Biology Rather than the Other Way Around," *Applied Mathematics and Computation*, 56(2–3), 261–279.

Matthiessen, Hannes Ole (2010) "Seeing and Hearing Directly," *Review of Philosophy and Psychology*, 1(1), 91–103.

Matzkin, A. (2002) "Realism and the Wavefunction," *European Journal of Physics*, 23(3), 285–294.

Maudlin, Tim (1998) "Part and Whole in Quantum Mechanics," in E. Castellani, ed., *Interpreting Bodies*, Princeton University Press, pp. 46–60.

——— (2003) "Distilling Metaphysics from Quantum Physics," in M. Loux and D. Zimmerman, eds., *Oxford Handbook of Metaphysics*, Oxford University Press, pp. 461–487.

——— (2007) *The Metaphysics within Physics*, Oxford University Press.

Maul, Andrew (2013) "On the Ontology of Psychological Attributes," *Theory and Psychology*, 23(6), 752–769.

Mavromatos, Nick (2011) "Quantum Coherence in (Brain) Microtubules and Efficient Energy and Information Transport," *Journal of Physics: Conference Series*, 329(1), 12026–12056.

Maynard, Douglas and Thomas Wilson (1980) "On the Reification of Social Structure," in S. McNall and G. Howe, eds., *Current Perspectives in Social Theory*, vol. 1, Greenwich, CT: JAI Press, pp. 287–322.

Mayr, Ernst (1982) "Teleological and Teleonomic: A New Analysis," in H. Plotkin, ed., *Learning, Development, and Culture*, New York: John Wiley & Sons, pp. 17–38.

——— (1992) "The Idea of Teleology," *Journal of the History of Ideas*, 53(1), 117–135.

McAllister, James (1989) "Truth and Beauty in Science Reason," *Synthese*, 78(1), 25–51.

——— (1991) "The Simplicity of Theories: Its Degree and Form," *Journal for General Philosophy of Science*, 22(1), 1–14.

——— (1996) *Beauty and Revolution in Science*, Ithaca, NY: Cornell University Press.

——— (2014) "Methodological Dilemmas and Emotion in Science," *Synthese*, 191(13), 3143–3158.

McClure, John (2011) "Attributions, Causes, and Actions: Is the Consciousness of Will a Perceptual Illusion?" *Theory and Psychology*, 22(4), 402–419.

McDaniel, Jay (1983) "Physical Matter as Creative and Sentient," *Environmental Ethics*, 5(4), 291–317.

McDermid, Douglas (2001) "What Is Direct Perceptual Knowledge? A Fivefold Confusion," *Grazer Philosophische Studien*, 62(1), 1–16.

McFadden, Johnjoe (2001) *Quantum Evolution*, New York: Norton.

——— (2007) "Conscious Electromagnetic Field Theory," *NeuroQuantology*, 5(3), 262–270.

McGinn, Colin (1989) "Can We Solve the Mind–Body Problem?" *Mind*, 98, 349–366.

——— (1995) "Consciousness and Space," *Journal of Consciousness Studies*, 2(3), 220–230.

——— (1999) *The Mysterious Flame*, New York: Basic Books.

McIntyre, Lee (2007) "Emergence and Reduction in Chemistry: Ontological or Epistemological Concepts?" *Synthese*, 155(3), 337–343.

McKemmish, Laura, Jeffrey Reimers, Ross McKenzie, Alan Mark, and Noel Hush (2009) "Penrose-Hameroff Orchestrated Objective-Reduction Proposal for Human Consciousness is not Biologically Feasible," *Physical Review E*, 80(2), 021912-1 to 021912-6.

McLaughlin, Brian (1992) "The Rise and Fall of British Emergentism," in A. Beckermann, H. Flohr, and J. Kim, eds., *Emergence or Reduction?*, Berlin: Walter de Gruyter, pp. 49–93.

McSweeney, Brendan (2000) "Looking Forward to the Past," *Accounting, Organizations and Society*, 25(8), 767–786.

McTaggart, J. M. E. (1908) "The Unreality of Time," *Mind*, 17, 456–473.

McTaggart, Lynne (2002) *The Field*, New York, NY: Quill.

Megill, Jason (2013) "A Defense of Emergence," *Axiomathes*, 23(4), 597–615.

Melkikh, Alexey (2014) "Congenital Programs of the Behavior and Nontrivial Quantum Effects in the Neurons Work," *Biosystems*, 119, 10–19.

Menard, Claude (1988) "The Machine and the Heart: An Essay on Analogies in Economic Reasoning," *Social Concept*, 5, 81–95.

Mensky, M. (2005) "Concept of Consciousness in the Context of Quantum Mechanics," *Physics Uspekhi*, 48(4), 389–409.

Mercer, Jonathan (2010) "Emotional Beliefs," *International Organization*, 64(1), 1–31.
(2014) "Feeling like a State: Social Emotion and Identity," *International Theory*, 6(3), 515–535.

Mesquita, Marcus et al. (2005) "Large-Scale Quantum Effects in Biological Systems," *International Journal of Quantum Chemistry*, 102(6), 1116–1130.

Meyer, David (1999) "Quantum Strategies," *Physical Review Letters*, 82(5), 1052–1055.

Meyer, John and Ronald Jepperson (2000) "The 'Actors' of Modern Society: The Cultural Construction of Social Agency," *Sociological Theory*, 18(1), 100–120.

Meyering, Theo (2000) "Physicalism and Downward Causation in Psychology and the Special Sciences," *Inquiry*, 43(2), 181–202.

Michell, Joel (2005) "The Logic of Measurement: A Realist Overview," *Measurement*, 38(4), 285–294.

Midgley, David (2006) "Intersubjectivity and Collective Consciousness," *Journal of Consciousness Studies*, 13(5), 99–109.

Millar, Boyd (2014) "The Phenomenological Directness of Perceptual Experience," *Philosophical Studies*, 170(2), 235–253.

Miller, Dale (1990) "Biological Systems and the Rumored Animate-Sentient Like Aspect of Physical Phenomena," *Journal of Biological Physics*, 17(3), 145–150.
(1992) "Agency as a Quantum-theoretic Parameter: Synthetic and Descriptive Utility for Theoretical Biology," *Nanobiology*, 1, 361–371.

Milovanovic, Dragan (2014) *Quantum Holographic Criminology*, Durham, NC: Carolina Academic Press.

Mingers, John (1995) "Information and Meaning," *Information Systems Journal*, 5(4), 285–306.

Miranker, Willard (2000) "Consciousness is an Information State," *Neural, Parallel and Scientific Computations*, 8, 83–104.
(2002) "A Quantum State Model of Consciousness," *Journal of Consciousness Studies*, 9(3), 3–14.

Mirowski, Philip (1988) *Against Mechanism: Protecting Economics from Science*, Totowa, NJ: Rowman and Littlefield.

(1989) "The Probabilistic Counter-Revolution, or How Stochastic Concepts Came to Neoclassical Economic Theory," *Oxford Economic Papers*, 41(1), 217–235.

Mitchell, Edgar and Robert Staretz (2011) "The Quantum Hologram and the Nature of Consciousness," in R. Penrose, S. Hameroff, and S. Kak, eds., *Consciousness and the Universe*, Cambridge, MA: Cosmology Science Publishers, pp. 933–965.

Mitchell, Jeff and Mirella Lapata (2010) "Composition in Distributional Models of Semantics," *Cognitive Science*, 34(8), 1388–1429.

Monk, Nicholas (1997) "Conceptions of Space-Time: Problems and Possible Solutions," *Studies in History and Philosophy of Modern Physics*, 28(1), 1–34.

Montano, Ulianov (2013) "Beauty in Science: A New Model of the Role of Aesthetic Evaluations in Science," *European Journal for Philosophy of Science*, 3(2), 133–156.

Montero, Barbara (1999) "The Body Problem," *Nous*, 33(2), 183–200.

(2001) "Post-Physicalism," *Journal of Consciousness Studies*, 8(2), 61–80.

(2003) "Varieties of Causal Closure," in S. Walter and H.-D. Heckmann, eds., *Physicalism and Mental Causation*, London: Imprint Academic, pp. 173–187.

(2009) "What Is the Physical?" in B. McLaughlin, et al., eds., *The Oxford Handbook of Philosophy of Mind*, Oxford University Press, pp. 173–188.

Moore, David (2002) "Measuring New Types of Question-Order Effects," *Public Opinion Quarterly*, 66(1), 80–91.

Moore, J. (2013) "Mentalism as a Radical Behaviorist Views It – Part I," *The Journal of Mind and Behavior*, 34(2), 133–164.

Moreno, Alvaro and Jon Umerez (2000) "Downward Causation at the Core of Living Organization," in P. Andersen, et al., eds., *Downward Causation*, Aarhus University Press, pp. 99–117.

Morganti, Matteo (2009) "A New Look at Relational Holism in Quantum Mechanics," *Philosophy of Science*, 76(5), 1027–1038.

Morris, Suzanne, John Taplin, and Susan Gelman (2000) "Vitalism in Naïve Biological Thinking," *Developmental Psychology*, 36(5), 582–595.

Mortimer, Geoffrey (2001) "Did Contemporaries Recognize a 'Thirty Years War'?" *English Historical Review*, 116, 124–136.

Mould, Richard (1995) "The Inside Observer in Quantum Mechanics," *Foundations of Physics*, 25(11), 1621–1629.

(2003) "Quantum Brain States," *Foundations of Physics*, 33(4), 591–612.

Mozersky, M. Joshua (2011) "Presentism," in C. Callender, ed., *The Oxford Handbook of Philosophy of Time*, Oxford University Press, pp. 122–144.

Munro, William Bennett (1928) "Physics and Politics – An Old Analogy Revised," *American Political Science Review*, 22(1), 1–11.

Mureika, J. R. (2007) "Implications for Cognitive Quantum Computation and Decoherence Limits in the Presence of Large Extra Dimensions," *International Journal of Theoretical Physics*, 46(1), 133–145.

Nachtomy, Ohad (2007) "Leibniz on Nested Individuals," *British Journal for the History of Philosophy*, 15(4), 709–728.

Nadeau, Robert and Menas Kafatos (1999) *The Non-Local Universe: The New Physics and Matters of the Mind*, Oxford University Press.

Nagel, Alexandra (1997) "Are Plants Conscious?" *Journal of Consciousness Studies*, 4(3), 215–230.

Nagel, Thomas (1974) "What Is It Like to Be a Bat?" *The Philosophical Review*, 83(4), 435–450.

(1979) "Panpsychism," in Nagel, *Mortal Questions*, Cambridge University Press, pp. 181–195.

(2012) *Mind and Cosmos: Why the Materialist Neo-Darwinian Conception of Nature is Almost Certainly False*, Oxford University Press.

Nakagomi, Teruaki (2003a) "Mathematical Formulation of Leibnizian World: A Theory of Individual-Whole or Interior-Exterior Reflective Systems," *Biosystems*, 69(1), 15–26.

(2003b) "Quantum Monadology: A Consistent World Model for Consciousness and Physics," *Biosystems*, 69(1), 27–38.

Narby, Jeremy (2005) *Intelligence in Nature*, New York, NY: Penguin.

Nelson, Douglas, Cathy McEvoy, and Lisa Pointer (2003) "Spreading Activation or Spooky Action at a Distance?" *Journal of Experimental Psychology*, 29(1), 42–**52.

Neuman, Yair (2008) "The Polysemy of the Sign: From Quantum Computing to the Garden of Forking Paths," *Semiotica*, 169(6), 155–168.

Neurath, Otto (1932/1959) "Sociology and Physicalism," in A. J. Ayer, ed., *Logical Positivism*, Glencoe, IL: Free Press, pp. 282–317.

Ney, Alyssa and David Albert, eds. (2013) *The Wave Function: Essays on the Metaphysics of Quantum Mechanics*, Oxford University Press.

Ni, Peimin (1992) "Changing the Past," *Nous*, 26(3), 349–359.

Nicholson, Daniel (2010) "Biological Atomism and Cell Theory," *Studies in History and Philosophy of Biological and Biomedical Sciences*, 41(3), 202–211.

(2013) "Organisms ≠ Machines," *Studies in History and Philosophy of Biological and Biomedical Sciences*, 44(4), 669–678.

Noë, Alva, ed. (2002) "Is the Visual World a Grand Illusion?" *Journal of Consciousness Studies*, 9(5–6), special issue.

(2004) *Action in Perception*, Cambridge, MA: MIT Press.

Noë, Alva and Evan Thompson (2004) "Are There Neural Correlates of Consciousness?" *Journal of Consciousness Studies*, 11(1), 3–28.

Normandin, Sebastian and Charles Wolfe, eds. (2013) *Vitalism and the Scientific Image in Post-Enlightenment Life Science, 1800–2010*, Berlin: Springer Verlag.

Norris, Christopher (1998) "On the Limits of 'Undecidability': Quantum Physics, Deconstruction, and Anti-Realism," *Yale Journal of Criticism*, 11(2), 407–432.

Nunn, Chris (2013) "On Taking Monism Seriously," *Journal of Consciousness Studies*, 20(9–10), 77–89.

Ochs, Elinor (2012) "Experiencing Language," *Anthropological Theory*, 12(2), 142–160.

O'Connor, Timothy (2000) *Persons and Causes: The Metaphysics of Free Will*, Oxford University Press.

(2014) "Free Will," *Stanford Encyclopedia of Philosophy* (Summer 2014 edition), Edward N. Zalta (ed.), http://plato.stanford.edu/archives/fall2014/entries/freewill/.

O'Connor, Timothy and Hong Yu Wong (2005) "The Metaphysics of Emergence," *Nous*, 39(4), 658–678.

(2012) "Emergent Properties," *Stanford Encyclopedia of Philosophy* (Spring 2014 edition), Edward N. Zalta (ed.), http://plato.stanford.edu/archives/spr2012/entries/properties-emergent/.

Okasha, Samir (2011) "Biological Ontology and Hierarchical Organization: A Defense of Rank Freedom," in B. Calcott and K. Sterelny, eds., *The Major Transitions in Evolution Revisited*, Cambridge, MA: MIT Press, pp. 53–64.

Omnès, Roland (1995) "A New Interpretation of Quantum Mechanics and Its Consequences in Epistemology," *Foundations of Physics*, 25(4), 605–629.

O'Neill, John, ed. (1973) *Modes of Individualism and Collectivism*, New York, NY: St. Martin's Press.

Orlandi, Nicoletta (2013) "Embedded Seeing: Vision in the Natural World," *Nous*, 47(4), 727–747.

Orlov, Yuri (1982) "The Wave Logic of Consciousness: A Hypothesis," *International Journal of Theoretical Physics*, 21(1), 37–53.

Ortner, Sherry (2001) "Specifying Agency: The Comaroffs and Their Critics," *Interventions*, 3(1), 76–84.

(2005) "Subjectivity and Cultural Critique," *Anthropological Theory*, 5(1), 31–52.

Overgaard, Morten, Shaun Gallagher, and Thomas Ramsoy (2008) "An Integration of First-Person Methodologies in Cognitive Science," *Journal of Consciousness Studies*, 15(5), 100–120.

Overgaard, Soren (2004) "Exposing the Conjuring Trick: Wittgenstein on Subjectivity," *Phenomenology and the Cognitive Sciences*, 3(3), 263–286.

Oyama, Susan (2010) "Biologists Behaving Badly: Vitalism and the Language of Language," *History and Philosophy of the Life Sciences*, 32(2–3), 401–423.

Pacherie, Elisabeth (2014) "Can Conscious Agency Be Saved?" *Topoi*, 33(1), 33–45.

Packham, Catherine (2002) "The Physiology of Political Economy: Vitalism and Adam Smith's Wealth of Nations," *Journal of the History of Ideas*, 63(3), 465–481.

Padgett, John, Doowan Lee, and Nick Collier (2003) "Economic Production as Chemistry," *Industrial and Corporate Change*, 12(4), 843–878.

Pagin, Peter (1997) "Is Compositionality Compatible with Holism?" *Mind and Language*, 12(1), 11–33.

(2006) "Meaning Holism," in E. Lepore and B. Smith, eds., *The Oxford Handbook of Philosophy of Language*, Oxford: Clarendon Press, pp. 213–232.

Palmer, Stephen (1999) *Vision Science: Photons to Phenomenology*, Cambridge, MA: MIT Press.

Papineau, David (2001) "The Rise of Physicalism," in C. Gillett and B. Loewer, eds., *Physicalism and Its Discontents*, Cambridge University Press, pp. 3–36.

(2009) "Physicalism and the Human Sciences," in C. Mantzavinos, ed., *Philosophy of the Social Sciences*, Cambridge University Press, pp. 103–123.

(2011) "What Exactly is the Explanatory Gap?" *Philosophia*, 39, 5–19.

Parsons, Stephen (1991) "Time, Expectations and Subjectivism," *Cambridge Journal of Economics*, 15(4), 405–423.

Paternoster, Alfredo (2007) "Vision Science and the Problem of Perception," in M. Marraffa, M. De Caro, and F. Ferretti, eds., *Cartographies of the Mind*, Berlin: Springer Verlag, pp. 53–64.

Paty, Michel (1999) "Are Quantum Systems Physical Objects with Physical Properties?" *European Journal of Physics*, 20(6), 373–388.

Pauen, Michael (2012) "The Second-Person Perspective," *Inquiry*, 55(1), 33–49.

Peacock, Kent (1998) "On the Edge of a Paradigm Shift: Quantum Nonlocality and the Breakdown of Peaceful Coexistence," *International Studies in the Philosophy of Science*, 12(2), 129–149.

Peijnenburg, Jeanne (2006) "Shaping Your Own Life," *Metaphilosophy*, 37(2), 240–253.

Penrose, Roger (1994) *Shadows of the Mind: A Search for the Missing Science of Consciousness*, Oxford University Press.

Pepper, John and Matthew Herron (2008) "Does Biology Need an Organism Concept?" *Biological Review*, 83(4), 621–627.

Pereira, Alfredo (2003) "The Quantum Mind/Classical Brain Problem," *NeuroQuantology*, 1(1), 94–118.

Perlman, Mark (2004) "The Modern Philosophical Resurrection of Teleology," *The Monist*, 87(1), 3–51.

Perus, Mitja (2001) "Image Processing and Becoming Conscious of Its Result," *Informatica*, 25, 575–592.

Pestana, Mark (2001) "Complexity Theory, Quantum Mechanics and Radically Free Self Determination," *Journal of Mind and Behavior*, 22(4), 365–388.

Peterman, William (1994) "Quantum Theory and Geography: What Can Dr. Bertlmann Teach Us?" *Professional Geographer*, 46(1), 1–9.

Petranker, Jack (2003) "Inhabiting Conscious Experience: Engaged Objectivity in the First-Person Study of Consciousness," *Journal of Consciousness Studies*, 10(12), 3–23.

Pettit, Philip (1993a) *The Common Mind*, Oxford University Press.
  (1993b) "A Definition of Physicalism," *Analysis*, 53(4), 213–223.

Pettit, Philip and Christian List (2011) *Group Agents*, Oxford University Press.

Phelan, Mark and Adam Waytz (2012) "The Moral Cognition/Consciousness Connection," *Review of Philosophy and Psychology*, 3(3), 293–301.

Pickering, Martin and Simon Garrod (2013) "An Integrated Theory of Language Production and Comprehension," *Behavioral and Brain Sciences*, 36(4), 329–347.

Piotrowski, Edward and Jan Sladkowski (2003) "An Invitation to Quantum Game Theory," *International Journal of Theoretical Physics*, 42(5), 1089–1099.

Piro, Francesco (1997) "Is It Possible to Co-operate without Interaction?" *Synthesis Philosophica*, 12(2), 433–444.

Plankar, Matej, Simon Brezan, and Igor Jerman (2013) "The Principle of Coherence in Multi-level Brain Information Processing," *Progress in Biophysics and Molecular Biology*, 111(1), 8–29.

Platt, John (1956) "Amplification Aspects of Biological Response and Mental Activity," *American Scientist*, 44(2), 180–197.

Plotnitsky, Arkady (1994) *Complementarity: Anti-Epistemology after Bohr and Derrida*, Durham, NC: Duke University Press.
  (2010) *Epistemology and Probability: Bohr, Heisenberg, Schrödinger, and the Nature of Quantum-Theoretical Thinking*, New York, NY: Springer.

Pockett, Susan (2002) "On Subjective Back-Referral and How Long It Takes to Become Conscious of a Stimulus," *Consciousness and Cognition*, 11(2), 144–161.

Poland, Jeffrey (1994) *Physicalism: The Philosophical Foundations*, Oxford University Press.

Polanyi, Michael (1968) "Life's Irreducible Structure," *Science*, 160, 1308–1312.

Polonioli, Andrea (2014) "Blame It on the Norm: The Challenge from 'Adaptive Rationality'," *Philosophy of the Social Sciences*, 44(2), 131–150.

Porpora, Douglas (1989) "Four Concepts of Social Structure," *Journal for the Theory of Social Behaviour*, 19(2), 195–221.

(2006) "Methodological Atheism, Methodological Agnosticism and Religious Experience," *Journal for the Theory of Social Behaviour*, 36(1), 57–75.

Portmore, Douglas (2011) "The Teleological Conception of Practical Reasons," *Mind*, 120(477), 117–153.

Poser, Hans (1992) "The Notion of Consciousness in Schrödinger's Philosophy of Nature," in J, Götschl, ed., *Erwin Schrödinger's World View*, Dordrecht: Kluwer, pp. 153–168.

Pothos, Emmanuel and Jerome Busemeyer (2009) "A Quantum Probability Explanation for Violations of 'Rational' Decision Theory," *Proceedings of the Royal Society B*, 276, 2171–78.

(2013) "Can Quantum Probability Provide a New Direction for Cognitive Modeling?" *Behavioral and Brain Sciences*, 36(3), 255–327 (includes open peer commentary).

(2014) "In Search for a Standard of Rationality," *Frontiers in Psychology*, 5, article 49.

Power, Sean Enda (2010) "Perceiving External Things and the Time-Lag Argument," *European Journal of Philosophy*, 21(1), 94–117.

Pradeu, Thomas (2010) "What Is an Organism? An Immunological Answer," *History and Philosophy of Life Science*, 32(2–3), 247–268.

Pradhan, Rajat (2012) "Psychophysical Interpretation of Quantum Theory," *NeuroQuantology*, 10(4), 629–654.

Pratten, Stephen (2013) "Critical Realism and the Process Account of Emergence," *Journal for the Theory of Social Behaviour*, 43(3), 251–279.

Predelli, Stefano (2005) "Painted Leaves, Context, and Semantic Analysis," *Linguistics and Philosophy*, 28(3), 351–374.

Pribram, Karl (1971) *Languages of the Brain*, Englewood Cliffs, NJ: Prentice-Hall.

(1986) "The Cognitive Revolution and Mind/Brain Issues," *American Psychologist*, 41(5), 507–520.

Price, Huw (1996) *Time's Arrow and Archimedes' Point*, Oxford University Press.

(2012) "Does Time-Symmetry Imply Retrocausality? How the Quantum World Says 'Maybe,'" *Studies in History and Philosophy of Modern Physics*, 43(2), 75–83.

Price, Huw and Richard Corry, eds. (2007) *Causation, Physics, and the Constitution of Reality*, Oxford University Press.

Primas, Hans (1992) "Time-Asymmetric Phenomena in Biology," *Open Systems and Information Dynamics*, 1(1), 3–34.

(2003) "Time-Entanglement between Mind and Matter," *Mind and Matter*, 1(1), 81–119.

(2007) "Non-Boolean Descriptions for Mind-Matter Problems," *Mind and Matter*, 5(1), 7–44.

(2009) "Complementarity of Mind and Matter," in H. Atmanspacher and H. Primas, eds., *Recasting Reality*, Berlin: Springer Verlag, pp. 171–209.

Prosser, Simon (2012) "Emergent Causation," *Philosophical Studies*, 159(1), 21–39.

Puryear, Stephen (2010) "Monadic Interaction," *British Journal for the History of Philosophy*, 18(5), 763–795.

Putnam, Hilary (1975) *Mind, Language and Reality*, Cambridge University Press.

Pylkkänen, Paavo (1995) "Mental Causation and Quantum Ontology," *Acta Philosophica Fennica*, 58, 335–348.

(2004) "Can Quantum Analogies Help Us to Understand the Process of Thought?" in G. Globus, K. Pribram, and G. Vitiello, eds., *Brain and Being*, Amsterdam: John Benjamins, pp. 165–195.

(2007) *Mind, Matter and the Implicate Order*, Berlin: Springer.

Pyyhtinen, Olli (2009) "Being-With: Georg Simmel's Sociology of Association," *Theory, Culture and Society*, 26(5), 108–128.

Radder, Hans and Gerben Meynen (2012) "Does the Brain 'Initiate' Freely Willed Processes? A Philosophy of Science Critique of Libet-type Experiments and Their Interpretation," *Theory and Psychology*, 23(1), 3–21.

Rahnama, Majid, Vahid Salari, and Jack Tuszynski (2009) "How Can the Visual Quantum Information Be Transferred to the Brain Intact, Collapsing There and Causing Consciousness?" *NeuroQuantology*, 7(4), 491–499.

Ram, Vimal (2009) "Meanings Attributed to the Term 'Consciousness': An Overview," *Journal of Consciousness Studies*, 16(5), 9–27.

Read, Rupert (2008) "The 'Hard' Problem of Consciousness Is Continually Reproduced and Made Harder by All Attempts to Solve It," *Theory, Culture and Society*, 25(2), 51–86.

Recanati, François (2002) "Does Linguistic Communication Rest on Inference?" *Mind and Language*, 17(1–2), 105–126.

(2005) "Literalism and Contextualism," in G. Preyer and G. Peter, eds., *Contextualism in Philosophy*, Oxford: Clarendon Press, pp. 171–196.

Reddy, Vasudevi and Paul Morris (2004) "Participants Don't Need Theories: Knowing Minds in Engagement," *Theory and Psychology*, 14(5), 647–665.

Redman, Deborah (1997) *The Rise of Political Economy as a Science*, Cambridge: MIT Press.

Reed, Edward (1983) "Two Theories of the Intentionality of Perceiving," *Synthese* 54(1), 85–94.

Rehberg, Karl-Siegbert (2009) "Philosophical Anthropology from the End of World War I to the 1940s in Current Perspective," *Iris*, 1(1), 131–152.

Reill, Peter-Hanns (2005) *Vitalizing Nature in the Enlightenment*, Berkeley, CA: University of California Press.

Reimers, Jeffrey, Laura McKemmish, Ross McKenzie, Alan Mark, and Noel Hush (2009) "Weak, Strong, and Coherent Regimes of Fröhlich Condensation and their Applications to Terahertz Medicine and Quantum Consciousness," *PNAS*, 106(11), 4219–4224.

Reynolds, Andrew (2007) "The Theory of the Cell State and the Question of Cell Autonomy in Nineteenth and Early Twentieth-Century Biology," *Science in Context*, 20(1), 71–95.

(2008) "Ernst Haeckel and the Theory of the Cell State," *History of Science*, 46(2), 123–152.

(2010) "The Redoubtable Cell," *Studies in History and Philosophy of Biological and Biomedical Sciences*, 41(3), 194–201.

Reynolds, David (2003) "The Origins of the Two 'World Wars': Historical Discourse and International Politics," *Journal of Contemporary History*, 38(1), 29–44.

Ricciardi, L. and H. Umezawa (1967) "Brain and Physics of Many-Body Problems," *Kybernetik*, 4(2), 44–48.

Rieskamp, Jorg, Jerome Busemeyer, and Barbara Mellers (2006) "Extending the Bounds of Rationality: Evidence and Theories of Preferential Choice," *Journal of Economic Literature*, 44(3), 631–661.

Ringen, Jon (1999) "Radical Behaviorism: B.F. Skinner's Philosophy of Science," in W. O'Donohue and R. Kitchener, eds., *Handbook of Behaviorism*, New York, NY: Academic Press, pp. 159–177.

Risjord, Mark (2004) "Reasons, Causes, and Action Explanation," *Philosophy of the Social Sciences*, 35(3), 294–306.

Robb, David and John Heil (2014) "Mental Causation," *Stanford Encyclopedia of Philosophy* (Spring 2014 edition), Edward N. Zalta (ed.), http://plato.stanford.edu/archives/spr2014/entries/mental-causation/.

Robbins, Stephen (2002) "Semantics, Experience and Time," *Cognitive Systems Research*, 3(3), 301–337.

(2006) "Bergson and the Holographic Theory of Mind," *Phenomenology and the Cognitive Sciences*, 5(3–4), 365–394.

Robinson, Andrew and Christopher Southgate (2010) "A General Definition of Interpretation and Its Application to Origin of Life Research," *Biology and Philosophy*, 25(2), 163–181.

Robinson, Howard (2012) "Qualia, Qualities, and the Our Conception of the Physical World," in B. Göcke, ed., *After Physicalism*, South Bend, IN: University of Notre Dame Press, pp. 231–263.

Robinson, William (2005) "Zooming In on Downward Causation," *Biology and Philosophy*, 20(1), 117–136.

Rogeberg, Ole and Morten Nordberg (2005) "A Defence of Absurd Theories in Economics," *Journal of Economic Methodology*, 12(4), 543–562.

Romero-Isart, Oriol, Mathieu Juan, Romain Quidant, and Ignacio Cirac (2010) "Toward Quantum Superposition of Living Organisms," *New Journal of Physics*, 12(3), article 033015.

Romijn, Herms (2002) "Are Virtual Photons the Elementary Carriers of Consciousness?" *Journal of Consciousness Studies*, 9(1), 61–81.

Rosa, Luiz and Jean Faber (2004) "Quantum Models of the Mind: Are They Compatible with Environment Decoherence?" *Physical Review E*, 70(3), 031902.

Rosen, Steven (2008) *The Self-Evolving Cosmos: A Phenomenological Approach to Nature's Unity-in-Diversity*, Singapore: World Scientific.

Rosenberg, Gregg (2004) *A Place for Consciousness*, Oxford University Press.

Rosenblueth, Arturo, Norbert Wiener, and Julian Bigelow (1943) "Behavior, Purpose and Teleology," *Philosophy of Science*, 10(1), 18–24.

Rosenblum, Bruce and Fred Kuttner (1999) "Consciousness and Quantum Mechanics," *Journal of Mind and Behavior*, 20(1), 229–256.

(2002) "The Observer in the Quantum Experiment," *Foundations of Physics*, 32(8), 1273–1293.

(2006) *Quantum Enigma: Physics Encounters Consciousness*, Oxford University Press.

Roth, Paul (2012) "The Pasts," *History and Theory*, 51(3), 313–339.

Rovane, Carol (2004) "Alienation and the Alleged Separateness of Persons," *The Monist*, 87(4), 554–572.

Rudolph, Lloyd and Susanne Rudolph (2003) "Engaging Subjective Knowledge: How Amar Singh's Diary Narratives of and by the Self Explain Identity Formation," *Perspectives on Politics*, 1(4), 681–694.

Ruetsche, Laura (2002) "Interpreting Quantum Theories," in P. Machamer and M. Silberstein, eds., *The Blackwell Guide to the Philosophy of Science*, Oxford: Blackwell, pp. 199–226.

Ruiz-Mirazo, Kepa, Arantza Etxeberria, Alvaro Moreno, and Jesús Ibáñez (2000) "Organisms and Their Place in Biology," *Theory in Biosciences*, 119(3–4), 209–233.

Rupert, Robert (2009) *Cognitive Systems and the Extended Mind*, Oxford University Press.

Ryle, Gilbert (1949) *The Concept of Mind*, London: Hutchinson.

Rysiew, Patrick (2011) "Epistemic Contextualism," *Stanford Encyclopedia of Philosophy* (Winter 2011 edition), Edward N. Zalta (ed.), http://plato.stanford.edu/archives/win2011/entries/contextualism-epistemology/.

Sahu, Satyajit, Subrata Ghosh, Daisuke Fujita, and Anirban Bandyopadhyay (2011) "Computational Myths and Mysteries That Have Grown Around Microtubule in the Last Half a Century and Their Possible Verification," *Journal of Computational and Theoretical Nanoscience*, 8(3), 509–515.

Sahu, Satyajit, Subrata Ghosh, Batu Ghosh, Krishna Aswani, Kazuto Hirata, Daisuke Fujita, and Anirban Bandyopadhyay (2013a) "Atomic Water Channel Controlling Remarkable Properties of a Single Brain Microtubule," *Biosensors and Bioelectronics*, 47(15), 141–148.

Sahu, Satyajit, Subrata Ghosh, Kazuto Hirata, Daisuke Fujita, and Anirban Bandyopadhyay (2013b) "Multi-Level Memory Switching Properties of a Single Brain Microtubule," *Applied Physics Letters*, 102(12), 123701–123704.

Samuel, Arthur (2011) "Speech Perception," *Annual Review of Psychology*, 62, 49–72.

Sappington, A. A. (1990) "Recent Psychological Approaches to the Free Will versus Determinism Issue," *Psychological Bulletin*, 108(1), 19–29.

Satinover, Jeffrey (2001) *The Quantum Brain*, New York, NY: Wiley.

Savage, L. J. (1954) *The Foundations of Statistics*, New York, NY: John Wiley & Sons.

Savitt, Steven (1996) "The Direction of Time," *British Journal for the Philosophy of Science*, 47(3), 347–370.

Sawyer, R. Keith (2002) "Durkheim's Dilemma: Toward a Sociology of Emergence," *Sociological Theory*, 20(2), 227–247.

—— (2005) *Social Emergence: Societies as Complex Systems*, Cambridge University Press.

Sayes, Edwin (2014) "Actor-Network Theory and Methodology: Just What Does It Mean to Say that Nonhumans Have Agency?" *Social Studies of Science*, 44(1), 134–149.

Schäfer, Lothar (2006) "Quantum Reality and the Consciousness of the Universe," *Zygon*, 41(3), 505–532.

Schatzki, Theodore (2002) *The Site of the Social*, University Park, PA: Pennsylvania State University Press.

(2005) "The Sites of Organizations," *Organization Studies*, 26(3), 465–484.

(2006) "On Organizations as They Happen," *Organization Studies*, 27(12), 1863–1873.

Schatzki, Theodore, Karin Knorr-Cetina, and Eike von Savigny, eds. (2001) *The Practice Turn in Contemporary Social Theory*, London: Routledge.

Schilbach, Leonhard, Bert Timmermans, Vasudevi Reddy, Alan Costall, Gary Bente, Tobias Schlicht, and Kai Vogeley (2013) "Toward a Second-Person Neuroscience," *Behavioral and Brain Sciences*, 36(4), 393–414.

Schindler, Samuel (2014) "Explanatory Fictions – For Real?" *Synthese*, 191(8), 1741–1755.

Schlosser, Markus (2014) "The Neuroscientific Study of Free Will: A Diagnosis of the Controversy," *Synthese*, 191(2), 245–262.

Schmid, Hans Bernhard (2014) "Plural Self-Awareness," *Phenomenology and the Cognitive Sciences*, 13(1), 7–24.

Schmidt, R. C. (2007) "Scaffolds for Social Meaning," *Ecological Psychology*, 19(2), 137–151.

Schneider, Jean (2005) "Quantum Measurement Act as a Speech Act," in R. Buccheri, et al., eds., *Endophysics, Time, Quantum and the Subjective*, Singapore: World Scientific, pp. 345–354.

Schrödinger, Erwin (1944) *What Is Life?*, Cambridge University Press.

(1959) *Mind and Matter*, Cambridge University Press.

Schroeder, Severin (2001) "Are Reasons Causes? A Wittgensteinian Response to Davidson," in Schroeder, ed., *Wittgenstein and Contemporary Philosophy of Mind*, New York: Palgrave, pp. 150–170.

Schubert, Glendon (1983) "The Evolution of Political Science: Paradigms of Physics, Biology, and Politics," *Politics and the Life Sciences*, 1(2), 97–124.

Schueler, G. F. (2003) *Reasons and Purposes*, Oxford University Press.

Schwartz, Jeffrey, Henry Stapp, and Mario Beauregard (2005) "Quantum Physics in Neuroscience and Psychology," *Philosophical Transactions of the Royal Society B*, 360, 1309–1327.

Schwartz, Sanford (1992) "Bergson and the Politics of Vitalism," in F. Burwick and P. Douglass, eds., *The Crisis in Modernism*, Cambridge University Press, pp. 277–305.

Scott, Joan (1991) "The Evidence of Experience," *Critical Inquiry*, 17(4), 773–797.

Seager, William (1995) "Consciousness, Information and Panpsychism," *Journal of Consciousness Studies*, 2(3), 272–288.

(2009) "Panpsychism," in B. McLaughlin, et al., eds., *The Oxford Handbook of Philosophy of Mind*, Oxford University Press, pp. 206–219.

(2010) "Panpsychism, Aggregation, and Combinatorial Infusion," *Mind and Matter*, 8(2), 167–184.

(2012) "Emergentist Panpsychism," *Journal of Consciousness Studies*, 19(9–10), 19–39.

(2013) "Classical Levels, Russellian Monism and the Implicate Order," *Foundations of Physics*, 43(4), 548–567.

Searle, John (1991) "Intentionalistic Explanations in the Social Sciences," *Philosophy of the Social Sciences*, 21(3), 332–344.

(1992) *The Rediscovery of the Mind*, Cambridge, MA: MIT Press.

(1995) *The Construction of Social Reality*, New York: Free Press.

(2001) *Rationality in Action*, Cambridge, MA: MIT Press.

Seevinck, M. P. (2004) "Holism, Physical Theories and Quantum Mechanics," *Studies in History and Philosophy of Modern Physics*, 35(4), 693–712.

Sehon, Scott (2005) *Teleological Realism: Mind, Agency, and Explanation*, Cambridge, MA: MIT Press.

Sending, Ole (2002) "Constitution, Choice and Change: Problems with the 'Logic of Appropriateness' and Its Use in Constructivist Theory," *European Journal of International Relations*, 8(4), 443–470.

Seth, Anil, Bernaard Baars, and David Edelman (2005) "Criteria for Consciousness in Humans and Other Mammals," *Consciousness and Cognition*, 14(1), 119–139.

Sevush, Steven (2006) "Single-Neuron Theory of Consciousness," *Journal of Theoretical Biology*, 238(3), 704–725.

Shani, Itay (2010) "Mind Stuffed with Red Herrings: Why William James' Critique of the Mind-Stuff Theory Does not Substantiate a Combination Problem for Panpsychism," *Acta Analytica*, 25(4), 413–434.

Shanks, Niall (1993) "Quantum Mechanics and Determinism," *The Philosophical Quarterly*, 43, 20–37.

Shannon, C. (1949) "The Mathematical Theory of Communication," in C. Shannon and W. Weaver, *The Mathematical Theory of Communication*, Urbana, IL: University of Illinois Press, pp. 3–91.

Shapiro, J. A. (2007) "Bacteria Are Small But Not Stupid," *Studies in History and Philosophy of Biological and Biomedical Sciences*, 38(4), 807–819.

Shaw, Robert, Endre Kadar, and Jeffrey Kinsella-Shaw (1994) "Modelling Systems with Intentional Dynamics: A Lesson from Quantum Mechanics," in K. Pribram, ed., *Origins: Brain and Self Organization*, Hillsdale, NJ: Lawrence Erlbaum, pp. 54–101.

Sheehy, Paul (2006) *The Reality of Social Groups*, Aldershot: Ashgate.

Sheets-Johnstone, Maxine (1998) "Consciousness: A Natural History," *Journal of Consciousness Studies*, 5(3), 260–294.

(2009) "Animation: The Fundamental, Essential, and Properly Descriptive Concept," *Continental Philosophy Review*, 42(3), 375–400.

Sheperd, Joshua (2013) "The Apparent Illusion of Conscious Deciding," *Philosophical Explorations*, 16(1), 18–30.

Shimony, Abner (1963) "Role of the Observer in Quantum Theory," *American Journal of Physics*, 31(10), 755–773.

(1978) "Metaphysical Problems in the Foundations of Quantum Mechanics," *International Philosophical Quarterly*, 18(1), 2–17.

Shoemaker, Paul (1982) "The Expected Utility Model: Its Variants, Purposes, Evidence and Limitations," *Journal of Economic Literature*, 20(2), 529–563.

Short, T. L. (2007) "Final Causation," chapter 5 in Short, *Peirce's Theory of Signs*, Cambridge University Press, pp. 117–150.

Shulman, Robert and Ian Shapiro (2009) "Reductionism in the Human Sciences," in C. Mantzavinos, ed., *Philosophy of the Social Sciences*, Cambridge University Press, pp. 124–129.

Siegfried, Tom (2000) *The Bit and the Pendulum: From Quantum Computing to M Theory*, New York, NY: Wiley.

Sieroka, Norman (2007) "Weyl's 'Agens Theory' of Matter and the Zurich Fichte," *Studies in History and Philosophy of Science*, 38(1), 84–107.

(2010) "Geometrization versus Transcendent Matter: A Systematic Historiography of Theories of Matter Following Weyl," *British Journal for the Philosophy of Science*, 61(4), 769–802.

Siewert, Charles (1998) *The Significance of Consciousness*, Princeton University Press.

(2011) "Consciousness and Intentionality," *Stanford Encyclopedia of Philosophy* (Fall 2011 edition), Edward N. Zalta (ed.), http://plato.stanford.edu/archives/fall2011/entries/consciousness-intentionality/.

Silberstein, Michael (2002) "Reduction, Emergence and Explanation," in P. Machamer and M. Silberstein, eds., *The Blackwell Guide to the Philosophy of Science*, Oxford: Blackwell, pp. 80–107.

(2009) "Essay Review: Why Neutral Monism is Superior to Panpsychism," *Mind and Matter*, 7(2), 239–248.

Silberstein, Michael and John McGeever (1999) "The Search for Ontological Emergence," *The Philosophical Quarterly*, 49, 182–200.

Sinnott-Armstrong, Walter and Lynn Nadel, eds. (2011) *Conscious Will and Responsibility: A Tribute to Benjamin Libet*, Oxford University Press.

Sitte, Peter (1992) "A Modern Concept of the 'Cell Theory,'" *International Journal of Plant Science*, 153(3), S1–S6.

Sklar, Lawrence (2003) "Dappled Theories in a Uniform World," *Philosophy of Science*, 70(2), 424–441.

Skrbina, David (2005) *Panpsychism in the West*, Cambridge, MA: MIT Press.

Sloan, Phillip (2012) "How Was Teleology Eliminated in Early Molecular Biology?" *Studies in History and Philosophy of Biological and Biomedical Sciences*, 43(1), 140–151.

Slovic, Paul (1995) "The Construction of Preference," *American Psychologist*, 50(5), 364–371.

Smith, C. U. M. (2001) "Renatus Renatus: The Cartesian Tradition in British Neuroscience and the Neurophilosophy of John Carew Eccles," *Brain and Cognition*, 46(3), 364–372.

Smith, Joel (2010a) "The Conceptual Problem of Other Bodies," *Proceedings of the Aristotelian Society*, 110(2), 201–217.

(2010b) "Seeing Other People," *Philosophy and Phenomenological Research*, 81(3), 731–748.

Smith, John (2012) "The Endogenous Nature of the Measurement of Social Preferences," *Mind and Society*, 11(2), 235–256.

Smolin, Lee (2001) *Three Roads to Quantum Gravity*, New York, NY: Basic Books.

Sole, Albert (2013) "Bohmian Mechanics without Wave Function Ontology," *Studies in History and Philosophy of Modern Physics*, 44(4), 365–378.

Sollberger, Michael (2008) "Naïve Realism and the Problem of Causation," *Disputatio*, 3, 1–19.

(2012) "Causation in Perception: A Challenge to Naïve Realism," *Review of Philosophy and Psychology*, 3(4), 581–595.

Sozzo, Sandro (2014) "A Quantum Probability Explanation in Fock Space for Borderline Contradictions," *Journal of Mathematical Psychology*, 58(1), 1–12.

Spaulding, Shannon (2012) "Mirror Neurons are Not Evidence for the Simulation Theory," *Synthese*, 189(3), 515–534.

Sprigge, T. L. S. (1983) *The Vindication of Absolute Idealism*, Edinburgh University Press.

Squires, Euan (1990) *Conscious Mind in the Physical World*, Philadelphia, PA: Institute of Physics.

(1994) *The Mystery of the Quantum World*, Philadelphia, PA: Institute of Physics.

Stapp, Henry (1972/1997) "The Copenhagen Interpretation," *Journal of Mind and Behavior*, 18(2–3), 127–154.

(1993) *Mind, Matter, and Quantum Mechanics*, Berlin: Springer Verlag.

(1996) "The Hard Problem: A Quantum Approach," *Journal of Consciousness Studies*, 3(3), 194–210.

(1999) "Attention, Intention, and Will in Quantum Physics," *Journal of Consciousness Studies*, 6(8–9), 143–164.

(2001) "Quantum Theory and the Role of Mind in Nature," *Foundations of Physics*, 31(10), 1465–1499.

(2005) "Quantum Interactive Dualism: An Alternative to Materialism," *Journal of Consciousness Studies*, 12(11), 43–58.

(2006) "Quantum Interactive Dualism, II: The Libet and Einstein-Podolsky-Rosen Causal Anomalies," *Erkenntnis*, 65(1), 117–142.

Stawarska, Beata (2008) "'You' and 'I,' 'Here' and 'Now': Spatial and Social Situatedness in Deixis," *International Journal of Philosophical Studies*, 16(3), 399–418.

(2009) *Between You and I: Dialogical Phenomenology*, Athens, OH: Ohio University Press.

Stazicker, James (2011) "Attention, Visual Consciousness and Indeterminacy," *Mind and Language*, 26(2), 156–184.

Steffensen, Sune Vork (2009) "Language, Languaging, and the Extended Mind Hypothesis," *Pragmatics and Cognition*, 17(3), 677–697.

Steffensen, Sune Vork and Stephen Cowley (2010) "Signifying Bodies and Health: A Non-Local Aftermath," in S. Cowley, et al., eds., *Signifying Bodies*, Braga: Portuguese Catholic University Press, pp. 331–355.

Steinberg, S. H. (1947) "The Thirty Years War: A New Interpretation," *History*, 32, 89–102.

Stella, Marco and Karel Kleisner (2010) "Uexküllian Umwelt as Science and as Ideology," *Theory in Biosciences*, 129(1), 39–51.

Stephan, Achim, Sven Walter, and Wendy Wilutzky (2014) "Emotions beyond Brain and Body," *Philosophical Psychology*, 27(1), 65–81.

Stewart, John (1996) "Cognition = Life: Implications for Higher-Level Cognition," *Behavioural Processes*, 35(1–3), 311–326.

Stout, Rowland (1996) *Things That Happen Because They Should: A Teleological Approach to Action*, Oxford: Clarendon Press..

Strawson, Galen (2004) "Real Intentionality," *Phenomenology and the Cognitive Sciences*, 3(3), 287–313.

(2006) "Realistic Monism: Why Physicalism Entails Panpsychism," *Journal of Consciousness Studies*, 13(10–11), 3–31.

Strehle, Stephen (2011) "The Nazis and the German Metaphysical Tradition of Voluntarism," *The Review of Metaphysics*, 65(1), 113–137.

Stuart, C., Y. Takahashi, and H. Umezawa (1978) "On the Stability and Non-Local Properties of Memory," *Journal of Theoretical Biology*, 71(4), 605–618.

Stubenberg, Leopold (2014) "Neutral Monism," *Stanford Encyclopedia of Philosophy* (Fall 2014 edition), Edward N. Zalta (ed.), http://plato.stanford.edu/archives/fall2014/entries/neutral-monism/.

Stueber, Karsten (2002) "The Psychological Basis of Historical Explanation: Reenactment, Simulation, and the Fusion of Horizons," *History and Theory*, 41(1), 25–42.

Suárez, Antoine and Peter Adams, eds. (2013) *Is Science Compatible with Free Will? Exploring Free Will and Consciousness in the Light of Quantum Physics and Neuroscience*, Berlin: Springer Verlag.

Suarez, Mauricio (2007) "Quantum Propensities," *Studies in History and Philosophy of Modern Physics*, 38(2), 418–438.

  ed. (2009) *Fictions in Science*, London: Routledge.

Suddendorf, Thomas and Michael Corballis (2007) "The Evolution of Foresight: What Is Mental Time Travel, and Is It Unique to Humans?" *Behavioral and Brain Sciences*, 30(3), 299–351.

Suddendorf, Thomas, Donna Rose Addis, and Michael Corballis (2009) "Mental Time Travel and the Shaping of the Human Mind," *Philosophical Transactions of the Royal Society B*, 364, 1317–1324.

Sullivan, Gregory (2011) "The Instinctual Nation-State: Non-Darwinian Theories, State Science and Ultra-Nationalism in Oka Asajiro's Evolution and Human Life," *Journal of the History of Biology*, 44(3), 547–586.

Svozil, Karl and Ron Wright (2005) "Statistical Structures Underlying Quantum Mechanics and Social Science," *International Journal of Theoretical Physics*, 44(7), 1067–1086.

Swann, William, Angel Gomez, D. Conor Seyle, J. Francisco Morales, and Carmen Huici (2009) "Identity Fusion: The Interplay of Personal and Social Identities in Extreme Group Behavior," *Journal of Personality and Social Psychology*, 96(5), 995–1011.

Swenson, Rod (1999) "Epistemic Ordering and the Development of Space-Time: Intentionality as a Universal Entailment," *Semiotica*, 127(1–4), 567–597.

Swinburne, Richard (2013) *Mind, Brain, and Free Will*, Oxford University Press.

Sylvester, Christine (2012) "War Experiences/War Practices/War Theory," *Millennium*, 40(3), 483–503.

Sytsma, Justin (2009) "Phenomenological Obviousness and the New Science of Consciousness," *Philosophy of Science*, 76(5), 958–969.

Szanto, Thomas (2014) "How to Share a Mind: Reconsidering the Group Mind Hypothesis," *Phenomenology and the Cognitive Sciences*, 13(1), 99–120.

Tabaczek, Mariusz (2013) "The Metaphysics of Downward Causation," *Zygon*, 48(2), 380–404.

Talbot, Michael (1991) *The Holographic Universe*, New York: Harper Collins.

Tanesini, Alessandra (2006) "Bringing About the Normative Past," *American Philosophical Quarterly*, 43(3), 191–206.

  (2014) "Temporal Externalism: A Taxonomy, an Articulation, and a Defence," *Journal of the Philosophy of History*, 8(1), 1–19.

Tanney, Julia (1995) "Why Reasons May Not Be Causes," *Mind and Language*, 10(1/2), 105–128.

Tantillo, Astrida (2002) *The Will to Create: Goethe's Philosophy of Nature*, University of Pittsburgh Press.

Tarde, Gabriel (1895/2012) *Monadology and Sociology*, Melbourne: re.press.

Tauber, Alfred (1994) *The Immune Self: Theory or Metaphor?* Cambridge University Press.

(2013) "Immunology's Theories of Cognition," *History and Philosophy of the Life Sciences*, 35(2), 239–264.

Tegmark, Max (2000a) "Importance of Quantum Decoherence in Brain Processes," *Physical Review E*, 61(4), 4194–4206.

(2000b) "Why the Brain Is Probably Not a Quantum Computer," *Information Sciences*, 128(3), 155–179.

(2014) "Consciousness as a State of Matter," arXiv:1401.1219v2.

Teller, Paul (1986) "Relational Holism and Quantum Mechanics," *British Journal for the Philosophy of Science*, 37(1), 71–81.

(1998) "Quantum Mechanics and Haecceities," in E. Castellani, ed., *Interpreting Bodies*, Princeton University Press, pp. 114–141.

Temby, Owen (2013) "What Are Levels of Analysis and What Do They Contribute to International Relations Theory?" *Cambridge Review of International Affairs*, online.

Teufel, Thomas (2011) "Wholes that Cause their Parts: Organic Self-Reproduction and the Reality of Biological Teleology," *Studies in History and Philosophy of Biological and Biomedical Sciences*, 42(2), 252–260.

Theiner, Georg, Colin Allen, and Robert Goldstone (2010) "Recognizing Group Cognition," *Cognitive Systems Research*, 11(4), 378–395.

Thomas, Michael, Harry Purser, and Denis Mareschal (2012) "Is the Mystery of Thought Demystified by Context-Dependent Categorisation?" *Mind and Language*, 27(5), 595–618.

Thompson, Evan (2007) *Mind in Life: Biology, Phenomenology, and the Sciences of the Mind*, Cambridge, MA: Harvard University Press.

Todd, Patrick (2013) "Soft Facts and Ontological Dependence," *Philosophical Studies*, 164(3), 829–844.

Toepfer, Georg (2012) "Teleology and Its Constitutive Role for Biology as the Science of Organized Systems in Nature," *Studies in History and Philosophy of Biological and Biomedical Sciences*, 43(1), 113–119.

Togeby, Ole (2000) "Anticipated Downward Causation and the Arch Structure of Texts," in P. Andersen, et al., eds., *Downward Causation: Minds, Bodies and Matter*, Aarhus University Press, pp. 261–277.

Tollaksen, Jeff (1996) "New Insights from Quantum Theory on Time, Consciousness, and Reality," in S. Hameroff, A. Kaszniak, and A. Scott, eds., *Toward a Science of Consciousness*, Cambridge, MA: MIT Press, pp. 551–567.

Tononi, Giulio (2008) "Consciousness as Integrated Information: A Provisional Manifesto," *Biological Bulletin*, 215(3), 216–242.

Trewavas, Anthony (2003) "Aspects of Plant Intelligence," *Annals of Botany*, 92(1), 1–20.

(2008) "Aspects of Plant Intelligence: Convergence and Evolution," in S. Conway Morris, ed., *The Deep Structure of Biology*, West Conshohocken, PA: Templeton Foundation Press, pp. 68–110.

Trout, J. D. (2002) "Scientific Explanation and the Sense of Understanding," *Philosophy of Science*, 69(2), 212–233.

Trueblood, Jennifer and Jerome Busemeyer (2011) "A Quantum Probability Account of Order Effects in Inference," *Cognitive Science*, 35(8), 1518–1552.

Turausky, Keith (2014) "Conference Report: 'The Most Interesting Problem in the Universe,'" *Journal of Consciousness Studies*, 21(7–8), 220–240.

Tuszynksi, Jack, ed. (2006) *The Emerging Physics of Consciousness*, Berlin: Springer Verlag.

Tuszynski, J., J. Brown, and P. Hawrylak (1997) "Dielectric Polarization, Electrical Conduction, Information Processing, and Quantum Computation in Microtubules," *Philosophical Transactions of the Royal Society of London A*, 356, 1897–1926.

Tversky, Amos and Daniel Kahneman (1983) "Extensional versus Intuitive Reasoning: The Conjunctive Fallacy in Probability Judgment," *Psychological Review*, 90(4), 293–315.

Tversky, Amos, Paul Slovic, and Daniel Kahneman (1990) "The Causes of Preference Reversal," *American Economic Review*, 80(1), 204–217.

Tylén, Kristian, Ethan Weed, Mikkel Wallentin, Andreas Roepstorff, and Chris Frith (2010) "Language as a Tool for Interacting Minds," *Mind and Language*, 25(1), 3–29.

Uzan, Pierre (2012) "A Quantum Approach to the Psychosomatic Phenomenon: Co-Emergence and Time Entanglement of Mind and Matter," *KronoScope*, 12(2), 219–244.

Vaihinger, Hans (1924) *The Philosophy of 'As If'*, New York: Harcourt Brace.

Valenza, Robert (2008) "Possibility, Actuality, and Free Will," *World Futures*, 64(2), 94–108.

Van Camp, Wesley (2014) "Explaining Understanding (or Understanding Explanation)," *European Journal for Philosophy of Science*, 4(1), 95–114.

Vandenberghe, Frederic (2002) "Reconstructing Humants: A Humanist Critique of Actant-Network Theory," *Theory, Culture and Society*, 19(5–6), 51–67.

Van Dijk, Ludger and Rob Withagen (2014) "The Horizontal Worldview: A Wittgensteinian Attitude towards Scientific Psychology," *Theory and Psychology*, 24(1), 3–18.

Van Duijn, Marc and Sacha Bem (2005) "On the Alleged Illusion of Conscious Will," *Philosophical Psychology*, 18(6), 699–714.

Van Gulick, Robert (2001) "Reduction, Emergence and Other Recent Options on the Mind–Body Problem: A Philosophical Overview," *Journal of Consciousness Studies*, 8(9–10), 1–34.

Van Putten, Cornelis (2006) "Changing the Past: Retrocausality and Narrative Construction," *Metaphilosophy*, 37(2), 254–258.

Vannini, Antonella (2008) "Quantum Models of Consciousness," *Quantum Biosystems*, 2, 165–184.

Varga, Somogy (2011) "Existential Choices: To What Degree is Who We Are a Matter of Choice?" *Continental Philosophy Review*, 44(1), 65–79.

Vedral, Vlatko (2010) *Decoding Reality: The Universe as Quantum Information*, Oxford University Press.

Velmans, Max (2000) *Understanding Consciousness*, London: Routledge.

(2002) "Making Sense of Causal Interactions between Consciousness and Brain," *Journal of Consciousness Studies*, 9(11), 69–95.

(2003) "Preconscious Free Will," *Journal of Consciousness Studies*, 10(12), 42–61.

(2008) "Reflexive Monism," *Journal of Consciousness Studies*, 15(2), 5–50.

Verheggen, Claudine (2006) "How Social Must Language Be?," *Journal for the Theory of Social Behaviour*, 36(2), 203–219.

Vermersch, Pierre (2004) "Attention between Phenomenology and Experimental Psychology," *Continental Philosophy Review*, 37(1), 45–81.

Vicente, Agustin (2006) "On the Causal Completeness of Physics," *International Studies in the Philosophy of Science*, 20(2), 149–171.

(2011) "Current Physics and 'the Physical,'" *British Journal for the Philosophy of Science*, 62(2), 393–416.

Vimal, Ram (2009) "Subjective Experience Aspect of Consciousness, Parts I and II," *Neuroquantology*, 7(3), 390–410 and 411–434.

Vitiello, Giuseppe (2001) *My Double Unveiled: The Dissipative Quantum Model of Brain*, Amsterdam: John Benjamins.

Von Lucadou, Walter (1994) "Wigner's Friend Revitalized?" in H. Atmanspacher and G. Dalenoort, eds., *Inside Versus Outside*, Berlin: Springer Verlag, pp. 369–388.

Von Neumann, John and Oskar Morgenstern (1944) *Theory of Games and Economic Behavior*, Princeton University Press.

Von Uexküll, Jakob (1982[1940]) "The Theory of Meaning," *Semiotica*, 42(1), 25–82.

Von Wright, Georg (1971) *Explanation and Understanding*, Ithaca, NY: Cornell University Press.

Walach, Harald and Nikolaus von Stillfried (2011) "Generalised Quantum Theory – Basic Idea and General Intuition," *Axiomathes*, 21(2), 185–209.

Walker, Evan Harris (1970) "The Nature of Consciousness," *Mathematical Biosciences*, 7(1–2), 131–178.

Wallace, Alan (2000) *The Taboo of Subjectivity*, Oxford University Press.

Wallin, Annika (2013) "A Peace Treaty for the Rationality Wars?" *Theory and Psychology*, 23(4), 458–478.

Walsh, D. M. (2006) "Organisms as Natural Purposes," *Studies in History and Philosophy of Biological and Biomedical Sciences*, 37(4), 771–791.

Walsh, Denis (2012) "Mechanism and Purpose: A Case for Natural Teleology," *Studies in History and Philosophy of Biological and Biomedical Sciences*, 43(1), 173–181.

Walter, Sven (2014a) "Willusionism, Epiphenomenalism, and the Feeling of Conscious Will," *Synthese*, 191(10), 2215–2238.

(2014b) "Situated Cognition: A Field Guide to Some Open Conceptual and Ontological Issues," *Review of Philosophy and Psychology*, 5(2), 241–263.

Waltz, Kenneth (1979) *Theory of International Politics*, Boston: Addison-Wesley.

Wang, Zheng and Jerome Busemeyer (2013) "A Quantum Question Order Model Supported by Empirical Tests of an a priori and Precise Prediction," *Topics in Cognitive Science*, 5(4), 689–710.

Wang, Zheng, Jerome Busemeyer, Harald Atmanspacher, and Emmanuel Pothos (2013) "The Potential of Using Quantum Theory to Build Models of Cognition," *Topics in Cognitive Science*, 5(4), 672–688.

Ward, Barry (2014) "Is There a Link between Quantum Mechanics and Consciousness?" in C. U. M. Smith and H. Whitaker, eds., *Brain, Mind and Consciousness in the History of Neuroscience*, Berlin: Springer Verlag, pp. 273–302.

Ward, Dave (2012) "Enjoying the Spread: Conscious Externalism Reconsidered," *Mind*, 121, 731–751.

Warfield, Ted (2003) "Compatibilism and Incompatibilism," in M. Loux and D. Zimmerman, eds., *The Oxford Handbook of Metaphysics*, Oxford University Press, pp. 613–30.

Warren, William (2005) "Direct Perception: The View from Here," *Philosophical Topics*, 33(1), 335–361.

Waters, Christopher and Bonnie Bassler (2005) "Quorum Sensing: Cell-to-Cell Communication in Bacteria," *Annual Review of Cell and Development*, 21, 319–346.

Weber, Andreas and Francisco Varela (2002) "Life after Kant: Natural Purposes and the Autopoietic Foundations of Biological Individuality," *Phenomenology and the Cognitive Sciences*, 1(2), 97–125.

Weber, Marcel (2005) "Genes, Causation and Intentionality," *History and Philosophy of the Life Sciences*, 27(3–4), 407–420.

Weberman, David (1997) "The Nonfixity of the Historical Past," *Review of Metaphysics*, 50(4), 749–768.

Weekes, Anderson (2009) "Whitehead's Unique Approach to the Topic of Consciousness," in M. Weber and A. Weekes, eds., *Process Approaches to Consciousness in Psychology, Neuroscience, and Philosophy of Mind*, Albany, NY: SUNY Press, pp. 137–172.

——— (2012) "The Mind–Body Problem and Whitehead's Non-Reductive Monism," *Journal of Consciousness Studies*, 19(9–10), 40–66.

Wegner, Daniel (2002) *The Illusion of Conscious Will*, Cambridge, MA: MIT Press.

Wegner, Daniel, et al. (2004) "Précis of The Illusion of Conscious Will, with Commentaries," *Behavioral and Brain Sciences*, 27(5), 649–692.

Weisskopf, Walter (1979) "The Method is the Ideology: From a Newtonian to a Heisenbergian Paradigm in Economics," *Journal of Economic Issues*, 13(4), 869–884.

Wendt, Alexander (1987) "The Agent–Structure Problem in International Relations Theory," *International Organization*, 41(3), 335–370.

——— (1998) "On Constitution and Causation in International Relations," *Review of International Studies*, 24 (special issue), 101–117.

——— (1999) *Social Theory of International Politics*, Cambridge University Press.

——— (2003) "Why a World State Is Inevitable," *European Journal of International Relations*, 9(4), 491–542.

——— (2004) "The State as Person in International Theory," *Review of International Studies*, 30(2), 289–316.

——— (2006) "Social Theory as Cartesian Science: An Auto-Critique from a Quantum Perspective," in S. Guzzini and A. Leander, eds., *Constructivism in International Relations: Alexander Wendt and his Critics*, London: Routledge, pp. 181–219.

——— (2010) "Flatland: Quantum Mind and the International Hologram," in M. Albert, L.-E. Cederman, and A. Wendt, eds., *New Systems Theories of World Politics*, New York, NY: Palgrave, pp. 279–310.

Wendt, Alexander and Raymond Duvall (2008) "Sovereignty and the UFO," *Political Theory*, 36(4), 607–644.

Wheeler, John Archibald (1978) "The 'Past' and the 'Delayed-Choice' Double-Slit Experiment," in A. Marlow, ed., *Mathematical Foundations of Quantum Theory*, New York: Academic Press, pp. 9–48.

(1988) "World as System Self-Synthesized by Quantum Networking," in E. Agazzi, ed., *Probability in the Sciences*, Dordrecht: Kluwer Academic Publishers, pp. 103–129.

(1990) "Information, Physics, Quantum: The Search for Links," in W. Zurek, ed., *Complexity, Entropy, and the Physics of Information*, Reading, MA: Addison Wesley, pp. 3–28.

(1994) "Delayed-Choice Experiments and the Bohr-Einstein Dialogue," in J. Wheeler, *At Home in the Universe*, Woodbury, NY: American Institute of Physics, pp. 112–131.

Whitford, Josh (2002) "Pragmatism and the Untenable Dualism of Means and Ends," *Theory and Society*, 31(3), 325–363.

Widdows, Dominic (2004) *Geometry and Meaning*, Stanford, CA: CSLI Publications.

Wight, Colin (2006) *Agents, Structures and International Relations*, Cambridge University Press.

Wigner, Eugene (1962) "Remarks on the Mind–Body Question," in I. J. Good, ed., *The Scientist Speculates*, London: Heinemann, pp. 284–302.

(1964) "Two Kinds of Reality," *The Monist*, 48(2), 248–264.

(1970) "Physics and the Explanation of Life," *Foundations of Physics*, 1(1), 35–45.

Williams, Meredith (2000) "Wittgenstein and Davidson on the Sociality of Language," *Journal for the Theory of Social Behaviour*, 30(3), 299–318.

Wilson, David Sloan (2002) *Darwin's Cathedral: Evolution, Religion and the Nature of Society*, University of Chicago Press.

Wilson, David Sloan and Elliott Sober (1989) "Reviving the Superorganism," *Journal of Theoretical Biology*, 136(3), 337–356.

Wilson, Jessica (2006) "On Characterizing the Physical," *Philosophical Studies*, 131(1), 61–99.

Wilson, Robert (2001) "Group-Level Cognition," *Philosophy of Science*, 68 (Proceedings), S262–S273.

Wimsatt, William (2006) "Reductionism and Its Heuristics: Making Methodological Reductionism Honest," *Synthese*, 151(3), 445–475.

Winsberg, Eric and Arthur Fine (2003) "Quantum Life: Interaction, Entanglement, and Separation," *Journal of Philosophy*, 100(2), 80–97.

Witte, F. M. C. (2005) "Quantum 2-Player Gambling and Correlated Pay-Off," *Physica Scripta*, 71(2), 229–232.

Wolf, Fred Alan (1989) "On the Quantum Physical Theory of Subjective Antedating," *Journal of Theoretical Biology*, 136(1), 13–19.

(1998) "The Timing of Conscious Experience," *Journal of Scientific Exploration*, 12(4), 511–542.

Wolters, Gereon (2001) "Hans Jonas' Philosophical Biology," *Graduate Faculty Philosophy Journal*, 23(1), 85–98.

Wong, Hong Yu (2006) "Emergents from Fusion," *Philosophy of Science*, 73(3), 345–367.

Woodward, Keith, John Paul Jones III, and Sallie Marston (2012) "The Politics of Autonomous Space," *Progress in Human Geography*, 36(2), 204–224.

Woolf, Nancy and Stuart Hameroff (2001) "A Quantum Approach to Visual Consciousness," *Trends in Cognitive Sciences*, 5(11), 472–478.

Worden, R. P. (1999) "Hybrid Cognition," *Journal of Consciousness Studies*, 6(1), 70–90.

Worgan, S. F. and R. K. Moore (2010) "Speech as the Perception of Affordances," *Ecological Psychology*, 22(4), 327–343.

Wrong, Dennis (1961) "The Oversocialized Conception of Man in Modern Sociology," *American Sociological Review*, 26(2), 183–193.

Yearsley, James and Emmanuel Pothos (2014) "Challenging the Classical Notion of Time in Cognition: A Quantum Perspective," *Proceedings of the Royal Society B*, 281 (1781), article 20133056.

Ylikoski, Petri (2013) "Causal and Constitutive Explanation Compared," *Erkenntnis*, 78(2), 277–297.

Young, Arthur (1976) *The Reflexive Universe*, New York, NY: Delacorte Press.

Yu, Shan and Danko Nikolic (2011) "Quantum Mechanics Needs No Consciousness," *Annalen der Physik*, 523(11), 931–938.

Yukalov, Vyacheslav and Didier Sornette (2009a) "Physics of Risk and Uncertainty in Quantum Decision Making," *European Physical Journal B*, 71(4), 533–548.

(2009b) "Processing Information in Quantum Decision Theory," *Entropy*, 11(4), 1073–1120.

(2011) "Decision Theory with Prospect Interference and Entanglement," *Theory and Decision*, 70(3), 283–328.

(2014) "Conditions for Quantum Interference in Cognitive Sciences," *Topics in Cognitive Science*, 6(1), 79–90.

Zahavi, Dan (2005) *Subjectivity and Selfhood: Investigating the First-Person Perspective*, Cambridge, MA: MIT Press.

(2008) "Simulation, Projection and Empathy," *Consciousness and Cognition*, 17(2), 514–522.

Zahavi, Dan and Shaun Gallagher (2008) "The (In)visibility of Others: A Reply to Herschbach," *Philosophical Explorations*, 11(3), 237–244.

Zahle, Julie (2014) "Practices and the Direct Perception of Normative States: Part I," *Philosophy of the Social Sciences*, 43(4), 493–518.

Zaman, L. Frederick (2002) "Nature's Psychogenic Forces: Localized Quantum Consciousness," *Journal of Mind and Behavior*, 23(4), 351–374.

Zammito, John (2006) "Teleology Then and Now: The Question of Kant's Relevance for Contemporary Controversies over Function in Biology," *Studies in History and Philosophy of Biological and Biomedical Sciences*, 37(4), 748–770.

Zeilinger, Anton (1999) "Experiment and the Foundations of Quantum Physics," *Reviews of Modern Physics*, 71(2), S288–S297.

Zeki, S. (2003) "The Disunity of Consciousness," *Trends in Cognitive Sciences*, 7(5), 214–218.

Zhenhua, Yu (2001–2002) "Two Cultures Revisited: Michael Polanyi on the Continuity between the Natural Science and the Study of Man," *Tradition and Discovery*, 28(3), 6–19.

Zhu, Jing (2003) "Reclaiming Volition: An Alternative Interpretation of Libet's Experiment," *Journal of Consciousness Studies*, 10(11), 61–77.

(2004a) "Understanding Volition," *Philosophical Psychology*, 17(2), 247–273.

(2004b) "Intention and Volition," *Canadian Journal of Philosophy*, 34(2), 175–194.

Ziman, John (2003) "Emerging Out of Nature into History: The Plurality of the Sciences," *Philosophical Transactions of the Royal Society of London A*, 361, 1617–1633.

Zimmerman, Michael (1988) "Quantum Theory, Intrinsic Value, and Panentheism," *Environmental Ethics*, 10(1), 3–30.

Zlatev, Jordan (2008) "The Dependence of Language on Consciousness," *Journal of Consciousness Studies*, 15(6), 34–62.

Zohar, Danah (1990) *The Quantum Self*, New York, NY: Quill.

Zohar, Danah and Ian Marshall (1994) *The Quantum Society: Mind, Physics and a New Social Vision*, New York, NY: Morrow.

Zovko, Jure (2008) "Metaphysics as Interpretation of Conscious Life: Some Remarks on D. Henrich's and D. Kolak's Thinking," *Synthese*, 162(3), 425–438.

Zukav, Gary (1979) *The Dancing Wu Li Masters: An Overview of the New Physics*, New York: Morrow.

图书在版编目(CIP)数据

量子心灵与社会科学/(美)亚历山大·温特
(Alexander Wendt)著;祁昊天,方长平译;祁昊天校
.—上海:上海人民出版社,2021
书名原文:Quantum Mind and Social Science:
Unifying Physical and Social Ontology
ISBN 978-7-208-17156-5

Ⅰ.①量… Ⅱ.①亚… ②祁… ③方… Ⅲ.①量子力
学—科学哲学—研究 Ⅳ.①0413.1 ②B089

中国版本图书馆 CIP 数据核字(2021)第 110214 号

责任编辑 王 琪
封面设计 崔浩原

量子心灵与社会科学

[美]亚历山大·温特 著

祁昊天 方长平 译

祁昊天 校

出 版 上海人民出版社
(201101 上海市闵行区号景路 159 弄 C 座)
发 行 上海人民出版社发行中心
印 刷 上海商务联西印刷有限公司
开 本 720×1000 1/16
印 张 25.5
插 页 2
字 数 382,000
版 次 2021 年 8 月第 1 版
印 次 2022 年 6 月第 2 次印刷
ISBN 978-7-208-17156-5/C·635
定 价 98.00 元